トリマーのための
ベーシック・テクニック

金子幸一／福山貴昭 著

緑書房

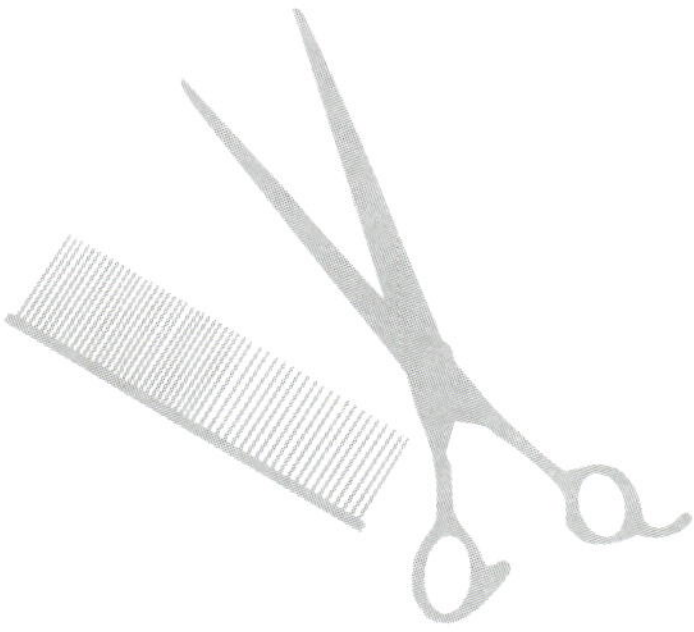

トリマーのためのベーシック・テクニック

contents

はじめに

本書は、トリマーとして最初に身につけておくべき知識や、汎用性の高いトリミング・テクニックをまとめた手引書です。基本的にこれからトリミングを学ぶ人を意識したつくりとなっていますが、昨今のトリミング事情や新しい情報を盛り込み、独自性の高い内容も積極的にご紹介しています。ベーシックな入門書としてだけでなく、副読本や参考書としてもぜひ活用してください。

【これからトリマーを目指す方へ】

日本では「ペットは家族」という意識がすっかり根づき、「トリミング」という作業や「トリミング・サロン」という店舗形態、そして「トリマー」という職業も広く知られるようになりました。それとともに、トリマーを目指す人も毎年かなりの数にのぼります。

「手に職をつけたい」、「動物とかかわる仕事がしたい」、「とにかく犬が好き」など、トリマーを志す動機はさまざまでしょう。ただし、トリマーとは命を預かる・扱う仕事であり、プロフェッショナルへの道は険しいもの。だからこそ、最初に学ぶベーシックな部分が最も大切なのです。ある程度基礎を学び終えたと思っても、本書を長く手元に置き、悩んだときには基本に立ち返ってほしいと思います。

【現役のトリマーの方へ】

本書で解説するトリミング法は、みなさんがすでに身につけている知識や技術とは少し異なっているかもしれません。トリミングを含むグルーミングは、歴史のある分野ではありますが、情報のアップデートの速度はますます増しているように感じます。まさに現在進行形の分野と言ってもいいでしょう。本書を含め、より多くの情報のなかから、みなさん自身が「これだ」というものを見つけていってください。

最後になりましたが、本書の発行にあたっては『ハッピー＊トリマー』編集部のみなさんにたいへんお世話になりました。この本が、少しでもトリミングを学ぶ方々のお役に立つことを、心から願っています。

2017年1月

金子幸一／福山貴昭

第1章

グルーミングと環境

福山貴昭

- 「トリミング」とは何か
- トリミング・ルーム
- トリマーの身だしなみ
- トリマーの健康のために

歴史と役割を知る

「トリミング」とは何か

グルーミングの始まり

約1万4000年前、人間は犬を家畜化し、人間社会を構成するメンバーの一員としてともに生活を始めていたとされます。このころの犬は、現在の柴犬を少し大きくしたような犬本来の姿をしていました。

このころから人間は犬に対して、コミュニケーションとして「なでる行為」をするなかで、犬の体表に付いたゴミや外部寄生虫を除去する「グルーミング」を施していたと考えられます。

そして人間の生活に取り込まれていった犬は、人の移動に従って、その生息域を広げていきます。寒冷地に移動・定着した犬は体温を維持しやすくするために体が大きくなり、放熱を防ぐために耳が小さくなりました。これらは、環境適応のための変化だったと言えるでしょう。また、温暖な地域に移動した犬は下毛が少なくなり、耳は大きくなっていきました。こうして、犬の外見に地域差が生まれたのです。この地域差は、人間が犬に施すグルーミング内容にも違いをもたらしたと考えられます。温暖な地域で汚れた犬を川で洗う習慣はあっても、寒冷地で犬を洗う習慣は生まれにくいでしょう。

その後は、狩猟や家畜の護衛、遊び相手、軍用など、人間の使用目的に沿った外見や性質を備えた犬が生まれ、使用目的を遂行するためのグルーミングも本格的に施され始めます。これはもともと、生産性を上げるために牛やヤギなどの家畜に施していたグルーミングを犬に応用することから始まったと考えられます。そして人間の道具の発達も、グルーミングに新たな手法をもたらしたのです。

たとえば採取した羊毛からゴミを取るための「毛カキ（ブラシ）」は、犬の毛をブラッシングして余分な被毛を取りのぞくのに使われました。さらに、長く伸び続ける被毛をハサミでカットして犬の視界を確保するなど、このような道具は、犬へのグルーミングを大きく発展させました。そのグルーミングは、犬の健康に大きく貢献したことが想像できます。

美的外見を重視するトリミング

やがて、衛生面の確保を目的としたグルーミングとは異なり、「被毛をカットして外見を整える」という、トリマーの先駆けのような人物が絵画に登場し始めます。産業革命を経た18～19世紀のヨーロッパでは、それまで実用性を重視していた家畜の外見に人間の趣味や娯楽、競争の要素が加わり、新たな価値観が生まれます。牛では、肉や牛乳の質・量といった生産性ではなく、外見を競う「大きくて立派な牛自慢コンテスト」が開催されたそうです。犬の世界でも、現場作業で使われなくなりつつあった犬たちの次の活躍の場として「ドッグ・ショー」が登場。イギリス中流階級の人々を中心に流行が起こります。

犬の実用性を重視しないドッグ・ショーの隆盛により、犬の体の変化はますます大きくなります。大きな体が特徴の犬はより巨大に、短脚の足はより短く、長毛の被毛はより長く、そして短頭種はより奥に鼻や口が収納されるようにと、各犬種の特徴が誇張されるようになりました。これら特徴的な姿を持つ犬種は、人間が作り出した姿・命であり、その多くは人間のグルーミングやケアなしに健康を保つのが難しい動物となったのです。

現代は耳の垂れた犬種も多く存在します。

近年の日本で人気があるのは、季節性のはっきりとした換毛がないプードルのような「抜け毛の少ない犬種」です。このような犬種の多くは、グルーミングなしには正常な聴覚・視覚の確保や、排泄行動が困難なほど毛が伸びます。この毛は耳の中にも生えるので、垂れ耳へと変化した犬種の耳の環境は、より高温多湿の細菌が繁殖しやすい環境へと変化。そしてグルーミングには、体表だけでないケアも求められるようになりました。

犬種が増え、それに伴う外見の多様化は各犬種別の専門的なグルーミングを誕生させました。屋外で飼育されていた犬を屋内で飼うことは抜け毛問題を発生させ、グルーミングにその対応が求められました。また輸送技術の向上とともに、北極圏生まれの犬が東京で飼われるようになれば、急激な環境変化に対応するためのケアも必要となりました。それらの変化に対応すべく、近年グルーミングの必要性や重要性が高まり、ペットブームにも後押しされ、トリミング・サロンやペットケア用品が増加することとなったのです。

同時に、専門性を持った職業人であるグルーマー（日本ではトリマー）の需要が高まり、その地位が確立されて社会に広く認知されるまでになりました。

犬の本来の姿からかけ離れた姿を持つ犬種ほど、人間による専門的なグルーミング・ケアが必要なのです。ドッグ・グルーミングの基本理念は「個体の健康維持・疾病予防」と「良質なコミュニケーション」です。またドッグ・トリミングは経済的・趣向的・文化的な美的外見を作る「仕上げの作業」と認識しています。この2つを分ける明確な定義はありませんが、仕事上片方の選択を迫られることがありますので、正確に判断しやすいように分けて考えています。

＊

トリミングは、技術面ではすでに成熟した分野です。ここに至る原動力となったのは、よりきれいに、よりかっこよく、よりかわいく、より個性的に、より新しいテイストを……という人間の向上心と創作意欲でしょう。今後はこれらに加えて、より人道的に犬を扱い、より犬を思いやる、という意識が大切になるはずです。美的形質を追求するだけでなく、立場の弱い者（犬）を前にしたときに「持つべき意識」と「取るべき行動」を心得て、トリマーという職業の社会的認知をより良い方向へ導いていかなければならないと思います。

より良い環境を作る

トリミング・ルーム

安全性と公衆衛生

トリミング・ルームは、犬とトリマーにとって安全で、作業負担をより軽減させることを考えた空間でなければなりません。また設備に関しては、グルーミング作業が円滑に、そして衛生的に行われるようにしましょう。ルームは内は明るく、そして床が滑らないことが基本となります。床材は、犬の汚物処理など衛生面を考えて、掃除しやすい素材が理想です。

スペース的には、広すぎても狭すぎてもいけません。広すぎると動く距離や時間が多くなるため、それだけ犬と離れなければならなくなり、犬が不安のため暴れたり、テーブルから落下する危険性につながります。反対に狭すぎれば、ほかのトリマーとぶつかったり、動線が確保できなくなるでしょう。人だけでなく、犬を動かす動線にも配慮が必要です。トリミング・テーブル同士の間隔は、あいだに2人のトリマーが入って作業できる距離が、後ろは人が通れるくらいのスペースが必要です。

安全な空間とは

●事故対策

まず、犬の脱走（逸走）は絶対に防がなければなりません。脱走が起こると必ず大きな事故につながるので、対策をしすぎるということはないくらいでかまいません。窓には網を設置する、トリミング・ルームの出入口は二重扉にして、スタッフが出入りするたびに必ず閉める、鍵をかけるといったことを習慣づけてください。

また、自然災害に対する備えも必要です。とくに地震対策としては、棚の転倒防止のために突っ張り棒を使う、高い場所に重いものを置かないなどの工夫をしましょう。どのように避難するか、日ごろから店内で話し合っておくことも大事です。

クリッパーやドライヤーなど、電気製品を多く使うため、漏電にも気を付けましょう。コンセントとプラグのあいだには毛が溜まりやすく、コンセントの場所によってはシャワーの水がかかりやすいので、とくに注意が必要です。

●配置

作業をスムーズに進めるためには、使うツールや設備の配置が適切でなければなりません。ハサミやトリミング・ナイフ、ク

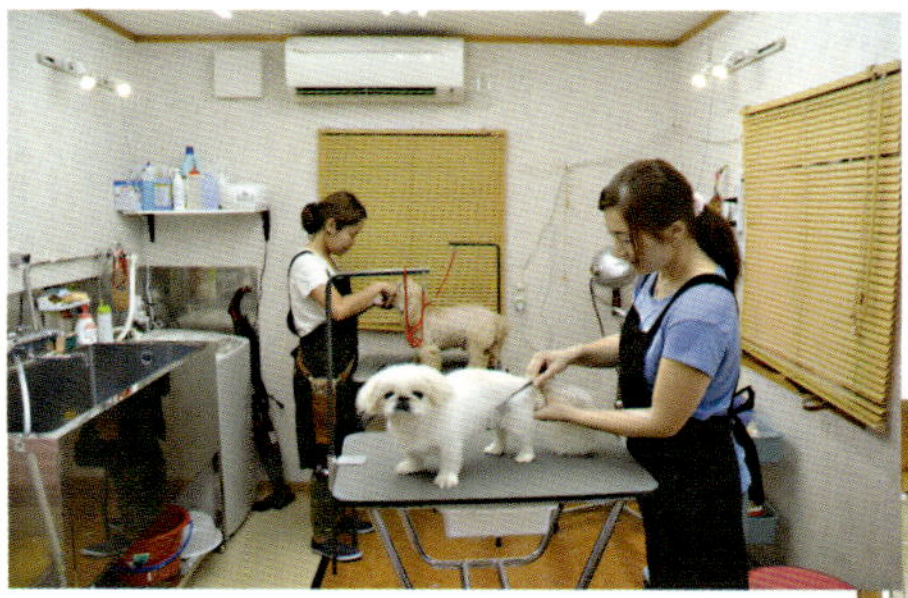

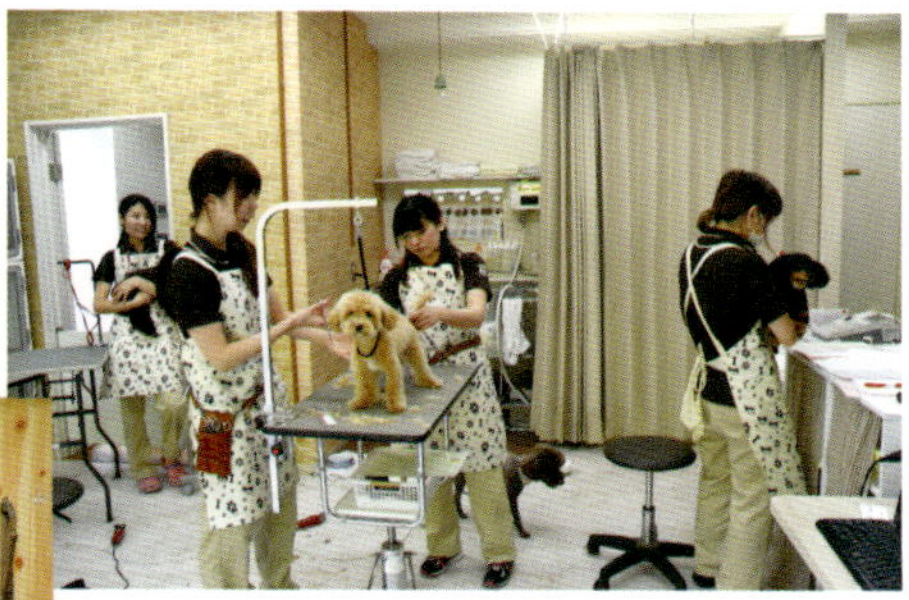

お店によって、トリミング・ルーム（ベイジング・ルーム）の広さや形状はさまざま。犬にもトリマーにもストレスの少ない環境にすることが求められます。

リッパーのようなデリケートなツールは、置く台を工夫する必要があります。棚に並べるときも、小さなものは手前に、大きなものは後ろに置くのが合理的です。

ベイジング・ルームには、タオルや薬剤などを置く棚も欲しいものです。関連性のあるツールや用具を1カ所に集めて置くことも、効率アップにつながります。

ものを段に積み重ねたり高いところや低いところに置くと、トリマーが立ったり座ったり無駄な労力を費やすことになります。よく使うツールは、立ったまま手が届く範囲の高さに置きましょう。消毒剤などは低い位置に収納してこぼさないようにするなど、安全性への配慮も必要です。

作業しやすい環境

●照明・床・壁

トリミング・ルームに強い西日が入ったり、明るすぎる照明がある場合は注意が必要です。とくに反射光が犬の頭部に当たると頭部の繊細なトリミングに影響を与えることがあります。犬にも負担がかかるのでなるべく避けましょう。

また硬く冷たい床だと、トリマーの足腰にかなりの負担がかかります。床材は、掃除しやすいことに加えてクッション性のあるものがおすすめです。とくに冬は足元が暖かくなるような冷気対策をしておくと、トリマーの疲労を最小限にできます。

ドライヤーの音はかなり大きいので、トリマーや犬にとってはストレスになりがちです。トリミング・ルーム内では反響してさらに音が大きくなることがあるので、なるべく響かないような壁材にするなどの工夫をするとベターです。

●換気・温度・湿度

室内の空気や温度は、犬はもちろんトリマーの作業能力にも大きな影響を与えます。ルーム内は窓による自然換気、または機械換気が必要です。

温度（室温）は、犬種、体質、年齢、環境、その犬の心理状態により、適温が異なります。トリミング・サロンでは、この点で人の理美容院より数倍の注意が要求されるでしょう。肥満の大型犬などは、少し興奮すれば室温30度前後、1時間前後で危険な状態になることもあります。プードルを全身クリッピングした場合は、体感温度が著しく下がることもあるほど。犬の場合、適温とされる温度の個体差が大きいことを十分に考慮してください。夏期の冷房などは、外気温より5度低い温度を目安にしましょう。

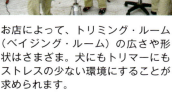

湿度が低いとドライングの時間が短くて済みますが、低すぎると静電気が発生します。高すぎると犬も人も不快に感じますので、50％前後をひとつの目安にしてください。

●色彩

トリミング・ルーム内の色彩が飼い主やトリマーの心理に与える影響は大きいもの。清潔で明るい印象であることが最も大切です。清潔感を持たせるため、古くは人の理美容院でも白一色を主体としたものですが、目を刺激するという欠点もあります。実際に色合いを考えるときには、清潔感のほかに「快い感じ」、「さわやかな感じ」、「明るく落ち着いた感じ」、「気分を休める感じ」、「作業能率を高める感じ」など、具体的にイメージしてみましょう。落ち着かない色は避けたほうが無難です。

また犬の毛色はさまざまなので、どの毛色にもフィットする色合いをトリマー自身が研究して選ぶことも、センスを養う訓練になります。

最近は、トリミングを「見せる」ためにトリミング・ルームをガラス張りにしているところもたくさんあります。環境を整備し、空間を演出することがますます重要になっているのは、言うまでもありません。

バスタブのサイズ（一般的なタイプ）

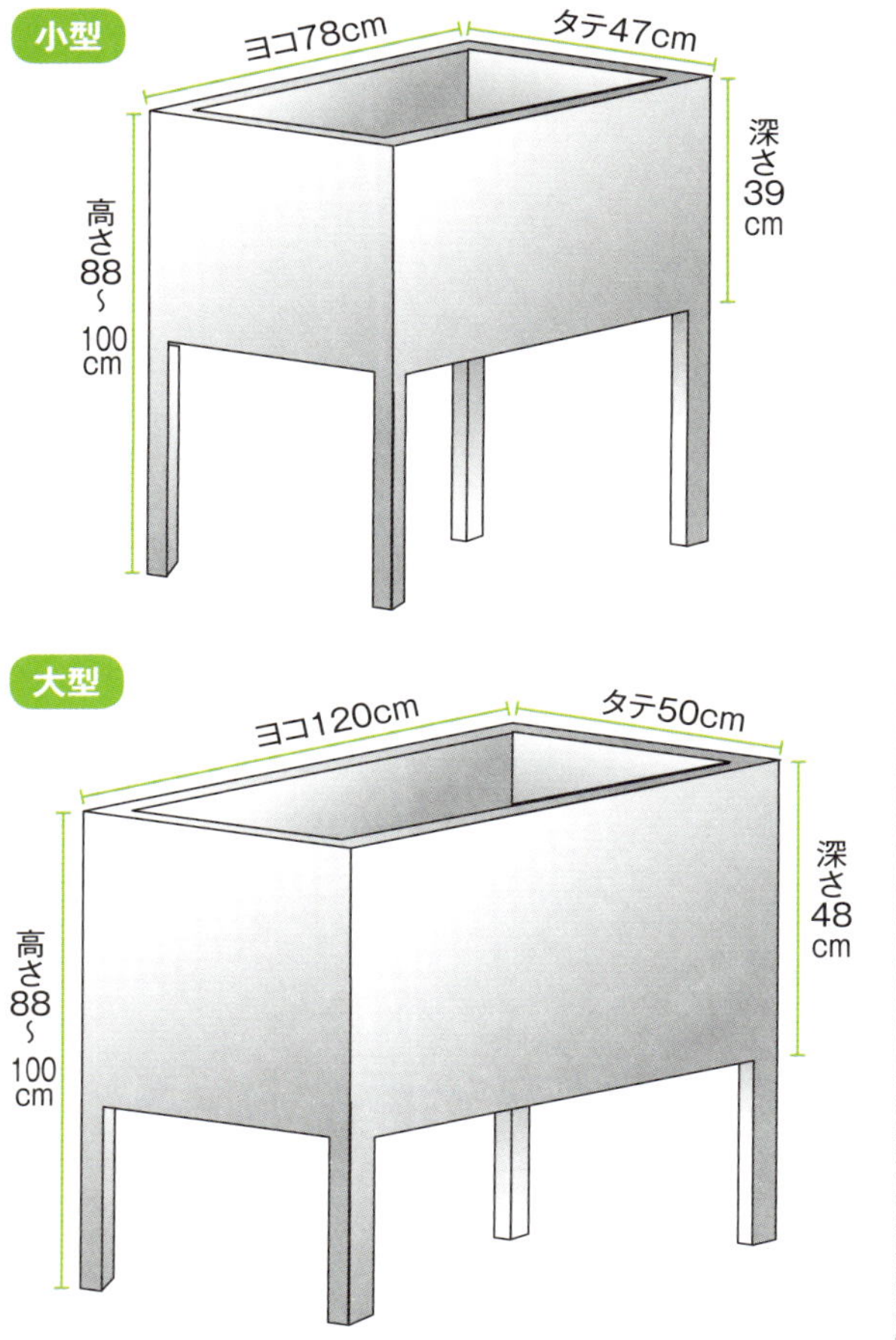
小型
ヨコ78cm
タテ47cm
深さ39cm
高さ88〜100cm
大型
ヨコ120cm
タテ50cm
深さ48cm
高さ88〜100cm

水栓が両側に付いているもの、下部が収納になっているものなど、さまざまなタイプのドッグ・バスが出回っています。

ベイジング・ルーム（スペース）

●設備について

ベイジング（シャンピング〜すすぎ）で使うお湯は、湯温や水流の強さを簡単に調節できなければなりません。

バスタブは、犬の大きさに合ったサイズを複数用意できれば便利です。スペースの問題などでそれが難しい場合は、大型のドッグ・バスで小型犬の作業も行うことになるでしょう。その際には、すのこなどの台で深さを調節します。

近年、炭酸泉やオゾンなど、バスタイムを利用したオプション・サービスを取り入れるトリミング・サロンが増えてきています。ドッグ・バスの周囲は、それらの機器を置くことも考えたスペース確保をしておくと安心です。

●安全・衛生対策

ドッグ・バスの周囲には、どうしても水やシャンプー剤などが飛び散ります。転倒を防ぐための床の滑り対策はもちろん、壁の防水・防カビ対策も必要でしょう。

温水シャワーを使用するため、ドッグ・バスの内部は温度が上がります。部屋全体の室温だけでなく、バス内の温度上昇にも気を配り、犬に負担がかからないようにします。

トリミング・テーブル

●テーブルの種類

トリミング・テーブルには、大きく分けて固定式（油圧式）、ポータブル式があります。固定式は安定性がよく、テーブルの高さを自在に変えられる上に360度回転させることができます。しかし、上下する芯棒が細く、テーブル面の大きなタイプだと、犬が動いたときにぐらつくなど不安定なものもあります。そのため、安定性の高いものを選ぶ必要があります。

ポータブル式は、折りたたみできるものがほとんど。家庭での手入れやコンテスト会場への持ち運びなどに便利です。テーブルの大きさ、広さ、高さなどを十分に考慮して、自分の条件に合ったタイプを選びます。

●選ぶときの条件

トリマーが立った状態で無理なく動けるもので、犬の大きさに合っていて安定性が良く、表面が滑りにくい、水洗いできる素材であることが条件です。テーブル面の大きさは、犬のサイズと作業方法の両方を考慮に入れましょう。犬を寝かせて腹部の毛をブラッシングするようならその分の広さが必要ですし、仕上げの際に原則として立ったままトリミングする場合は、必要な面積は狭くなります。またヌーズ（首にかけるひも）を掛けるアームは、がっちりとしたものを選ぶと便利です。

その他、ツール類を置くサイドテーブルが下に付属しているものや、電気のコンセントが付属しているものもあります。

トリミング・テーブルの種類

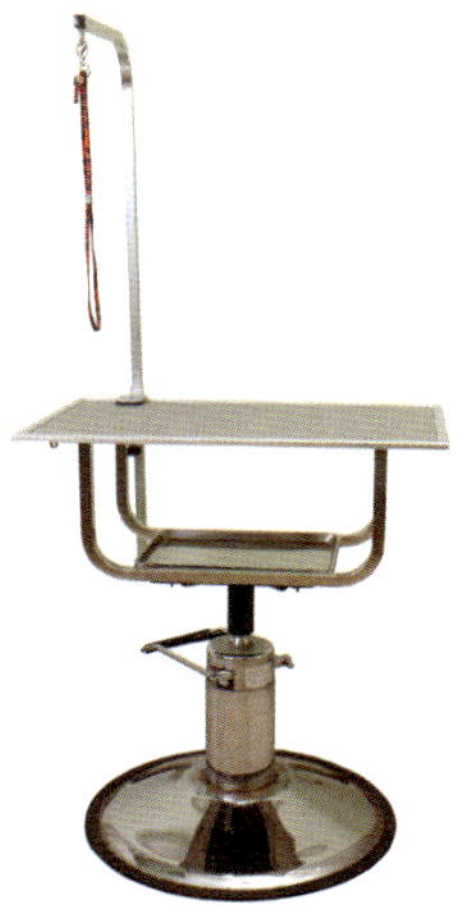

固定式（油圧式）

重量があるので移動には向きませんが、テーブルの高さを簡単に変えられて回転もできるので、トリミング・ルームなど決まった場所でのトリミングに適しています。

ポータブル式

折りたたみできるタイプが多く、持ち運び可能。サブのテーブルや、ドッグ・ショー用としても重宝します。

清潔と衛生を心がける

トリマーの身だしなみ

作業に適した服装

トリミング中は、犬のためにも自身のためにも、正しく身だしなみを整えることが求められます。いちばん大事なのは、「何が起きても犬を保護できるもの」であること。センスを求められる職業ですから、「おしゃれ」ももちろん大事ですが、まずは、清潔感と衛生、作業のしやすさなどを考えるようにしましょう。いくらおしゃれでセンスが良くても、飼い主に悪い印象を与えたり、作業の安全が確保できないような格好では本末転倒です。

10のチェックポイント

以下に挙げるポイントをもとに、日ごろの身だしなみを見直し、どういう服装を心がけるべきか参考にしてみましょう。

①髪型

犬や飼い主に表情が見えたほうが、円滑にコミュニケーションできます。髪が長い場合は、結ぶかまとめ髪にしましょう。犬の毛が付きにくく、活動的なヘアスタイルを心がけます。

②化粧

トリマーは接客業ですので、ノーメイクは避けたほうがよいでしょう。ただし、厚化粧は清潔感や衛生的なイメージとはかけ離れてしまうので、控えめなナチュラルメークがおすすめです。

③爪

長い爪は、ベイジングやトリミングで作業の邪魔になるだけでなく、犬の皮膚や目を傷つける可能性もあります。爪は適度に短く切り、マニキュアやごてごてした飾りを付けるのはやめましょう。

④アクセサリー、時計

イヤリング、指輪、ブレスレット、ネックレスなどのアクセサリーや腕時計は外します。犬が引っ張って足や毛に絡んで、事故の原因にもなりかねません。

⑤服装

通気性が良く、犬の被毛やフケが付きに

くい素材がベスト。犬の血液の付着がわかりにくいので、赤色は避けましょう。犬の保定でしゃがむことも多いので、ボトムスはなるべくパンツタイプにします。必要に応じて（ベイジング時はとくに）、防水性のエプロンを着けるとよいでしょう。

⑥靴

長時間の立ち仕事ですので、足になるべく負担のかからない履きやすいものを選びます。ヒールが高いと、疲れるだけでなく転倒の原因にもなるので、ローヒールがおすすめです。床が濡れることもあるので、滑りにくさにもこだわりましょう。

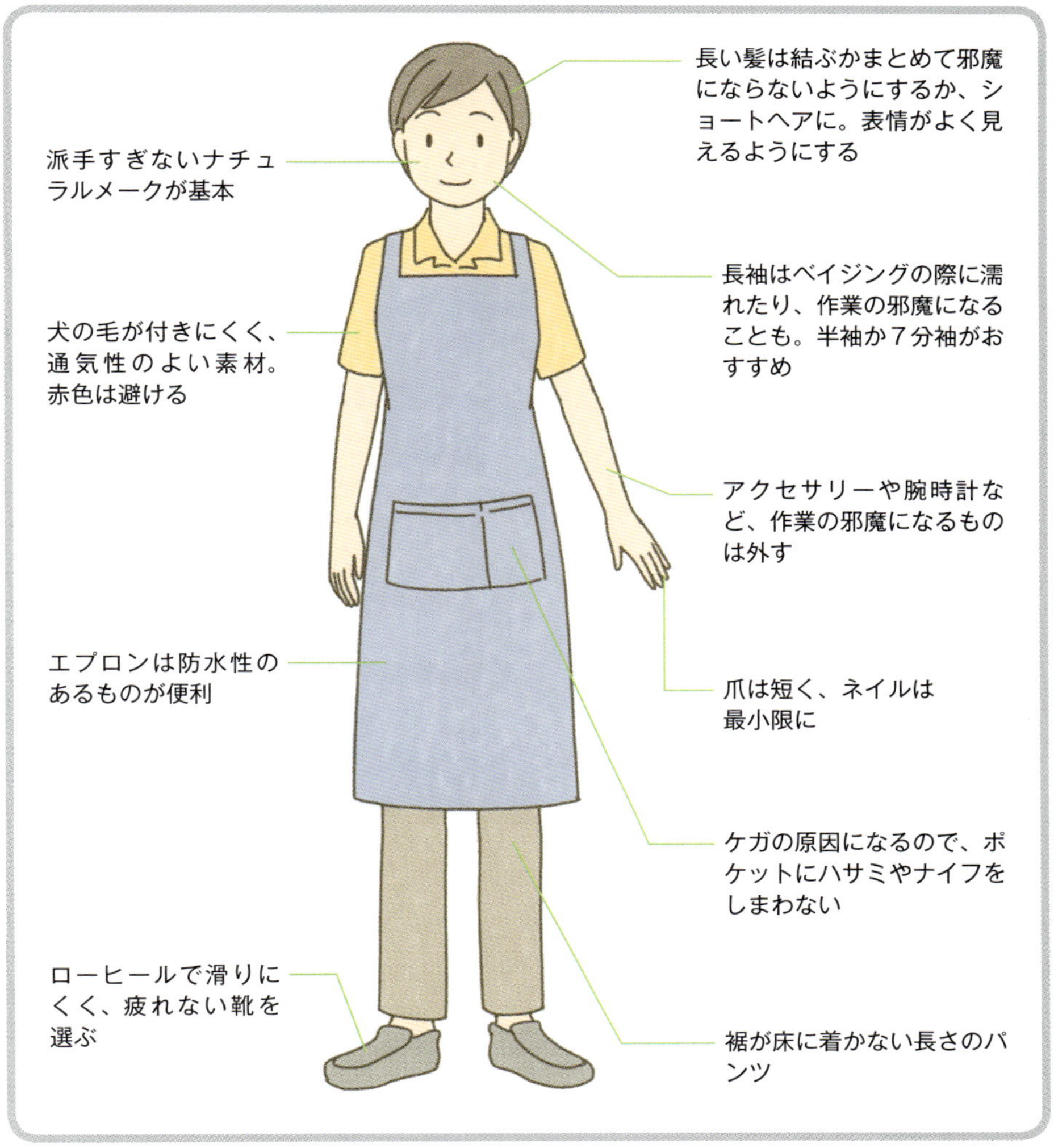
長い髪は結ぶかまとめて邪魔にならないようにするか、ショートヘアに。表情がよく見えるようにする
派手すぎないナチュラルメークが基本
長袖はベイジングの際に濡れたり、作業の邪魔になることも。半袖か７分袖がおすすめ
犬の毛が付きにくく、通気性のよい素材。赤色は避ける
アクセサリーや腕時計など、作業の邪魔になるものは外す
エプロンは防水性のあるものが便利
爪は短く、ネイルは最小限に
ケガの原因になるので、ポケットにハサミやナイフをしまわない
ローヒールで滑りにくく、疲れない靴を選ぶ
裾が床に着かない長さのパンツ

⑦香水等

犬や猫はニオイに敏感です。香水を付けないことはもちろん、香りの強い制汗剤や柔軟剤にも気を付けます。

⑧めがねなど

カットをしていると、目にもかなりの毛が入ります。その点ではコンタクトレンズよりめがねが適していますが、作業効率などにもかかわるので、各自使いやすいほうでよいでしょう。

⑨その他持ち物

メモやノートなどの筆記用具をつねに携帯しましょう。上司の指示や指導内容、気付いたことなどをこまめに書きとめておけば、作業の円滑な進行や、自身の作業効率・技術の向上に必ず役立ちます。シザーケースを使う場合は、必要最低限のサイズのものを、作業の邪魔にならない位置に装着します。

⑩姿勢

作業に集中すると、無理な姿勢になりがちです。「トリマーの健康のために（P14～）」を参照し、よい姿勢を心がけましょう。

無理なく仕事を続ける

トリマーの健康のために

体に負担をかけない

腰痛や手首の痛みに悩むトリマーは非常に多く、もはや職業病と言ってもよいくらいです。これを防ぐには、ふだんから体に負担をかけない姿勢や環境で仕事をすることが大事です。

正しい姿勢は疲労を軽減するだけでなく、正確なトリミングをする上でも大切。トリミングは手先だけの作業ではなく、上半身や下半身を使って全身で行うものだと認識しておきましょう。

●立ち位置と姿勢

実際にハサミやクリッパーを動かすのは腕ですが、安定した状態で作業するには足の位置、体全体の使い方がポイントです。試しに、足をぴったりと閉じた状態で上半身を動かしてみてください。円滑な動きはできないはずです。

●足の開き方

足は開きすぎても、閉じすぎても動きづらいものです。足の開き方は、腕の安定だけではなく、たとえば犬がトリミング・テーブルから落ちそうになったとき、とっさに支える瞬発力にも影響してきます。足の間隔は、かかと部分で約20㎝。軸足（右足）に対して左足が約90度で「ハの字」に開いている状態がよいでしょう。

●余裕のある立ち方

シャンプーやトリミングなどの作業に夢中になりすぎて、長い時間肩や腰に力が入りっぱなしになっていませんか？　これは筋肉疲労のもとになってしまいます。肩、腰、膝、足首の関節にはつねに余裕を持ち、「バネ」の効く状態にしておきたいも

作業時の理想的な姿勢

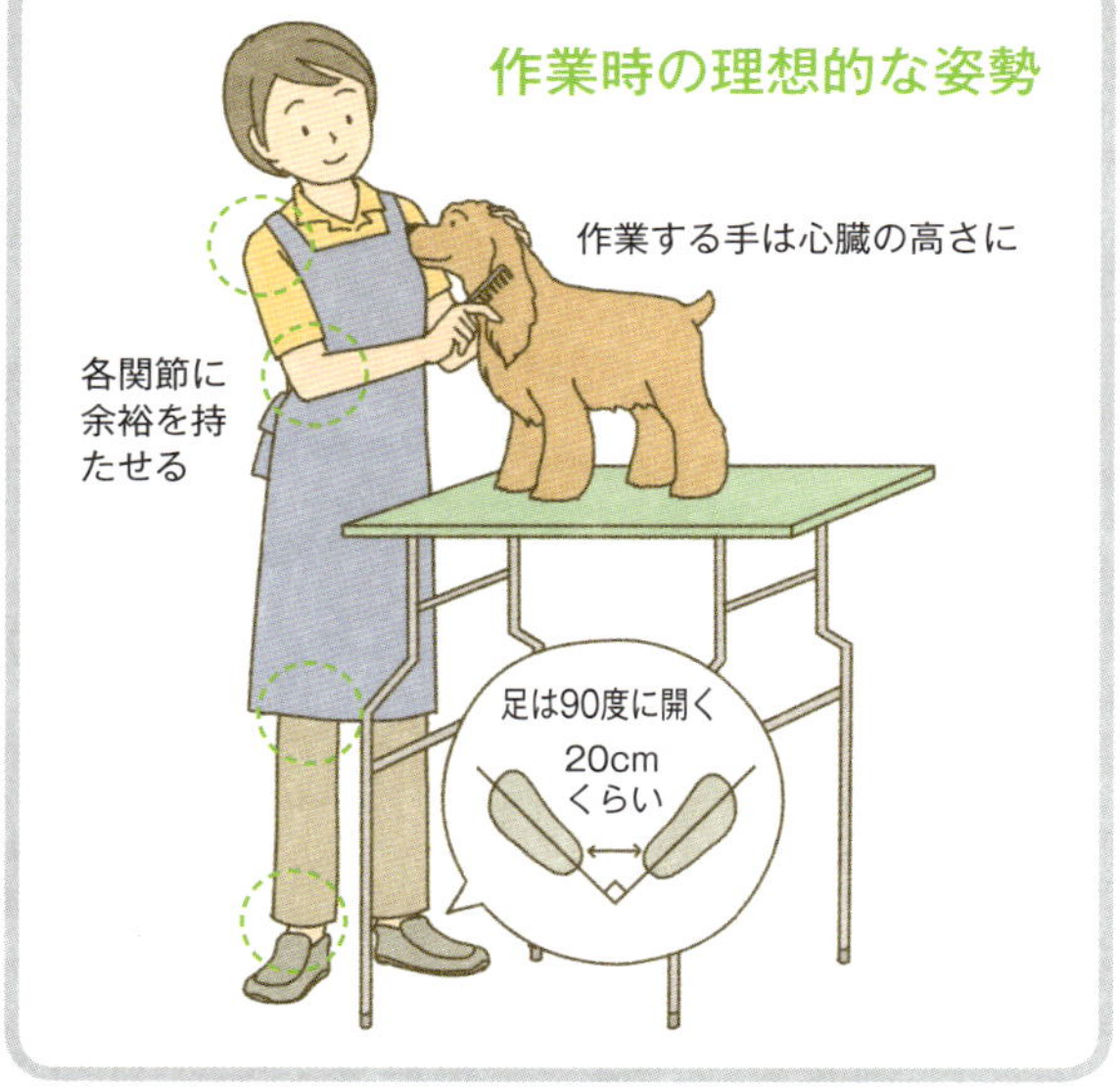
作業する手は心臓の高さに
各関節に余裕を持たせる
足は90度に開く
20cm
くらい

の。各関節が硬直しないよう心がければ、筋肉が緊張しすぎることはありません。

忙しく作業をしながら、意識して筋肉の力を抜くのはなかなか難しいものです。なるべく心がけるようにして、そういう姿勢が自然にできるよう習慣化させましょう。

●体の重心

人の体を正面から見たとき、鼻筋とへそを通る垂直な線が「正中線」です。体の重心はこの正中線に置くようにし、片足だけに体重が片寄らないようにしましょう。

姿勢の良し悪しにかかわらず、「疲れたなあ、もうやりたくないな」と思うと、重心は自然と片寄ってくるもの。結果的に、無理な姿勢が生まれてくるのです。

●テーブルの高さ

トリマーの姿勢に影響するのが、トリミング・テーブルの高さです。中腰で1日じゅう作業して、腰を痛めないはずがありません。扱う犬のサイズによって作業する台を変えてみたり、高さの調節のできるトリミング・テーブルを使用するなどして、不自然な姿勢にならずに作業を進められるように調節しましょう。

トリミング・テーブルの高さは、バランスの取れたカットに仕上げる上でも大切です。トリミングの重要なポイントのひとつが「目線の高さ」にあるからです。自分が作業している部分を、適切な距離、適切な角度で観察するためにも、トリミング・テーブルの高さの調節は欠かせないものなのです。

●明視距離

明視距離とは、自分が作業をしている部位を最もはっきり見ることのできる距離のこと。一般に30~40㎝くらいとされています。ただし、トリミングは手元ばかりを見て行うものではありません。犬全体のバランスを確認するために、時には2mほど距離を置いて見ることも必要です。

トリマーにとって、視力はとても大切なものです。日ごろから目の使い方には十分注意し、酷使しないよう気を付けます。

自身の健康管理

腰が痛くて立てなくなったら、また手首を痛めてハサミが持てなくなったら……。がんばりすぎて無理を重ねて、結果として仕事ができなくなっては元も子もありません。グルーミングは体力と気力を使う作業です。心身の健康管理には十分気を付けましょう。

トリミングの前後には、屈伸運動や柔軟運動をするようにしてください。作業の合間にも軽く屈伸をしてみたり、ももを上げてみたり、肩や手首の関節を回して筋肉をほぐすなどの運動を心がけましょう。

また、作業する部分（ハサミやクリッパーの位置）を、自分の心臓くらいの高さに置くことも大切。手の位置が心臓より高すぎれば血液循環が悪くなり、低いとうっ血を生じやすくなります。トリミング・テーブルの高さの調節の目安にしてください。

手首のストレッチ

トリマーの職業病とも言える腱鞘炎を予防するには、手首のストレッチが効果的。作業の合間に手のひら側と手の甲側、両方伸ばすようにします。

column

手指各部の名称

トリミングを学ぶ際には、よく使う手の部位名を知っておくことも重要です。おさらいしておきましょう。

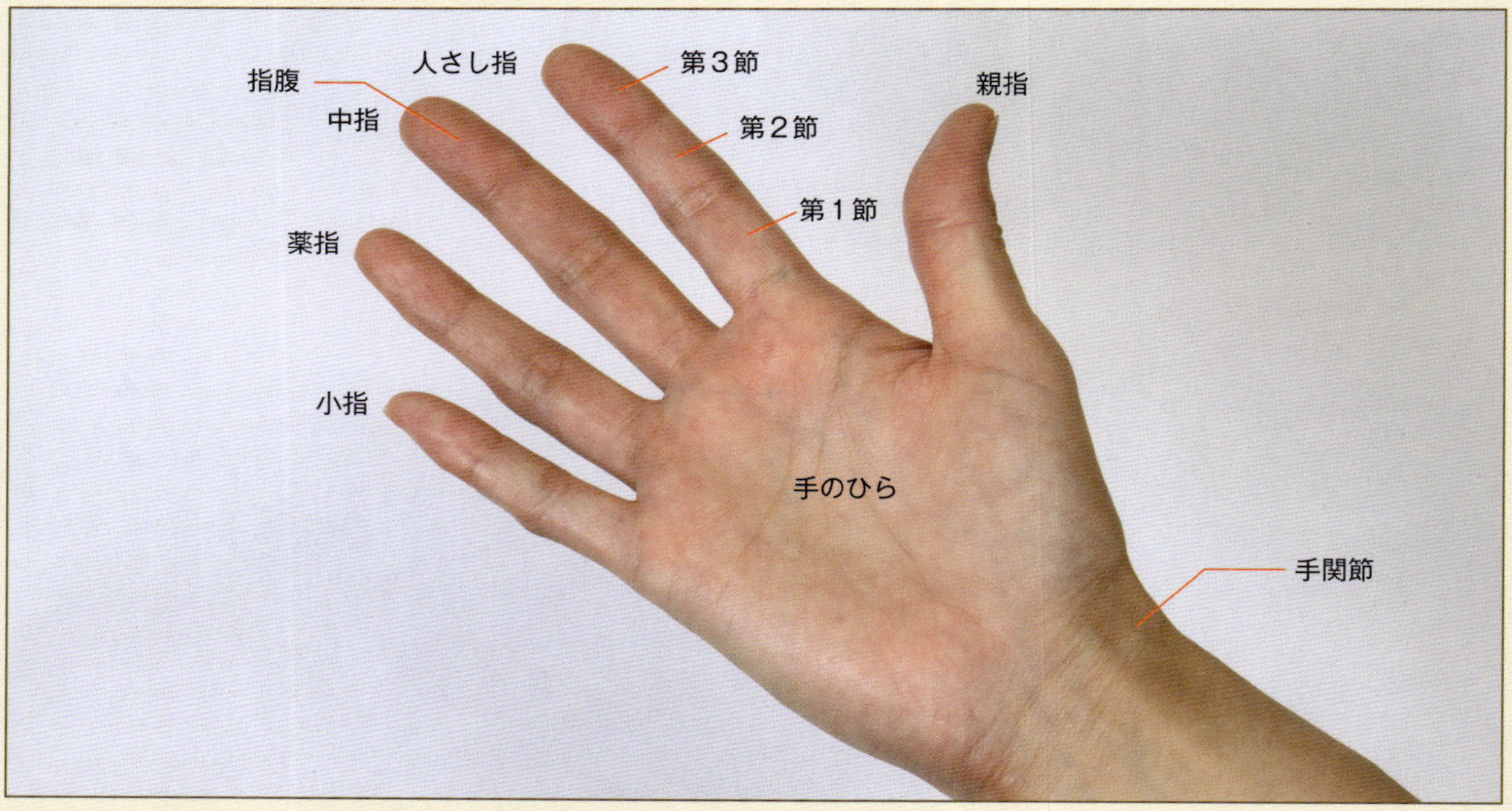

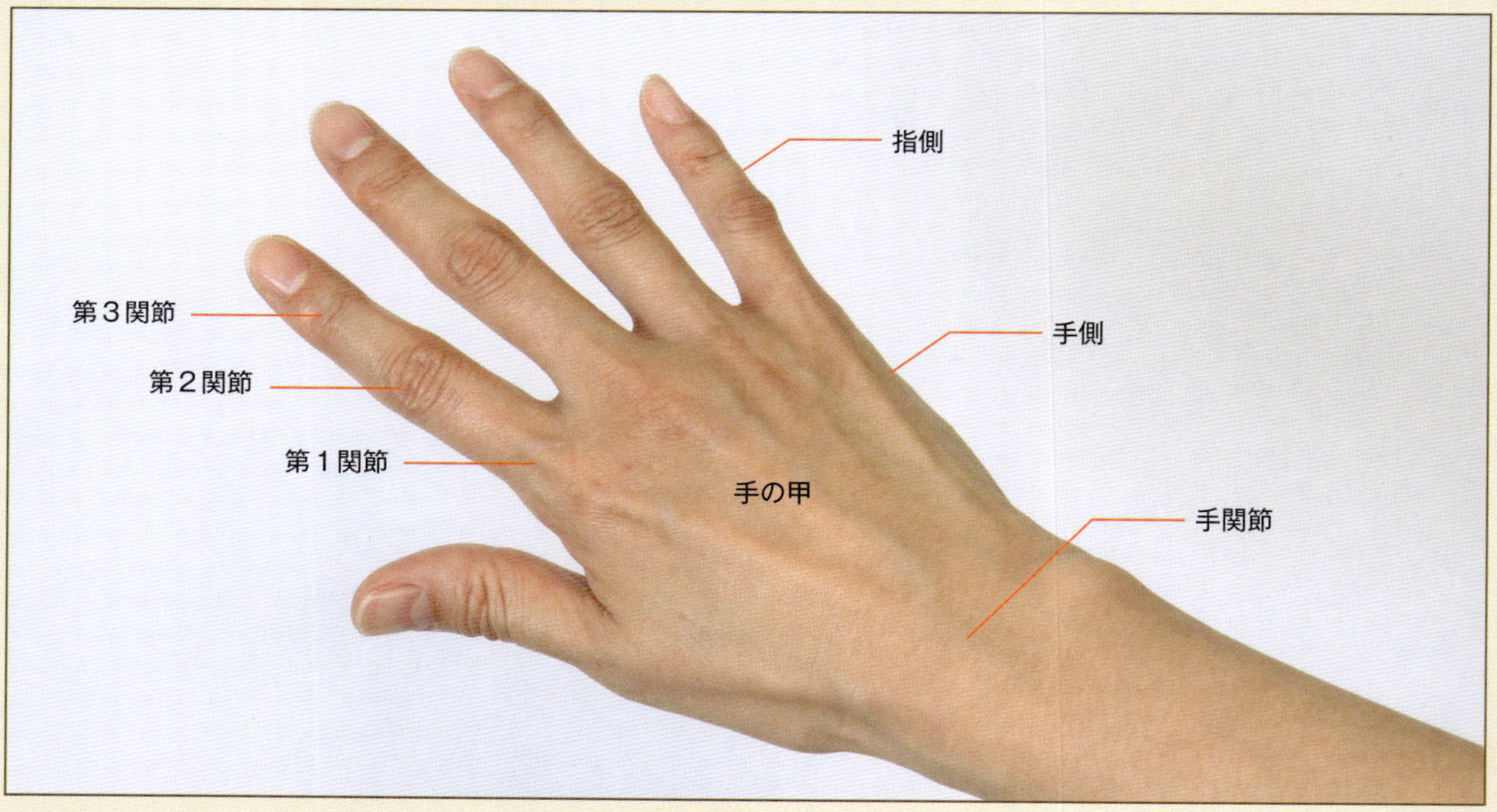

第2章

グルーミング・ツール

福山貴昭

- ハサミ
- クリッパー
- トリミング・ナイフ
- ブラシ＆コーム
- その他のグルーミング・ツール

グルーミング・ツールの種類と使い方①

ハサミ

グルーミング・ツールの扱い方

ハサミをはじめとするグルーミング・ツールについて理解を深めるためには、次の8項目を意識しましょう。

1. 器具の形と使用目的を知る。
2. 器具の名称を知る。
3. 器具の種類を知る。
4. 器具の使用（保持）方法を知る。
5. 作業目的に合わせた器具の選定方法を知る。
6. 購入時における器具の選定方法を知る。
7. 器具の手入れ・保管方法を知る。
8. 器具の改良に努める。

「反《そ》り」と「ひねり」

ハサミの「反り」とは、触点から刃先へかけての曲がりのこと。ハサミの動刃と静刃は、それぞれ反対方向に反っています。ハサミを閉じたとき、刃の真ん中あたりにわずかなすき間があり、刃先だけが接触しているのが適正な状態です。

「ひねり」とは、ハサミの中心を通る真っ直ぐな線に対し、わずかに刃側に向かってねじれている状態を言います。ハサミを開いて刃先側から刃を見ると、ひねりの状態がわかります。

反りとひねりは、毛を切るときに2枚の刃の接触する面積を点のように小さくし、切断する力を1点に集中させるためのものです。ただし、反りやひねりが大きすぎるとハサミがスムーズに開閉しにくくなり、刃の磨滅も早めてしまいます。反対に、反りやひねりが小さすぎると切断力が弱く、硬い毛や多量の毛を切る際、刃のあいだに毛が挟まって切りにくくなってしまいます。ハサミの反り、ひねりの調整には熟練した技術が必要です。

ハサミの反りとひねり

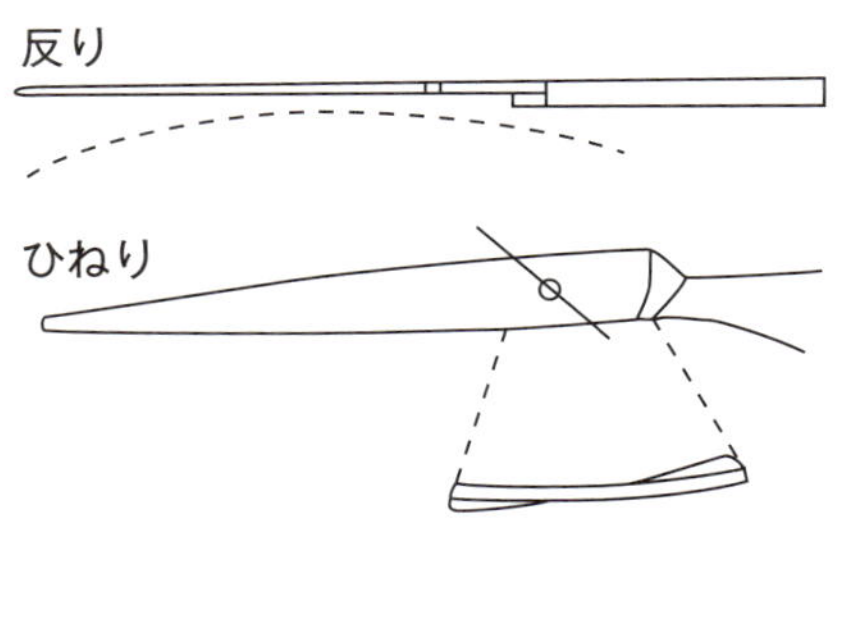

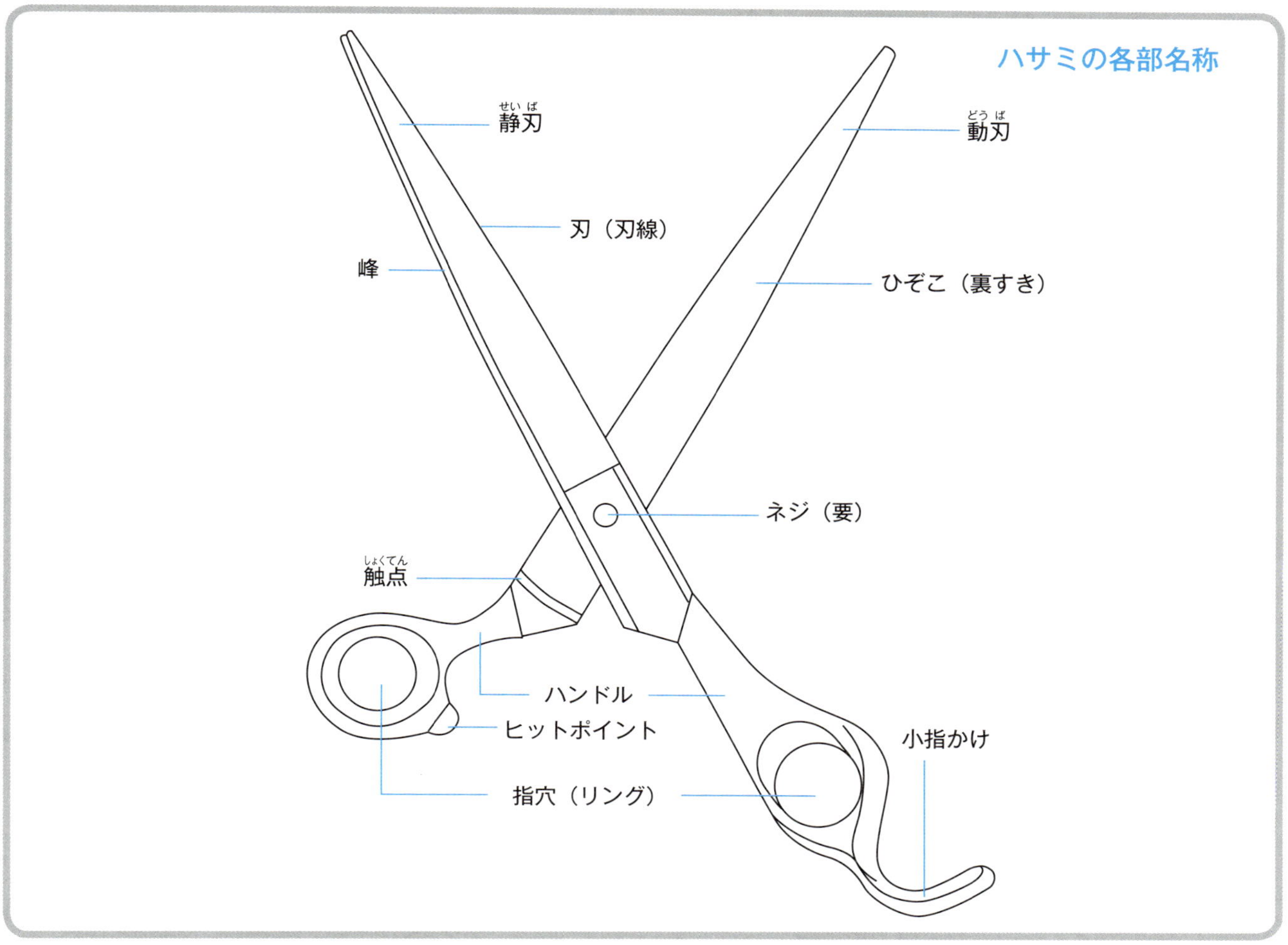
ハサミの各部名称
静刃《せいば》
動刃《どうば》
刃（刃線）
峰
ひぞこ（裏すき）
ネジ（要）
触点《しょくてん》
ハンドル
ヒットポイント
小指かけ
指穴（リング）

ひぞこ（樋底）

刃の裏面に作られた浅いくぼみを「ひぞこ」または「裏すき」と言います。ひぞこの役割は、刃の裏面を研ぐ作業を容易にし、2枚の刃の接触を効率的にして切れ味を高めることです。

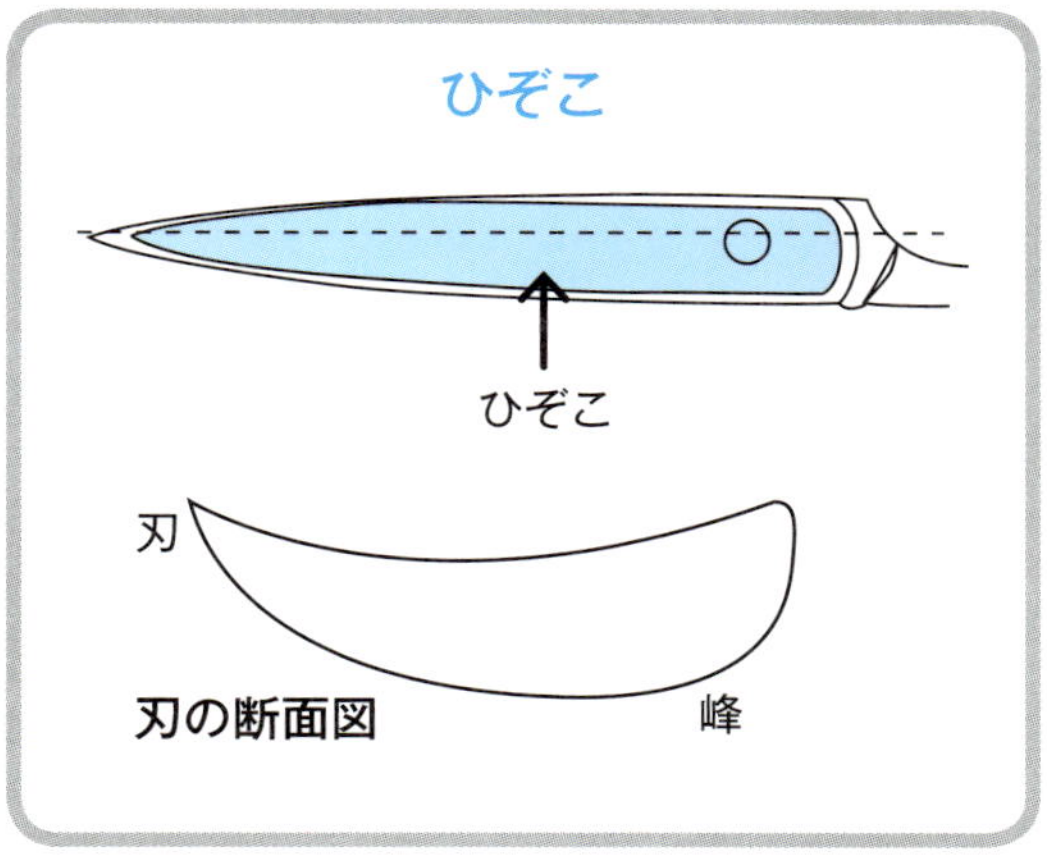
ひぞこ
ひぞこ
刃
刃の断面図
峰

刃角

ハサミは「静刃」と「動刃」の2枚の刃で、毛を挟んで切ります。表刃（ハサミを閉じたとき表側に見える部分）と裏刃（ハサミを閉じたとき内側になる部分）が作る角を「刃角」と言います。刃角が大きすぎると、毛はぶつ切れ状態となります。反対に刃角が小さすぎると切断力が弱まります。
　このようなことから、理容界での刃角の標準は、基礎刈りバサミは60度、修正用ハサミは45度、断髪用は60度とされています。ただし犬の場合は粗毛と軟毛が混ざり合い、被毛の種類も多いため、修正用ハサミでも60度に近い刃角が便利です。

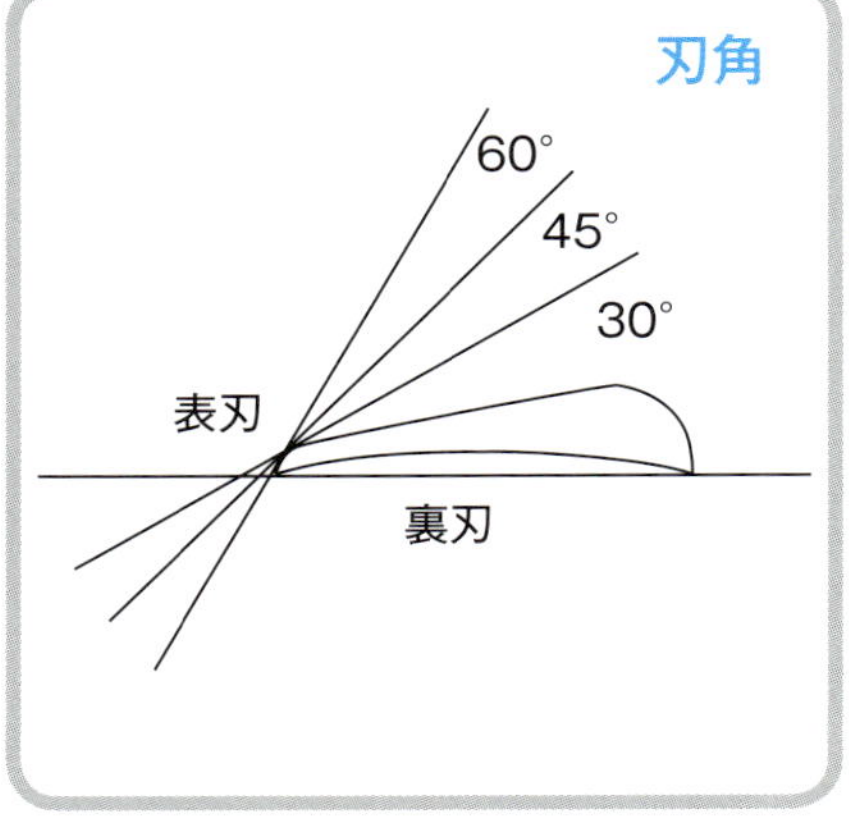

刃線

刃線とは、刃の形（曲がり具合）のこと。ハサミの刃は、刃線によって「笹刃」、「柳刃」、「直刃」、「鎌刃」の4種類に分類されます。
　トリミング用の場合、カッティング面（毛面）になめらかなやわらかみを持たせる点や作業効率を考えると、直刃や柳刃が最も適しています。笹刃は毛を逃がすの

刃の形状

平刃

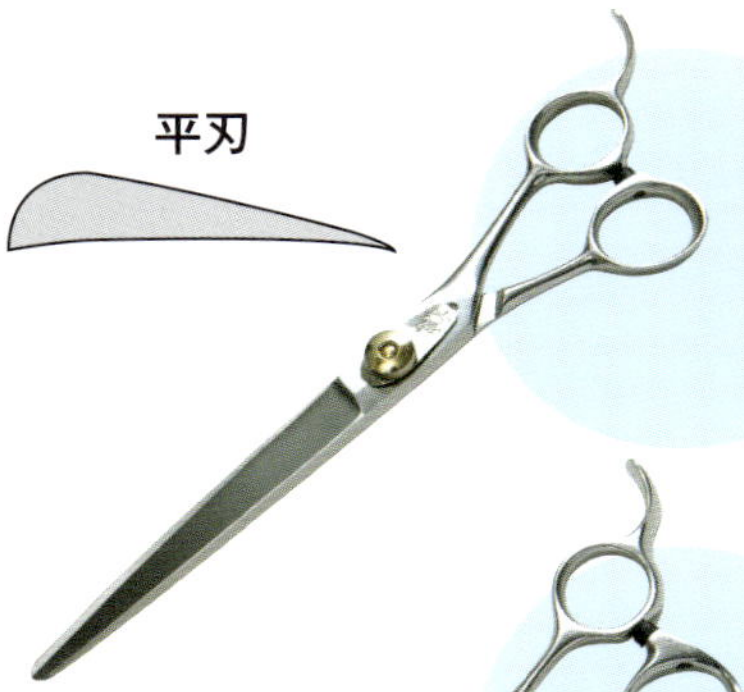

刃の表側を平らに加工したもの。切る力は弱めだが、軽いため、仕上げの繊細な作業などに適している。

ハマグリ刃

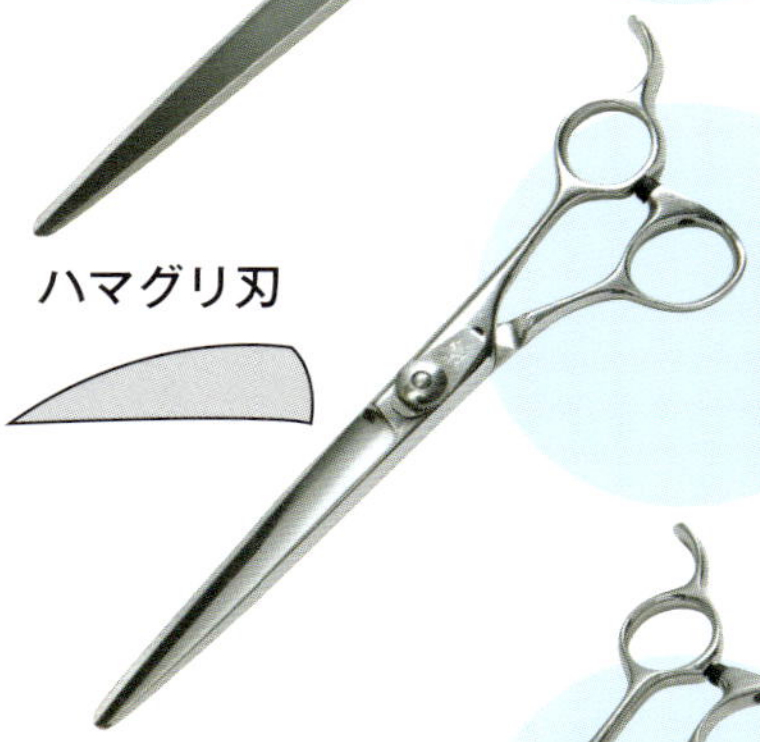

刃の表側を丸く盛り上げるように加工したもの。切る力が強く、現在最も多く使われている形状。

剣刃

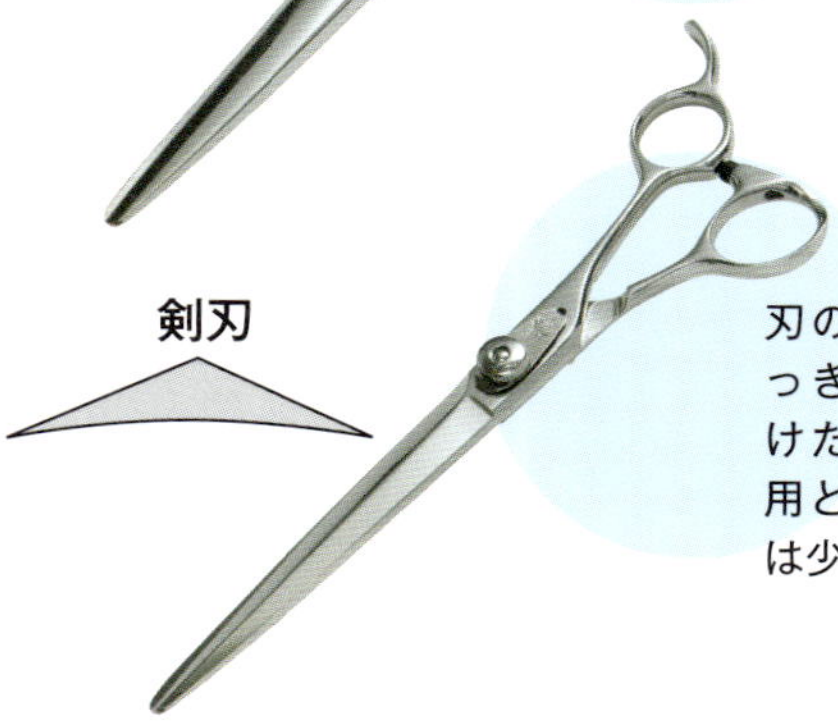

刃の表側の中央に、くっきりとした突起をつけたもの。トリミング用として使われることは少ない。

刃線

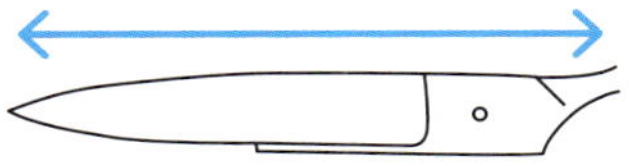

直刃
刃元から刃先までほぼ直線の刃が付いている。

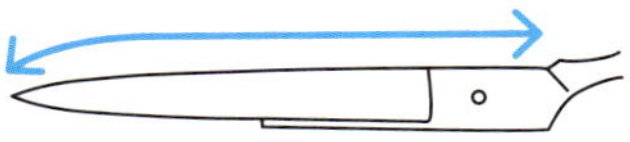

柳刃
刃元から刃先にかけて、緩やかにカーブしている。

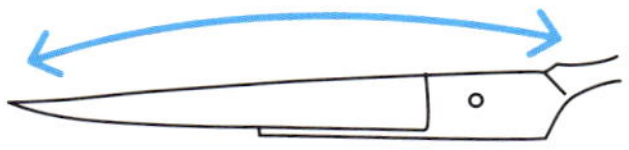

笹刃
刃元から刃先にかけて、大きくカーブしている。

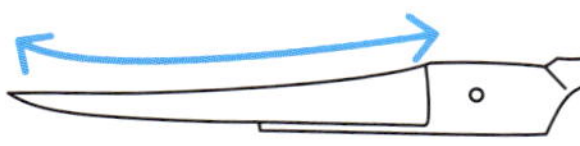

鎌刃
刃元から刃先にかけて、柳刃や笹刃とは逆向きにカーブしている。

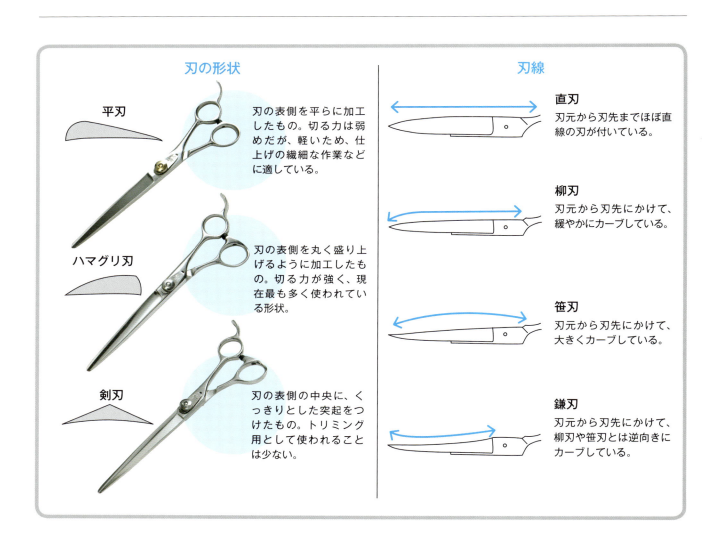

で、やや非効率。鎌刃は毛を逃がさず切ることができますが、刈り跡が残りやすいというマイナス面もあります。ただし、プードルのバンド、ブレスレットのパーティング・ライン、テリアの耳縁などの毛をそろえるのには適しています。

刃の形状

ハサミの刃は、刃から峰への形によって、「平刃」、「ハマグリ刃」、「剣刃」などに分類されます。この形状の違いは、切る力や切れ味（感触）や刃の重さなどの違いに微妙に作用するので、自分にとって使いやすいものを選ぶことが大切です。

触点

触点とは、ハサミを動かしたとき、2枚の刃が接触する部分のこと。ネジ（要）よりハンドル側の、それぞれの刃の裏側にある平らな部分です。触点は、ハサミの切れ味を大きく左右する大切な部分です。

●触点の構造

ネジ（要）～触点の距離は、ネジの中心～刃先のまでの1／5が標準とされています。この距離が短いと、ハサミの重さを十分に利用することができません。反対に距離が離れすぎると、動かすときに必要以上に力を入れなければならなくなるため、手の疲労を早めます。

触点の形状は、動刃、静刃ともに正確に同じでなければなりません。触点は2枚の刃が接触する際の抵抗力を効率よく刃に伝えるためのものです。

動刃を無理に静刃に押し付けるように親指の内方に力を入れるなど、誤った使い方をすると触点に損傷が生じます。

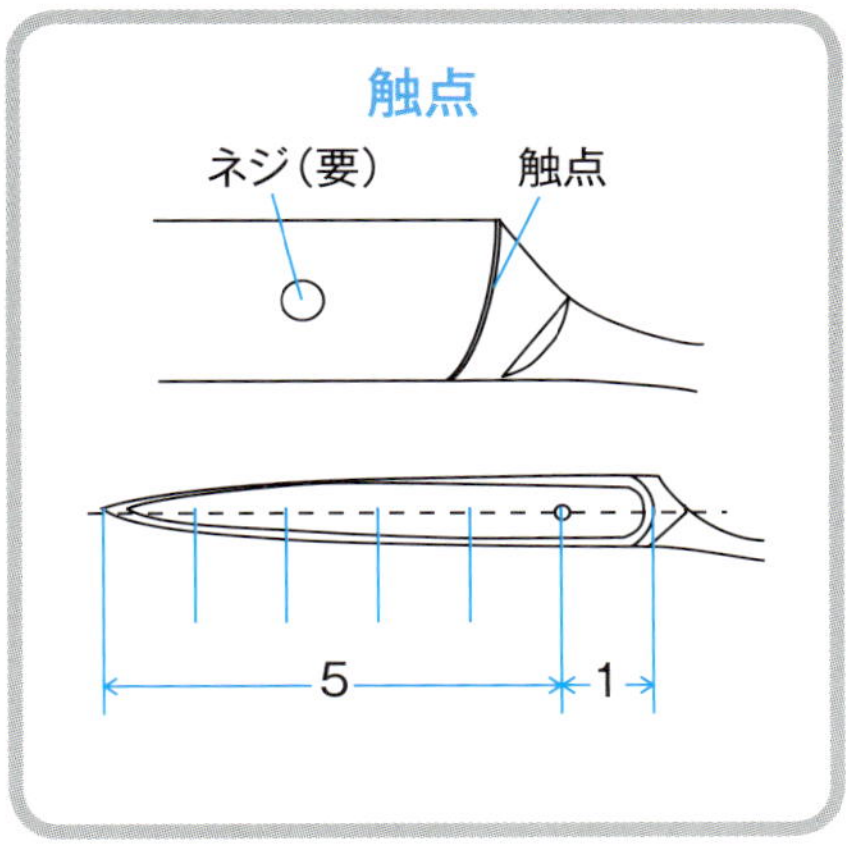
触点
ネジ（要）
触点
5
1

すき間

反りがあることによって、動刃と静刃のあいだには「すき間」と呼ばれる空間があります。刃の中ほどで0・05～0・1ミリ程度のすき間があるのが標準とされています。

すき間が大きすぎると、刃と刃のあいだに毛が挟まって切れなくなってしまいます。反対に小さすぎると、切れ味が落ちる上、ハサミの開閉に無駄な力が必要になります。また、すき間の大きさが不適切だと、刃のあいだに食い込んだ毛を引っ張ることになるため、犬に不快な思いをさせてしまうことになります。

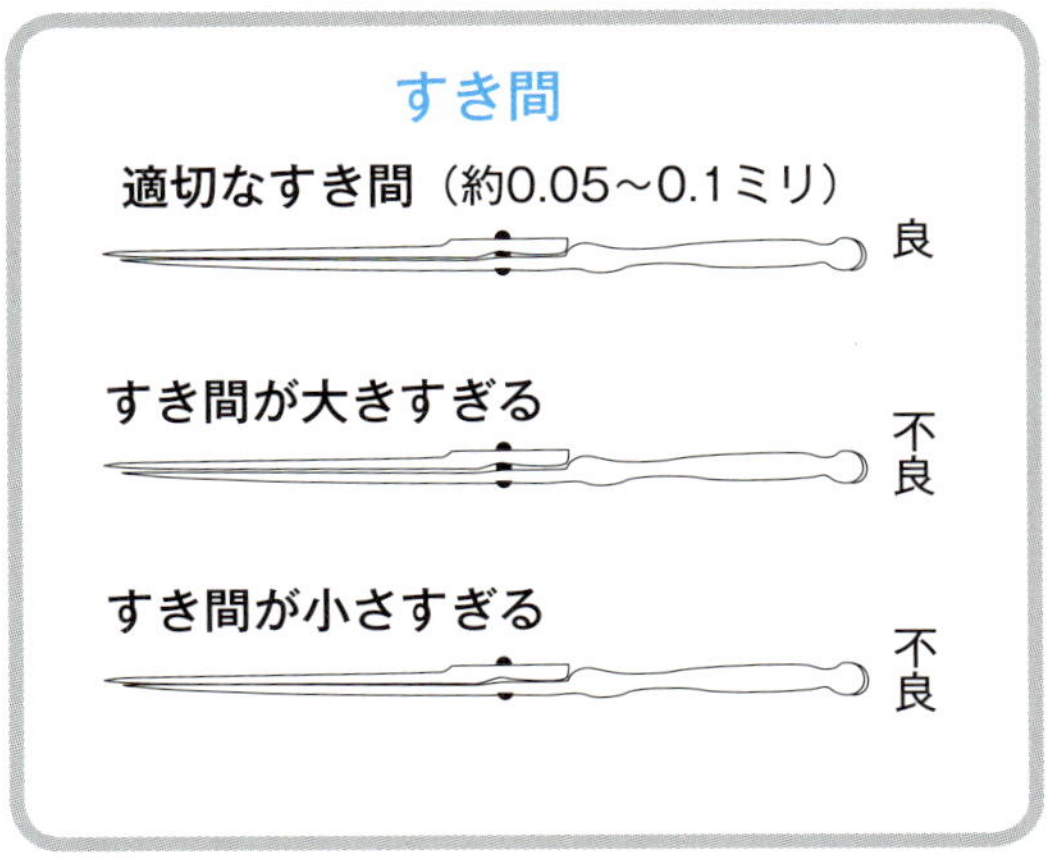
すき間
適切なすき間（約0.05～0.1ミリ）
良
すき間が大きすぎる
不良
すき間が小さすぎる
不良

ハンドル

●ハンドルの長さ

ハンドルとは、ハサミの刃から続く、指穴などが付いた柄の部分のことです。静刃側のハンドルの長さは、ハサミを正しく持って

90度に開いたとき、人さし指に動刃の背が軽くふれる程度が適当です。動刃側のハンドルは、上向き、横向き、下向きなど、どのような向きで使うときでも、指に負担をかけずに90度開閉ができる長さが理想です。

●ハンドルの形状

ハンドルは、指穴の位置によって主に2つのタイプに分けられます。2つの指穴が平行に並んでいるものを「メガネタイプ」、親指を入れる指穴が刃に近い位置にあるものを「オフセットタイプ」と言います。

ハサミをスムーズに動かすためには、ハンドルの長さや形がトリマーの手に合っていることも大切です。購入時には実際に握ってみて、自分にとって使いやすいものを選びましょう。

ハンドルの形状

オフセットタイプ

親指を入れる指穴が、刃に近い位置にあり、メガネタイプに比べて親指を動かす範囲が狭くなる。

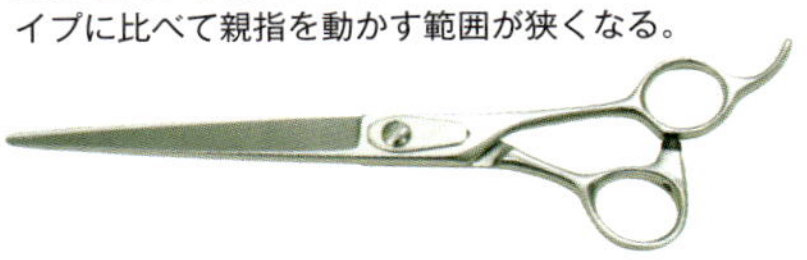

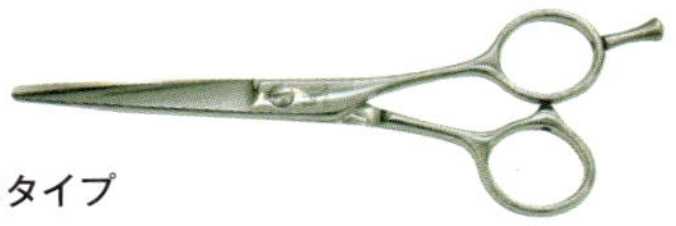

メガネタイプ

2つの指穴が平行に並んでいる。

ハサミの材質

●全鋼鉄（steel）

全鋼とは、鉄に炭素が含まれたもの。ほどよい硬さがあり、切れ味の良さはもちろん、折れたり曲がったりしにくく、磨滅も少ない材質です。

●ステンレススチール(stainless steel)

鉄に一定割合のクロムを混合したもの。現在のハサミの主流で、さびにくいという利点があります。

●セラミック（ceramics）

非金属や無機物などを高温で加工した素材。軽く、磨滅しにくいことが特徴です。

●着鋼バサミ

着鋼バサミは日本独特のもので、鉄などのやわらかい素材をベースにし、刃の部分にだけ硬い金属を張りつける加工がされています。

ハサミのサイズ

ハサミのサイズは、「インチ」で表されます。この長さが表すのは、刃先から指穴まで（小指掛は含まない）の全長。1インチは、約25ミリです。

ハサミのサイズが大きいほど、1回の開閉で多くの毛を切ることができます。また大きさに加え、体積や重量のあるハサミは切る力が強く、太く硬い毛や束になった毛でも小さな力でカットすることができます。

大きなハサミは刃渡りが長いため、仕上げ前の粗刈りをしたり、直線的なアンダーラインを作ったりするのにも適しています。

最も一般的なのが、6~7インチのハサミ。粗刈りから繊細な仕上げ、足先の細かい作業まで、オールマイティーに活用することができます。目頭や耳の縁、足先、触毛の処理など、さらに細かい作業には、5~6インチのハサミが便利です。

ハサミのサイズ

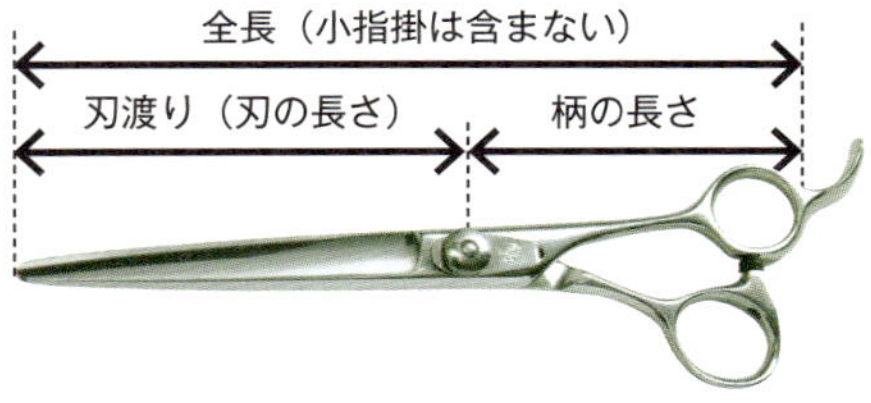

カーブシザーとスキバサミ

●カーブシザー

カーブシザーとは、ハサミの刃がそろって一方向に曲がっているハサミを指します。切り口の角を取ったり、曲線・曲面を表現したりするのに適しています。カーブの角度は製品によってさまざまなので、作業内容や使いやすさに合わせて適したものを選びます。

●スキバサミ

スキバサミ（セニング・シザー）は、刃が櫛《くし》状に加工されたハサミ。櫛の目の数・間隔や櫛刃の先端の加工のしかたなどによって、カット率が異なります。カット率とは、1回の開閉で切れる毛の割合のことです。たとえば100本の毛を挟んで開閉したとき、20本の毛が切れるものは「カット率20％」と表されます。

スキバサミは、毛をすいて毛量を調節するほか、クリッピング・ラインをぼかす、ナチュラルな毛流を作る、被毛の質感をふんわりとやわらかく見せる、などの作業にも役立ちます。

●ブレンディング・シザー

スキバサミの櫛刃の数を「目数」と言います。スキバサミのうち、一般的なものより目数が少なく、カット率が高いものが、「ブレンディング・シザー」と呼ばれます。ぼかす作業などを効率よく行うことができますが、カット率が高いため、切りすぎないように注意が必要です。

刃の形状と特徴

カーブシザー

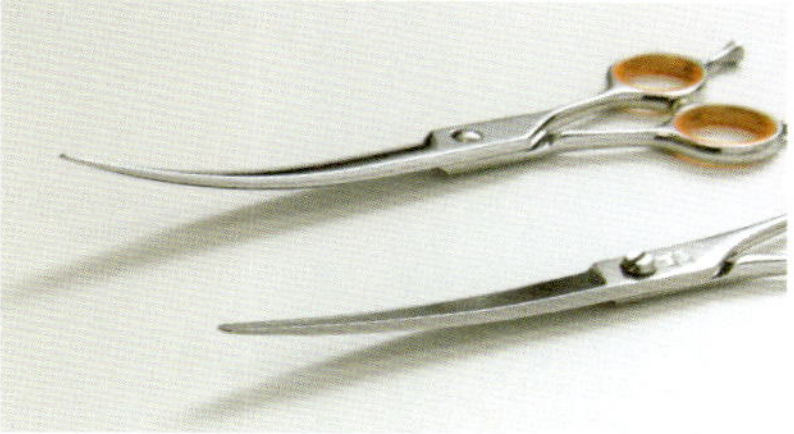

スキバサミ

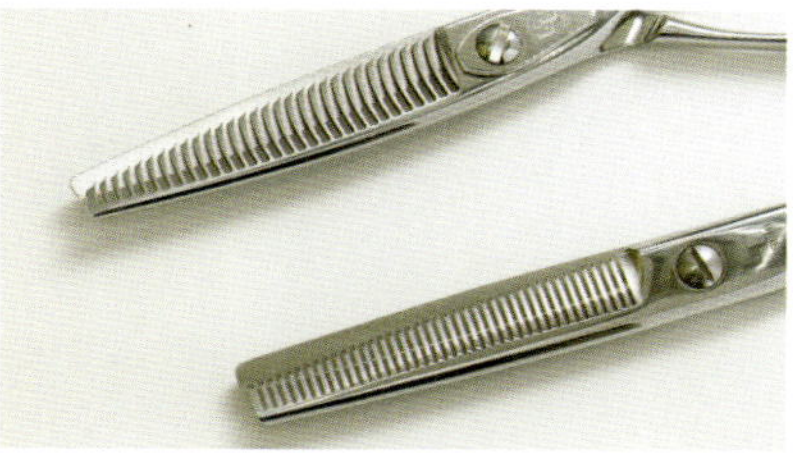

ブレンディング・シザー

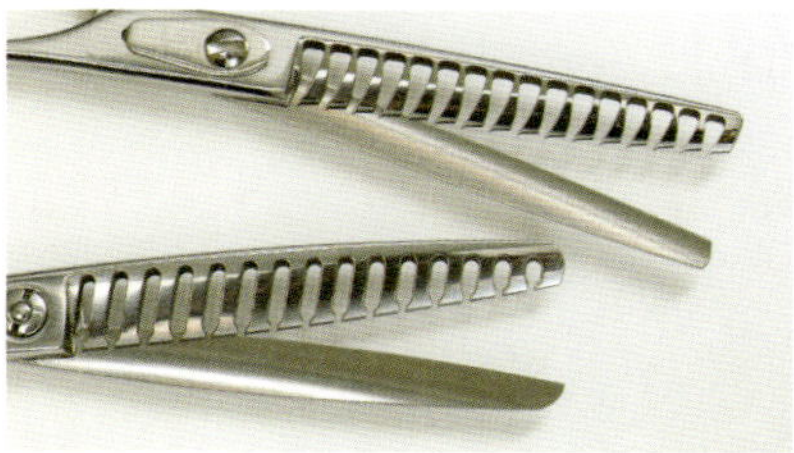

購入時のチェックポイント

ハサミを購入する際は、実物を手にとり、サイズや重さ、動かしやすさなどを確認します。とくに、次の6点は必ずチェックしておきましょう。

1. 動刃と静刃のガタつきが大きいものは避ける
2. ネジ（要）の中心が、ハサミの刃の中心にあること
3. 親指の動かす幅と、刃の動く幅が合っている
4. 刃先、ネジの中心、ヒットポイントが直線上にあること
5. ひぞこは深く、ヨレがなく、刃先に抜けていないこと
6. 触点が左右対称で、ずれていたり、偏った傷が付いていないこと

ハサミの動かし方

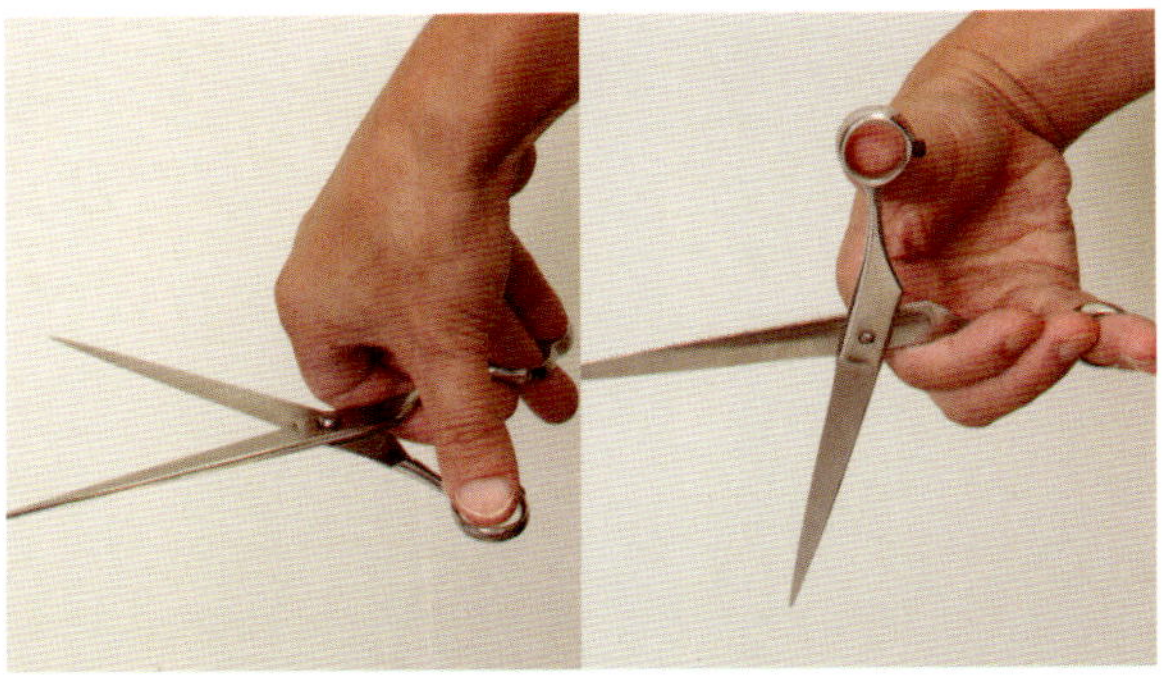

❶ 開くときは親指を伸ばします。

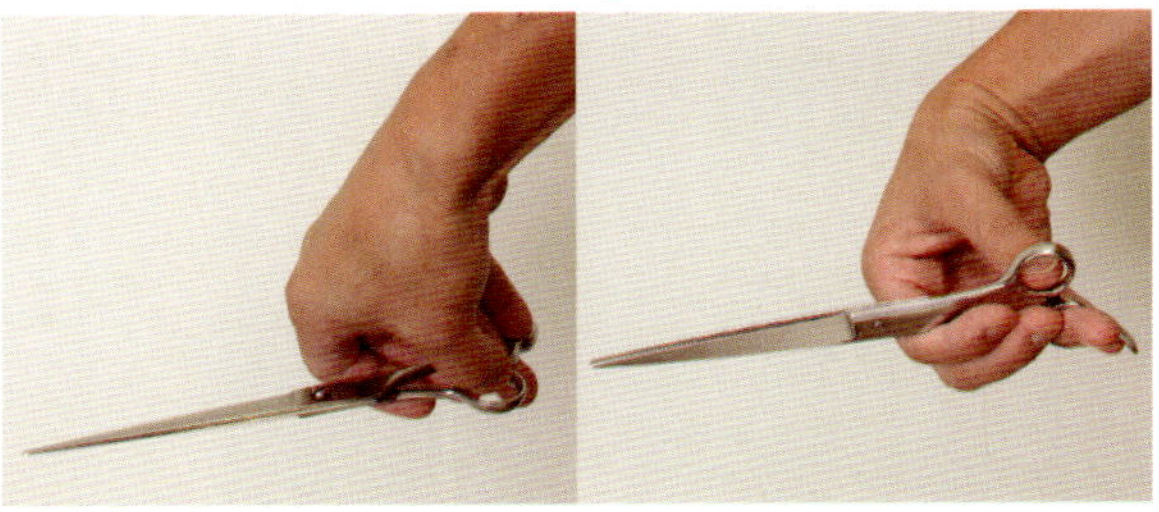

❷ 閉じるときは親指を軽く曲げます。
※親指を使って、動刃だけを動かす。

ハサミの持ち方

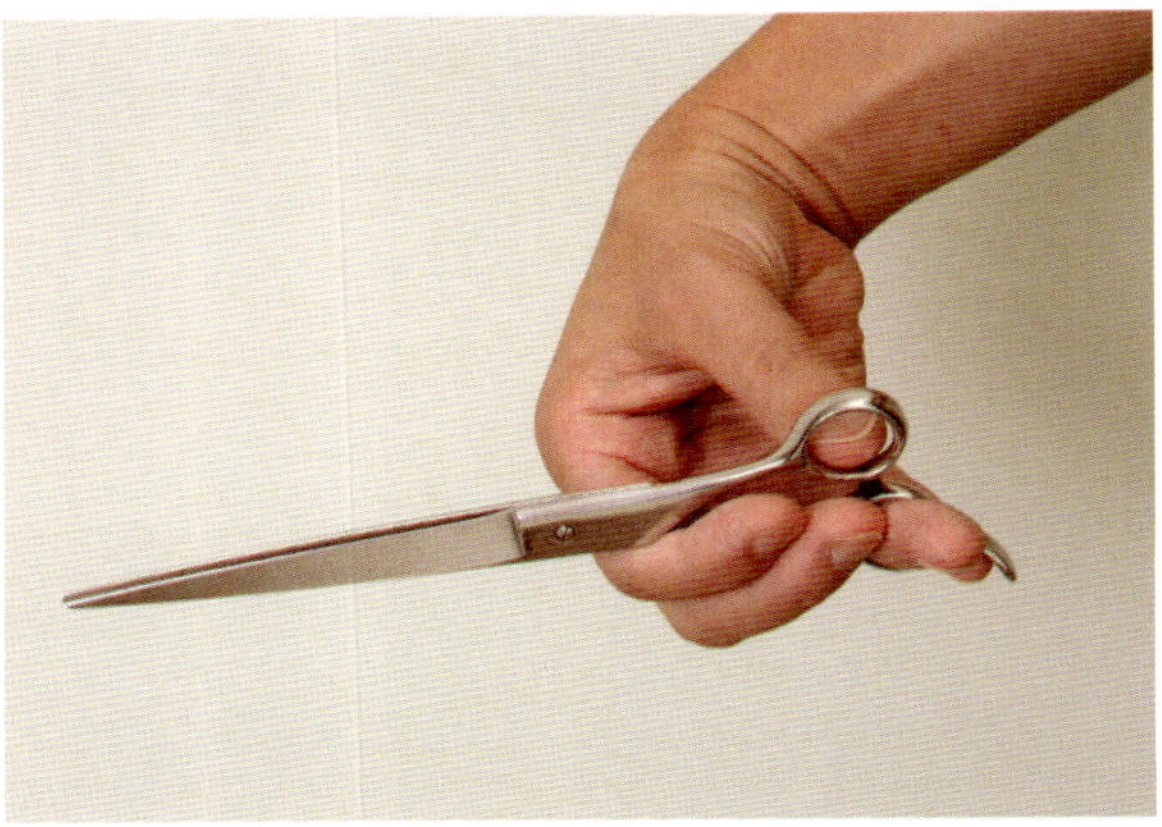

❶ 手のひらを上に向け、薬指を第一関節まで指穴に入れます。

❷ ハンドルが人さし指の第二関節に乗るあたりまで、ハサミの先端をスライドさせます。

❸ 親指を指穴に入れます。

❹ 人さし指、中指を自然に曲げて添えます。

ハサミの手入れ

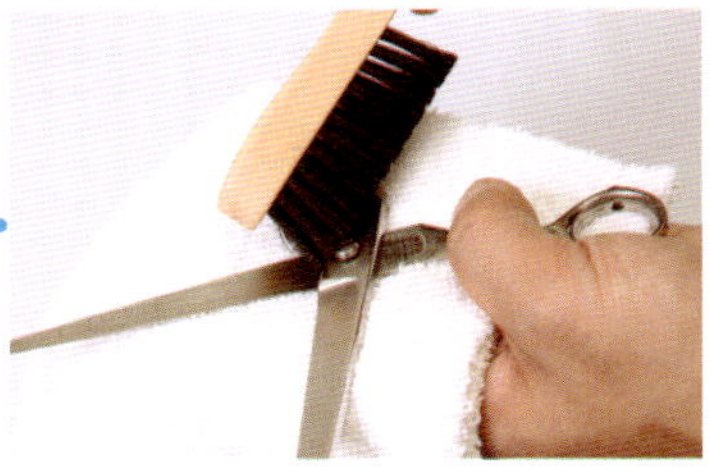

❶ ブラシで毛や汚れを払い、やわらかい布で表面を軽くふきます。

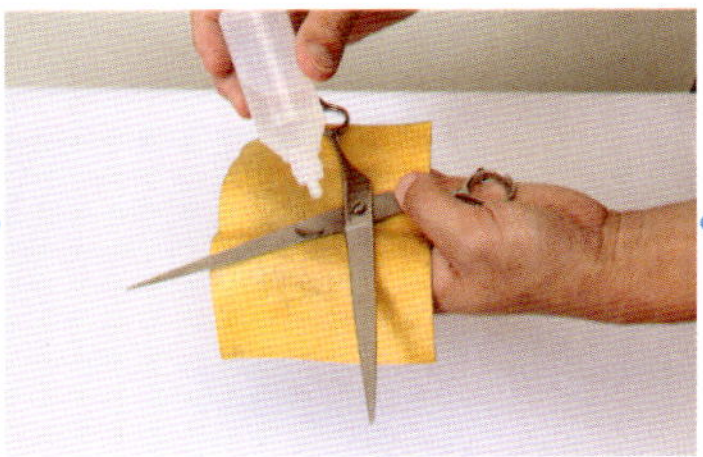

❷ ネジ（要）と触点、刃などにハサミ用のオイルを付けます。

❸ セーム皮でふき取ります。

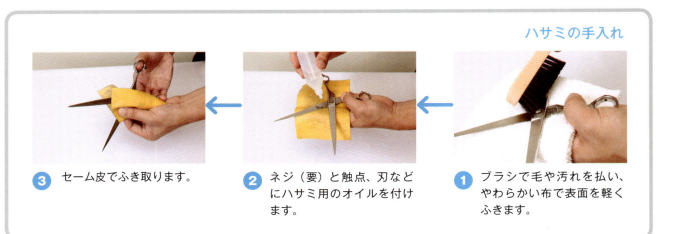

ハサミの種類

中ハサミ／仕上げバサミ（6～7インチ）
粗刈りから繊細な仕上げまで、幅広く使うことができます。

大ハサミ（7インチ以上）
一度の開閉で、たくさんの毛を切ることができます。

スキバサミ／セニング・シザー
刃が櫛状に加工されています。毛量を調節したり、ラインをぼかしたりする際に使います。

ブレンディング・シザー
スミバサミのうち、カット率が高く、櫛刃の先に溝がないもの

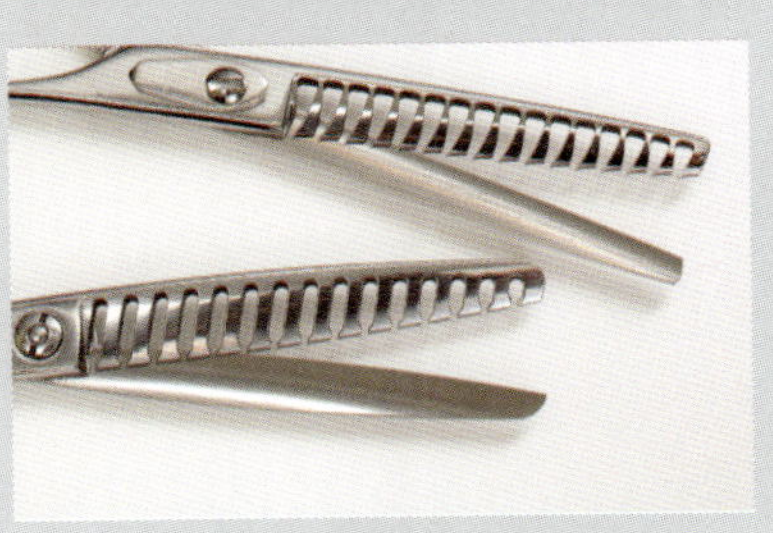

小バサミ／ボブバサミ（5～6インチ）
目の周りや触毛のカットなど、細かい作業に適しています。

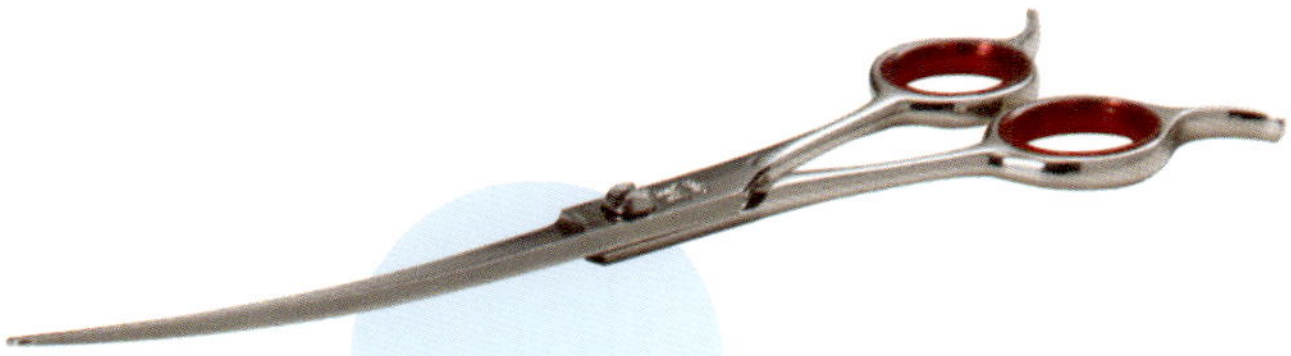

カーブシザー
刃が緩やかに曲がっています。曲線・曲面の表現に便利。

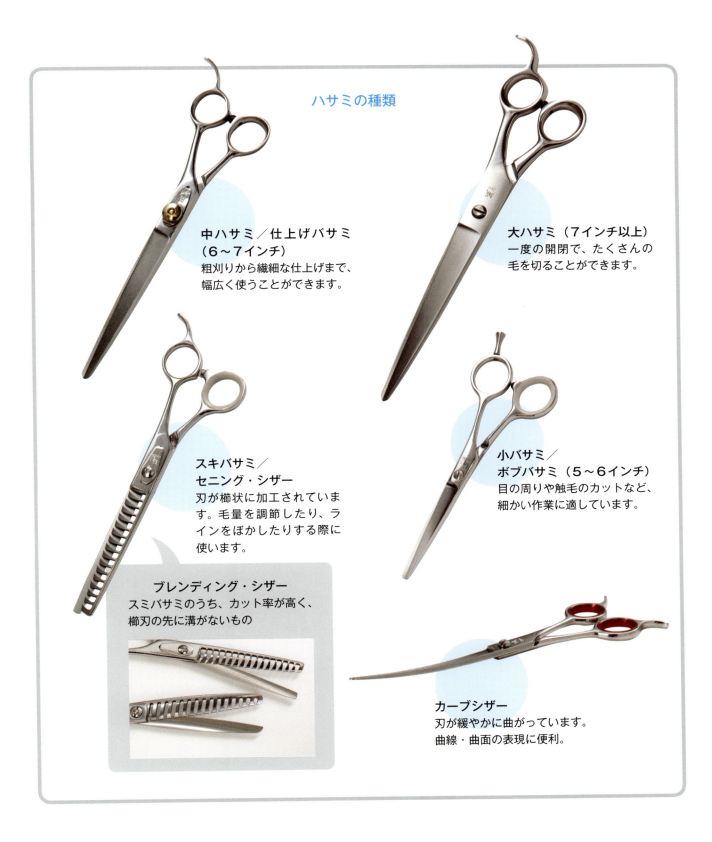

グルーミング・ツールの種類と使い方②

クリッパー

クリッパーの種類

クリッパーは、犬の被毛を刈るための道具です。トリミングに使われるのは電動式がほとんどで、コード式、充電式のコードレス、コードを装着しても外しても使えるものの3種類に大きく分類することができます。

●刃の種類と使い分け

クリッパーで被毛を刈る方法は、「並刈り（並剃り／毛流に沿ってクリッパーを動かす）」と「逆刈り（逆剃り／毛流と反対にクリッパーを動かす）」の2通りです。同じ刃で同じ部分をクリッピングした場合、並刈りのほうが毛が多く残ります。

クリッパーは原則として、残したい毛の長さに応じて刃を使い分けます。刃の種類は、日本では下刃（静刃）の厚さによって「ミリ数」で表されます。たとえば「1ミリ」の刃で並刈りした場合、犬の皮膚に下刃の底を当て、下刃の上にある上刃で被毛をカットすることになるため、約1ミリの厚さで被毛が残ることになります。逆刈りすると、厚さではなく「長さ」が約1ミリの被毛が残るので注意が必要です。また、下刃を当てる角度や皮膚に押し当てる強さ、犬の毛量や毛質なども毛の刈れ方に影響します。

トリミングの現場ではミリ数を目安に刃を選び、修正がきく部分で小さく試し刈りをするなどしてから、適切な刃を選ぶようにしましょう。

クリッパーの構造

クリッパーの細部の構造やサイズは、製品によってさまざまです。モーターの回転速度によって、パワーや振動、使用時の音の大きさなども異なります。重さ、大きさ、刈る力の強さなどを総合的に考えた上で、使いやすいものを選ぶとよいでしょう。

●替え刃の扱い方

クリッパーの刃は、本体に「替刃」を付け替えて使うものが主流です（切り替え用のスイッチで刃の長さを替えるタイプもあり）。替え刃の種類はメーカーや製品によって異なりますが、0・1ミリ～18ミリ程度まで、さまざまな長さがあります。

海外の製品を使う場合、刃の長さの単位

が日本製とは異なるので、おおよそのミリ数に換算した上で試し刈りをし、仕上がりを確認するようにします。また、刃の脱着の方法も日本の製品とは異なるので、正しい手順を知っておきましょう。

クリッピングする際の注意

クリッパーの刃は、ミリ数が大きいほど歯が長く、目幅（刃の凹凸の間隔）も広くなっています。ミリ数の大きい刃を使用するときは、耳、脇といった皮膚の薄い部分や乳頭などを傷つけないよう、十分な注意が必要です。

ミニ・クリッパー

小型犬の足裏など、細かい部分のクリッピングには、小さく軽い「ミニ・クリッパー」が便利です。業務用のほか、家庭でのお手入れ用として普及しているものを使うトリマーも多くいます。

ミニ・クリッパーには、刃を付け替えられないタイプもあります。一般に、家庭でのお手入れ用には、0・6～2ミリ程度の刃が付けられていることが多いようです。

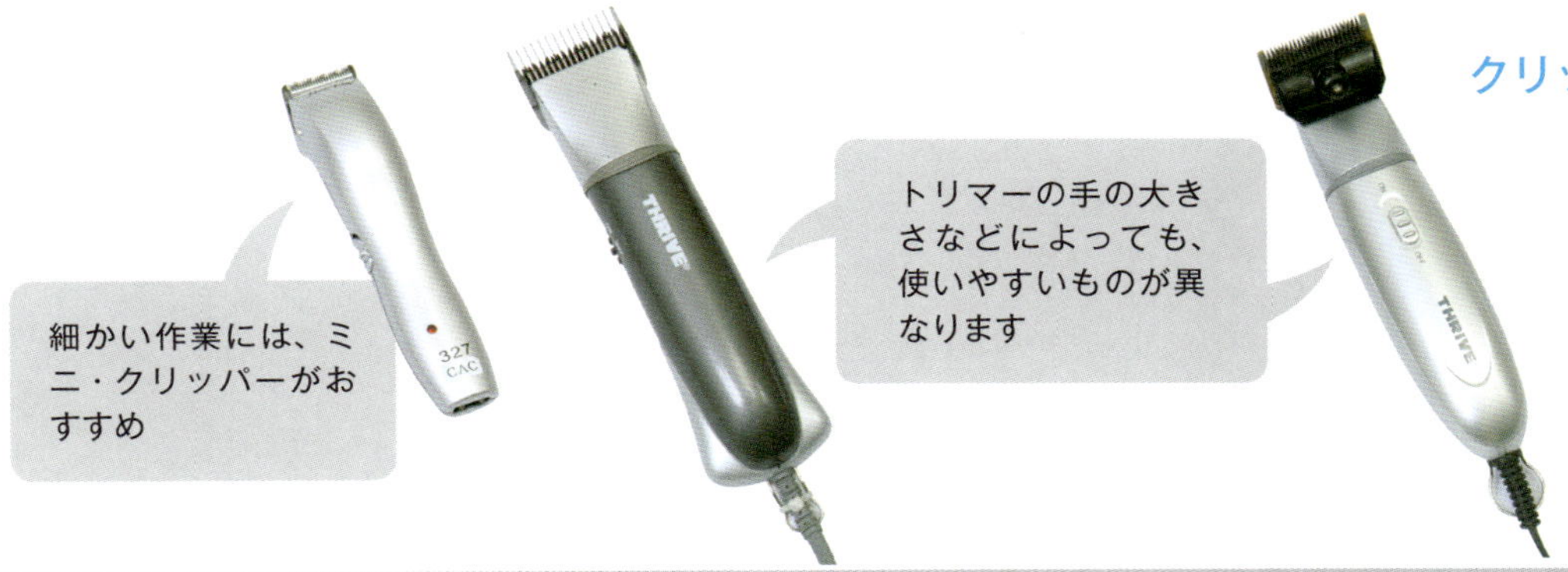
細かい作業には、ミニ・クリッパーがおすすめ
327 CAC
THRIVE
トリマーの手の大きさなどによっても、使いやすいものが異なります
THRIVE

クリッパーのいろいろ

コード付き、充電式、形やサイズなど、さまざまなタイプがあります。

下刃の形

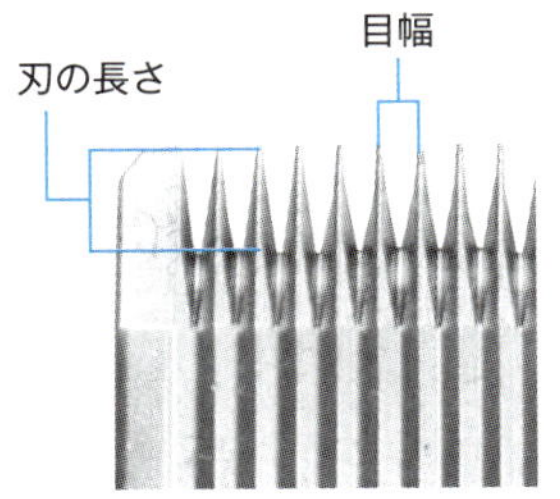
刃の長さ
目幅

クリッパーの刃の構造

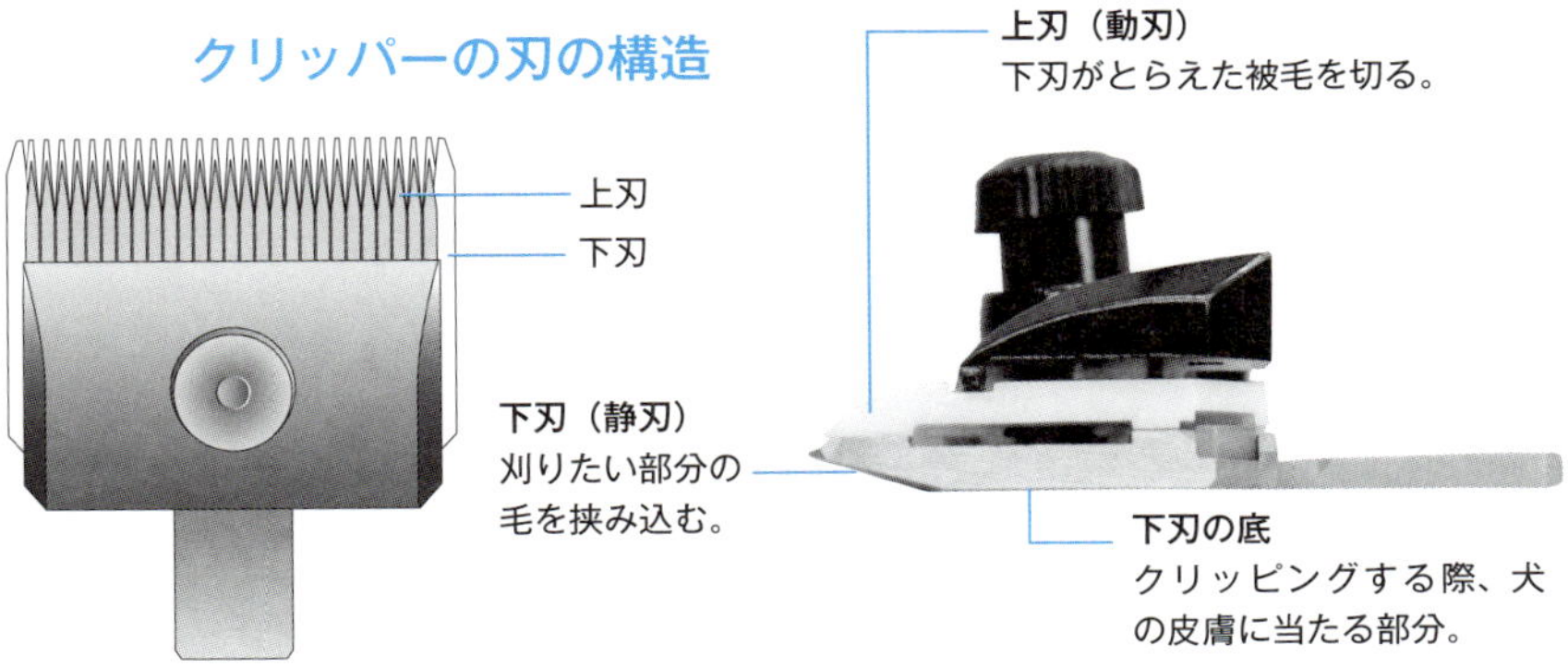
上刃
下刃
下刃（静刃）
刈りたい部分の毛を挟み込む。
上刃（動刃）
下刃がとらえた被毛を切る。
下刃の底
クリッピングする際、犬の皮膚に当たる部分。

クリッパーの刃は、下刃の厚さによって「0.5ミリ」、「1ミリ」のように呼ばれます。このミリ数は、クリッピングした際、刈られずに残る被毛の長さ（厚さ）の目安になります。

クリッパーの持ち方

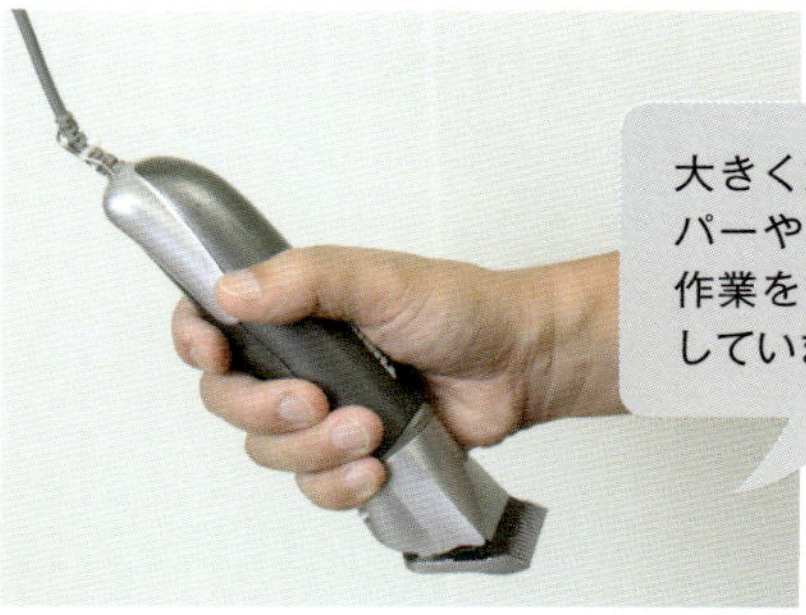

大きく重いクリッパーや、長時間の作業をする際に適しています

手のひら全体で包むように握ります。

真っ直ぐにクリッピングするほか、手首をひねりながら刈るなどの動きが付けやすく、細かい作業に適しています

親指、人さし指、中指の指先で軽く持ちます。

刃の付け替え方

海外製に多いタイプ

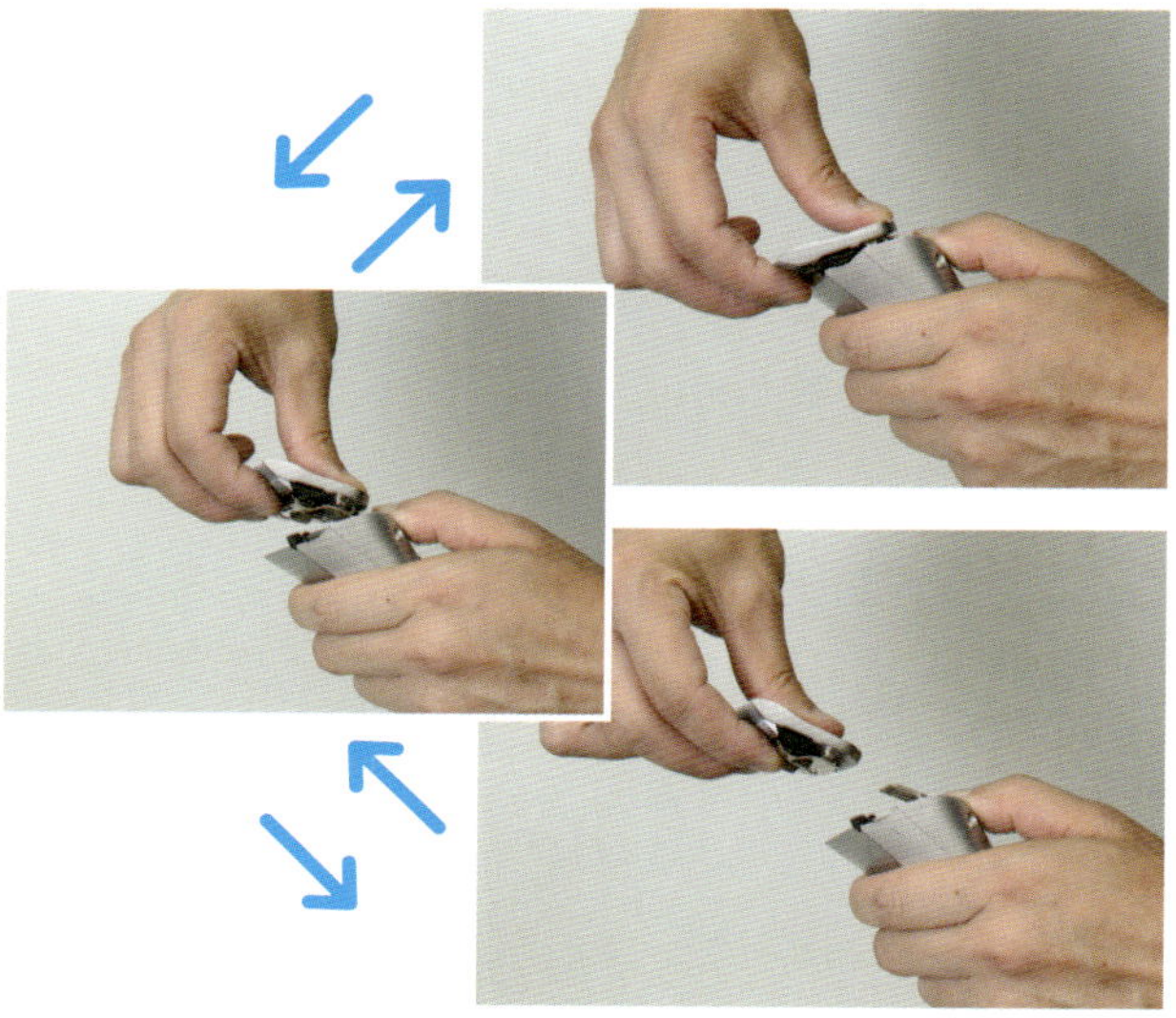

外し方

本体と刃を持ち、刃先を上げるように刃を起こしてから引き抜きます。

付け方

本体のレールと刃の突起を角度を合わせて止まるところまで押し込み、刃先を押し下げます。

日本製に多いタイプ

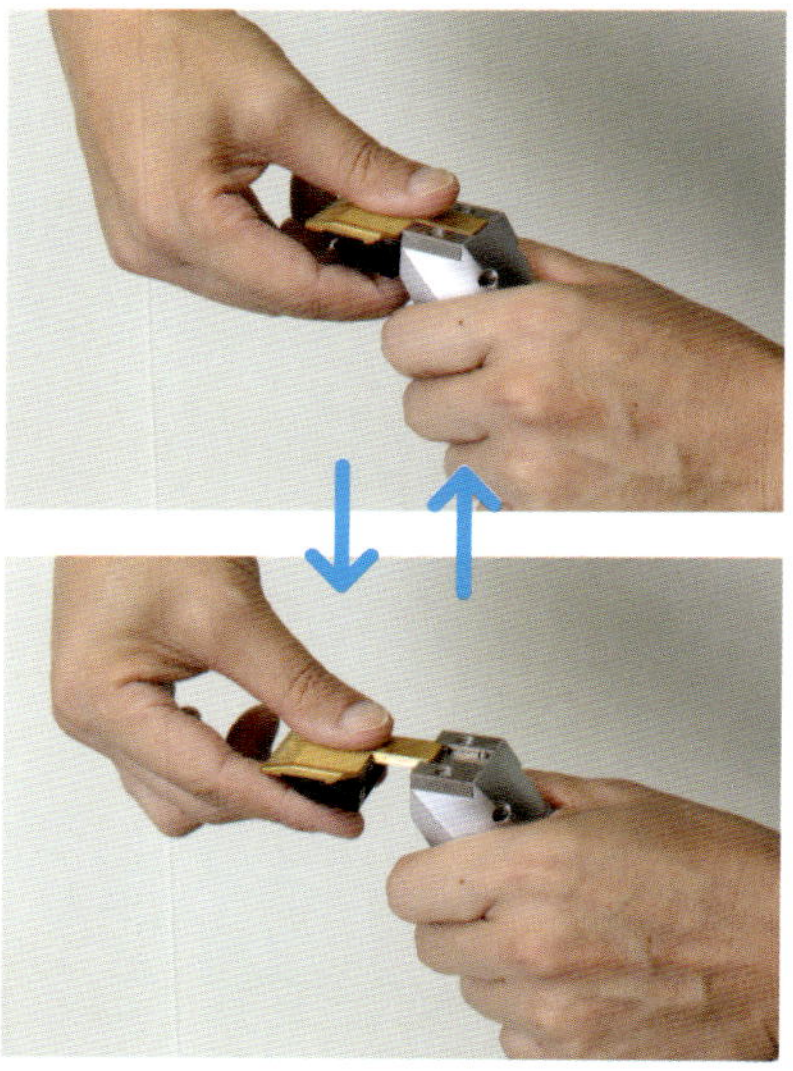

外し方

本体と刃をそれぞれしっかり持ち、刃の角度に合わせて引き抜きます。

付け方

本体のレールと刃の突起を角度を合わせ、止まるところまで押し込みます。

入りにくい場合は、本体の電源をONにしてからさらに押し込みます

クリッパーの刃の手入れ

刃の手入れは、汚れと脂を完全に取りのぞくことが重要です。スムーズな動きと切れ味を保つため、すぐに使わないときはオイルを塗布しておきます。

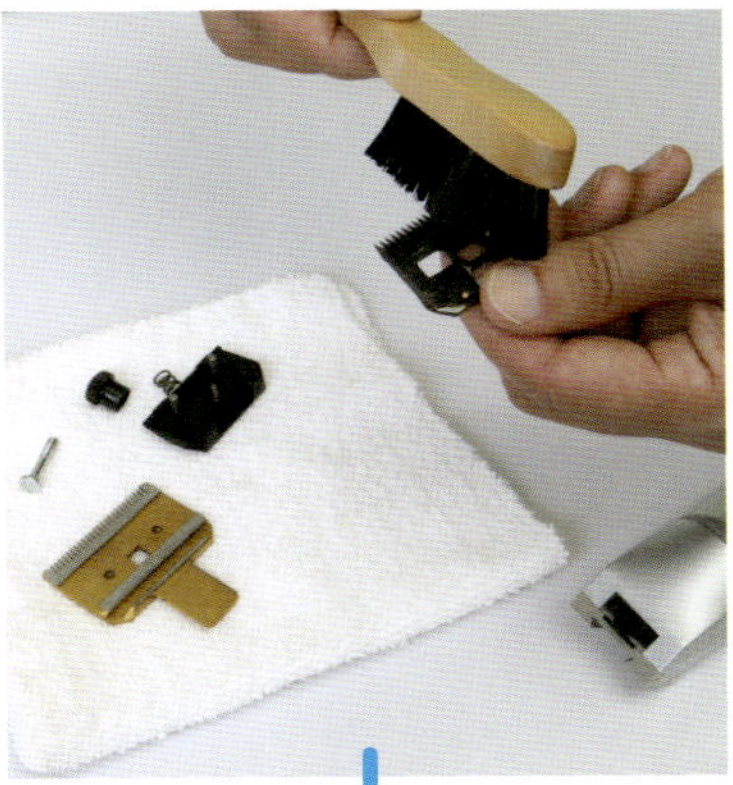

1
本体から刃を外し、刃を分解して、ブラシで各部品の汚れを払います。

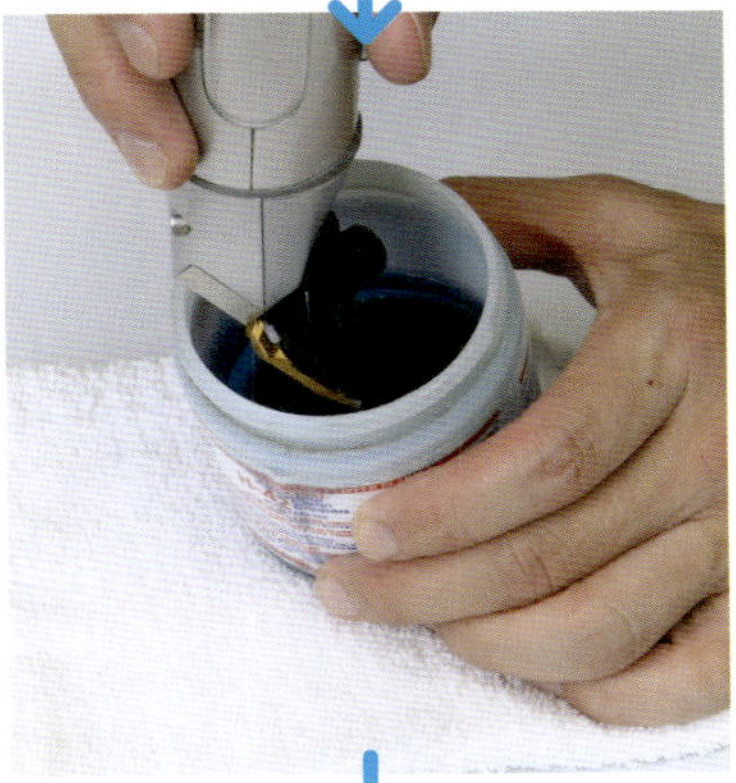

2
刃を組み立てて本体に装着し、専用の洗浄・潤滑剤（消毒効果がある）に浸します。

3
すぐに使う場合は、清潔な布で洗浄・潤滑剤をふき取り、そのまま使います。必要があればバラして、内側もふきます。

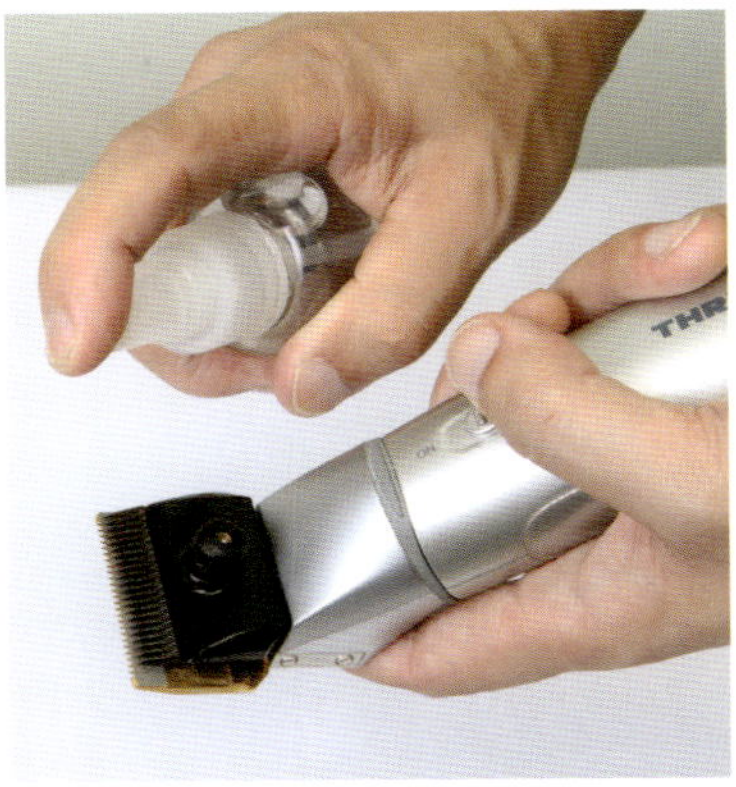

4
消毒後に保管する場合は、洗浄・潤滑剤をふき取った後、オイルをスプレーしておきます。

切れ味が悪くなったら？

ハサミと同様、クリッパーの刃も研ぐことができます。ただし、研ぐと刃がすり減るため、研げる回数には限界があります。長く使った刃が切れなくなった場合は、研ぐ価値があるかどうか確認を。刃の寿命が原因であれば、研いでも切れ味が戻ることはないからです。

グルーミング・ツールの種類と使い方③

トリミング・ナイフ

ナイフの構造

ペットの場合、ハサミやクリッパーでトリミングを行うことがほとんどです。しかしテリア犬種などの場合、本来は主に「プラッキング」によってスタイル作りをします。プラッキングとは、専用のナイフを使って毛を抜くことを言います。

プラッキングに使われるナイフは、平らな金属製のヘッドの片側に、ギザギザの刃が付いています。この刃は毛を切る、ひっかけて抜く、毛の束に深く差し込むためのものです。

●ナイフの選び方

ナイフを選ぶ際のポイントは、目の粗さ（ヘッドのギザギザの幅や深さ）です。目の粗さはさまざまですが、ギザギザが大きいものを「粗目（コース・ナイフ）」、小さいものを「細目（ファイン・ナイフ）」、粗目と細目の中間くらいのものを「中目（ミディアム・ナイフ）」と呼びます。

ナイフは、柄の材質や形、ヘッドの大きさなどによっても使用感が異なります。実際に握ってみて選びましょう。

ナイフの使い方

ナイフで行う作業には、「プラッキング」と「レーキング」の2種類があります。プラッキングは、不必要なオーバー・コートを抜き取る作業。テリア犬種には、一気に毛が抜け変わるはっきりした換毛期がないため、人の手で毛を抜かないと体に古い毛が残り、毛色や被毛の質感が損なわれてしまいます。硬い剛毛のテリアらしい被毛を作るためには、定期的にプラッキングを行う必要があるのです。

プラッキングの基本は、被毛をいくつかの「層」に分けることです。成長を終えた長い毛だけを抜き取り、つねに新しい毛（伸びかけの毛）が体の表面を覆っている状態を保てるようにします。

レーキングは、不要なアンダー・コートを中心に取りのぞくこと。オーバー・コートは残したままアンダー・コートの量を減らし、被毛の厚み等を調整するのが狙いです。テリア犬種の場合、プラッキングと並行してレーキングを行うのが基本です。

アンダー・コートの量を調節できるレーキングは、暑さ対策や皮膚トラブルの予防にも有効。テリア犬種以外でも活用できます。

ナイフのいろいろ

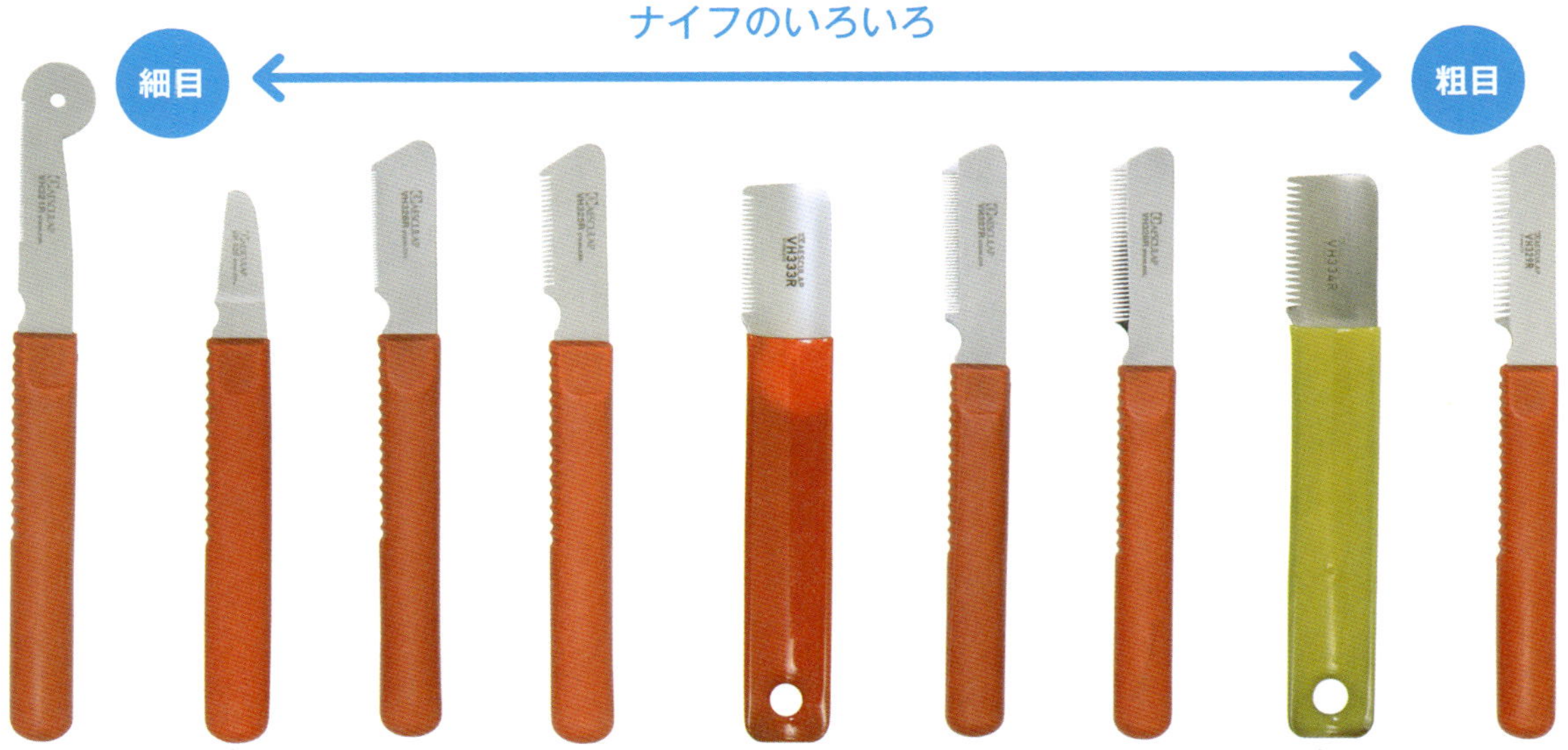
細目
粗目

目が細かいほど、たくさんの毛を抜くことができます

目が粗いほど、被毛の中に刃が深く入ります

細目のナイフの特徴

- プラッキングする際、短い毛もしっかり抜くことができる
- レーキングする際、表面の浅い被毛のみをとらえることができる

粗目のナイフの特徴

- プラッキングする際、ほどよい長さの毛を残すことができる
- レーキングする際、厚みのあるコートにも刃が入りやすい

ナイフの手入れ

ヘッドをブラシで払い、刃に付いた汚れや皮脂を取ります。

プラッキングとレーキングの考え方

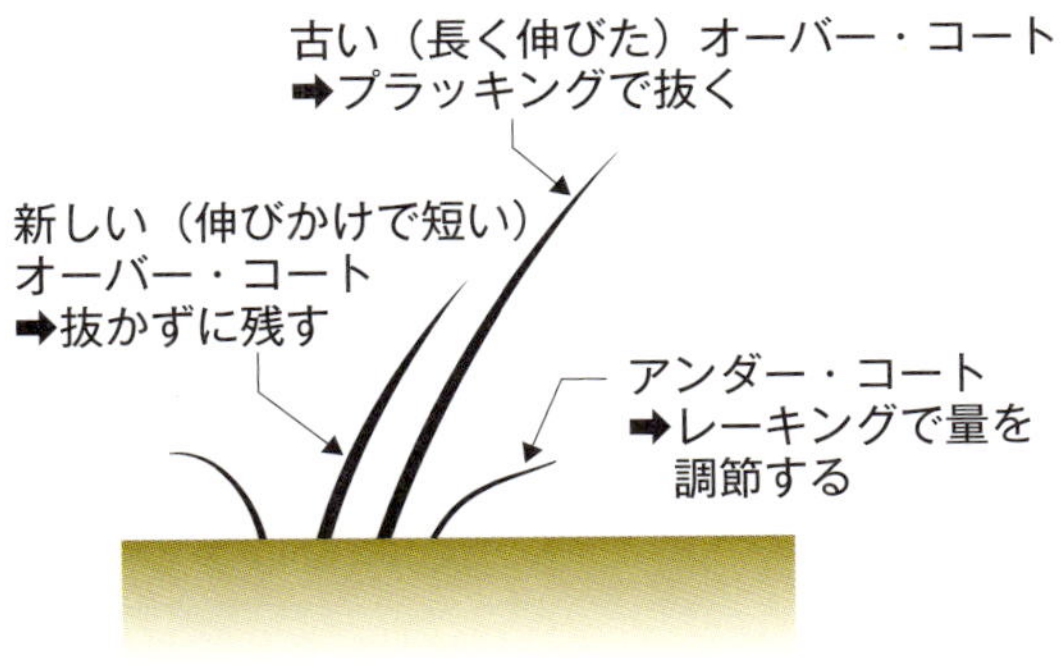
古い（長く伸びた）オーバー・コート
➡プラッキングで抜く
新しい（伸びかけで短い）
オーバー・コート
➡抜かずに残す
アンダー・コート
➡レーキングで量を
調節する

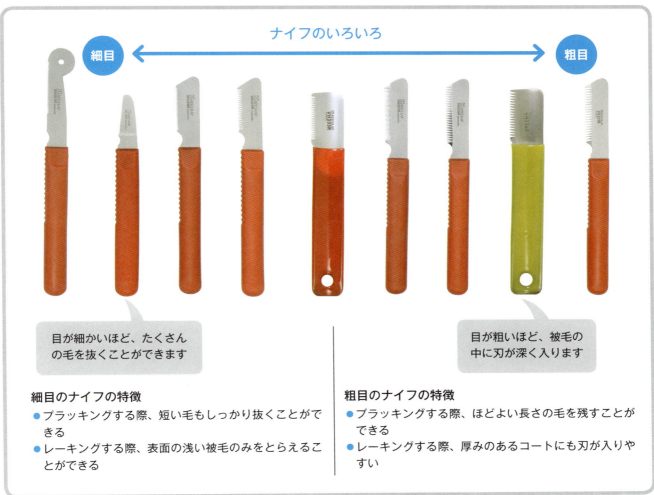

プラッキングの基本

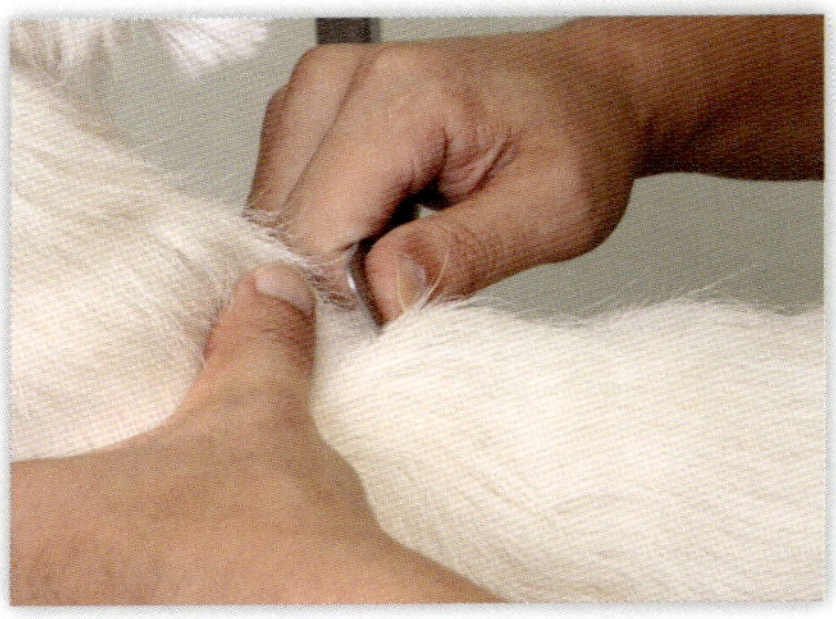

❶ ナイフの柄を人さし指～小指で握って親指をヘッドに添え、犬の皮膚に対して斜めに刃を当てます。

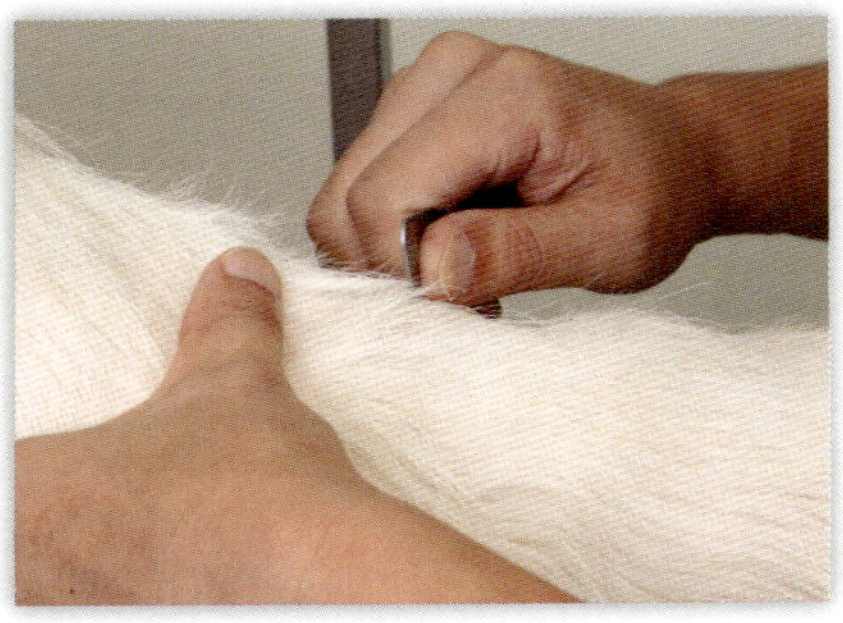

❷ 左手で軽く押さえて皮膚を張らせます。抜きたい毛の毛先にナイフの刃を当て、親指の腹で毛を押さえます。

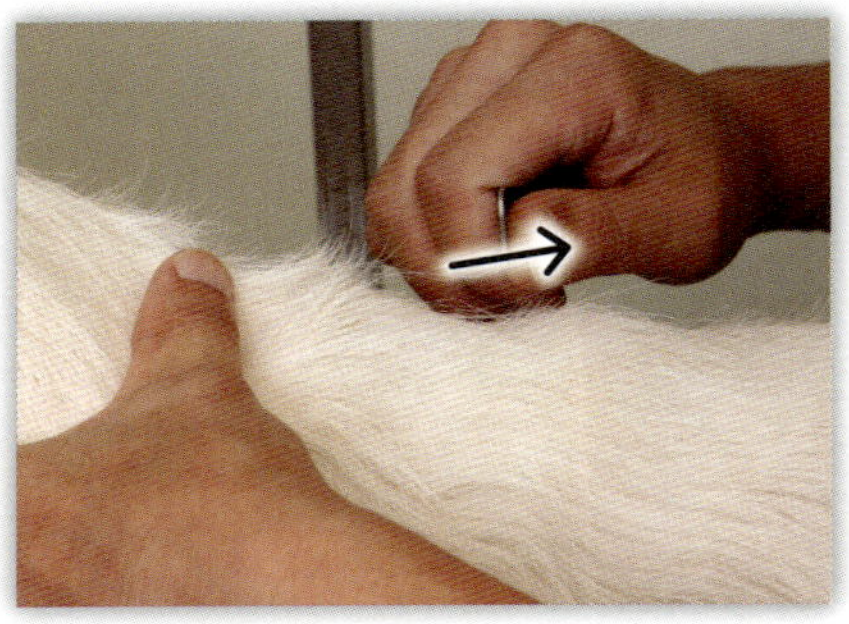

❸ 腕を手前に引き、つまんだ毛を毛流に沿って引き抜きます。

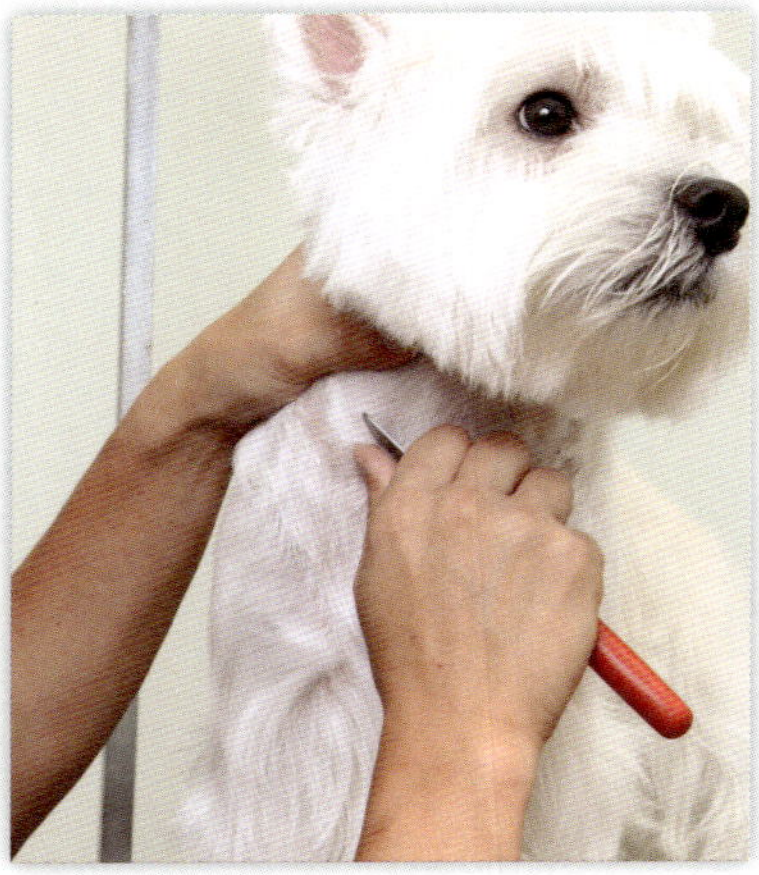

❺ 抜きにくい部分や毛が短い部分は、ナイフのヘッドの先端を使い、親指の先で毛をしっかり押さえて抜きます。

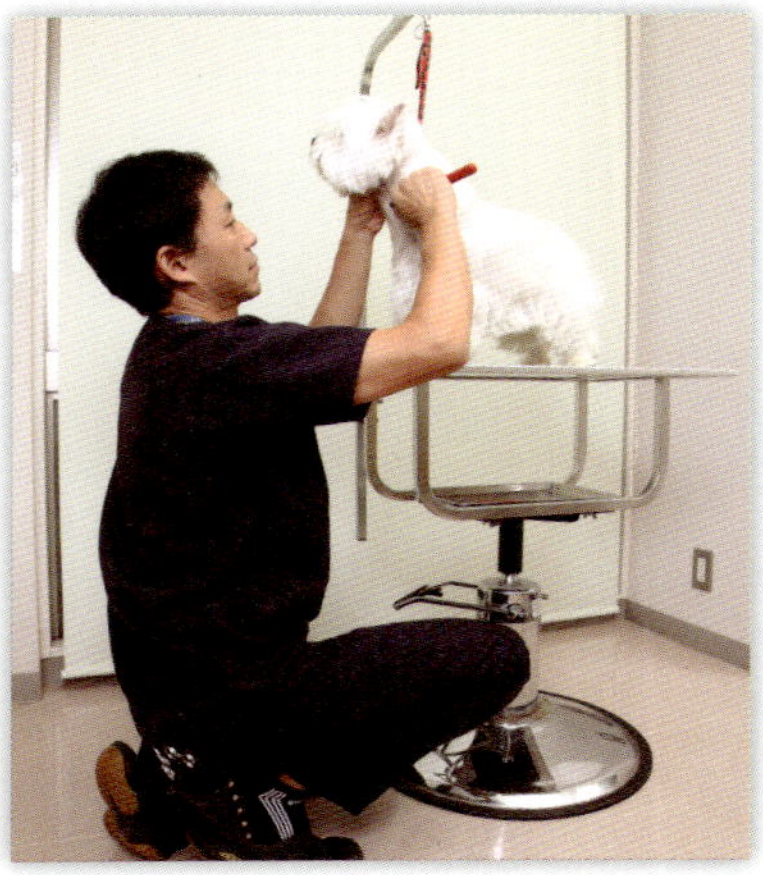

❻ 犬の体の低い部分をプラッキングするときは、トリマーがしゃがんで視線を下げ、抜く毛をきちんと確認しながら作業します。

レーキングの基本

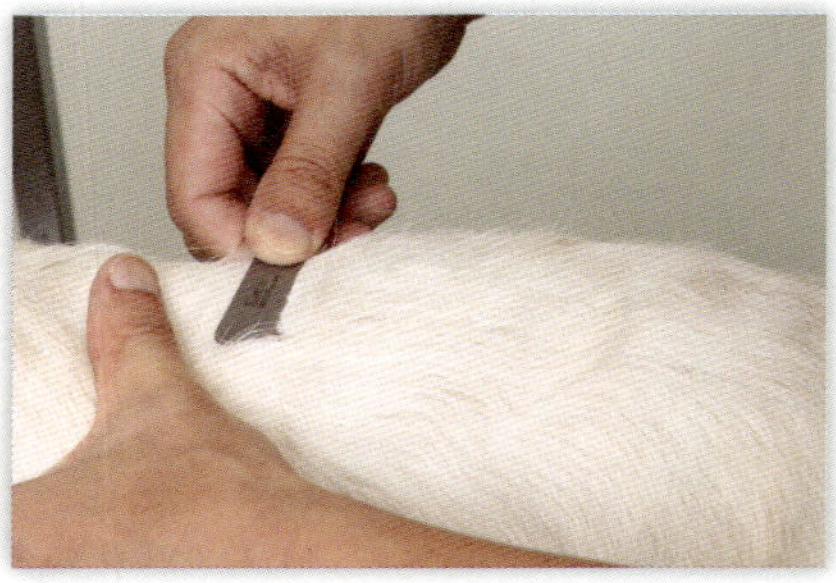

❶ 柄を人さし指～小指で握って親指をヘッドに添え、犬の皮膚に対して平行に刃を当てます。

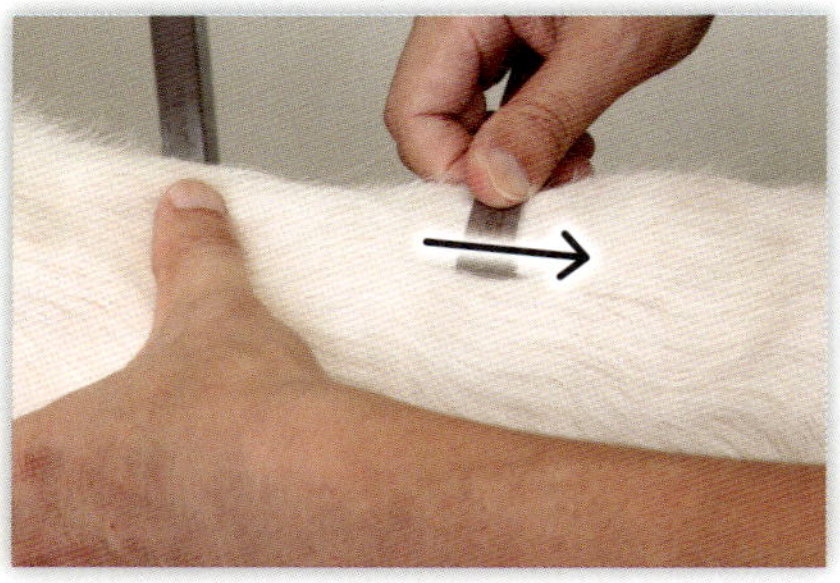

❷ 左手で軽く押さえて皮膚を張らせ、毛流に沿ってナイフを引きます。

ナイフを使うときの姿勢

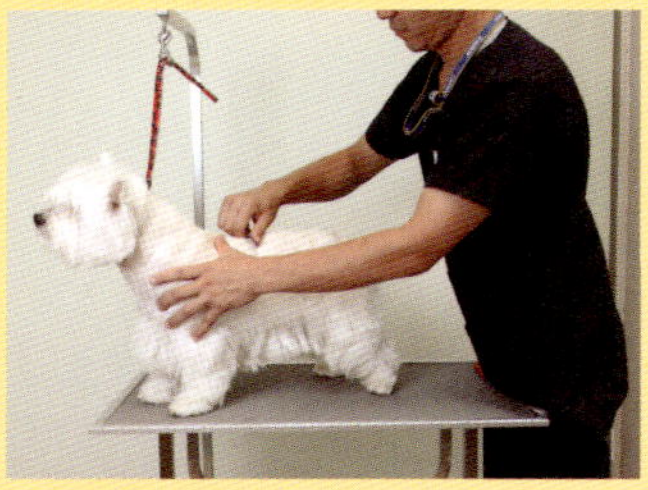

ナイフを引くときは手首を大きく返さず、肘から指先までを一体化して動かします。

グルーミング・ツールの種類と使い方④

ブラシ&コーム

ブラシ

ブラシにはさまざまなタイプがありますが、多くはゴム製の台座にさまざまな素材のピンを固定した構造になっています。ピンの素材や形状の違いによって、ブラッシングで得られる効果が異なります。それぞれの特徴と役割を知り、犬の被毛の長さや毛量、作業目的などに合わせて、ブラシを使い分けましょう。

●ピンブラシ

ゴム製の台座に、ステンレス製などのピンが付けられています。ピンの形状が真っ直ぐで先端が丸くなっているため、皮膚や毛への当たりがソフトなのが特徴です。

切れ毛や抜け毛を起こしにくいので、長毛種や飾り毛を長く残したい部位などのブラッシングに適しています。ピンを支える台座のゴムの硬さによって、被毛をとらえて引っ張る強さが変わります。

ピンブラシ

毛が切れにくいので、長毛種や、長い飾り毛のブラッシングに適しています。

●スリッカー

ゴム製の台座に、「く」の字に曲がったピンが付けられています。ピンは硬めで先端がやや鋭く、被毛のもつれを解いたり、体に残った古い毛を取りのぞいたりするのに適しています。ダブル・コートの犬のアンダー・コート取りにも役立ちます。

トリミングでの使用頻度が高くなっていますが、毛を取りのぞく効果が高いため、使いすぎると被毛のボリュームが落ちてしまうこともあります。またピンの先端が鋭いので、強く当てすぎると皮膚トラブルの原因になる可能性もあるので注意が必要です。

ピンの硬さや台座のサイズはさまざまなので、犬の毛質や体のサイズ、ブラッシングする部位などによって使い分けましょう。

スリッカー

古くなった毛を取りのぞいたり、毛のもつれを解いたりするのに適しています。

ハード（ピンが硬め）
毛量の多い犬に。

ソフト（ピンがやわらかめ）
小型犬や、毛量の少ない犬に。

●獣毛ブラシ

主に木製の台座に、イノシシ、豚、馬などの毛が植えられたもの。被毛についたほこりや汚れ、古くなった毛などを取りのぞいて毛流を整え、皮脂をまんべんなく行き渡らせることで被毛につやを出します。また、静電気を比較的起こしにくいので、被毛に押しつけて使用でき、マッサージ効果も期待できます。金属製のブラシに比べて皮膚への刺激が少ないことも特徴です。

使われている獣毛の硬さや密度、長さなどによって被毛へのアプローチが変わってくるので、被毛の長さや密度などを考えた上で適切なブラシを選びます。ヨークシャー・テリアなどシングル・コートの犬種にはやわらかめ、粗剛毛のテリアなどには硬めを使うのが基本です。

毛のもつれを解いたり、不要なアンダー・コートを取りのぞく効果はそれほど高くないので、ピンブラシやスリッカーでブラッシングした後、仕上げ用に使うのもおすすめです。

獣毛ブラシ

ブラッシングの仕上げとして、被毛につやを出すために使われます。

●ラバーブラシ

ゴム製の道具で、ブラシの「ピン」に当たる突起部分もゴムでできています。抜け毛や毛の汚れを取りのぞいたり、とくに短毛種の日常のケアに適しています。金属製のピンに比べて皮膚への当たりはやわらかなので、やや力を入れて使うことが可能。ブラッシンクによるマッサージ効果が期待できます。

ラバーブラシ

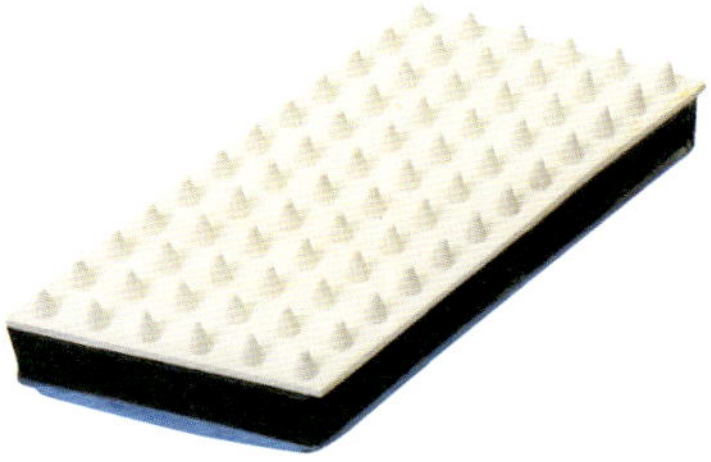

ブラシのピンに当たる部分にゴム製の突起が付いています。突起の太さや長さ、密度はさまざま。抜け毛の除去や被毛のつや出しに。

●毛かきブラシ・毛玉取り

扁平状の金属製の刃が数列付けられています。写真のように、毛玉を割きやすい形のピンのほか、太めで真っ直ぐなピンが付けられているものもあります。どちらもアンダー・コートを取りのぞいたり、毛玉を取ったりするのに適しています。

スリッカーのようにピンの先が鋭くないので皮膚への刺激が少なく、家庭でのお手入れ用品としても使われています。軽く当てるだけで刃やピンが深い部分の被毛をとらえるので、力を入れず、なでるようにとかすのが基本です。

毛かきブラシ・毛玉取り

不要なアンダー・コートを取りのぞくのに適しています。

コーム

金属製の「くし」です。1本で、細目と粗目の2種類が使えるようになっているタイプが一般的。毛流を整えたり、トリミングの際に立毛させたりするために使われます。

コーム全体の長さや材質、重さ、ピンの長さ、目の粗さなどはさまざまなので、実際に持ってみて使いやすいものを選びます。犬のサイズ、被毛の量や長さなどに合わせて数種類のコームを使い分けると、作業効率がアップします。

ブラッシング・スプレー

ブラッシングやコーミングの前に、被毛にかけるのがブラッシング・スプレーです。ブラシと毛の摩擦で皮膚が引っ張られるのを防ぐほか、静電気や摩擦による切れ毛を防ぎ、毛の表面を覆うキューティクルを守るのにも役立ちます。

ブラッシング・スプレー

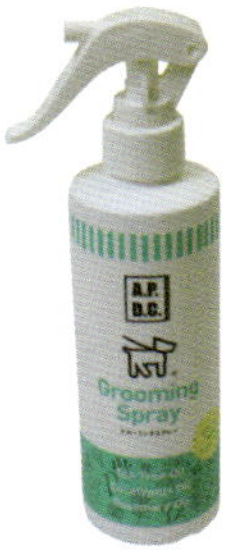

静電気を押さえてブラッシングをスムーズにし、切れ毛などを防ぎます。

コーム

毛流を整えたり、トリミングの際に立毛させたりするのに適しています。

目がとくに細かいタイプ

目の周りの目やにや汚れを取りのぞくほか、ノミ取り用に使われます。

全体が長いタイプ

大型犬に使います。

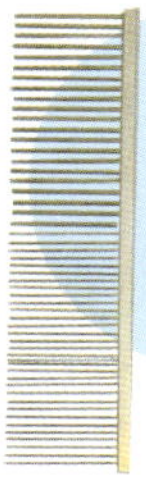

ピンが長いタイプ

毛量が多い犬に使います。

ノーマルタイプ

ピンの長さ、目の粗さ、サイズなどが標準的なもの。

ピンが細いタイプ

できるだけ毛を抜きたくない部位に使います。

ブラシ＆コームの持ち方

コーム

親指、人さし指の指先で下端を持ち、中指を軽く添えます。コームの重みを利用して取り扱い、力を入れずに軽く動かします。

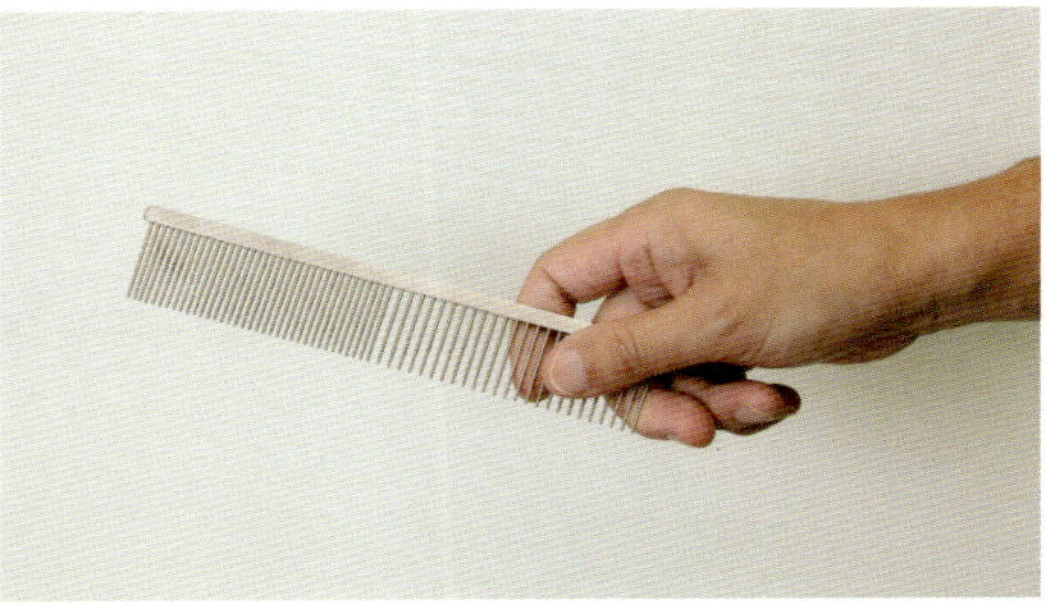

ピンブラシ

親指、人さし指の指先で軽く持ち、中指を軽く添えます。ブラシの重みを生かし、遠心力を利用して手首で軽く回すように動かします。

獣毛ブラシ

柄を自然に握り、皮膚に軽く押しつけるようにしながらとかします。

スリッカー

親指、人さし指の指先で持ち、中指を軽く添えます。ピンが出ている面を、犬の体に対してつねに平行に当てるようにします。

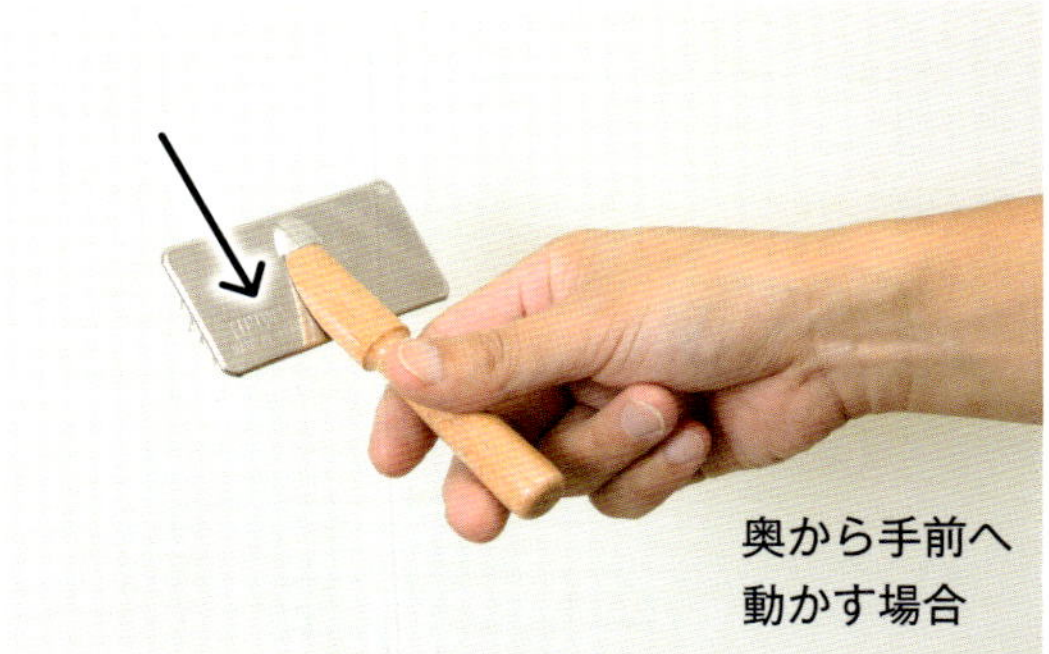
奥から手前へ
動かす場合

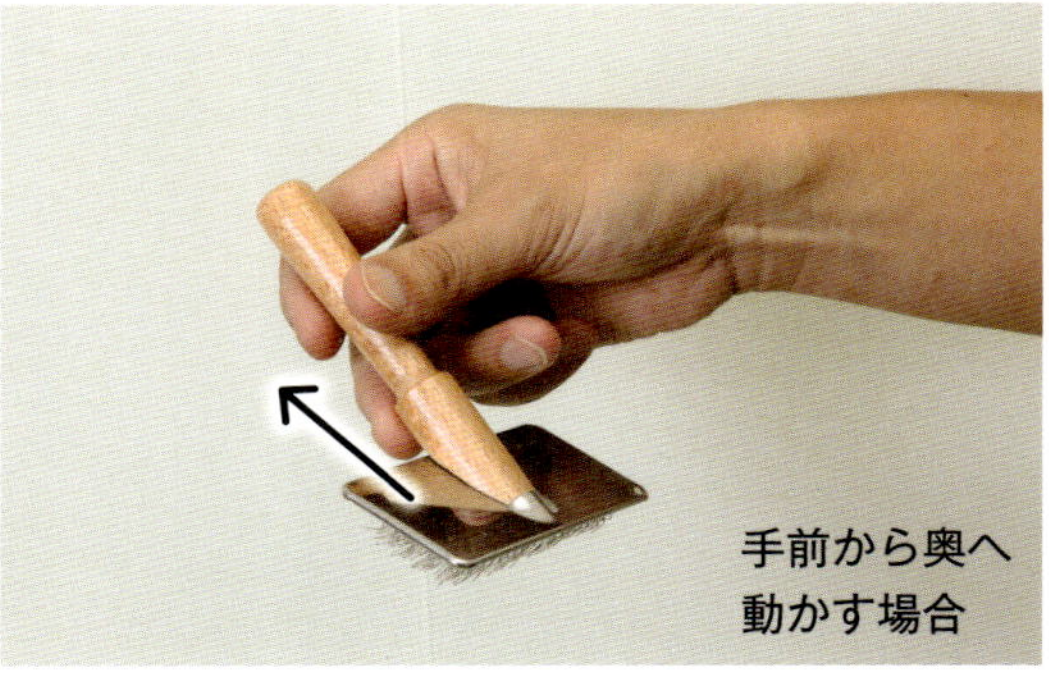
手前から奥へ
動かす場合

ラバーブラシ

親指と中指で両脇を持ち、人さし指を中央に当てます。

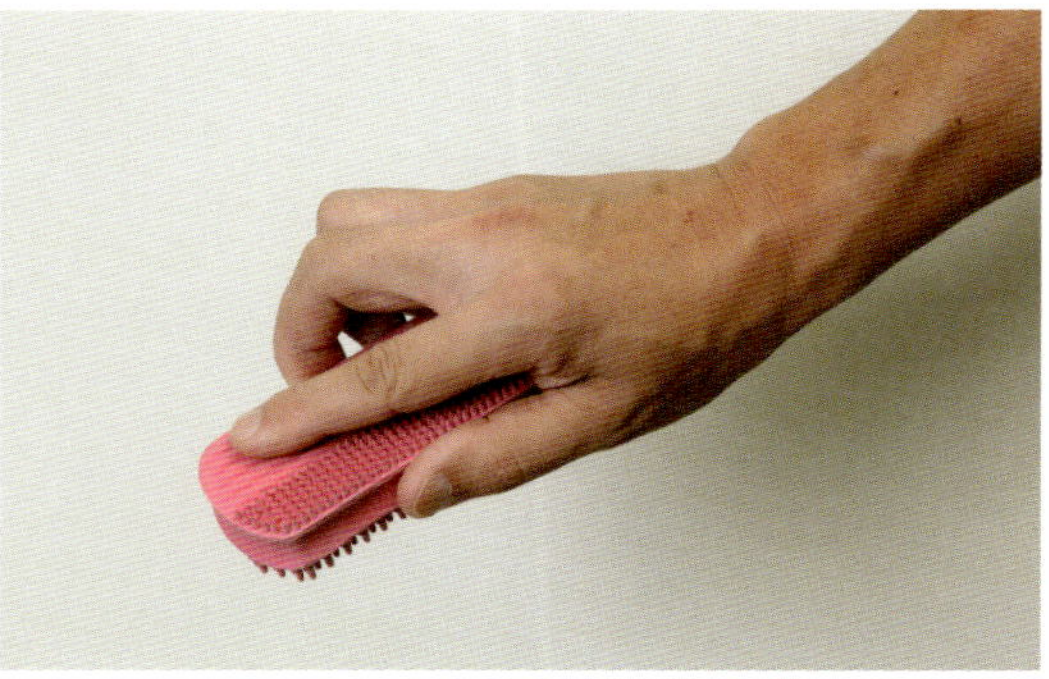

ブラシ＆コームの手入れ

ピンブラシ＆スリッカー

1 ピンに絡んだ毛を、コームで押し上げるようにして取ります。

2 ブラシで軽くこすり、汚れや皮脂を落とします。

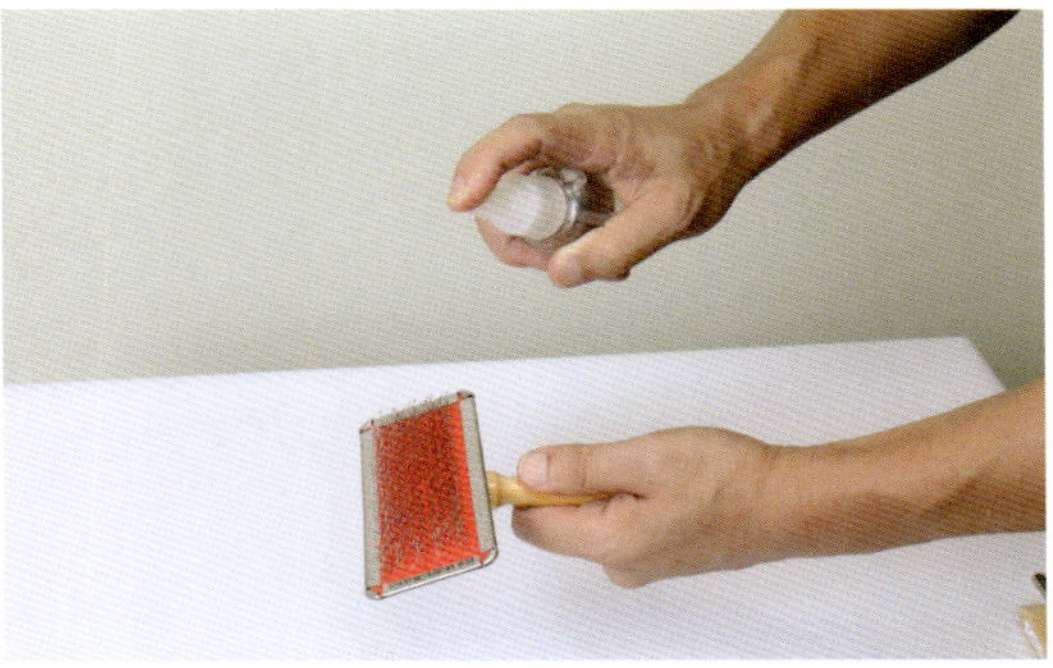

3 消毒液（アルコールなど）をスプレーします。

4 乾いた清潔な布の上に、ピンを下に向けて置いて乾かします。

コーム

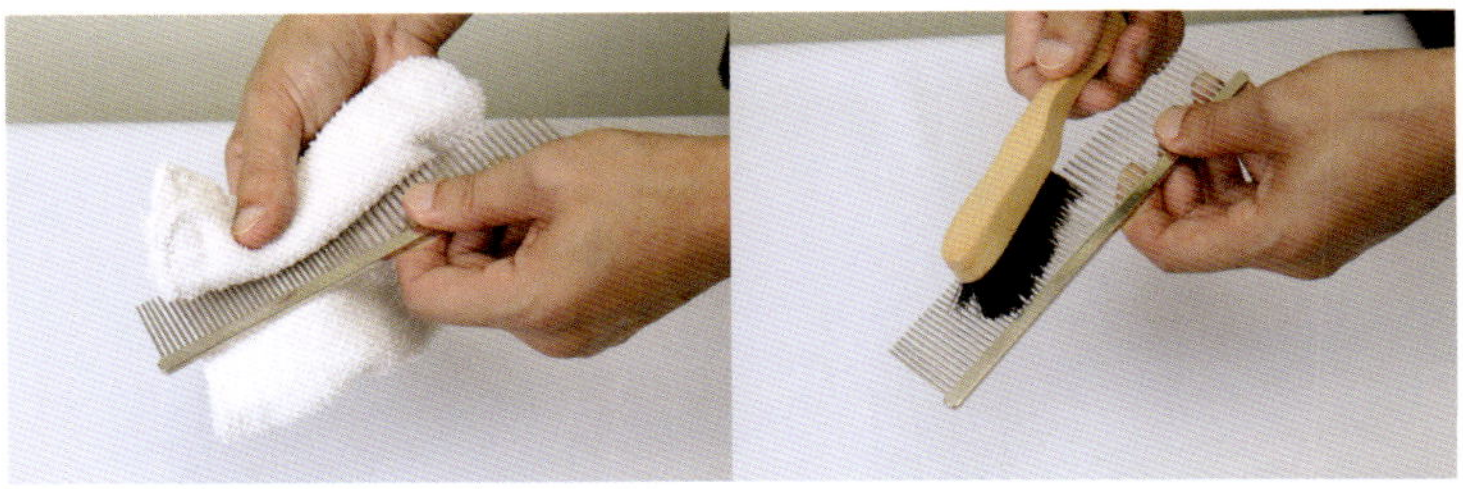

ブラシで軽くこすり、ピンに絡んだ毛や皮脂などを落とします（清潔な布でふいてもよい）。

獣毛ブラシ＆ラバーブラシ

中性洗剤を付け、ブラシ同士をこすり合わせて洗います。しっかりすすいで乾いた清潔な布の上に、毛を下に向けて置いて乾かします。

グルーミング・ツールの種類と使い方⑤

その他のグルーミング・ツール

ドライヤー

●ハンド・ドライヤー

一般的な手持ちのドライヤーです。「ペット用」として販売されているものもありますが、人用のものを使ってもかまいません。ドライヤーは、なるべく風の強さや温度が調節できるものを選びます。被毛のタイプや長さ、風を当てる部位を考え、犬の様子もよく見ながら、適切な風量や温度で使用することが大切です。

ドライングの際は、犬を保定しながらブラシをかけるなど、両手を同時に使わなければならない作業が多くなります。ひとりで作業する場合、胸当て付きのエプロンにドライヤーの柄を差し込んで固定することなどもあるため、サイズや重さも確認し、使いやすいものを選びましょう。

●固定式ドライヤー

固定式のドライヤーには、床置きのスタンド式や天吊り式（天上に取り付けたアームに固定する）があります。ドライヤーが固定されているため、トリマーが両手を使って作業できるというメリットがあります。ただし大型であるため、トリミング・ルームの広さに余裕がないと使いにくいことがあります。また、ハンド・ドライヤーに比べて高額で、天吊り式のものは取り付け工事も必要です。

ハンド・ドライヤーと同様、風量や温度調節がきちんとできるものを選びます。吹き出し口の向きや角度などは変えることができますが、可動範囲に限界があるため、仕上げや細かい部分はハンド・ドライヤー

ドライヤーの種類

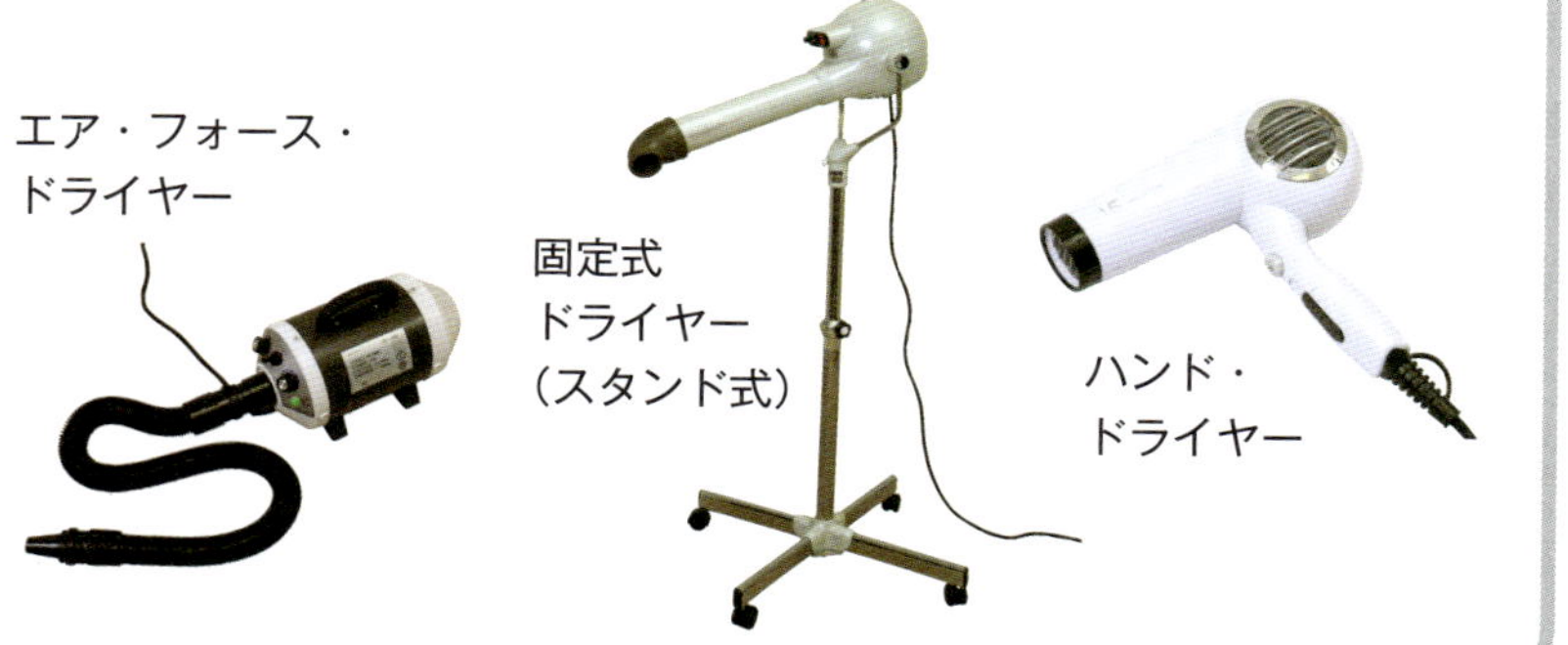

で作業するなどの使い分けが必要です。

●エア・フォース・ドライヤー

温風で乾かすハンドドライヤーや固定式のドライヤーに対して、強い風圧で水分を吹き飛ばすタイプのドライヤーです。大型犬や毛量の多い犬でも、風が被毛の根元まで届くため、ドライングにかかる時間を短縮することができます。

風の勢いが強いので、デリケートな目・鼻・耳などのある頭部には使わないほうが安心です。繊細な作業が必要な部分や仕上げは、ハンド・ドライヤーで行いましょう。

エア・フォース・ドライヤーの使い方

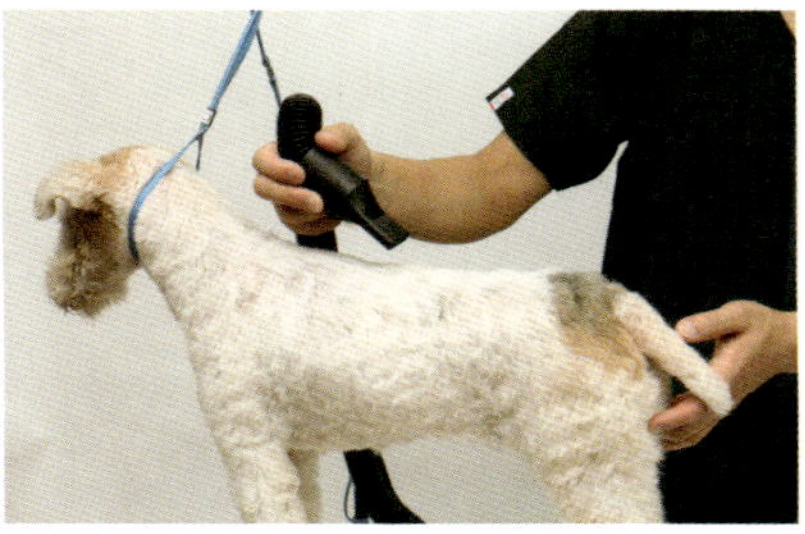

吹き出し口は皮膚から少し離し、体に対して45度くらいの角度で風を当てます。

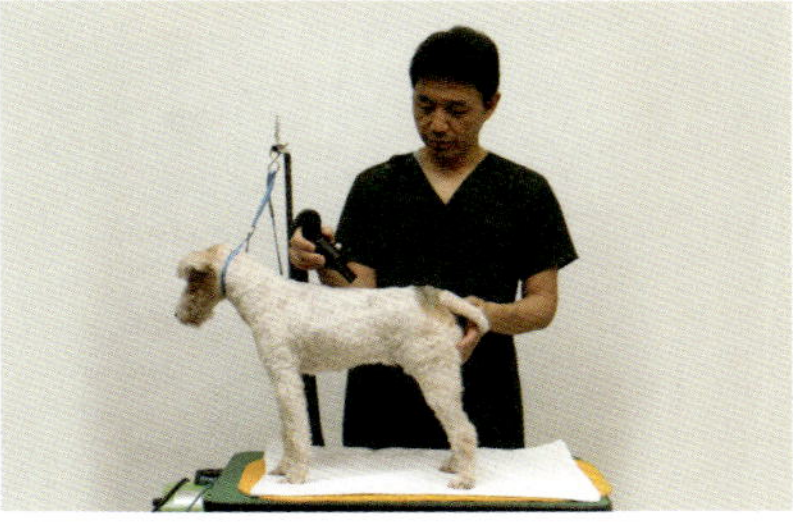

必ず毛流に沿って風を当てるようにする。ボディの前部から後部へドライングを進めます。

ボリュームを持たせる、早く乾かすといった目的以外では逆立てません

口輪

攻撃性の強い犬の場合、トリマーと犬の安全を守るため、犬に口輪を付けなければならないこともあります。口輪には、大きく分けて2つのタイプがあります。

1つ目が、バスケットタイプ。プラスチック製のカバーがマズルを覆う構造になっています。カバーの中で口は少し開けることができますが、マズルの先が口輪の外に出ていないため、噛《か》みつきを完全に防ぐことができます。

2つ目が、マスクタイプ。丈夫な布製の筒型マスクを、犬のマズルにかぶせます。マスクがマズルにフィットするため口を大きく開けることはできませんが、犬の違和感は小さめ。ただし、マズルの先端が口輪の外に出ているので、口先だけでなら噛むこともできてしまいます。

口輪はマズルのサイズに合い、犬ができるだけ嫌がらないタイプを選びます。装着するときは慎重に。固定用のベルトの位置や長さなども正しく調節することが大切です。

口輪の種類と使い方

マスクタイプ

筒状の口輪にマズルを通し、後頭部に回したベルトで固定します。

バスケットタイプ

マズルに口輪をかぶせ、後頭部に回したベルトで固定します。

カラー

グルーミングに慣れていない犬や力のある大型犬の場合、アームに固定するリードに加えてカラーを付けておくとよいでしょう。付ける際は、カラーと犬の首のあいだに指が1本入る程度が目安です。

一定の姿勢を保てなかったり、テーブル上で動き回ったりする犬も、トリマーがカラーを持つことで保定しやすくなり、動きのコントロールも可能になります。シャンプー時にも使えるように、防水素材のものを用意しておくと便利です。

カラー

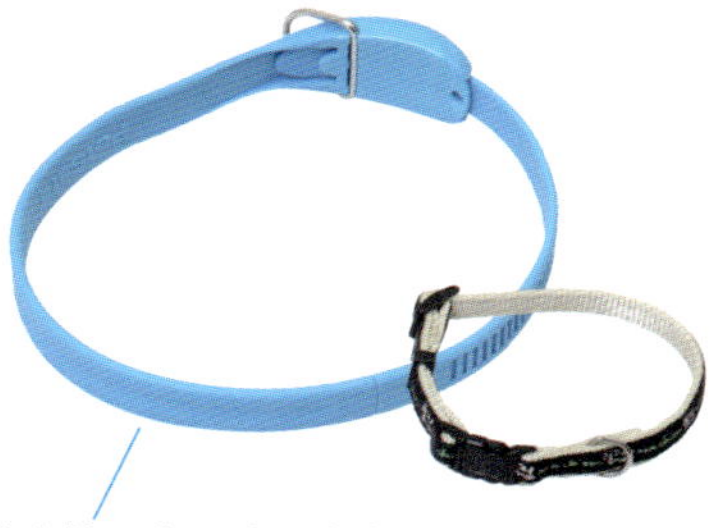

犬の動きをコントロールしやすくするために使います。犬のサイズに合ったものを選びましょう。

防水性のあるものなら、シャンプーのときにも使えます。

滑り止めマット

トリミング・テーブルの上に敷いて使う、シリコン製のマットです。トリミング中は、カットの際に出る細かい毛がテーブルの上に落ちるため、犬の足が滑って踏ん張りがききにくくなることがあります。滑りにくい素材のマットを敷くことで、グルーミング中の犬の負担を軽くすることができます。

防水性があり、軽くやわらかいため、消毒液などでふくのはもちろん、簡単に丸洗いすることもできます。

滑り止めマット

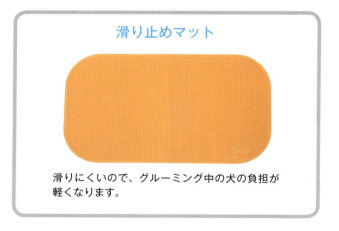

滑りにくいので、グルーミング中の犬の負担が軽くなります。

ネイルケア用品

●爪切り

犬の爪は、必ず専用の爪切りで切ります。爪切りには、ギロチンタイプとペンチ（ニッパー）タイプの2種類があります。ギロチンタイプが鋭い刃でスパッと爪を断ち切るのに対し、ペンチタイプは爪を押し切る構造になっています。どちらも「そぎ切る」ように使います。

爪切りのタイプによって切られるときの感触や音などが異なるため、犬が嫌がらないものを選びます。また、爪切りには「大型犬用」「小型犬用」などのサイズがあるので、爪の大きさに合ったものを使うことも大切です。

●ヤスリ

爪を切った後は、ヤスリをかけて切り口をなめらかに整えます。切ったままにしておくと爪が割れる原因になるだけでなく、抱き上げられたり飛びついたりした際、切り口のとがった角で人を傷つけてしまうこともあります。

爪に当ててこするタイプのヤスリのほか、「グラインダー」と呼ばれる電動式のものもあります。グラインダーは研磨力が強いため、爪切りを使わず、グラインダーだけで爪を削って仕上げることもできます。モーター音はありますが、爪切りに比べると瞬間的な刺激も少なめ。爪のケアが苦手な犬でも、嫌がらないことがあります。

爪切りのための道具

グラインダー
（電動ヤスリ）
ヤスリの部分が高速で回転し、爪を削ります。

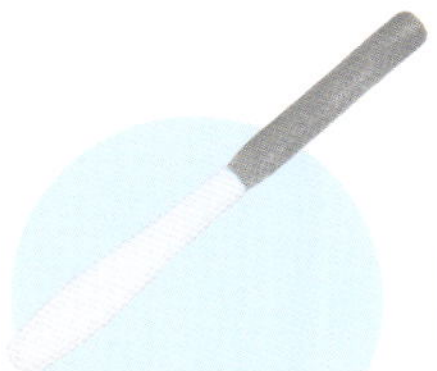

ヤスリ
切り口の角をこすって丸く整えます。

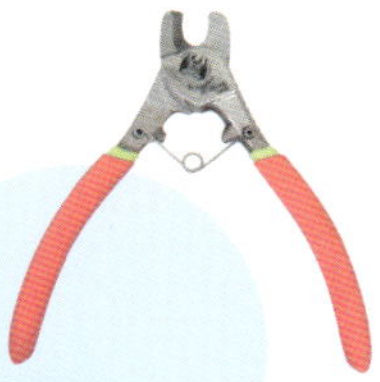

爪切り
（ペンチタイプ）
刃で爪を挟み込んで切ります。

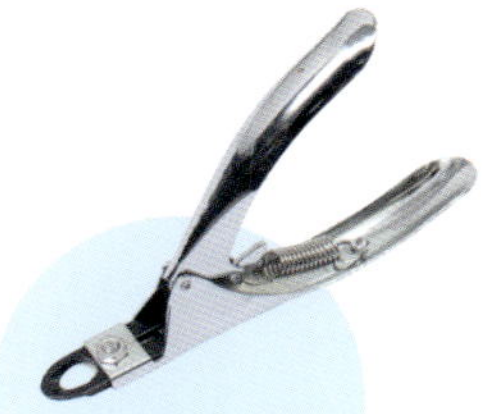

爪切り
（ギロチンタイプ）
鋭い刃で爪をスパッと切ります。

鉗《かん》子《し》

鉗子は、耳のケアにも使われる道具です。グルーミングの際は、おおむね2種類の使い方をします。1つ目が、耳の中の毛を抜くこと。耳孔の中の毛を抜く際は鉗子の先で毛を数本ずつつまんで引き抜きます。ただし、抜く刺激により耳道内で炎症を起こすことがあります。2つ目が、耳の汚れをふいたり、耳を洗った後に耳孔の中に残った水分を吸い取ったりすること。この場合は、鉗子の先で丸めたコットンを挟んだり、先端にコットンを巻きつけたりします。耳の毛を抜いたり、耳孔をふき取るときには十分な注意が必要です。

鉗子の種類

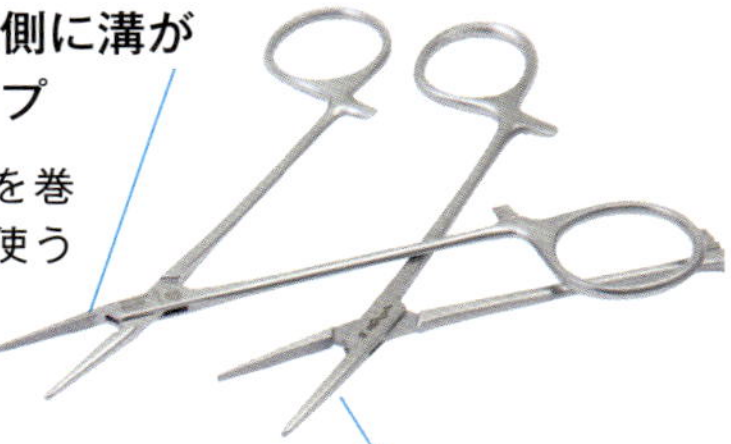

先端の内側に溝があるタイプ
コットンを巻き付けて使うのに適しています。

先端の内側に溝がないタイプ
耳の毛を抜くのに適しています。

リボンとセットペーパー

●リボン

リボンは、頭部の被毛を長く残してトップ・ノットで仕上げたり、アクセサリーとして耳などにあしらったりします。リボンを付けるときは、毛を不自然に引っ張ったり、皮膚がひきつれたりしないように注意。正しく付けていないと、毛を傷めたり、外れてしまったものを誤飲したりする原因にもなるので、飼い主さんには、緩んできたらすぐに外すように頼んでおきます。

●セット・ペーパー

セット・ペーパーは、本来、ショー・クリップのプードルやフル・コートのマルチーズなど、長く伸ばした被毛を保護するためのものですが、リボンを付ける際にも使います。

毛に直接ゴムをかけると被毛を傷めたり、局所的に力がかかる原因になります。セット・ペーパーで毛を包んでからゴムをかけることで、こうしたトラブルを防ぐことができます。

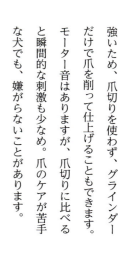

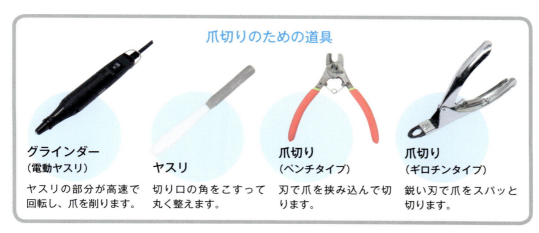

リボンの付け方の基本

リボンの付け方

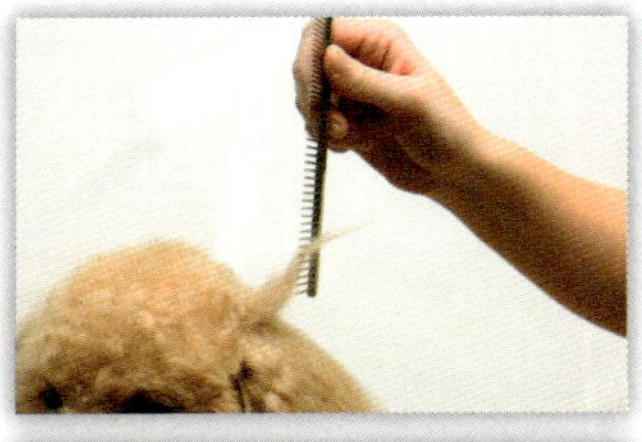

❶

耳の毛を少量分け、コーミングします。頭部の毛を一緒に取らないように注意。

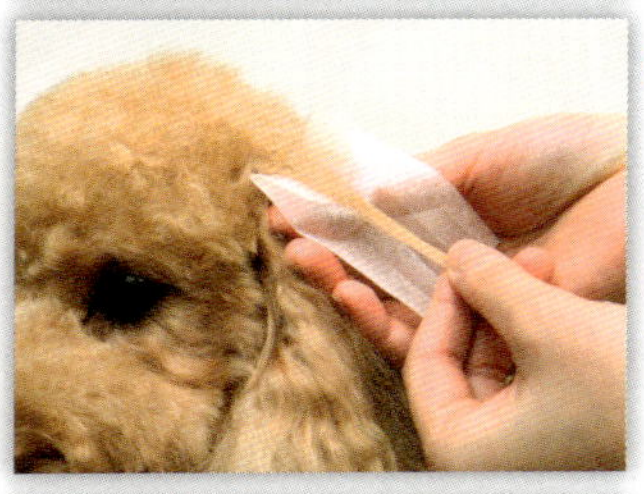

❷

セット・ペーパーを、右の❹で折り返した側を上にして毛の根元に下から当てます。縦半分の折り目に合わせて毛を置きます。

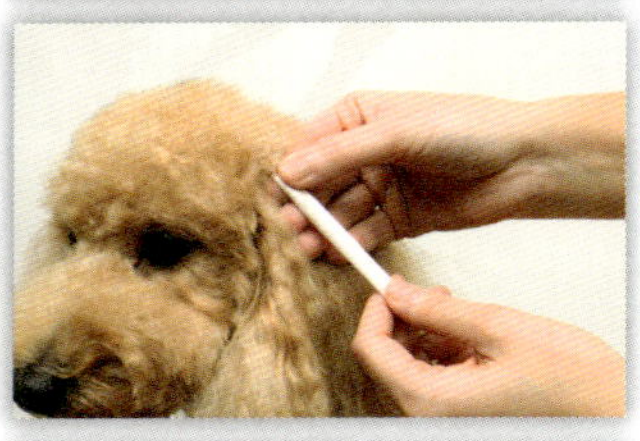

❸

ペーパーを右の❺の折り目に沿ってたたみ、毛を包み込みます。

❹

長さを半分にたたみます。セット・ペーパーの下端を、毛の根元に上から重ねるようにします。

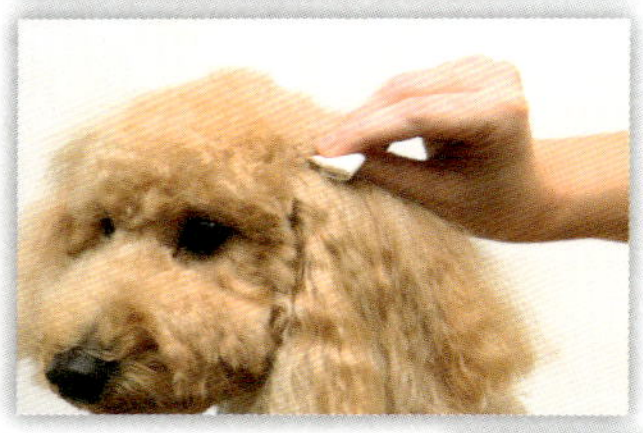

❺

さらに半分にたたみます。「わ」になっている端を、毛の根元に下から重ねるようにします。

❻

❺の上下中央にゴムをかけます。

セット・ペーパーの準備

❶

セット・ペーパーを横長に置き、横幅を半分にするように2回折ります。

❷

さらに、上下を幅を半分にするように折ります。

❸

❷を広げ、折り目に沿って8等分に切ります。

❹

❸の1枚をつるつるした面を下にして縦長に持ち、上から1/5程度を折り返します。

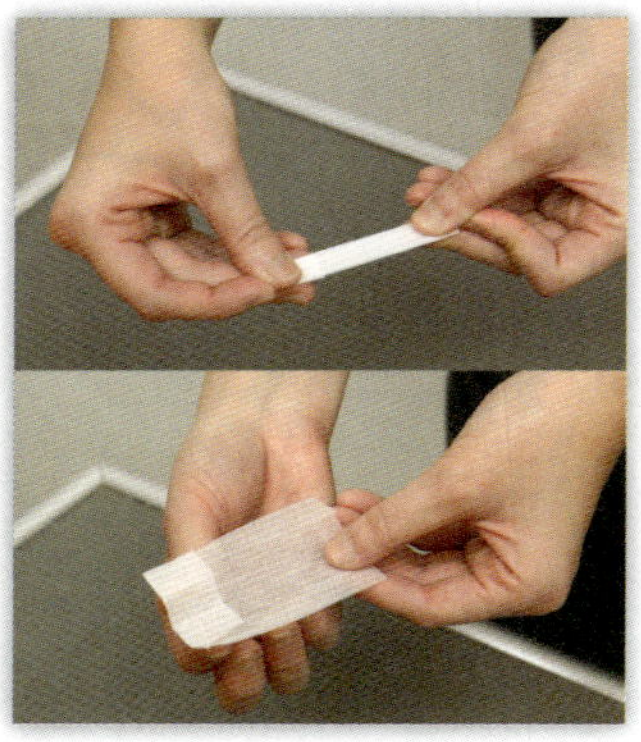

❺

横幅を半分に折り、さらに半分または3等分するように折って広げておきます。

第3章

犬体の基礎

福山貴昭

- 犬の体の基礎知識
- 犬の皮膚
- 犬の被毛
- 目・爪・歯のお手入れ

犬という生物

犬の体の基礎知識

犬種標準と細胞

●「よい犬」とはどんな犬か

人の生活に利用するために飼育する動物を「家畜」と言います。家畜には犬、ヤギ、羊、馬などさまざまな動物が含まれますが、そのなかでも犬は「コンパニオン・アニマル」という特別な地位を得た動物です。コンパニオン・アニマルとは「伴侶動物」と訳されるように、人と生活をともにし、人と深い信頼関係で結ばれることによって「家族」、「仲間」のような関係性を持つ生きものを指します。

人はこれまで、使途・嗜好に応じて、さまざまなタイプの犬を作り出してきました。「純粋犬種」と呼ばれる犬の品種としては、イギリスの生物学者ハバード（Clifford Habbard）が挙げる「８５０品種」説が最も支持されています。これらの品種はそれぞれが異なる体型や大きさ、被毛の状態、性格を持ち、特性と言われるタイプ（体躯構成）を持っています。これを明文化したものが「犬種標準（スタンダード）」で、ＦＣＩ（国際畜犬連盟）やＡＫＣ（アメリカンケネルクラブ）、ＫＣ（ケネルクラブ）などの主要ケネルクラブによって定められています。純粋犬種で「よい犬」とは、「健全で犬種標準に最も近い犬」であると言えます。

●個体は細胞から作られる

体を作る最小の単位は「細胞」です。そして、同じ目的のために働く細胞の集団を「組織」と言います。さらに、組織が集まって心臓や胃といった「器官」を形成します。

そして、似た働きをする器官がまとまったものを「器官系」と言います。器官系は、骨格系、外皮系、筋系、消化器官系、循環器官系、呼吸器官系、泌尿器官系、神経系、内分泌系、生殖器官系に分けられます。これらの器官系から、「個体」が作られています。

生物の外見や特性などを伝える情報は、細胞の「核」に含まれる「染色体」に組み込まれています。犬の染色体は78本（2本1対となるので39対）で、うち1対はオスかメスかを決定する性染色体です。

細胞のうち、生殖細胞（精子と卵子）だけは染色体が2本1対になっていないため、39本の染色体しか持っていません。交配によってオスとメスの生殖細胞がひとつになることで、両親の外見や特性を受け継ぐ子犬が生まれるのです。

骨格系

●骨の形による分類

犬の体を構成する骨は、大きさや薄さ、形などから、「長骨」、「短骨」、「種子骨」、「扁平骨」、「不整骨」に分けられます。

●関節

骨と骨をつなぐ部分を「関節」と言います。骨と骨が接触する部分は、やわらかな軟骨（関節軟骨）で包まれています。関節軟骨は、体を動きやすくすると同時に、動く際に骨にかかる衝撃を吸収する役割を果たしています。

関節は、関節包（関節嚢《のう》）という膜で包まれており、膜の内部は「滑液」で満たされています。滑液は、軟骨とともに骨が動く際のクッションのような働きをしています。関節包の周りは、関節を補強し、過剰な動きを防いで安定させる靭帯《じんたい》で覆われています。それでも股関節のように可動域が広く、さまざまな動きが可能な関節もあります。

骨や関節の障害

犬に多く見られる骨や関節の障害には、次のようなものがあります。

股《こ》関節《かんせつ》形成不全

骨盤と後肢をつなぐ股関節の緩みや変形のために痛みが生じます。

膝蓋骨脱臼《しつがいこつだっきゅう》

膝蓋骨（膝のお皿）が正常な位置からずれ、痛みや動きにくさが生じます。

椎間板《ついかんばん》ヘルニア

首から腰にかけて、背骨のつなぎ目の部分でクッションの役割を果たしている椎間板がつぶれ、脊髄や神経を圧迫するために痛みや麻《ま》痺《ひ》が生じます。

肘関節形成不全

肘関節を構成する上腕骨、橈骨《とうこつ》、尺骨《しゃっこつ》の成長速度などのバランスが崩れてうまく噛み合わなくなり、痛みや動かしにくさが生じます。

前十字靭帯断裂

膝の骨をつなぐ靭帯が切れて痛みが生じ、肢を引きずったり、痛む肢に体重をかけるのを避けたりします。

犬体名称

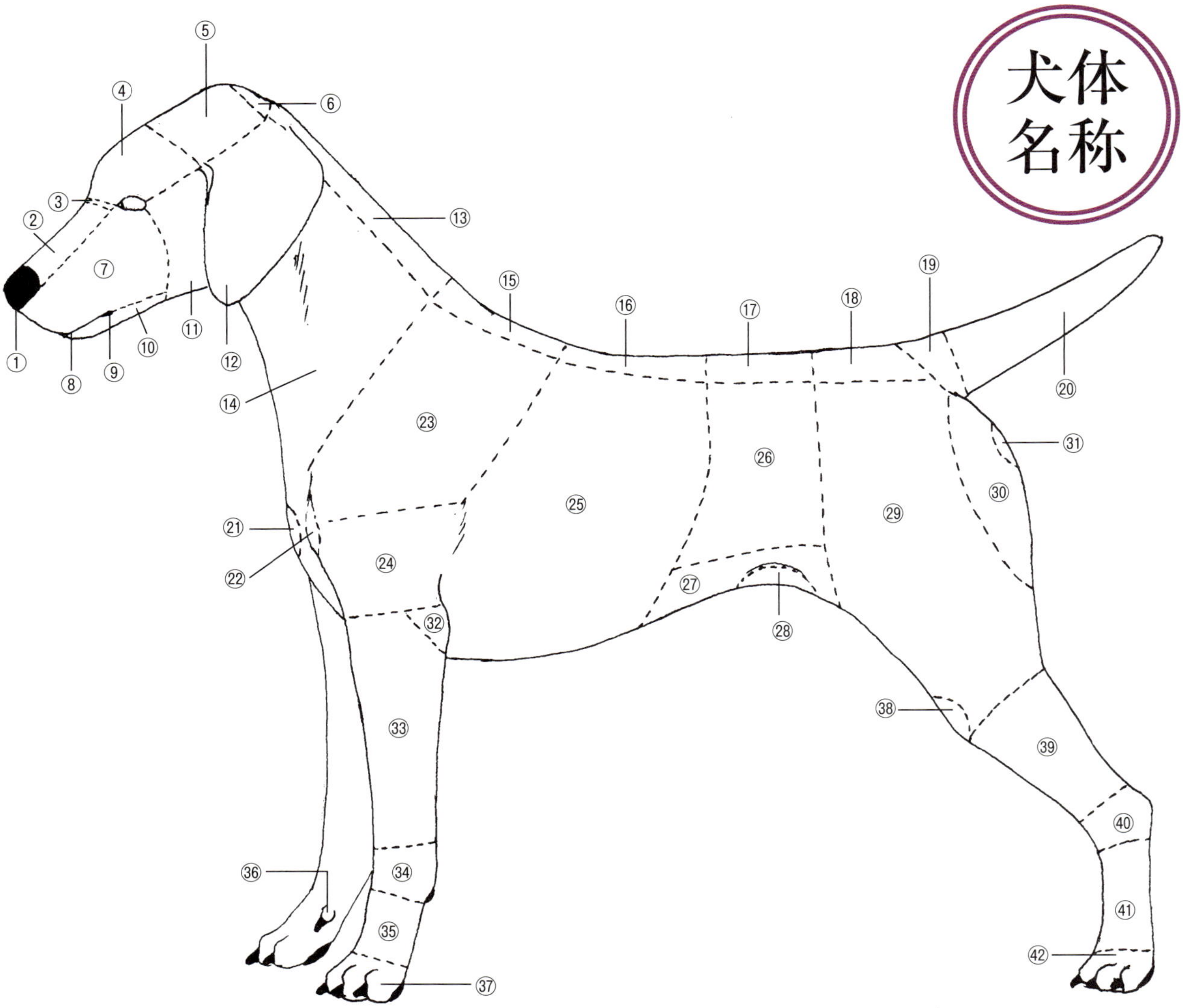

①鼻鏡（びきょう）、鼻、ノーズ
②鼻梁（びりょう）
③額段（がくだん）、ストップ
④前頭部
⑤頭頂部
⑥後頭部、オクシパット
⑦口吻（こうふん）、マズル
⑧口唇（こうしん）、リップ
⑨口角（こうかく）
⑩下顎（かがく）
⑪頬、チーク
⑫耳、耳介（じかい）、イヤー
⑬クレスト
⑭頸（首）、ネック
⑮キ甲、ウィザース
⑯背、バック
⑰腰、ロイン
⑱尻、クルゥプ
⑲尾根部
⑳尾、テイル
㉑胸骨端（きょうこつたん）
㉒肩端（けんたん）
㉓肩、ショルダー
㉔上腕（じょうわん）
㉕肋（ろく）、リブ
㉖側腹
㉗下腹
㉘タック・アップ
㉙大腿（だいたい）
㉚臀部（でんぶ）、バトック
㉛坐骨端（ざこつたん）
㉜肘（ひじ）、エルボー
㉝前腕（ぜんわん）
㉞手根（しゅこん）
㉟中手（ちゅうしゅ）、パスターン
㊱狼爪（ろうそう）、デュークロー
㊲指
㊳膝、スタイフル
㊴下腿（かたい）
㊵飛節（ひせつ）、ホック
㊶中足（ちゅうそく）
㊷趾

犬の体長と体高

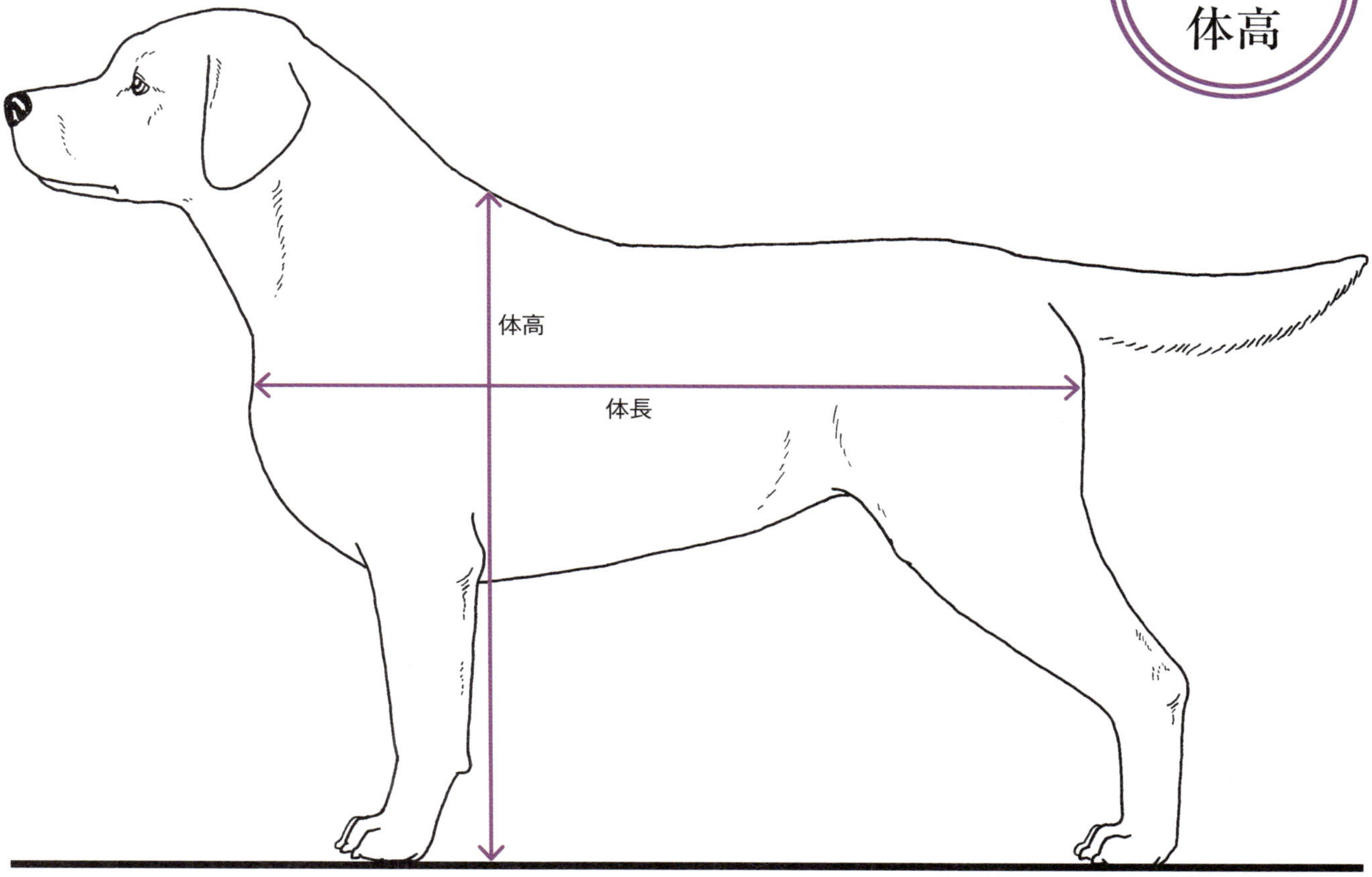

体高の計測法

- キ甲の最も高い場所から地面までを計測する。
- キ甲は「肩甲骨の最高点」という意味で用いられることもあるが、犬は形態の差異が大きいため、厳密に共通の1点を指し示すことは難しい。
- キ甲は、左右の肩甲骨のあいだ（首の付け根の直後）から始まり、第1～第9胸椎の部分までを指す。
- 体高はつねに「キ甲から地面まで」を指すが、体長は犬種によって測定部位が多少異なる。

体高＝キ甲の最高点より、地上までの垂直の長さ

体長＝肩端また胸骨端より、後躯の坐骨端までの長さ

骨格名称

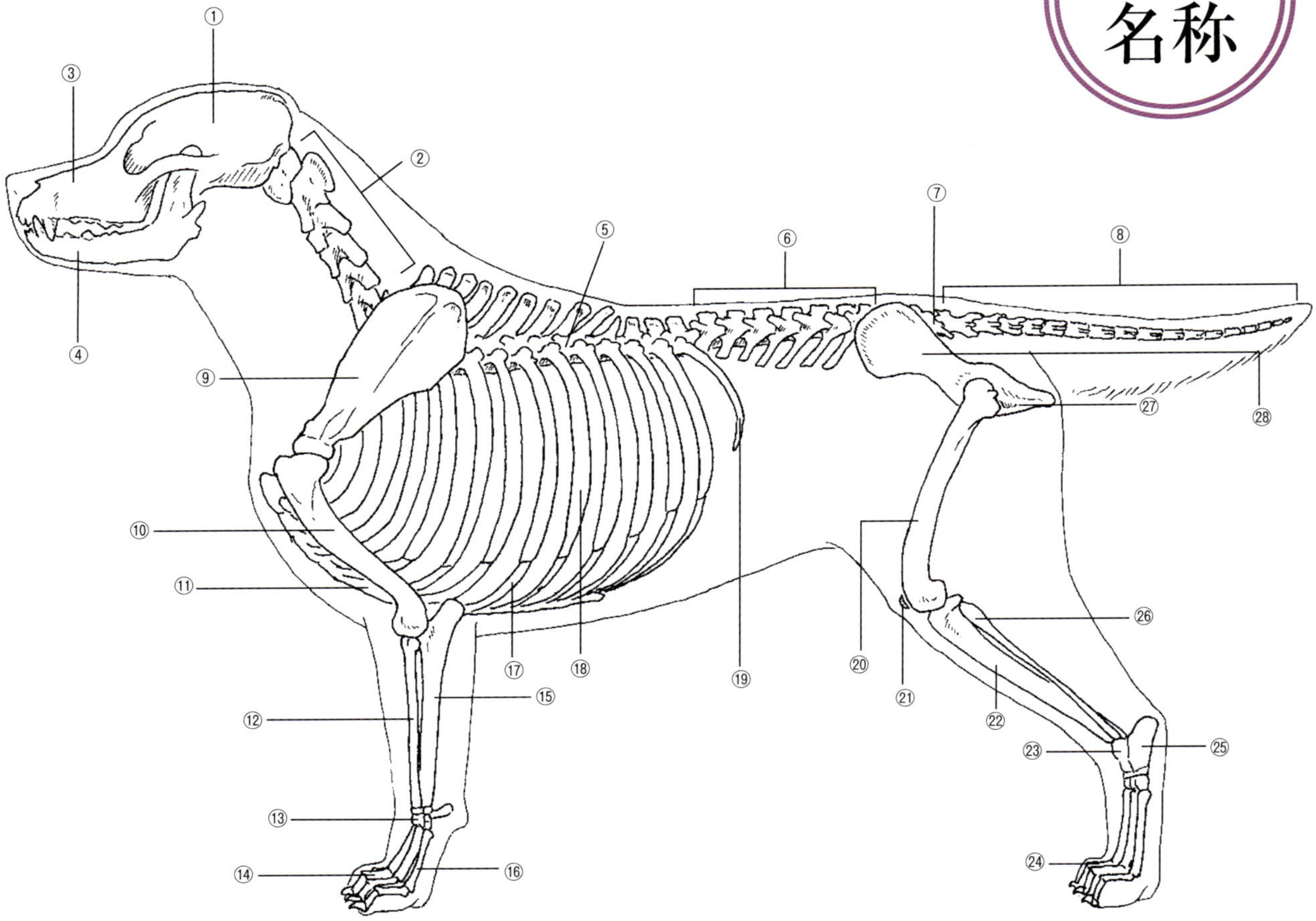

①頭蓋骨（とうがいこつ）
②頸椎（けいつい）
③上顎骨（じょうがくこつ）
④下顎骨（かがくこつ）
⑤胸椎（きょうつい）
⑥腰椎（ようつい）
⑦仙骨（せんこつ）
⑧尾椎（びつい）
⑨肩甲骨（けんこうこつ）
⑩上腕骨（じょうわんこつ）
⑪胸骨（きょうこつ）
⑫橈骨（とうこつ）
⑬手根骨（しゅこんこつ）
⑭指骨（しこつ）
⑮尺骨（しゃっこつ）
⑯中手骨（ちゅうしゅこつ）
⑰肋軟骨（ろくなんこつ）
⑱肋骨（ろっこつ）
⑲ラスト・リブ
⑳大腿骨（だいたいこつ）
㉑膝蓋骨（しつがいこつ）
㉒脛骨（けいこつ）
㉓足根骨（そくこんこつ）
㉔趾骨（しこつ）
㉕踵骨（しょうこつ）
㉖腓骨（ひこつ）
㉗坐骨結節（ざこつけっせつ）
㉘寛骨（かんこつ）

体軸（前躯）

骨格の拡大図

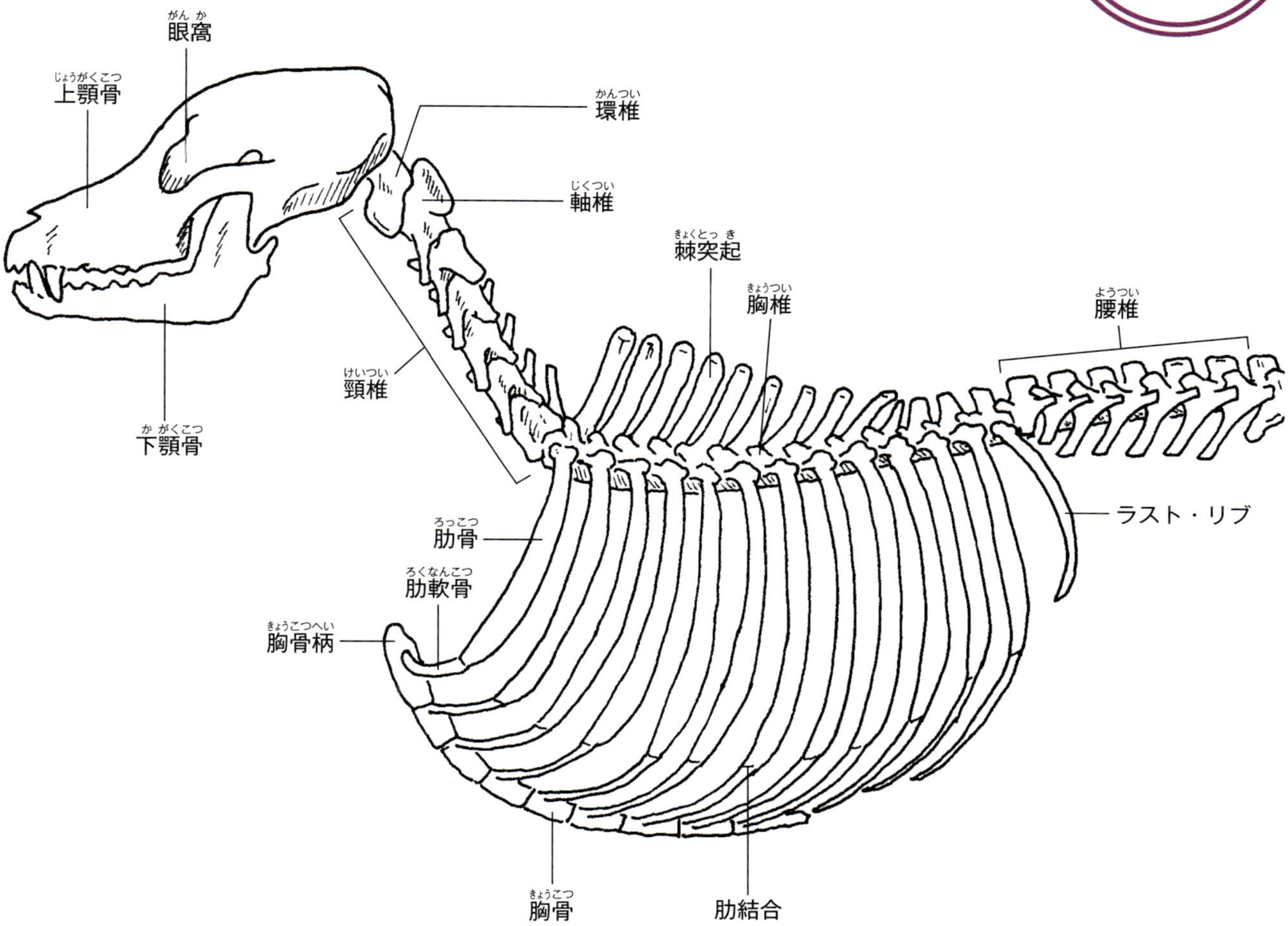
眼窩《がんか》
上顎骨《じょうがくこつ》
環椎《かんつい》
軸椎《じくつい》
棘突起《きょくとっき》
胸椎《きょうつい》
腰椎《ようつい》
頸椎《けいつい》
下顎骨《かがくこつ》
ラスト・リブ
肋骨《ろっこつ》
肋軟骨《ろくなんこつ》
胸骨柄《きょうこつへい》
胸骨《きょうこつ》
肋結合

前肢

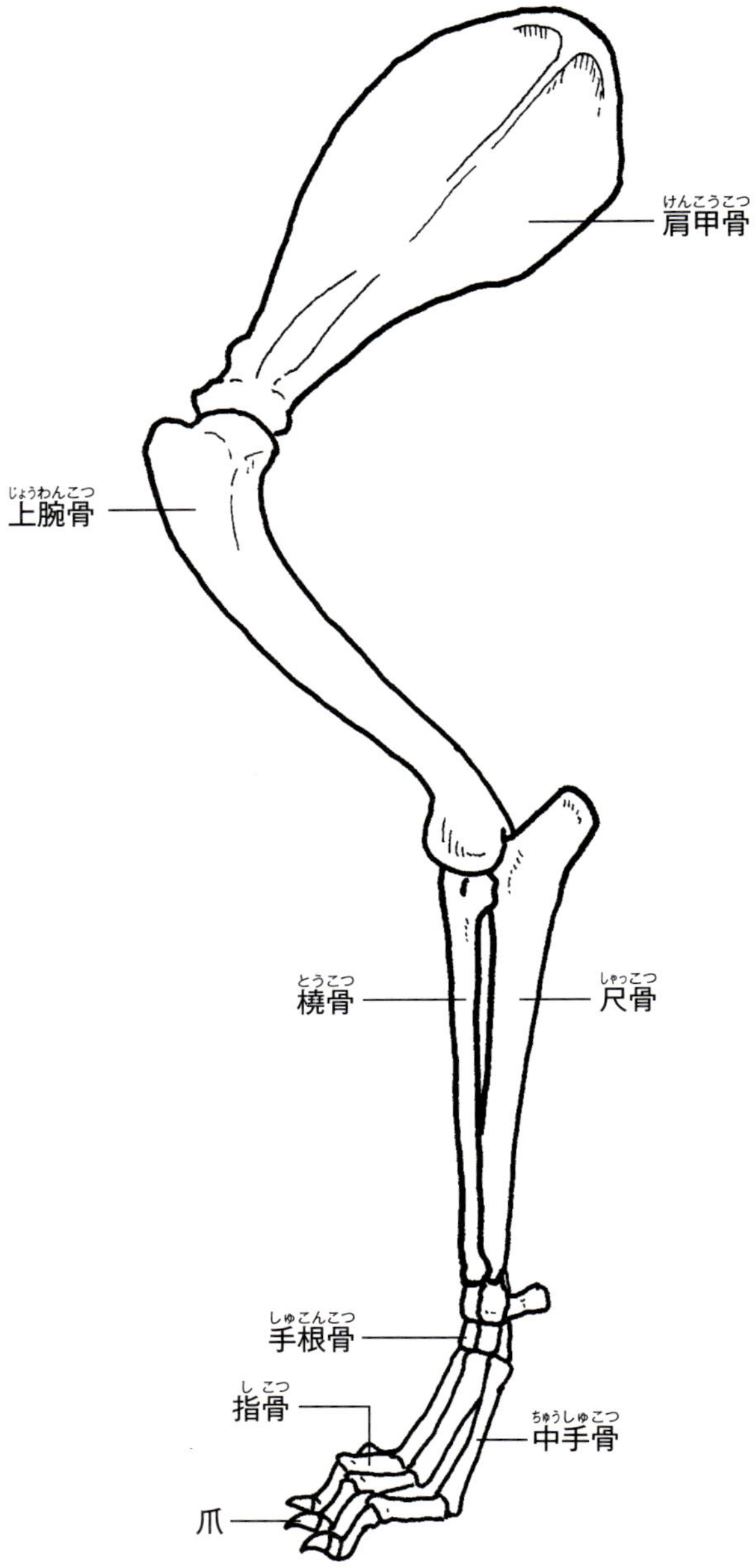
肩甲骨《けんこうこつ》
上腕骨《じょうわんこつ》
橈骨《とうこつ》
尺骨《しゃっこつ》
手根骨《しゅこんこつ》
指骨《しこつ》
中手骨《ちゅうしゅこつ》
爪

後肢

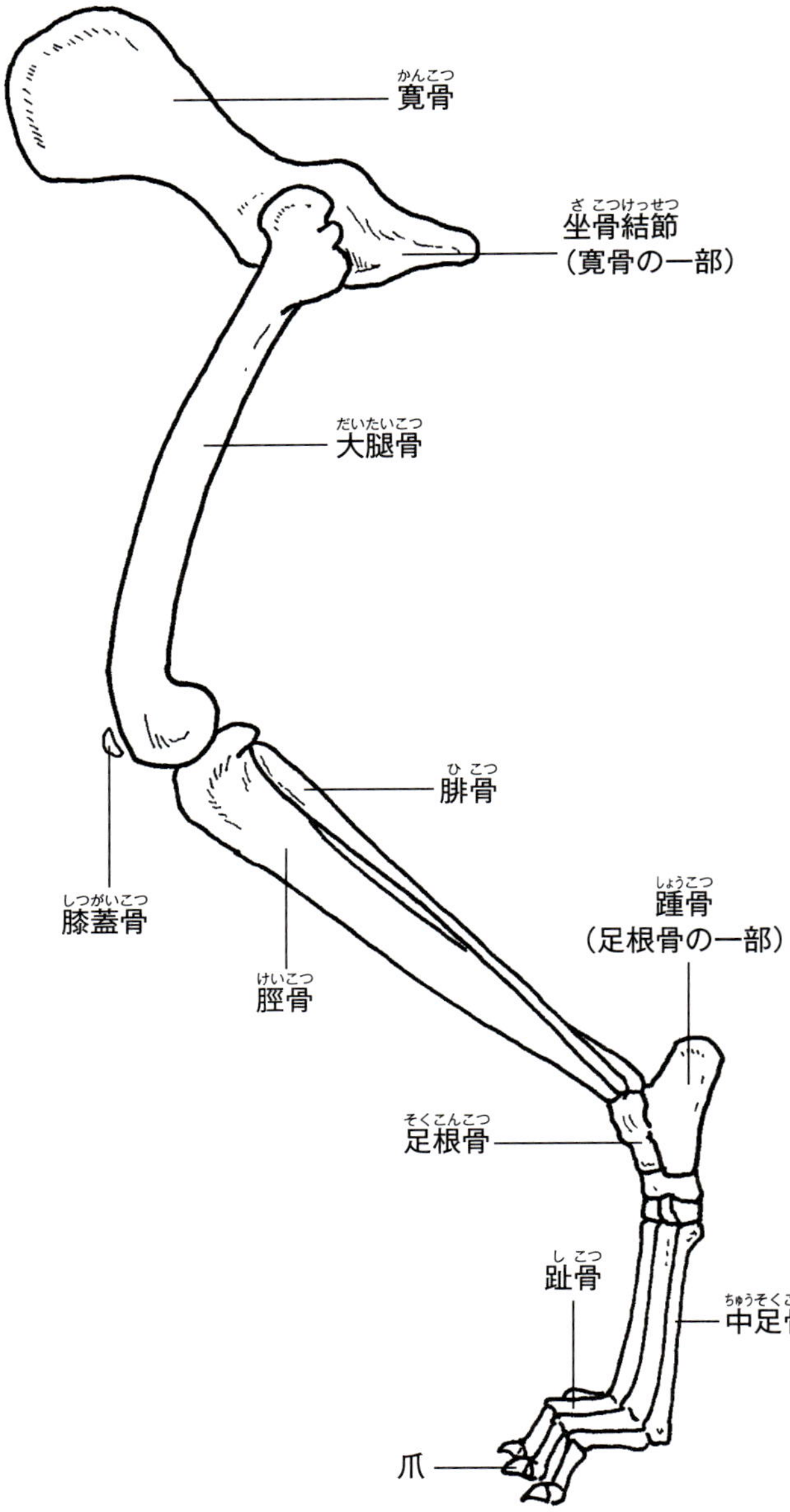
寛骨《かんこつ》
坐骨結節《ざこつけっせつ》
（寛骨の一部）
大腿骨《だいたいこつ》
腓骨《ひこつ》
膝蓋骨《しつがいこつ》
踵骨《しょうこつ》
（足根骨の一部）
脛骨《けいこつ》
足根骨《そくこんこつ》
趾骨《しこつ》
中足骨《ちゅうそくこつ》
爪

体長と体高の比率

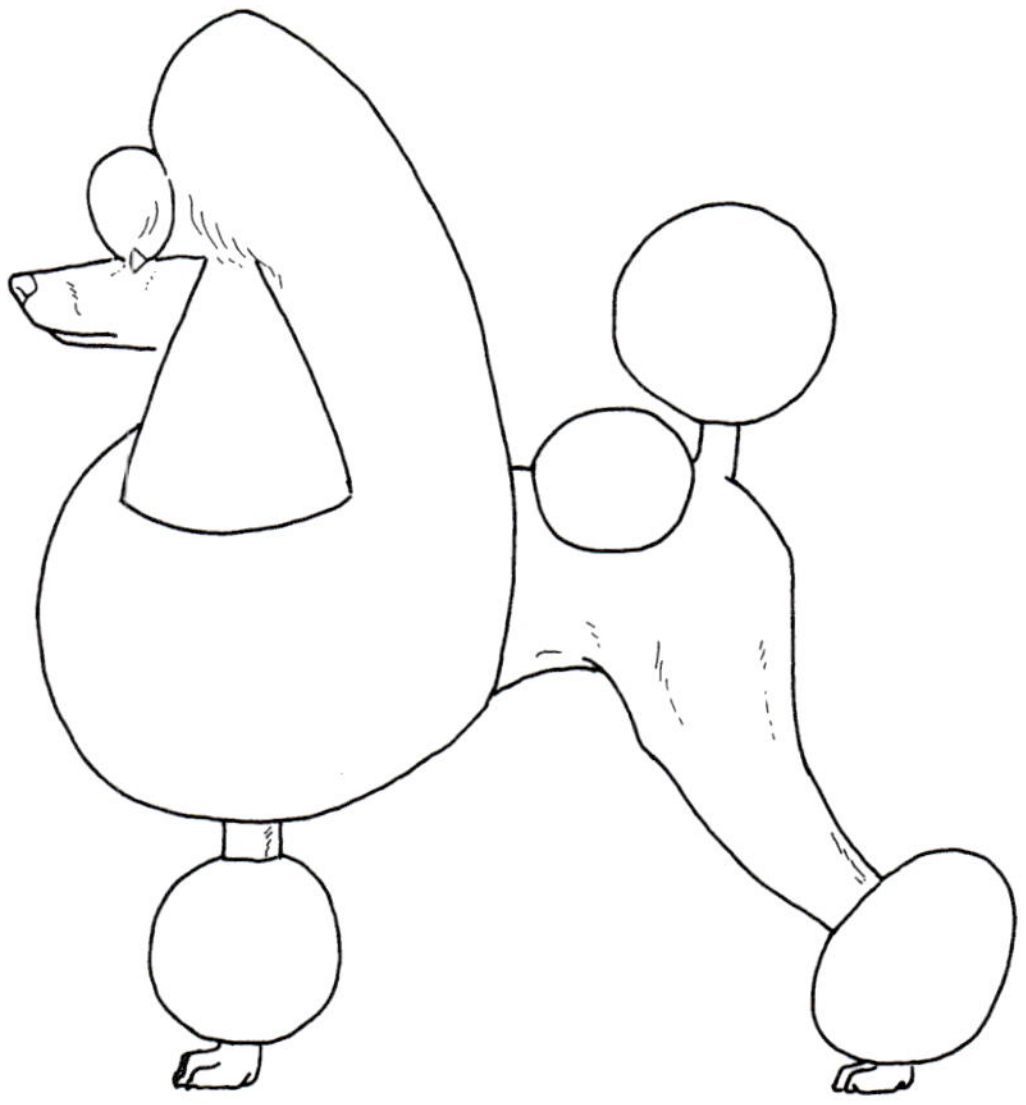

スクエア・タイプ

**スクエアの体構で、
よく均整が取れている。**

例）プードル

オフ・スクエア

**体高より体長が
わずかに長い。**

例）シェットランド・シープドッグ

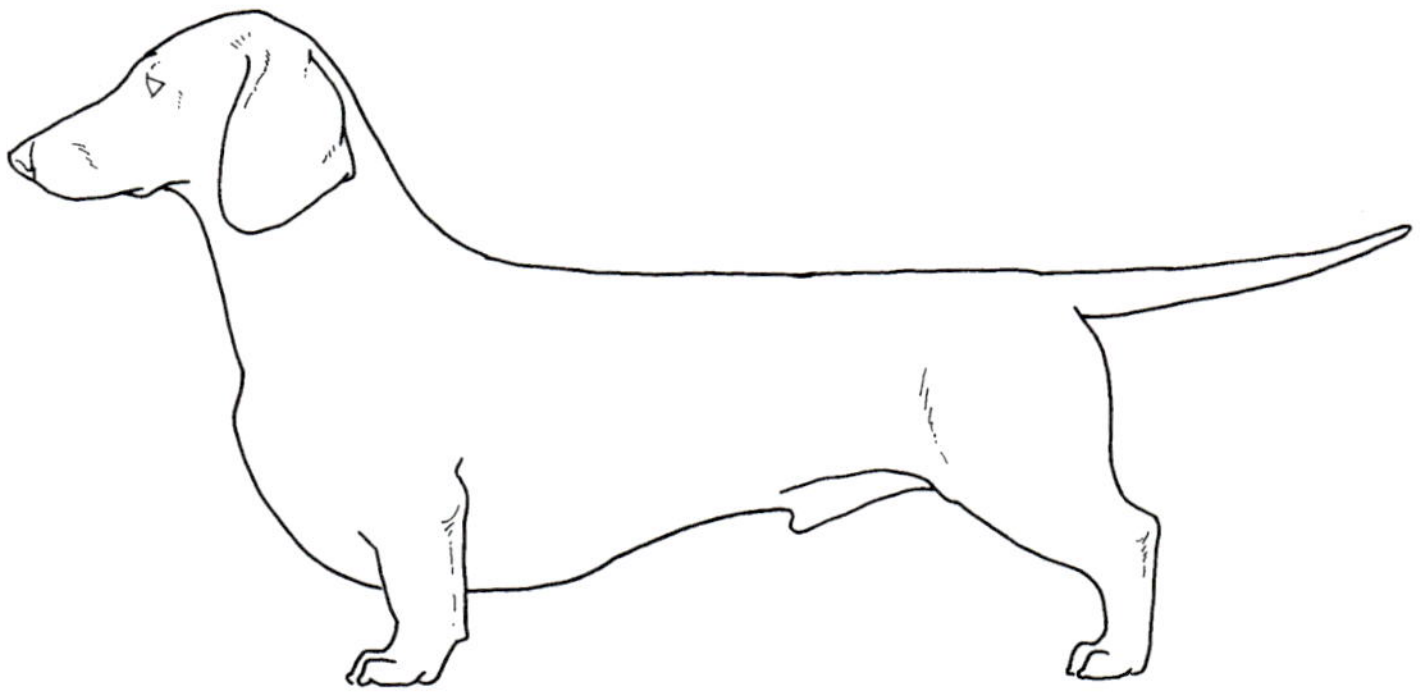

レクタングル（短脚胴長）

体高：体長＝10：17～18

例）ダックスフンド

皮膚の基礎を学ぶ

犬の皮膚

皮膚の役割

皮膚は犬の体の全体を覆い、目、口、鼻、外陰、肛門で粘膜に移行します。皮膚の役割は、主に次の4点です。

●対外保護作用

外部のさまざまな刺激から内臓などの器官を守り、さらに、ウイルスなどの病原体が体に侵入するのを防ぎます。

●知覚作用

皮膚は感覚器官のひとつ。体に何かがふれた感じや温かさ、冷たさ、痛みなどを感じ取ります。

●分泌作用

皮膚には、皮脂腺と汗腺があります。皮脂腺から分泌される皮脂は、皮膚や被毛に油分を補うほか、体臭のもとにもなります。

汗腺には、体全体に存在するアポクリン汗腺と、肉球や鼻鏡などに存在するエクリン汗腺の2種類があります。アポクリン汗腺から出る汗は、皮脂と混ざり合って皮膚表面に皮脂膜を形成し皮膚を守る役割や、ほかの犬とのコミュニケーションという役割が中心で、体温調節にはそれほど役立ちません。エクリン汗腺からは水っぽい汗が出ます。発汗量がわずかなため、体温調節の効果は期待できませんが、肉球にかく汗は歩く際の滑り止めとして働きます。

●体温調節作用

外界の暑さや寒さから体を守ります。ただし、発汗による体温調節機能は低く、暑いときには主にパンティング（舌を出してハアハアと息をすること）によって体温を下げます。

また、寒さには強いイメージがありますが、シングル・コートや体の小さい犬種は寒さにも弱いことがあります。

皮膚の構造

皮膚は、体の表面から内部へ向けて、「表皮」、「真皮」、「皮下組織」の3層に分けられます。

●表皮

①角質層

表皮はさらに、「角質層」、「中間層」、「基底層」の3層に分けられます。角質層は皮膚のいちばん外側の部分で、死んだ表皮細胞である角質細胞からできています。人に比べて犬の表皮は薄いため、外部からの刺激や乾燥に弱いと言われています。

表皮細胞は、つねに新しく作り替えられ

ています。基底層で作られた細胞は皮膚の表面へ徐々に押し上げられていき、最後は角質層から皮垢（フケ）となってはがれ落ちます。

②中間層

基底層で作られ、皮膚の表面へ押し上げられていく生きた表皮細胞でできています。

③基底層

表皮のいちばん深い部分に当たり、表皮細胞が作られています。基底層にあるメラノサイト（メラニン細胞）ではメラニン色素（黒い色素）が作られており、これによって皮膚や毛の色が決まります。

皮膚の構造

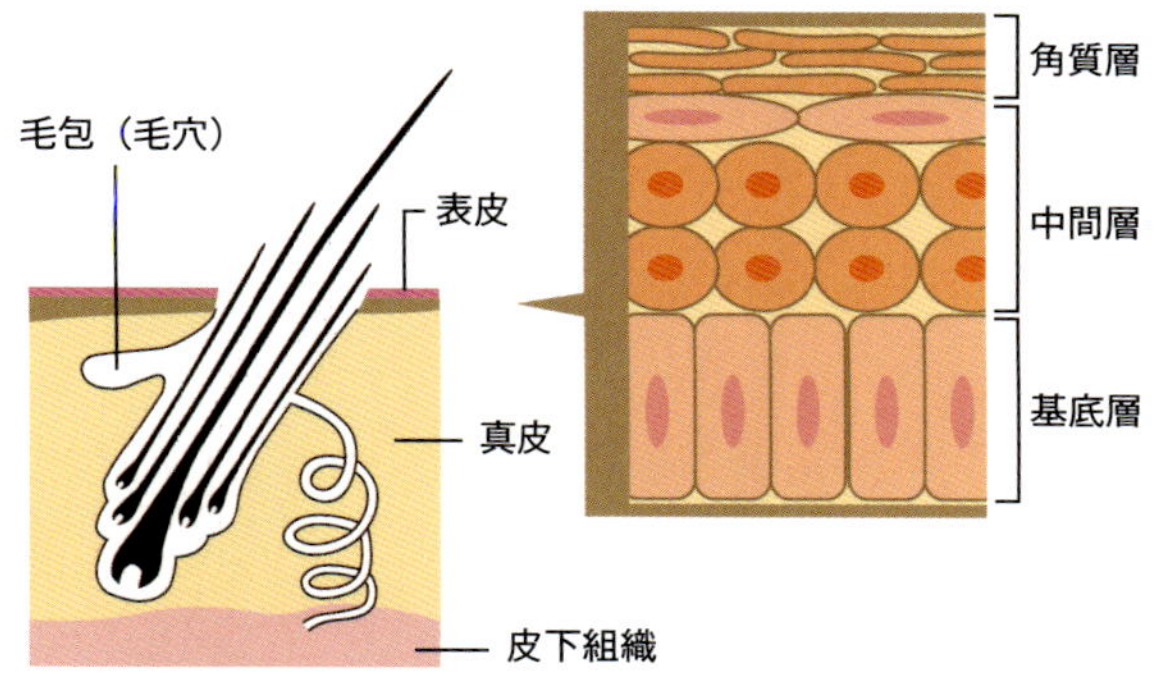

●真皮と皮下組織

①真皮

コラーゲンなどたんぱく質の線維が主成分で、表皮を下から支えています。毛細血管やリンパ管、各種知覚神経が多く張り巡らされているのもこの部分です。

②皮下組織

真皮のさらに下にある層で、ほとんどは皮下脂肪です。蓄えられた脂肪はエネルギー源となるほか、体を衝撃から守るクッションの役割を果たしたり、体温を保つのに役立っています。

特殊な皮膚

●肉球

四肢の足裏にある肉球には毛がなく、脂肪を多く含む弾力のある組織が、厚く硬い角質層で覆われています。肉球は地面からの圧力を効率良く分散する構造をしており、犬が歩く際のクッションの役割を果たしています。

最も大きい肉球を前肢では「掌球《しょうきゅう》」、後肢では「足底球」、各指のものを前肢では「指球」、後肢では「趾球《しきゅう》」と言います。前肢には、掌球より上に「手根球《しゅこんきゅう》」と呼ばれる小さめの肉球もありますが、立っているとき地面につくのは掌球と趾球だけです。

●鼻先（鼻平面）

鼻平面の皮膚は硬く、色素が沈着して湿っており、表面には浅い溝がたくさんあります。鼻の表面の湿り気は、主に鼻の穴の入り口近くにある分泌腺（外側鼻腺など）からの分泌物によるもの。鼻の表面を湿らせておくことで、におい物質を鼻の表面に付着しやすくしています。睡眠中は乾くことがあります。

ていねいにケアしたい部分

肛門囊《のう》腺（肛門腺）

肛門の近くにある「肛門腺」から出る分泌物は「肛門囊」に蓄えられます。肛門囊の開口部は、肛門の斜め下に左右一対あります。肛門囊に強い刺激があったり、分泌液が溜まると、炎症を起こすことがあります。

外耳道腺

犬の外耳道には、脂などを分泌する腺が多くあります。分泌物が溜まって細菌に感染すると外耳道炎を引き起こし、悪臭のする耳垢が溜まったり、痛みやかゆみが生じたりすることがあります。

被毛の基礎を学ぶ

犬の被毛

被毛の多様性とその理由

犬ほど、さまざまなタイプの被毛を持つ動物は他にありません。被毛の多様さには、人とともに熱帯地から寒冷地まで、あらゆる場所で犬が暮らしてきたことが関係しています。

犬の被毛は住む場所の環境に適応するために進化し、毛質、毛量、毛の長さ、毛の密度などに変化を及ぼしました。さらに、人の嗜好《しこう》によって異なる毛質の犬が交雑させられた結果、被毛のタイプは犬種によってそれぞれ特徴のあるものとなりました。

被毛の基礎知識

犬の被毛は、主毛、副毛（下毛、アンダーコート、緬毛とも言う）、触毛の3種類に分けられます。

●主毛

主毛は、太くて硬い毛です。水をはじく、日光や衝撃から皮膚を守るなど、主に体を守る役割を果たしています。「上毛」、「オーバー・コート」、「一次毛」などの呼び方もあります。

●副毛

細くやわらかめで主毛より短く、密生しています。主に体温調節や、衝撃から体を守る役割などを果たしています。上毛に対して「下毛」、オーバー・コートに対して「アンダー・コート」、一次毛に対して「二次毛」と呼びます。

●触毛《しょくもう》

太くて硬く、長い毛で、マズルや目の周囲、顎《あご》などに生えています。皮膚の深い部分から生えており、触覚を司る感覚器としての役割を果たしています。

被毛のタイプ

犬の被毛は、生える毛のタイプや量によって、「ダブル・コート（二重毛）」と「シングル・コート（単毛）」に分けることができます。ダブル・コートとは、主毛と副毛の両方を備えており、二重構造になっている被毛のこと。シングル・コートとは、ほぼ一層構造になっている被毛のことです。

●ダブル・コートの特徴

寒さから身を守るための副毛は、暖かい季節には必要なくなるため、春ごろから大量の副毛が抜けます。寒さが増してくると再び副毛が生え始め、冬には生えそろいます。

●シングル・コートの特徴

シングル・コートでも、厳密には主毛と副毛の両方が生えていることがほとんどです。また、「副毛がない」と表現されることが多いのですが、犬種によっては、主毛が少なく、発達した副毛が被毛の大半を占めている（発達した副毛が主毛の役割を果たしている）ものもあります。たとえばマルチーズは、主毛が多く副毛が少ないタイプ。これに対してプードルは、被毛のほとんどが発達した副毛で、主毛が少なくなっています。

さらに、「換毛がない」と言われることもありますが、季節に応じた毛の生え変わりは起こっています。ただし、ダブル・コートの犬のように極端な脱毛は見られず、換毛期であっても、普段とそれほど変わらない程度の抜け毛しか見られないことがほとんどです。

毛の構造

毛は、皮膚より下にある「毛根」と、皮膚より上の「毛幹」に分けられます。毛包（毛穴）の底には毛乳頭と呼ばれる組織があります。毛乳頭から送られる指令によって毛母細胞が分裂を繰り返し、毛が作られていきます。

犬種による被毛のタイプの違い

シングル・コート	ダブル・コート
●短毛種 ミニチュア・ピンシャー、グレーハウンド、ボクサー、グレート・デーンなど	**●短毛種** 日本犬、ラブラドール・レトリーバー、フレンチ・ブルドッグ、パグなど
●長毛種 プードル、マルチーズ、ヨークシャー・テリア、アフガン・ハウンドなど	**●長毛種** ゴールデン・レトリーバー、ミニチュア・シュナウザー、ロングコート・チワワ　など

毛周期

毛は一定の周期で抜け落ち、新しい毛に生え替わっています。このサイクルを「毛周期」と言い、それぞれの毛包が独立した毛周期を持っています。毛周期は、4つの段階に分けることができます。

①成長期
毛母細胞が活発に分裂し、新しい毛が生長していきます。

②退行期
成長期が終わり、毛が伸びなくなります。毛の根元や毛包が縮んでいきます。

③休止期
毛の根元が毛乳頭から離れます。

④新生期
毛乳頭で新しい毛が作られ始めます。

●毛色を作る色素

毛の主成分は、「ケラチン」というたんぱく質の一種です。1本の毛は、外側から「毛小皮」、「毛質層」、「毛髄質」の3層構造になっています。

被毛の色はさまざまですが、毛質層に含まれるメラニン色素の種類と量、大きさによって決まります。メラニンは動植物に広く存在する色素です。

メラニン色素には「ユーメラニン」と「フェオメラニン」の2種類があります。ユーメラニンは皮膚や被毛を黒や褐色にする色素で、フェオメラニンは赤や黄色を発生させるものです。

●毛色の違いの仕組み

メラニン色素には光を吸収する働きがあるため、毛に含まれるメラニン色素の量が多いほど黒っぽく見えます。反対に、メラニン色素が含まれない毛は、光をすべて反射するので白く見えます。

黒や白以外の毛色にもメラニン色素の量が関係しており、含まれる量が多い順に、「ブラック」、「レッド」、「タン」、「ホワイト」などの毛色になります。

メラニン色素は毛質層に小さな粒として存在し、その粒子が大きい場合は黒、小さい場合は赤やタンに近づきます。メラニン色素が多い毛は粒子が大きく、逆にメラニンが少ないと粒子も小さい、という傾向が見られます。

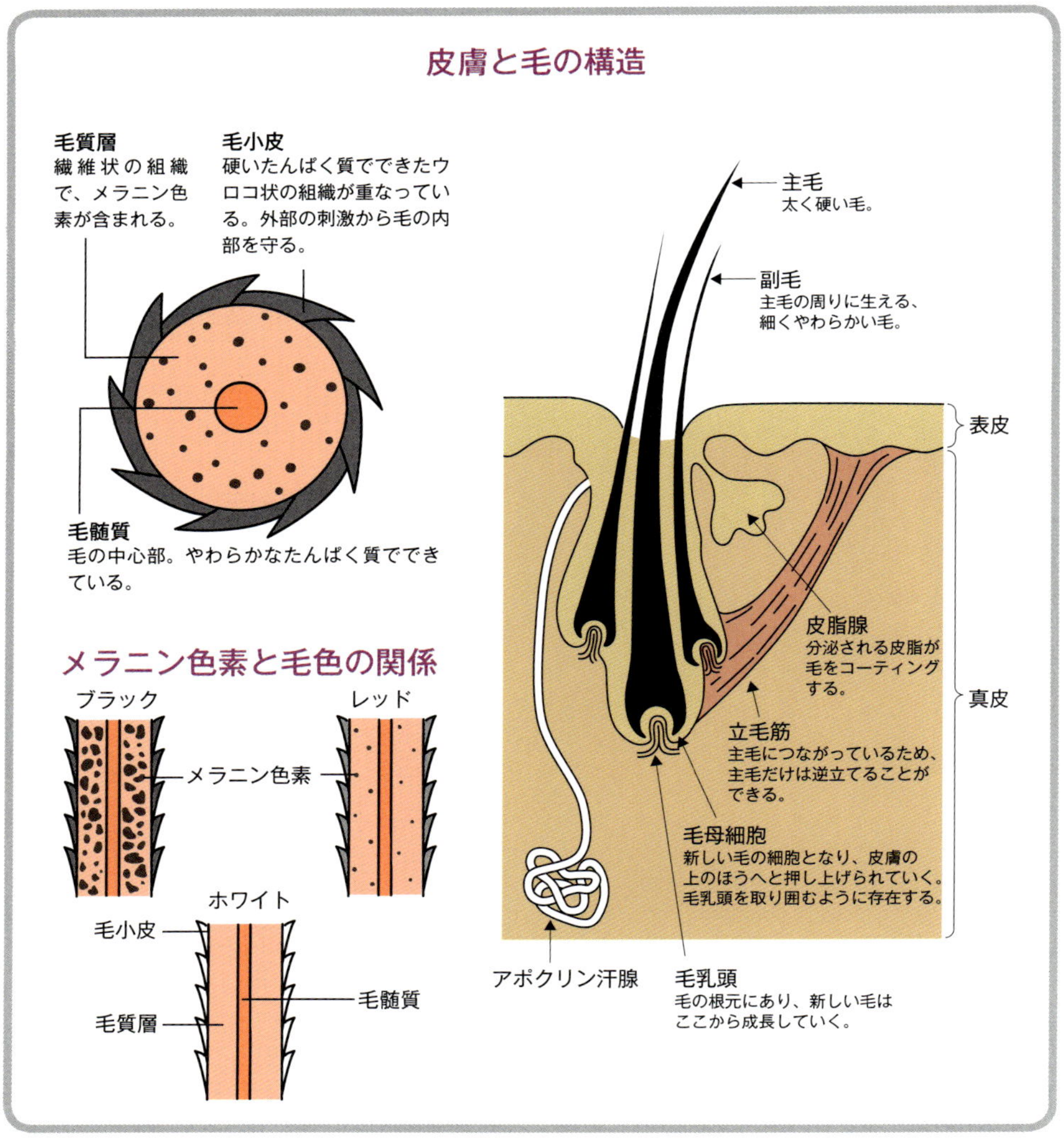
皮膚と毛の構造
毛質層
繊維状の組織で、メラニン色素が含まれる。
毛小皮
硬いたんぱく質でできたウロコ状の組織が重なっている。外部の刺激から毛の内部を守る。
毛髄質
毛の中心部。やわらかなたんぱく質でできている。
メラニン色素と毛色の関係
ブラック
レッド
メラニン色素
ホワイト
毛小皮
毛質層
毛髄質
主毛
太く硬い毛。
副毛
主毛の周りに生える、細くやわらかい毛。
表皮
皮脂腺
分泌される皮脂が毛をコーティングする。
真皮
立毛筋
主毛につながっているため、主毛だけは逆立てることができる。
毛母細胞
新しい毛の細胞となり、皮膚の上のほうへと押し上げられていく。毛乳頭を取り囲むように存在する。
アポクリン汗腺
毛乳頭
毛の根元にあり、新しい毛はここから成長していく。

毛質とグルーミング

●被毛を開立させる場合

犬の被毛は頭からテイル、ボディ上部から腹部に向かう毛流を作るのが自然です。ただし、毛吹きをよく見せたり、背線で優美なカーブを演出したりするため、プードルやビション・フリーゼ、ポメラニアンなどの犬種では、被毛を立ててセットするテクニックが使われることがあります。

毛を開立させる場合は、ベイジング後、毛流と逆方向などにブラッシングしながらドライングを行います。

●被毛を寝かせる場合

被毛を自然に寝かせる場合は、毛流に沿ってブラッシングしながらドライングを行うのが基本です。ヨークシャー・テリアやマルチーズのように背線で左右に毛を分けて寝かせます。ゴールデン・レトリーバーのようになめらかな背線を作りたい場合は、ボディをタオルなどで包み、毛を皮膚に密着させた状態で乾かす「サッキング」と呼ばれる方法を使うこともあります。

日常的なケア

目・爪・歯のお手入れ

トリマーが行うケア

被毛の手入れと同様に大切なのが、目や歯、爪などのケアです。トリマーが安全に行える方法を選び、高い技術や医学的な処置が必要なものは、獣医師に任せましょう。

目のケア

目の周りの悩みで最も多いのが「涙やけ」です。涙やけの場合、原因を見きわめて適切な対応をすることが大切です。

被毛が赤っぽく変色する涙やけは、涙が絶えず流れ出るために起こります。涙が多い原因として考えられるのは、涙管の詰まりのほか、逆さまつ毛など。目頭や上まぶたの毛を短めにカットするなど、目への刺激を減らす工夫をしましょう。涙管の異常などが考えられる場合は、獣医師の診断・治療が必要です。

爪のケア

爪切りの基本は、「真皮の周りだけを切る」ことです。犬の爪は、中心にある真皮（軟部組織）とその周りの硬い角質層からできています。真皮には血管や神経が通っているので、傷つけないように注意。角質層は、切っても痛みはなく、出血もしません。爪が白い場合は、血管が透けて見えるところまでが真皮の目安。黒い爪の場合は、断面の中心に白っぽい組織が見えてきたら切るのをやめましょう。

爪切りの方法

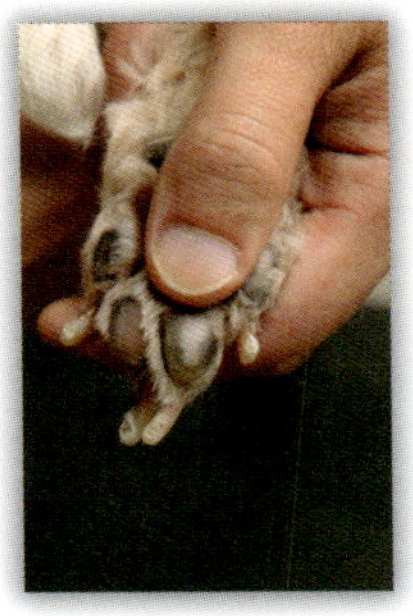

1 パッドを親指で軽く押し、足裏を平らにします。

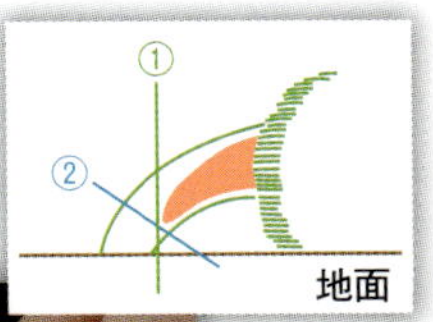
①
②
地面

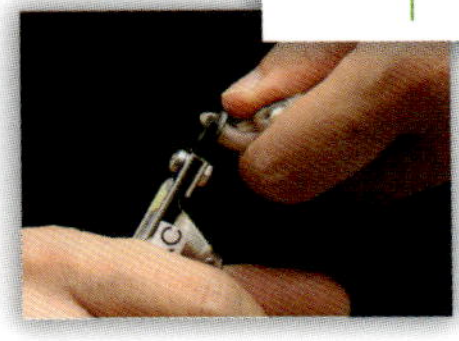

2 爪の中心の白っぽい部分（真皮）を傷つけないよう、周りの硬く黒い部分だけを、２手順で切ります。

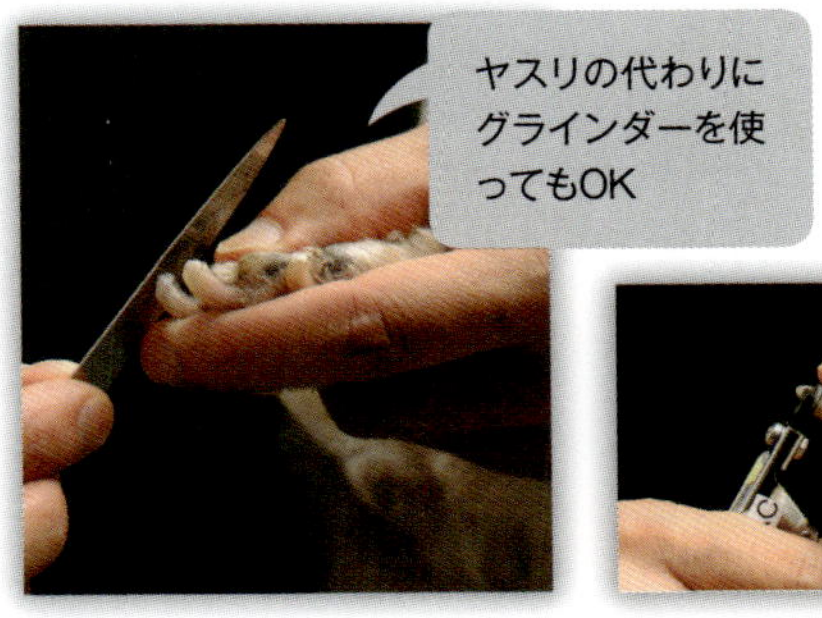
ヤスリの代わりにグラインダーを使ってもOK

3 左手の指を爪の下に添え、切り口の角をやすりで整えます。往復させず、一方向だけに動かします。

歯のケア

歯みがきは、歯周病の原因となるプラーク（歯垢《しこう》）を取りのぞくために必要なケアです。プラークは24時間～72時間で部分的に歯石化するため、飼い主さんに日常的に行ってもらうのが基本です。サロンなどでトリマーが行う歯みがきは、犬をケアに慣らすことや、口の中の異常を早期発見することが主な目的となります。

●歯のケアは歯ブラシだけで

使用する歯ブラシは、やわらかく細い毛が高密度に植えられているものがおすすめです。歯の表面・歯と歯のあいだ・歯と歯肉のあいだにブラシを当て、「やさしく」、「小刻みに」、「数多く（1カ所につき20回が目安）」動かしてみがきます。

歯石は、プラークに含まれる細菌が唾液中のカルシウムにより石灰化したもの。歯みがきで除去することはできません。歯石の除去は、獣医師が治療の一環として行うべきものです。歯石取り用の「スケラー」は、刃物の一種。専門的な教育を受けておらず、十分な知識や技術のないトリマーが使うのは厳禁です。

歯みがきのしかた

歯ブラシの選び方

- 毛がやわらかい
- 毛の量が多い
- 毛が細く、長め
- ヘッドがある程度大きい

❶ 左手で、マズルを上下から軽く押さえる。

❷ 唇と歯ぐきのあいだに歯ブラシをすべり込ませ、ブラシを小刻みに動かしてこすります。

POINT

□1カ所につき、歯ブラシを20往復！

□1カ所を終えたら、1cmぐらいずつ歯ブラシをずらします

❸ 歯ブラシをずらし、前歯も同様にみがく。

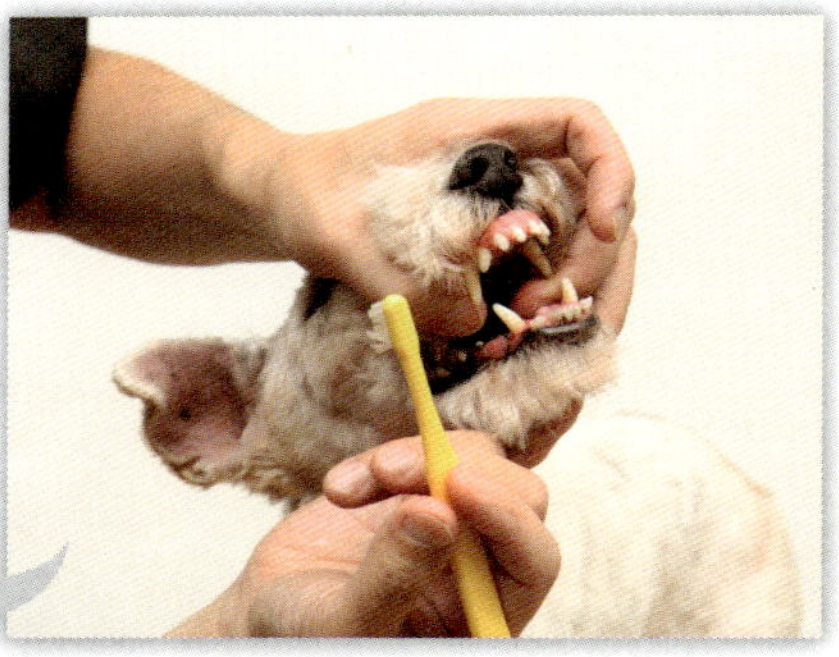

❹ マズルの上から手を回して犬歯の後ろに指を入れ、歯の裏側をみがく。

犬が嫌がるときは、無理せずにできる範囲だけみがきます

第4章

犬の保定

福山貴昭

- 「犬の保定」と心がまえ
- 保定・ハンドリングの基本

トリミングに欠かせない技術

「犬の保定」と心がまえ

トリミング時の保定とは

「保定」とは、「人が動物の体の動きを制御して動きの自由をなくすこと」、「人の意図するように動物の動きをコントロールすること」を指します。トリミングでは、人の声や手、道具を駆使して保定を行います。これは何も特別なことではなく、犬を飼っていれば誰でも、日常生活のなかで首輪の脱着、散歩後の足ふき、抱きかかえなどの保定を行っています。ただし、トリミングは刃物を動物の体の近くで使う作業が多いことから、動かないように保定している時間が非常に長くなります。トリミングを安全に行うためには、トリマーは犬と自身に負担がより少ない保定技術を身につけておかなければならないのです。

保定の技術を向上させるには、実際に犬との相互関係のなかで学ぶことが基本です。これは、多く犬をトリミングすることで自然とマスターできるものでもありますが、犬の負担を少なくする意識やさらに効率的な保定法を見つける意識を持つことで技術の向上が早まります。

攻撃行動を出させない保定

この章では、犬の保定の技術面にポイントを絞って解説しています。これらは、関節技のように犬を動けなくすること、押さえつけることを目的としたものではありません。保定する人（トリマー）の安全と犬の安全、各作業の実施のしやすさを優先してまとめてあります。

犬は恐怖を感じると、恐怖反応として逃避・攻撃・硬直のいずれかの行動を示します。トリマーからすると、どれも〝作業効率を落とす困った行動〟です。逃避（犬が逃げること）が保定などで通用しない場合は、犬は恐怖刺激から離れるために、うなる、噛みつくという行動（攻撃）を取ります。それも難しければ、緊張した状態で不動化します（硬直）。さらに刺激が継続すると、伏せて服従の姿勢で硬直を継続させます。この状態になると、犬と人ともにケガのリスクは低くなりますが、犬に震えが出てくることで、トリミング中に保定で制御できなくなってしまいます。

　犬のよい行動を引き出すには、トリマーが犬の様子をつねに観察することが重要です。接触する際の自らの立ち居振る舞い、ブラシの当て方、保定している手の力のかけ方など、自らの行動が犬に恐怖や不快感を与えていないかを判断するのです。犬が恐怖反応を示しやすいのは、「人の手と顔」だとされます。必要以上に密なコミュニケーションを取ろうとして、犬が嫌がっているのに、顔を近づけて話しかけるのはよくありません。

犬の行動は、行動直後の結果によって、出現頻度が増減します。トリマーはこの「行動直後の結果」をコントロールすることで、犬にトリミング中の取るべき行動を学習させます。トリマーが望むような協力的な行動が見られたら、すぐにやさしく声がけしてほめるか、おやつなどの報酬を与えましょう。逆に望まない行動が出た場合には、不快な刺激となる低いトーンの声で、はっきりと伝えます。

また、犬から攻撃されても、人が何も反応しないとその攻撃行動は消去されます。犬から攻撃されたときにトリマーが驚いて作業を止めると、犬が攻撃行動の効果を学習してしまいます。これを何度か経験した犬は、俗に言う「噛み犬」になる可能性が高いのです。しかし、噛まれて反応しないことは不可能なので、噛みそうな犬には事前に口輪を装着しましょう。口輪を装着した犬は物理的にも非常に安全な状態なので、トリマーはやさしく警戒することなく犬を取り扱うことができます。まずは犬から攻撃行動を出させないように、犬に与える刺激のコントロールを徹底するのが大事です。

＊

最後に、トリミング中に犬のストレス要因となるものを左にリストアップしました。トリミング環境を調整するだけで犬のストレスを下げることは、トリミングの経験値に関係なく誰でもできます。犬に負担の少ない環境で、犬の生理的な反応を観察（評価）できて、見られた行動から犬の心理を推測できるようになれば、自信を持って犬を保定することができます。犬を押さえつけるのではなく、「犬を支える、導く」というやさしい印象を与えるはず。そうなれば、犬はもちろん飼い主や周囲のトリマーにまで安心感が広がります。トリミングでは、ハサミの技術に注目が集まりがちです。しかし、それらも安定した保定があってのものであることをしっかりと認識し、保定技術の向上に努めましょう。

トリミングにおける犬のストレス要因

- 反射光、反響音
- 化学香料、薬液臭
- 冷えた器具、冷水
- 滑る床、硬い床、凸凹のある床
- 部屋の暑さ
- 金属が体にふれる
- ほかの犬の鳴き声、ドライヤーの音
- 目や鼻への刺激（ドライヤーの風、シャワーの水、人の指）
- （体を）引っ張られる
- （体の部位を）握られる
- 体の末端部分をさわられる（口、耳、テイル、足先など）
- 目を直視される
- 抱き寄せられる
- すばやいハンドリング
- 大きな人の声
- 落ち着かない人の目、手
- 被毛を乱される
- 皮膚のやわらかい部分をさわられる

犬に負担をかけないために

保定・ハンドリングの基本

犬の保定やハンドリングは、グルーミングの基本となる技術。
犬を上手にコントロールするために大切なのは、犬の体の構造を正しく知り、
肉体的・精神的な負担をかけないようにすることです。

正しい抱き方

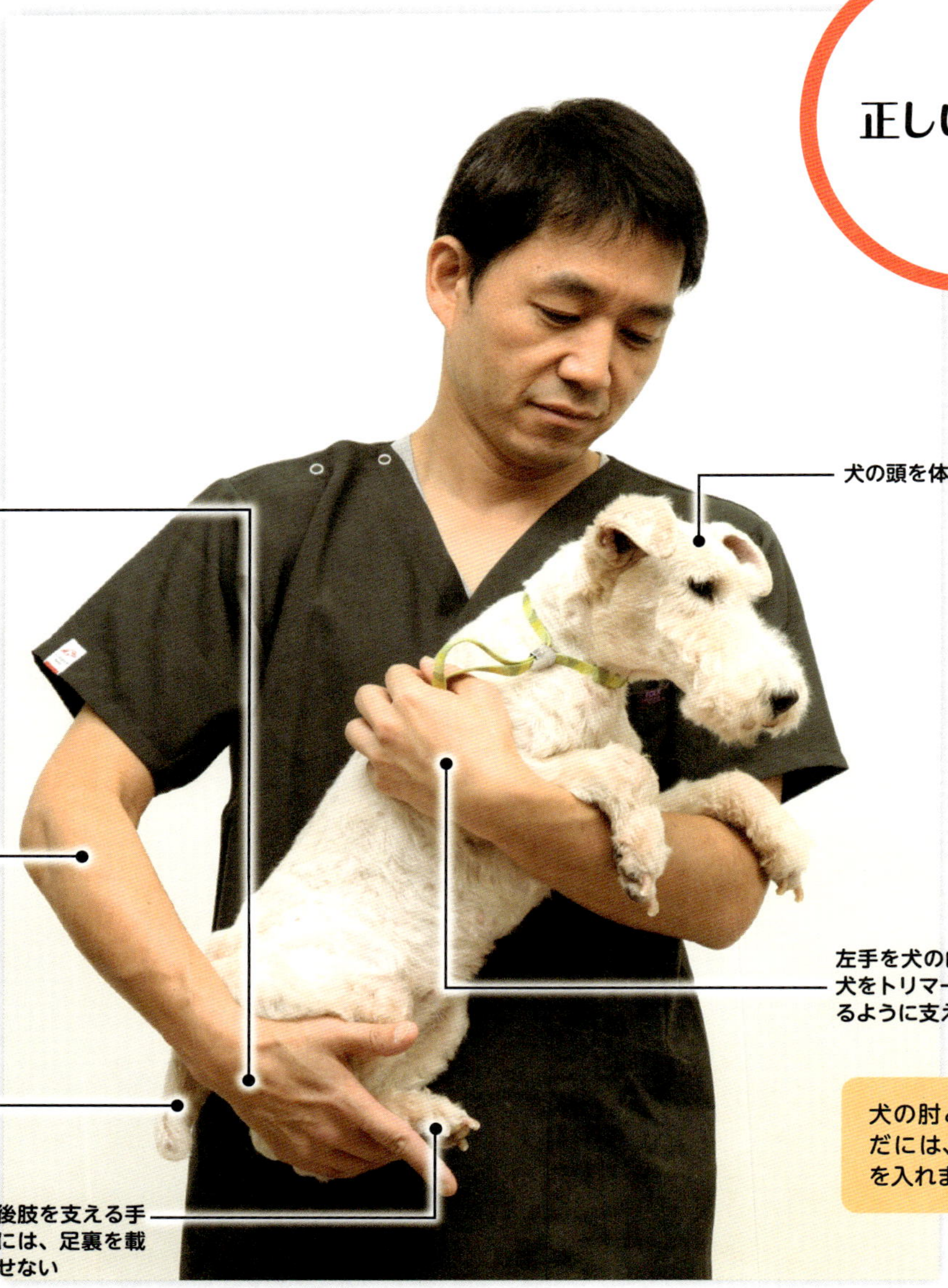
犬の頭を体より高い位置に保つ
右手でお尻と後肢をしっかり支える
右腕は前から回し、犬をトリマーの体に引き寄せるように支える
犬が嫌がることがあるので、テイルは支える手から外す
左手を犬の曲げた肘に添え、犬をトリマーの体に引き寄せるように支える
犬の肘と体のあいだには、自分の指を入れません
後肢を支える手には、足裏を載せない
足裏を載せると犬が踏ん張れるため、飛び下りの原因になります

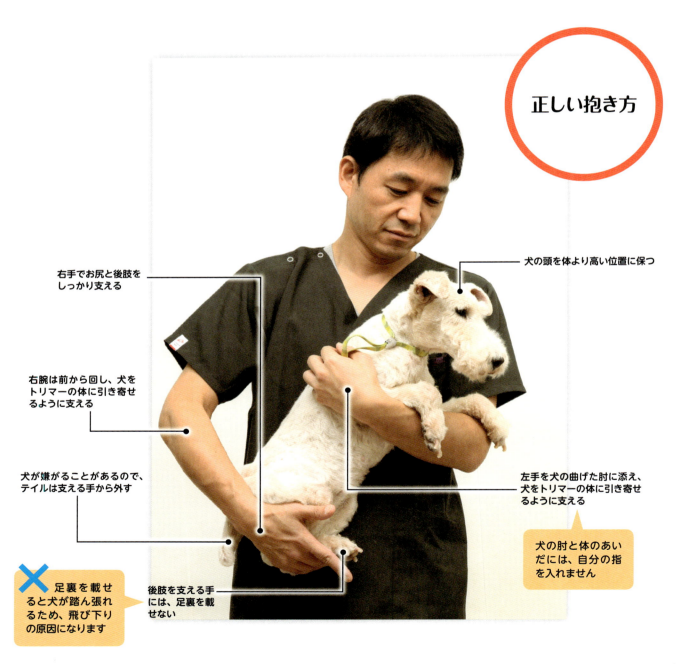

ケージから出す／入れる

ケージから出す

POINT
飛び出してこないか、攻撃してこないかなどを確認

1 ケージの前にしゃがみ、扉を少し開き膝で押さえた状態で犬の様子を観察します。

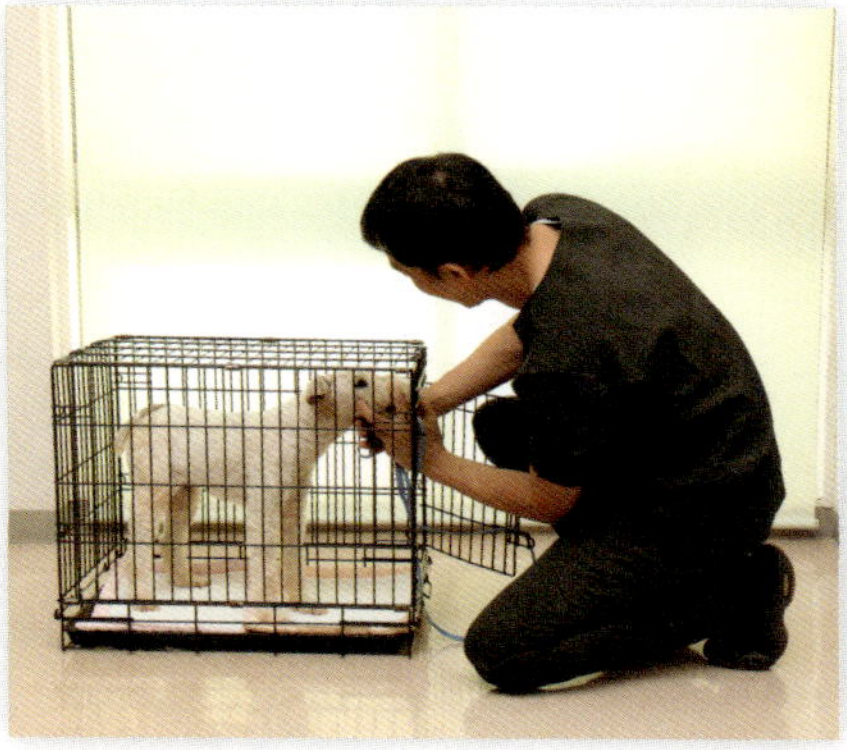

2 トリマーの腕が入る分だけ扉を開け、犬にリードを付けます。

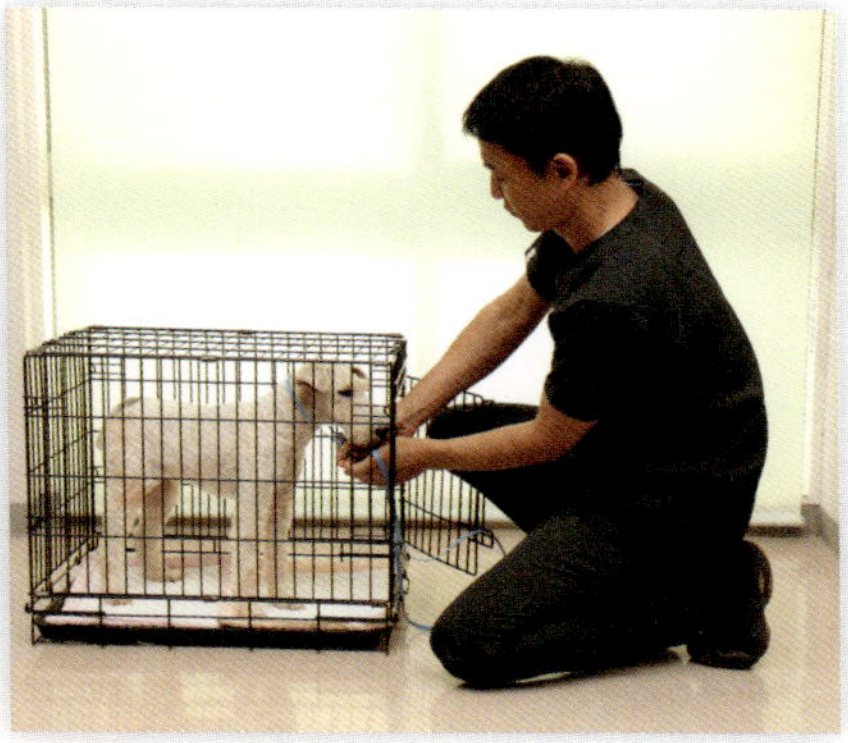

3 犬の頭を通すタイプのリードをかける場合、リードの金具を犬の首の前に回して長さを調節します。

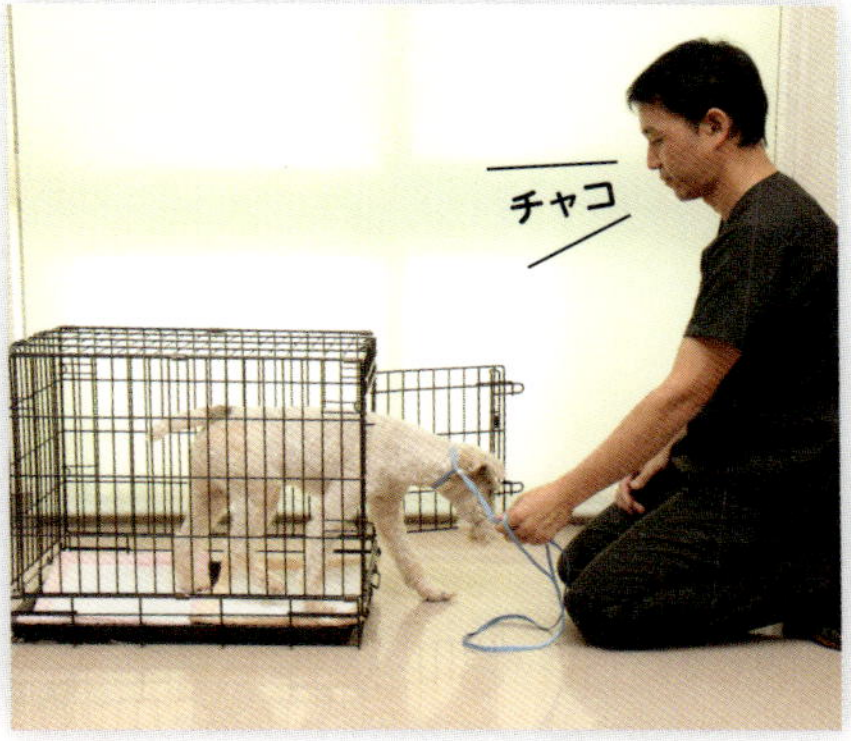
チャコ

4 扉を開け、名前を呼んで犬をケージから出します。

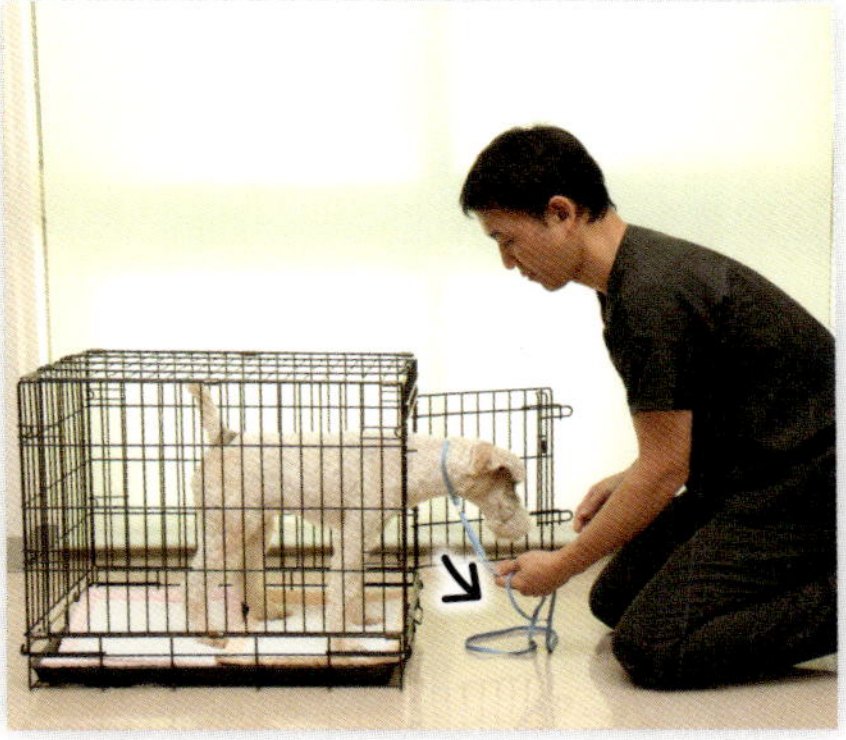

5 呼んでも出てこない場合は、リードを斜め下へ軽く引いて犬を外へ出します。

ケージに入れる

1 犬をトリマーの体に密着させるように抱き、犬を頭のほうからケージの中に入れます。

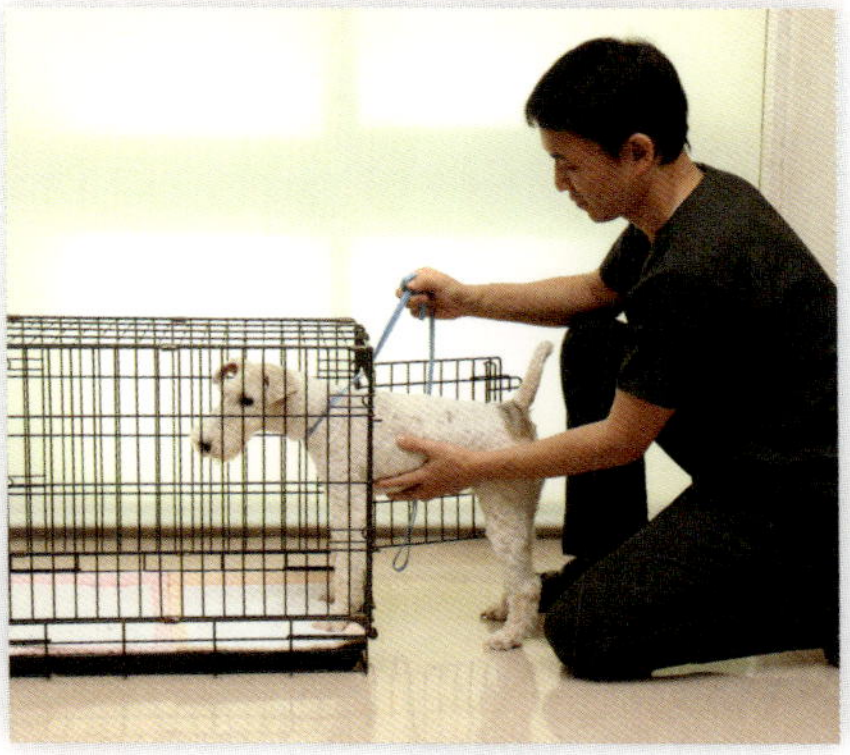

2 ケージの中に両前肢を着かせてから、犬を床に下ろします。

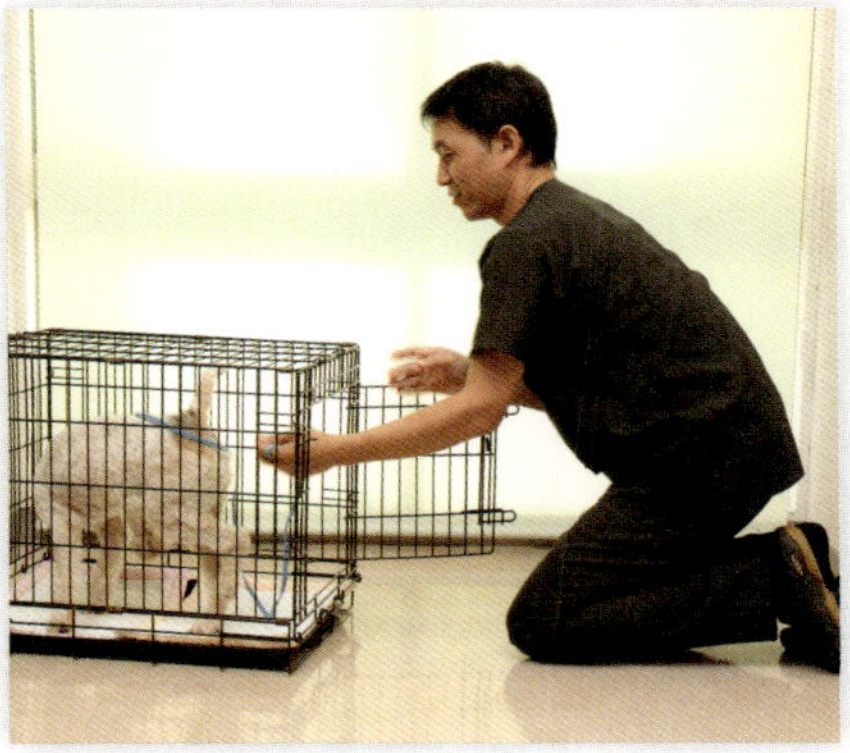

3 犬の体を軽く押し、ケージの中に入れます。

トリミング・テーブルに載せる／下ろす

小型犬

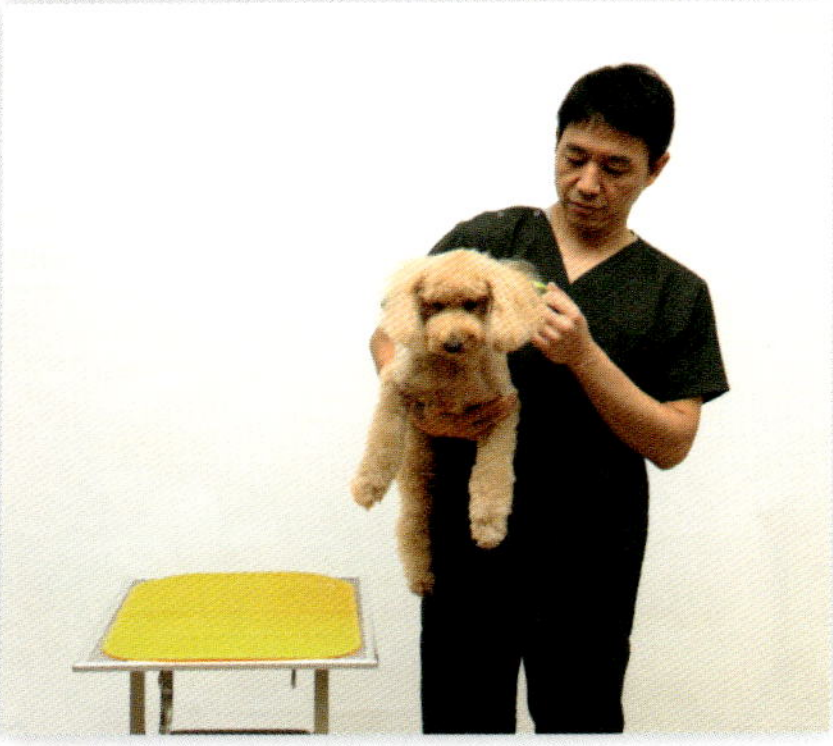

1 犬をトリマーの体につけて抱き、テーブルの真横に立ちます。

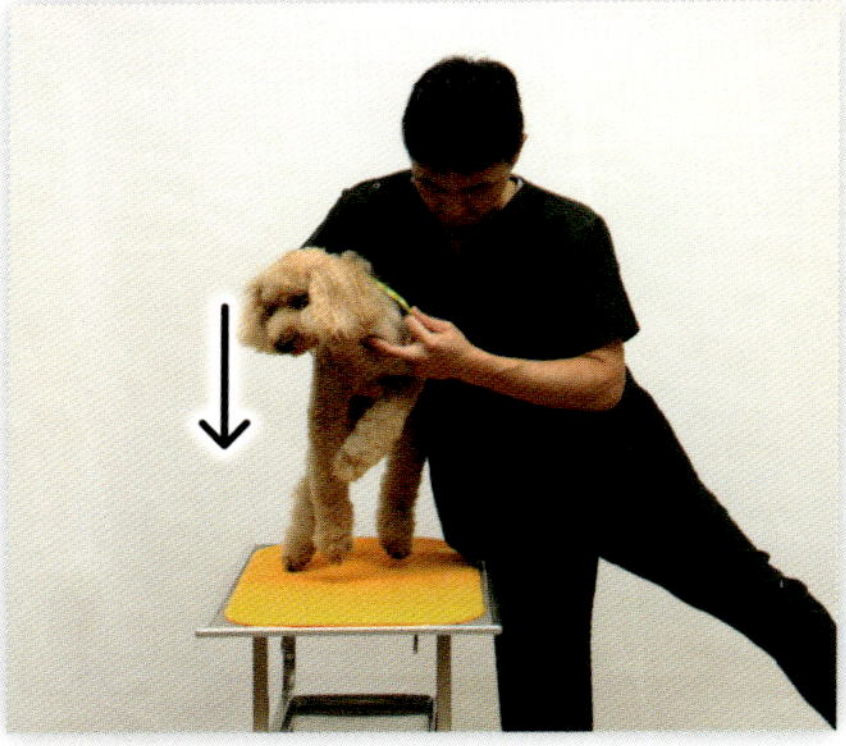

2 犬を体に密着させたまま体を乗り出し、テーブルの真上から犬を下ろします。

大型犬／テーブルに載せる①

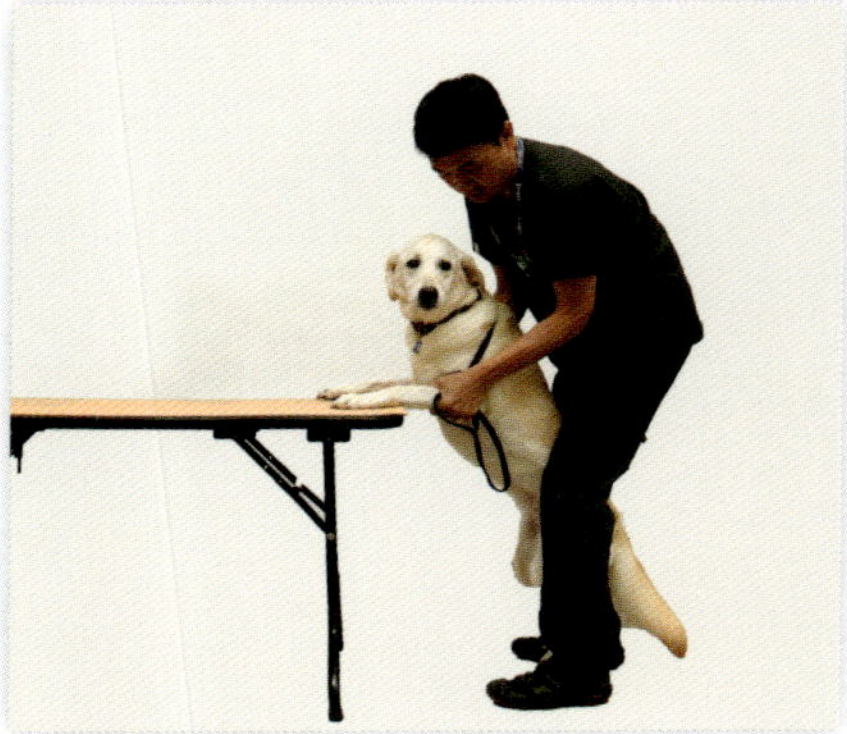

1 犬の両肘を持ち、テーブルに前肢をかけさせます。

2 肘と太ももの後ろに、それぞれ手を添えます。

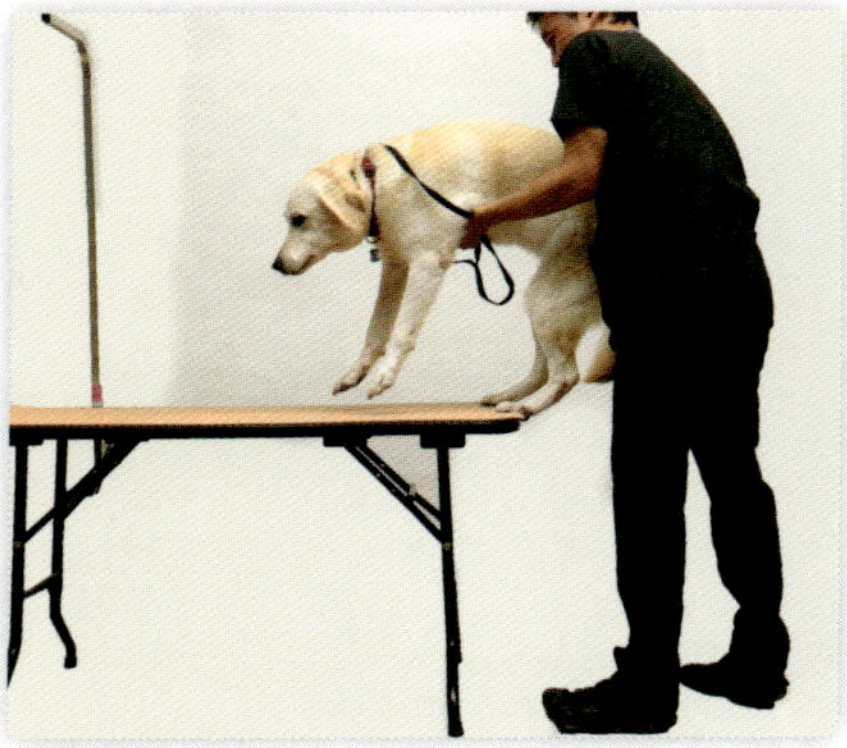

3 犬の体をテーブル上に押し上げます。

大型犬／テーブルに載せる②

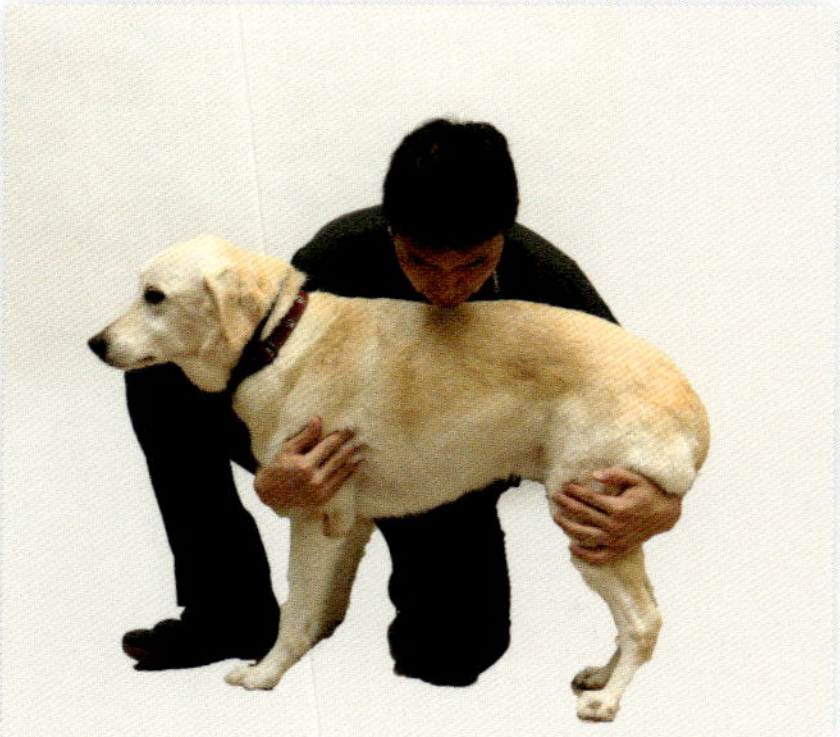

1 犬の横にしゃがみ、前肢の付け根の前と膝の後ろに腕を回します。

2 左右の腕をやや中央へ寄せながら、トリマーの上半身に犬の体を載せるように抱き上げます。

3 犬の姿勢を安定させてから、ゆっくり立ち上がります。

4 テーブルの真横へ移動し、テーブルの真上へ体を乗り出してから犬を下ろして作業を始めます。

大型犬／テーブルから下ろす

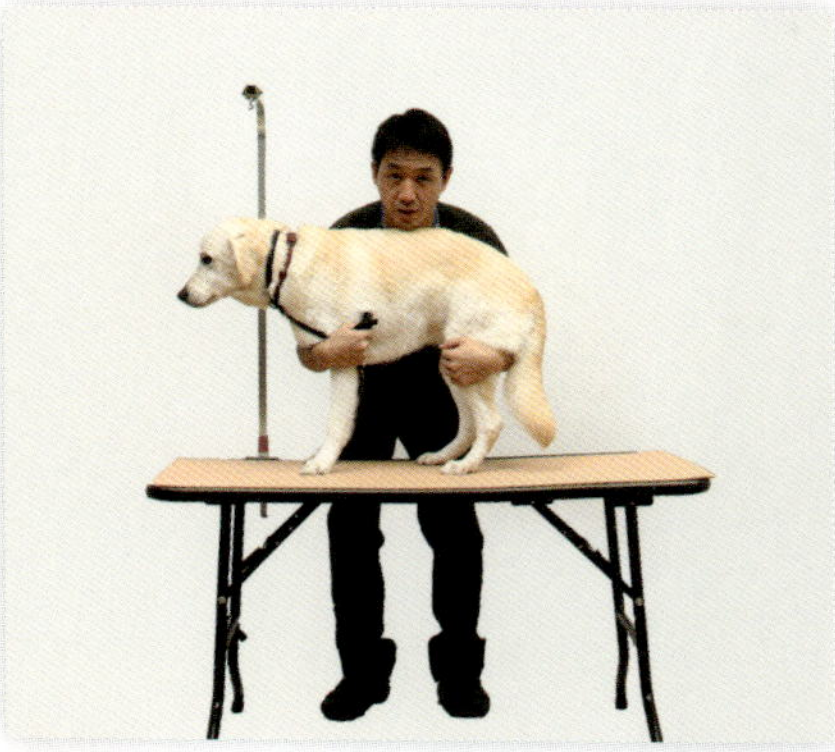

1 テーブルの横に立ち、前肢の付け根の前と膝の後ろに腕を回して犬を抱き上げます。

2 ゆっくりとしゃがみ、犬を低い位置から床に下ろします。

テーブル上での立たせ方

基本

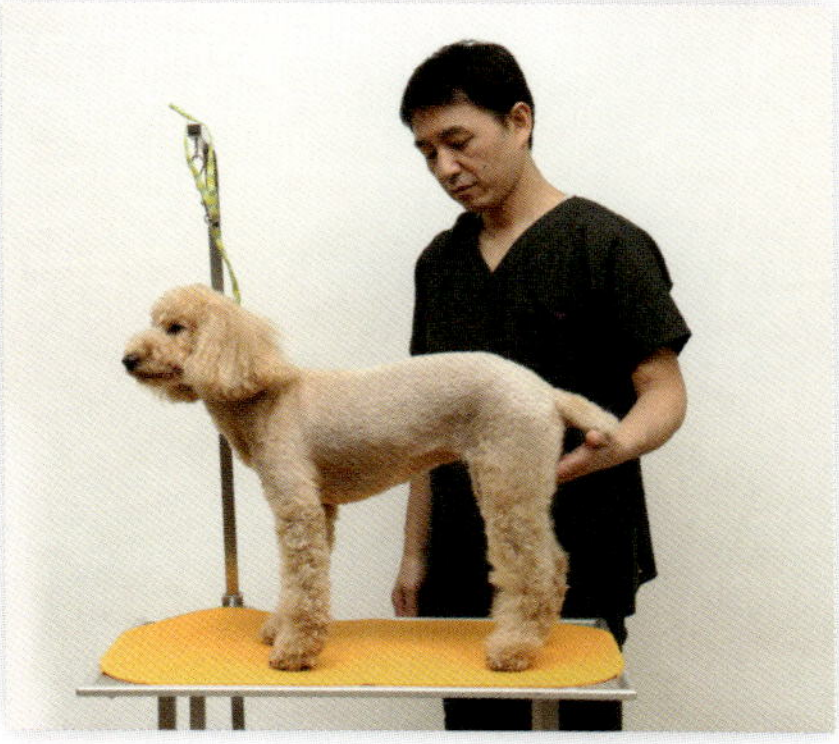

1 トリミングは、犬が楽な姿勢で行うのが基本。立たせておきたいときは、お尻などを軽く支える程度にします。

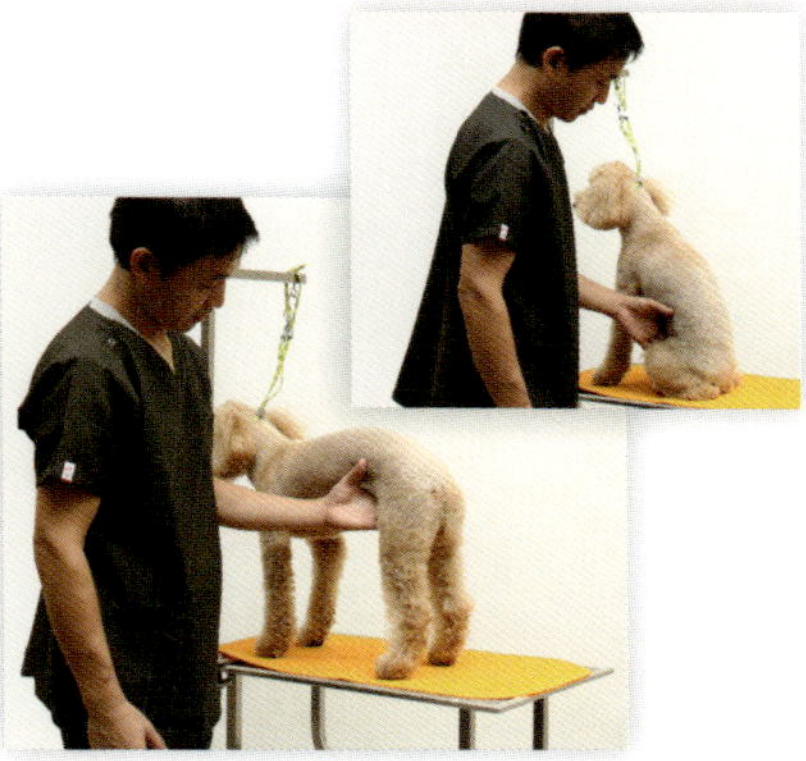

2 犬が座ってしまったときは、内股に手を入れて指の腹で軽く押すと、犬が自分から立ち上がります。

前肢の持ち上げ方

基本

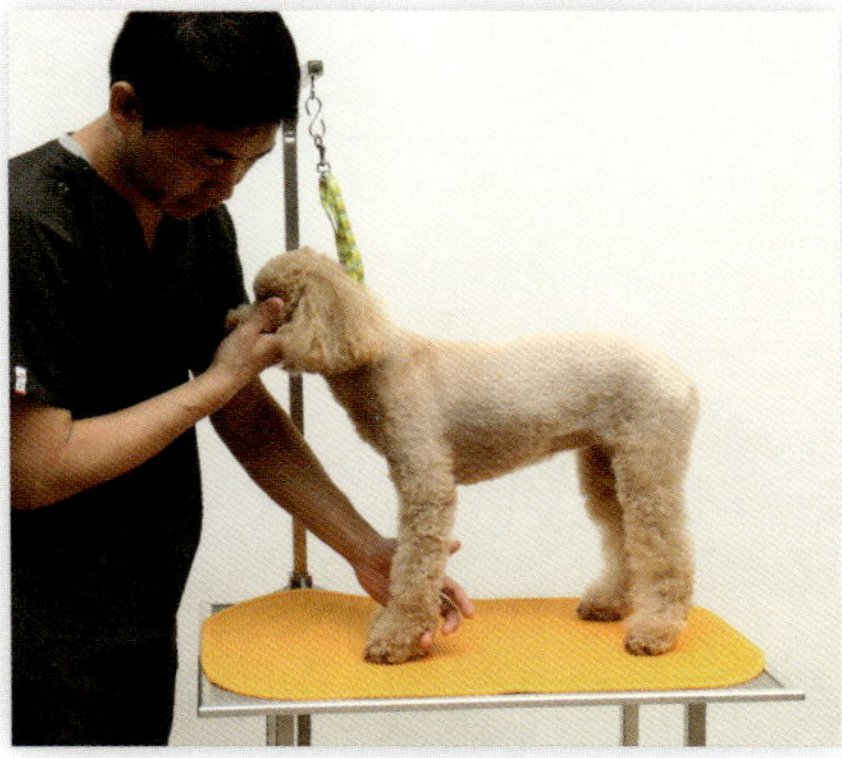

1 一方の手で頭を支え、もう一方の手で前肢の後ろ側に軽くふれます。

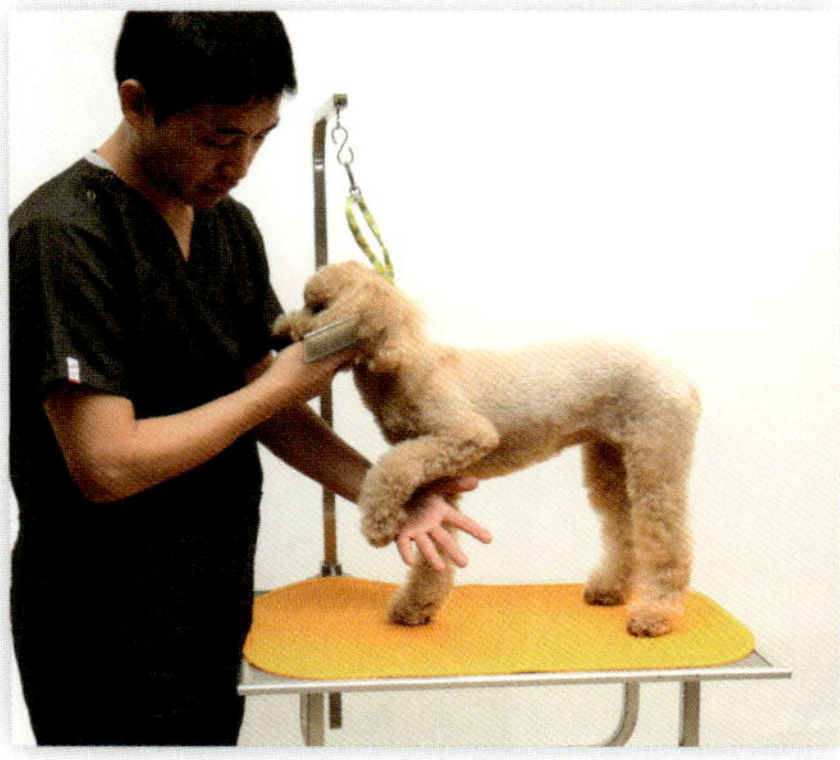

2 犬が自分から上げた肢を持ち上げ（押し上げ）ます。

前肢を前へ伸ばす

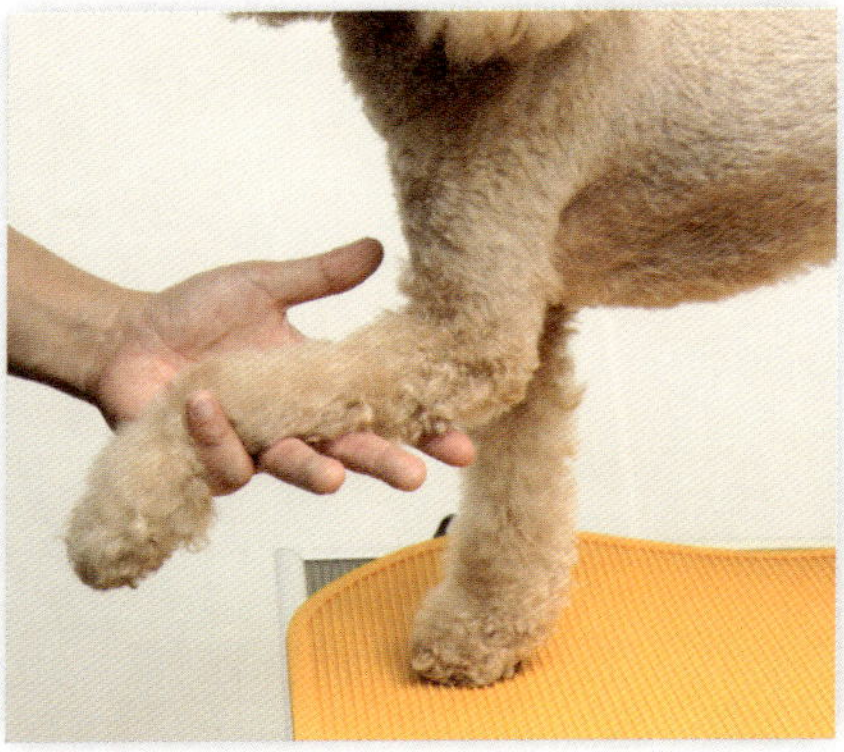

2 犬が自然に肢を伸ばすので、トリマーの手の位置をずらし、肢を下から支えます。

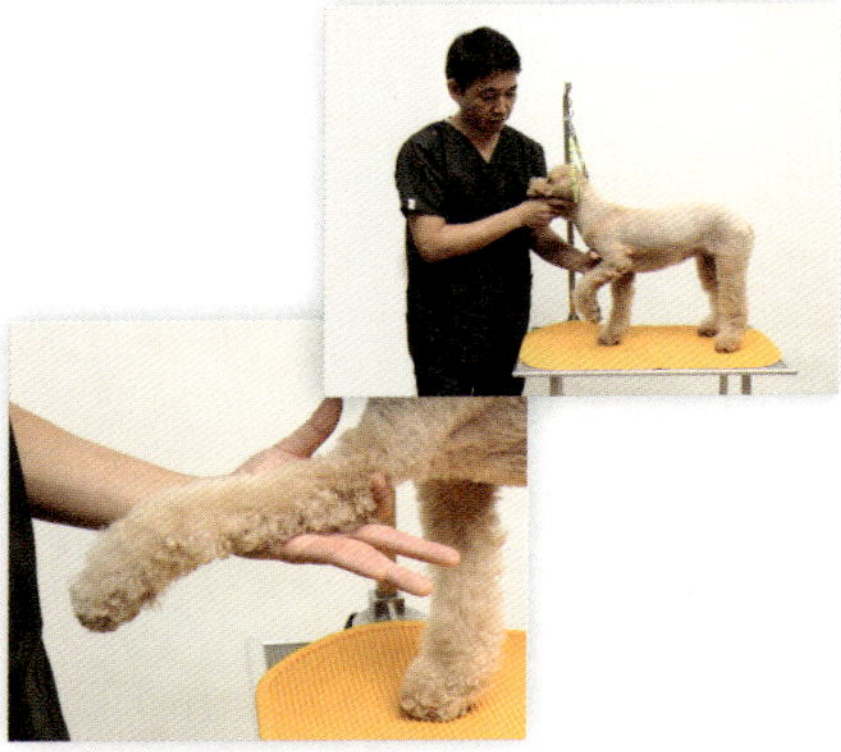

1 持ち上げた前肢を下から支えた状態で、犬の肘の後ろを人さし指で軽く押します。

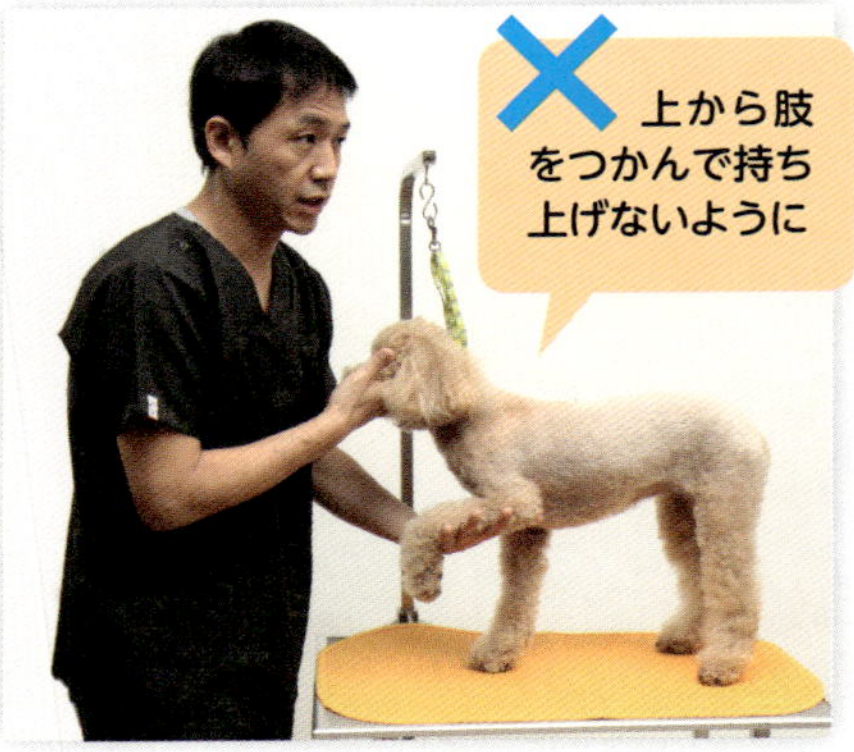

上から肢をつかんで持ち上げないように

3 肢の後ろ側に手を添え、下からしっかり支えます。

前肢を後ろへ上げる／左前肢①

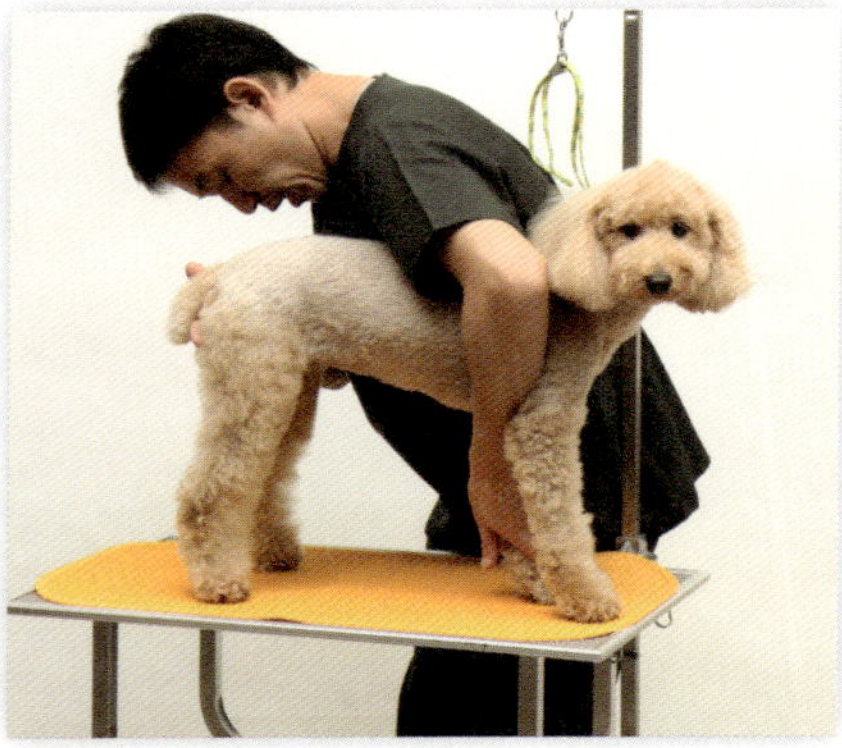

1 犬の横に立ち、右手でお尻を支えて、犬の体の右側から左腕を回します。

前肢を後ろへ上げる／右前肢

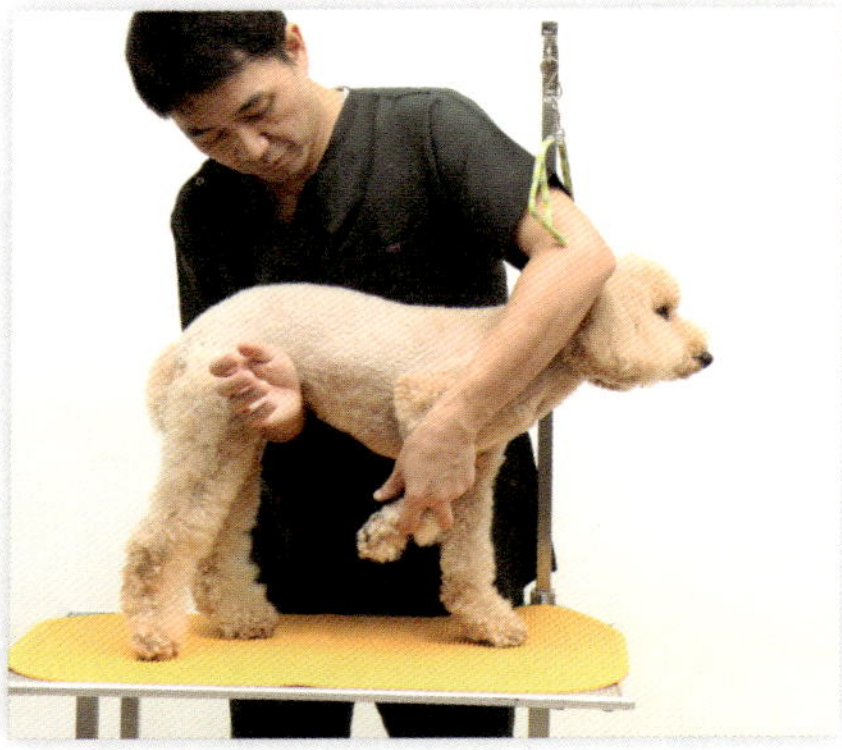

2 前肢に前から左手を添え、自然な角度で曲げながら押し上げます。

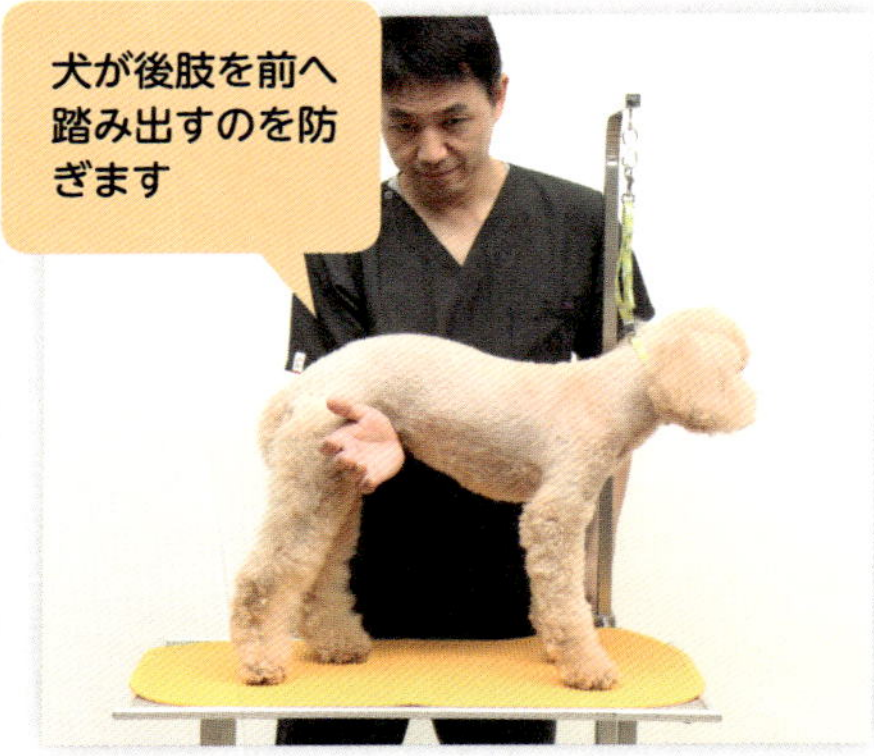

犬が後肢を前へ踏み出すのを防ぎます

1 犬の横に立ち、後肢の前に右腕を入れて、手首を犬の体の後ろのほうへ返します。

前肢を後ろへ上げる／左前肢③

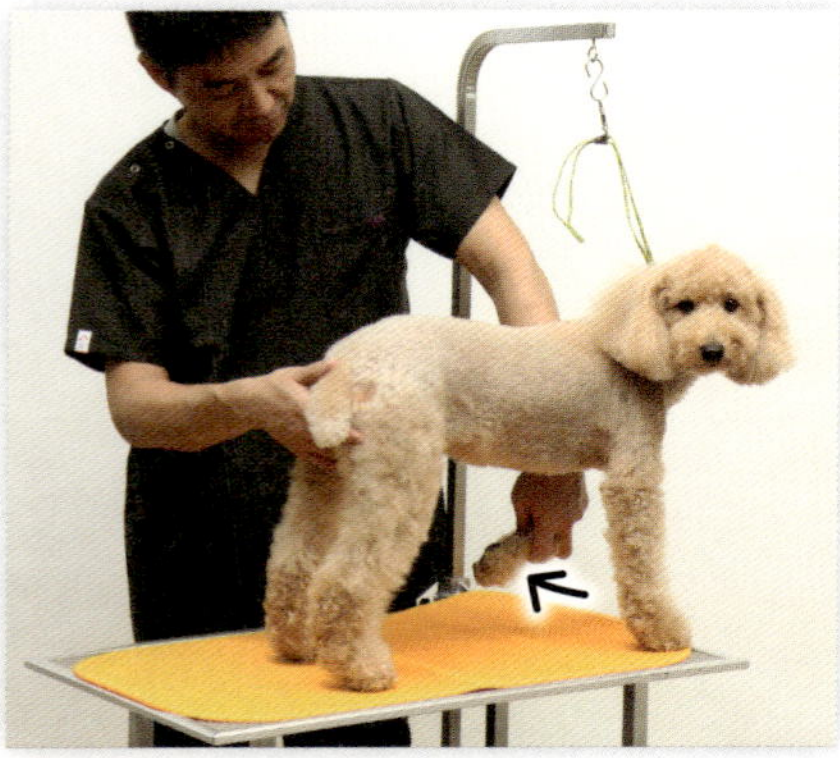

1 左前肢の後ろから腕を入れて肢に内側から手を添え、自然な角度で曲げながら押し上げます。

前肢を後ろへ上げる／左前肢②

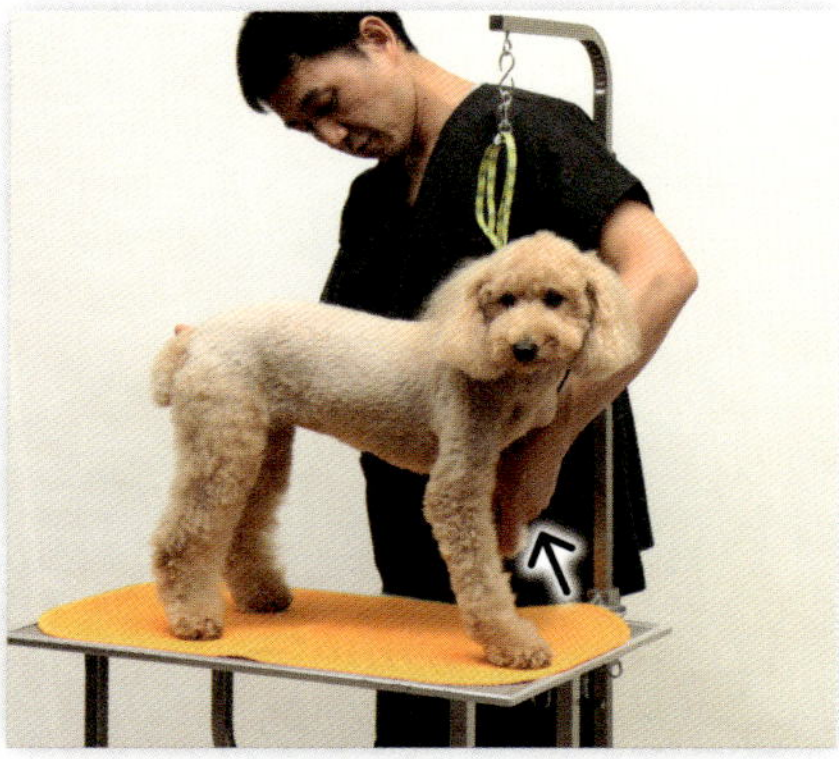

1 両前肢の間から左腕を入れるようにして肢に前から手を添え、自然な角度で曲げながら押し上げます。

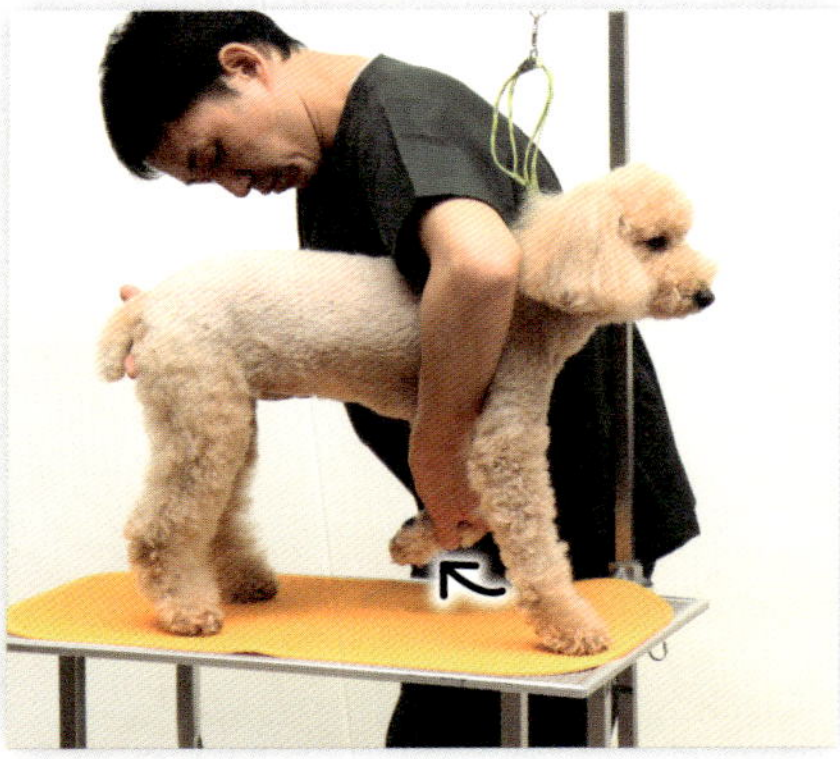

2 前肢に前から左手を添え、自然な角度で曲げながら押し上げます。

後肢の持ち上げ方

右後肢

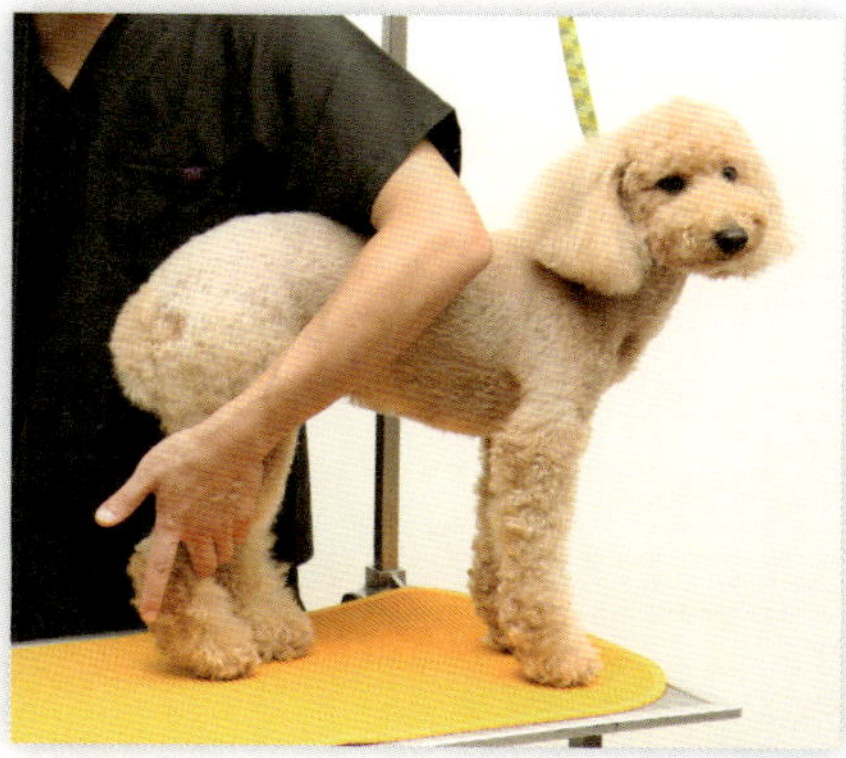

1 犬の横に立ち、右手でお尻を支えます。犬の体の上から左腕を回し、膝の下に外側から手を添えます。

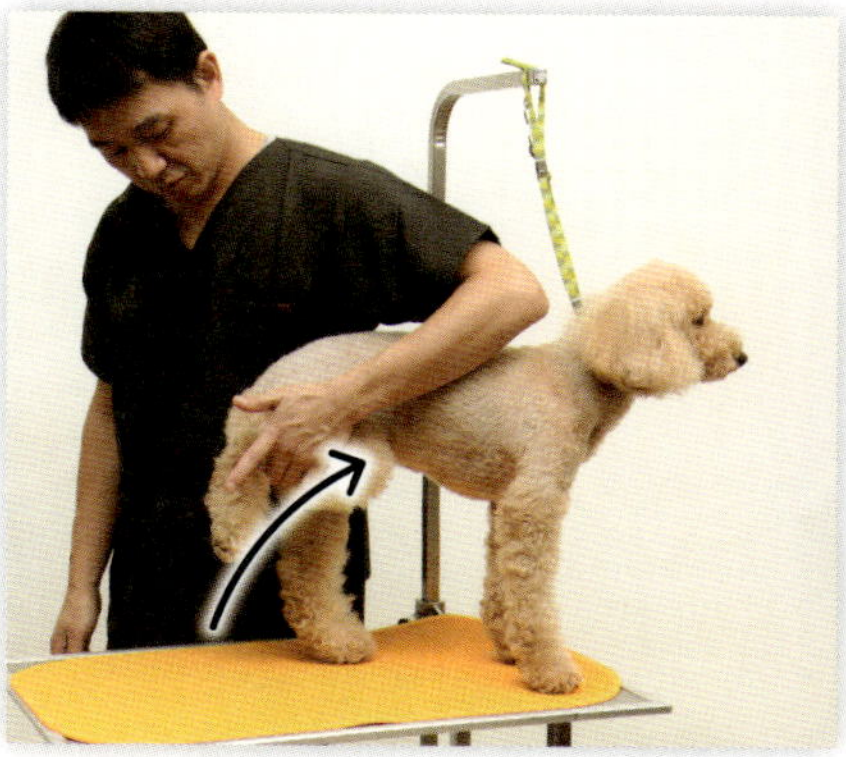

2 膝を前へ曲げながら肢を押し上げます。膝が曲がりきるところまで上げてOK。

左後肢①

犬の体の上から左腕を回して両後肢のあいだに前から左手を入れ、左後肢の膝の下に内側から手を添えて押し上げます。

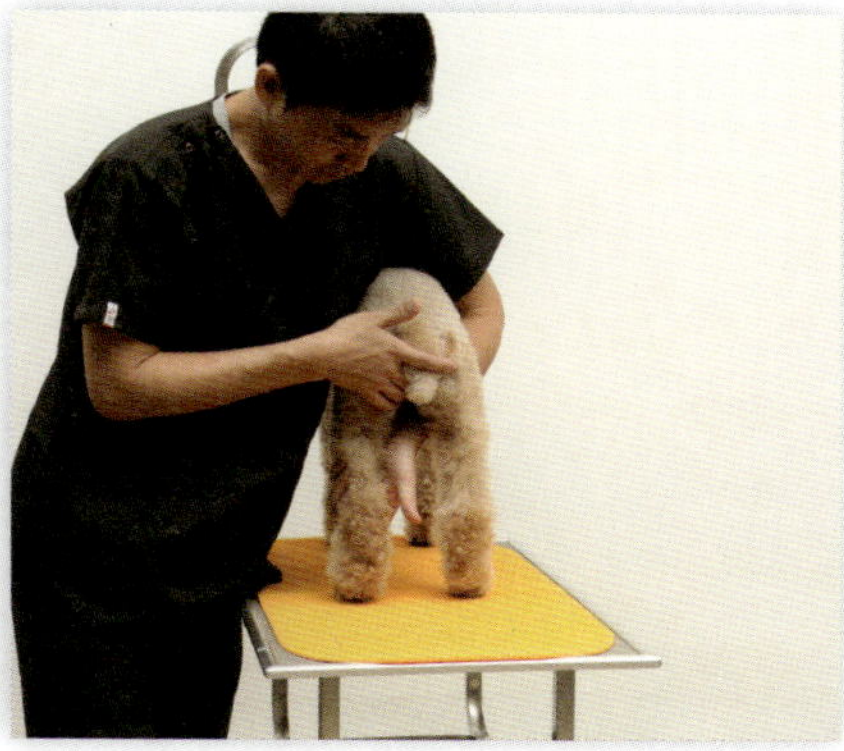

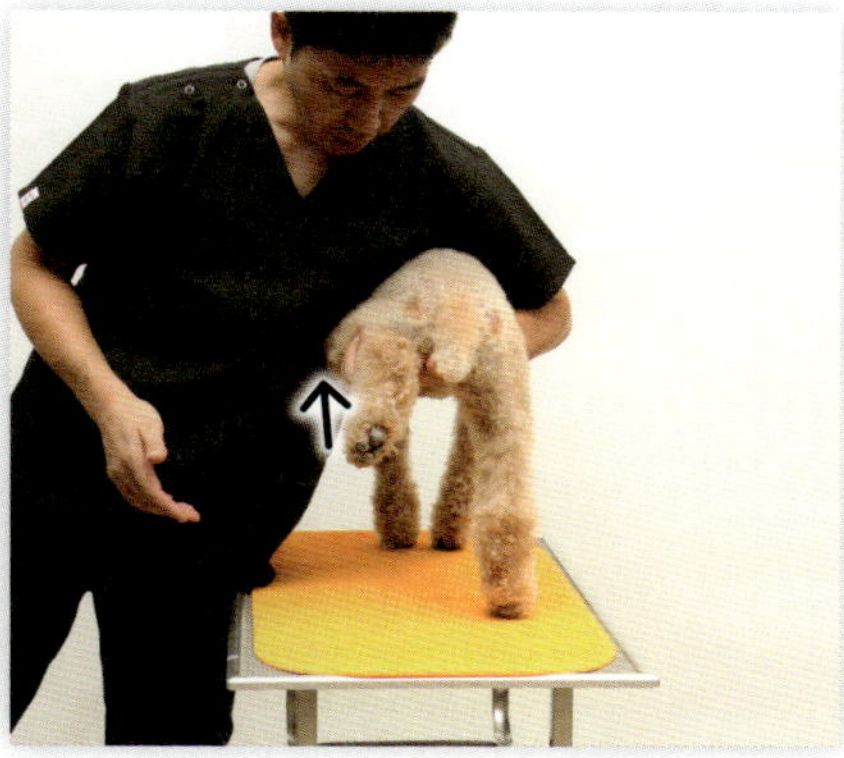

左後肢②

大型犬は、犬の左後肢の前から左手を入れ、膝の下に内側から手を添えて押し上げます。

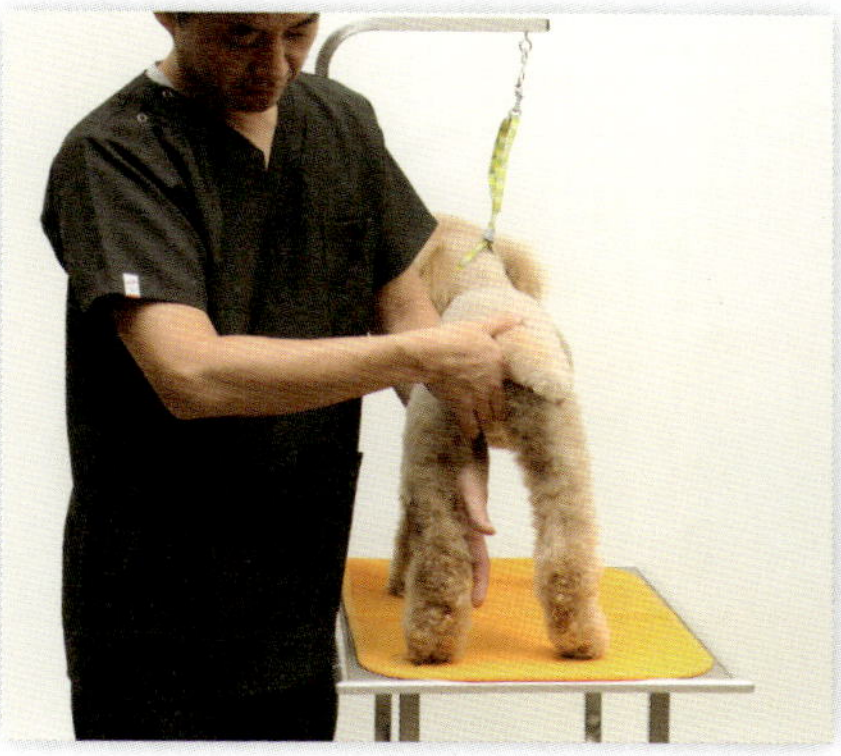

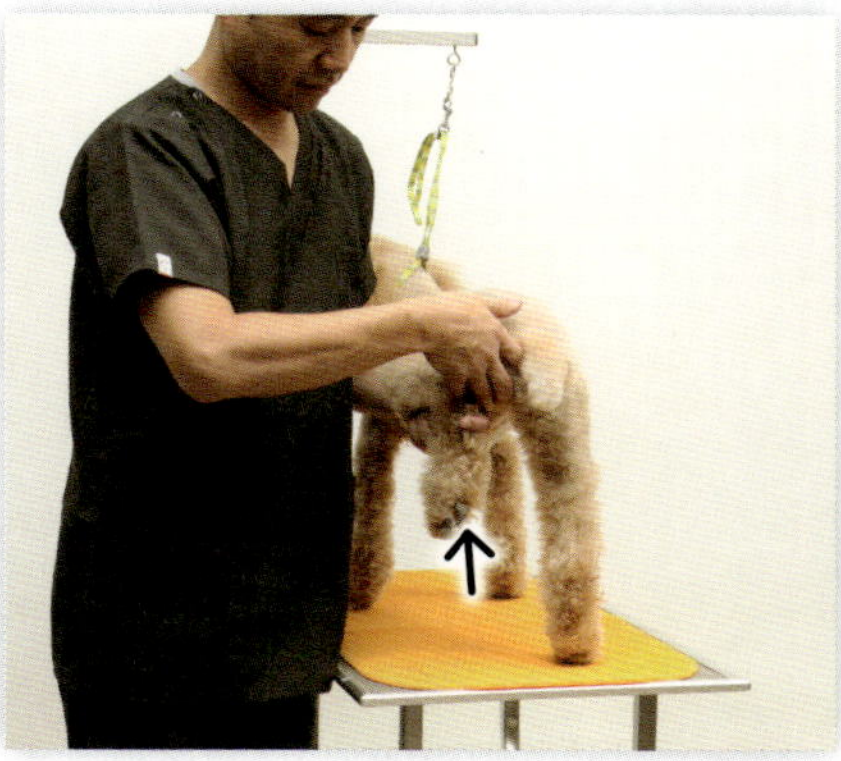

左後肢③

大型犬や①、②を嫌がる犬は、犬の左後肢の後ろから左手を入れ、膝の下に内側から手を添えて押し上げます。

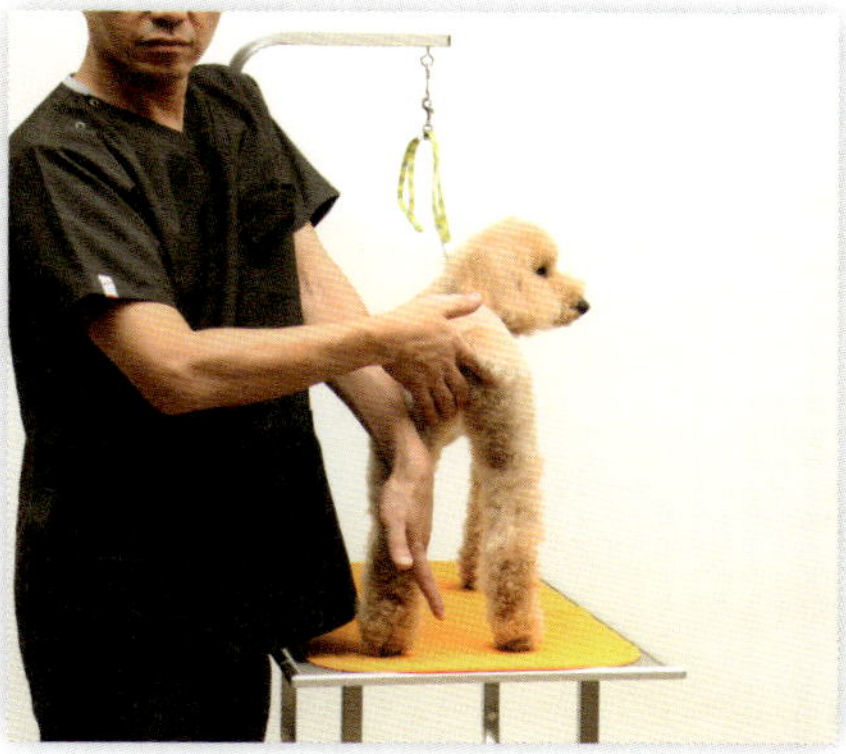

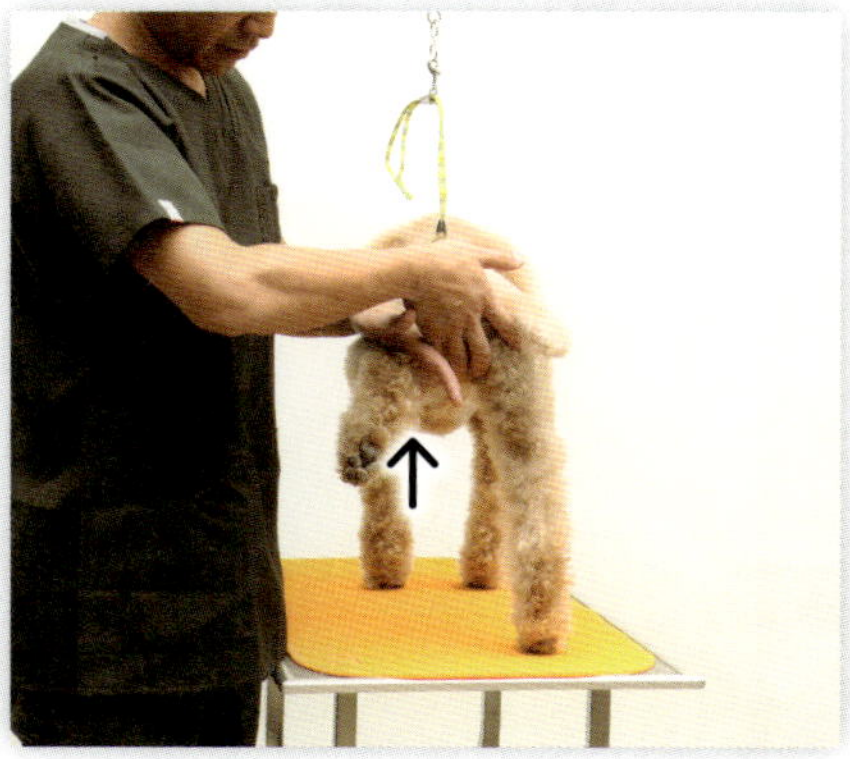

肛門周り&腹部を処理する場合

肛門周り

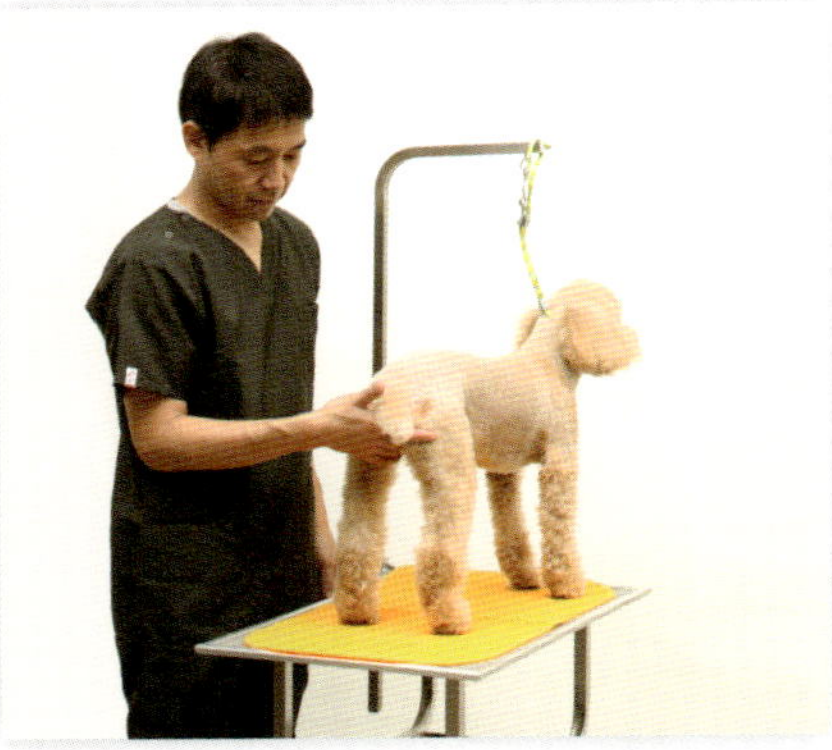

1 座らないように、右手で内股を軽く支えます。

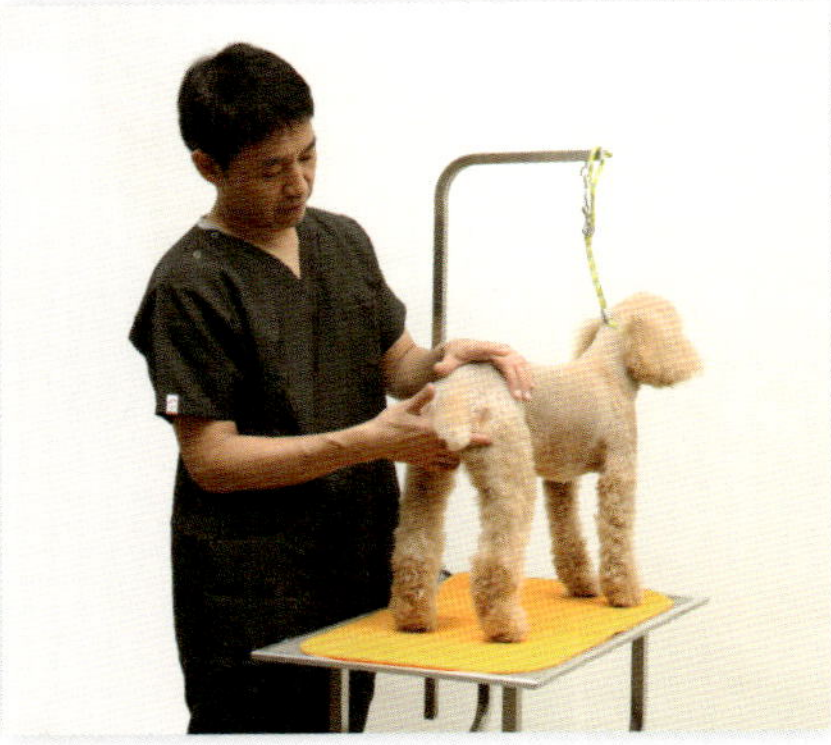

2 犬の体に左手を置き、なでるように体の後ろのほうへずらしていきます。

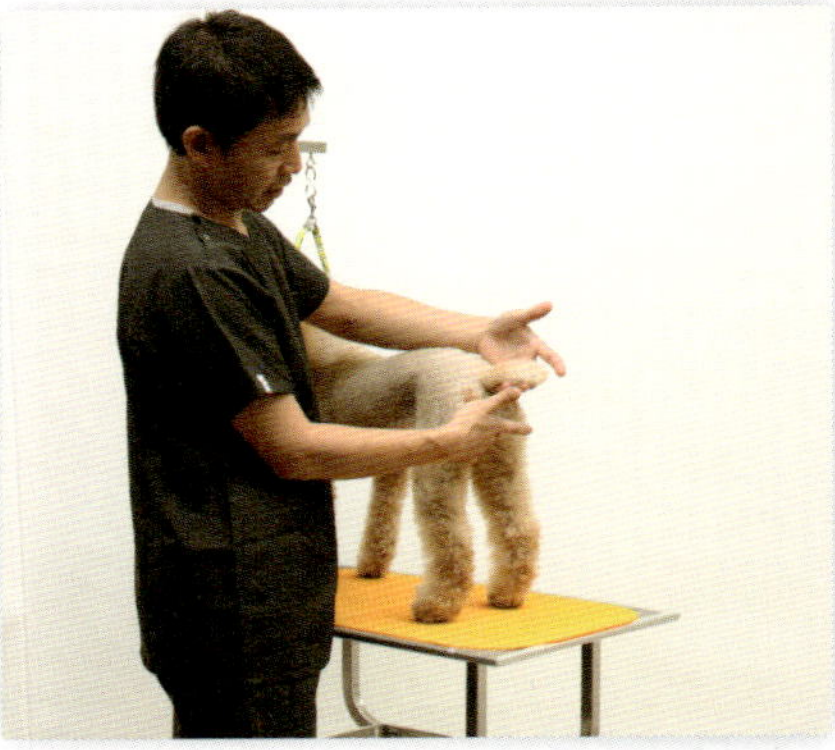

3 左手をテイルの根元近くまでずらして右手と入れ替え、テイルの下に添えます。

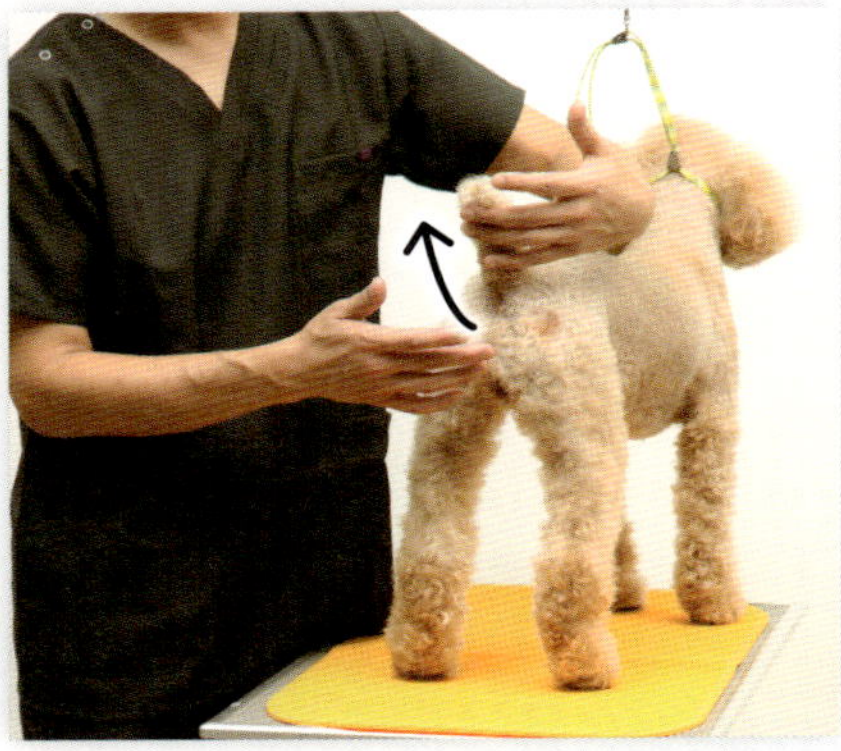

4 左手でゆっくりとテイルを押し上げます。

POINT

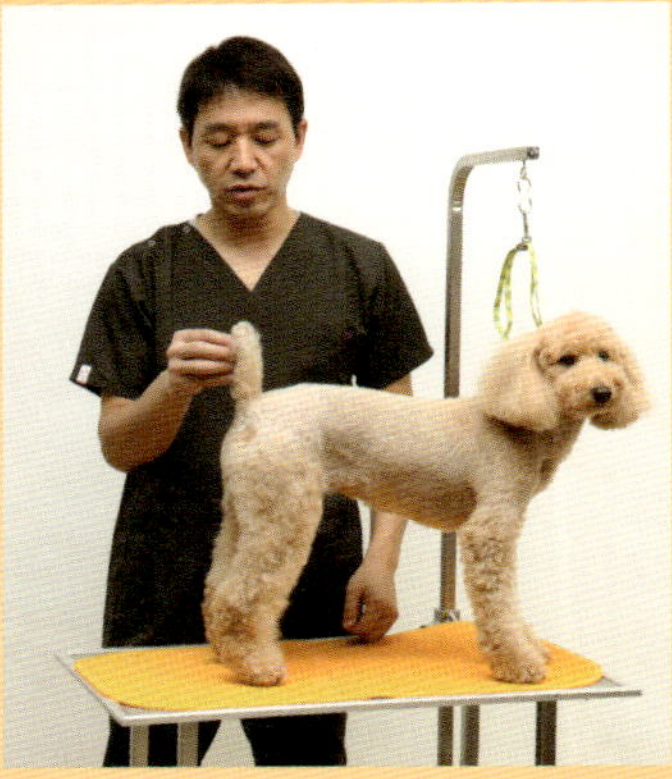

テイルを上げられる角度は、テーブルに対して90度まで

腹部

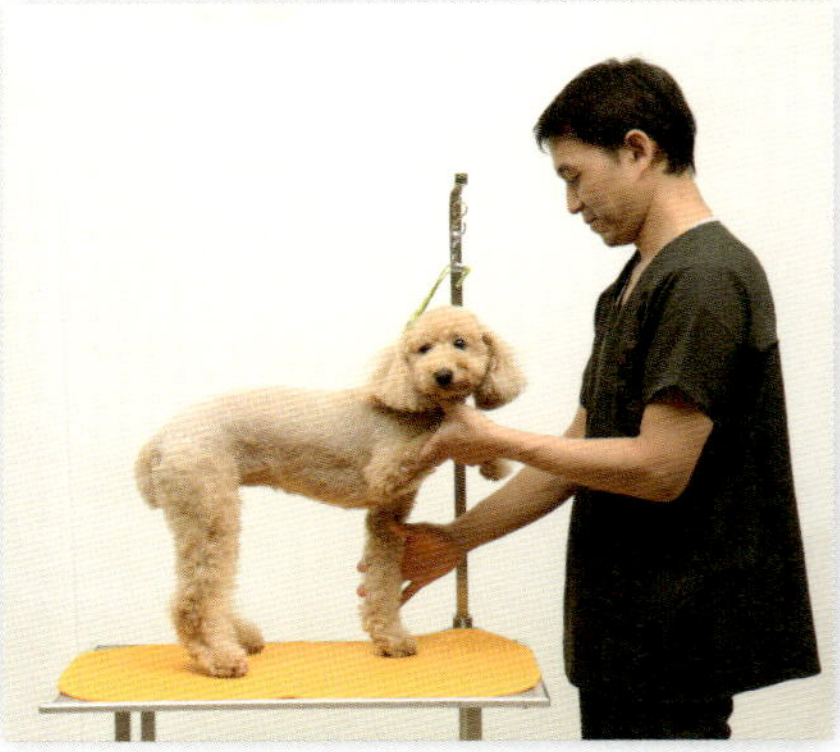

1 犬の前に立ち、前肢を片方ずつ上げさせます（前肢の持ち上げ方を参照）。

2 左手で左右の前肢をまとめて支え、犬が嫌がらないところまで押し上げます。

POINT

両前肢のあいだに人さし指を入れ、犬の足先が楽に曲がってブラブラしていることを確認

第5章

ベイジング

金子幸一

- ブラッシングの基本
- 耳掃除の準備
- シャンピング
- ドライング

ブラシとコームの使い方を学ぶ

ブラッシングの基本

シャンプーの前には、全身をていねいにブラッシングします。
ブラッシングの目的は、被毛についたホコリや汚れを取りのぞき、毛のもつれを解きほぐすこと。
ブラッシングを終えたところは、必ず部位ごとにコーミングを行い、
毛玉が残っていないことを確認します。

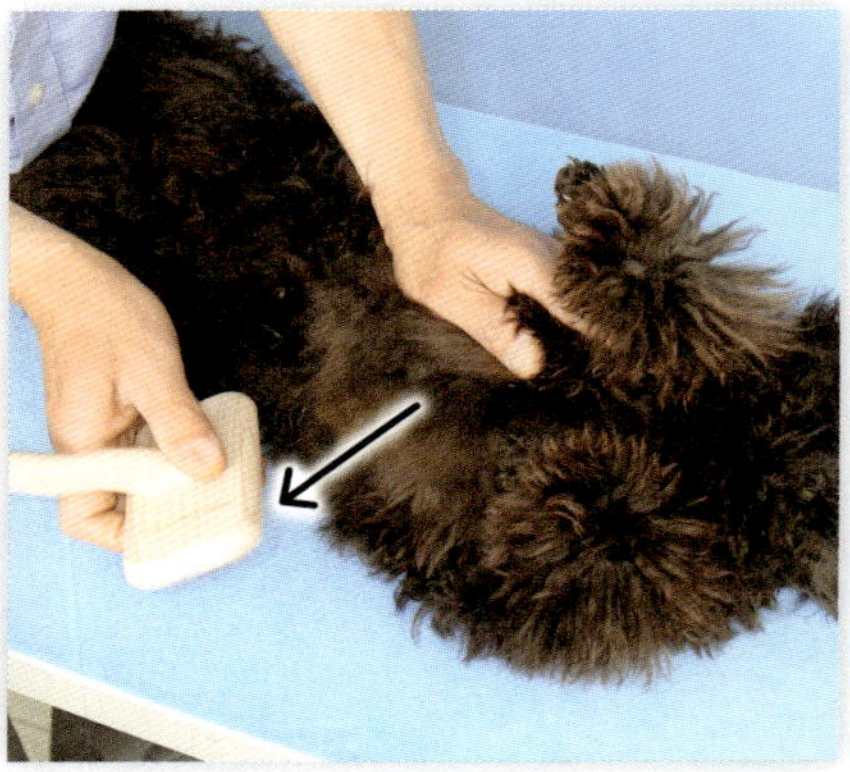

1 腹部をブラッシングします。犬を仰向けに寝かせ、真ん中から外側へ向けてスリッカーでとかします。

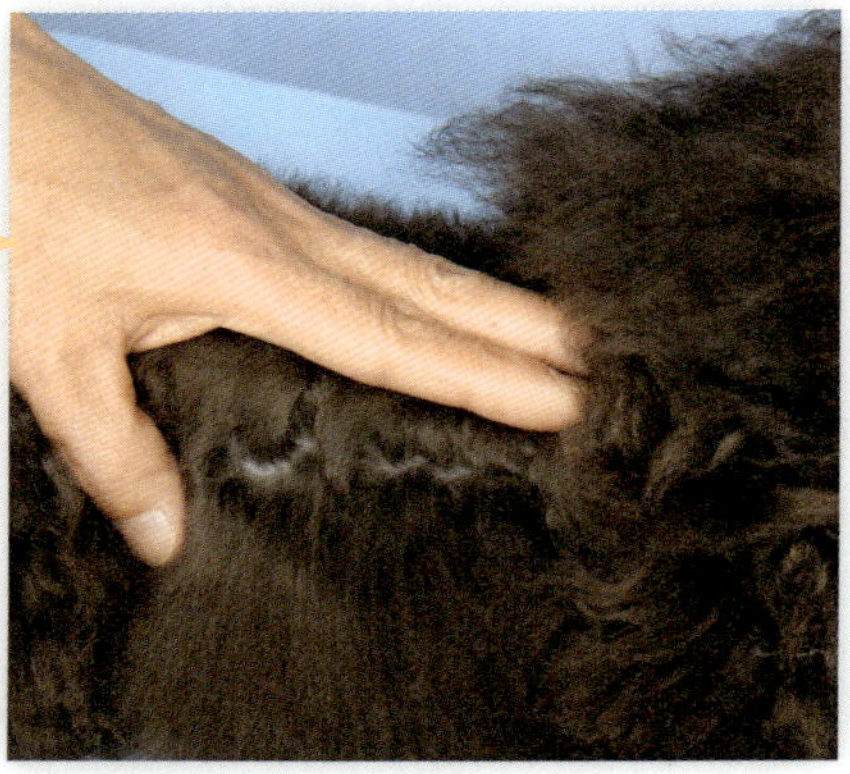

2 ブラシを当てる部分より上は、毛を根元から持ち上げて左手で軽く押さえます。

POINT

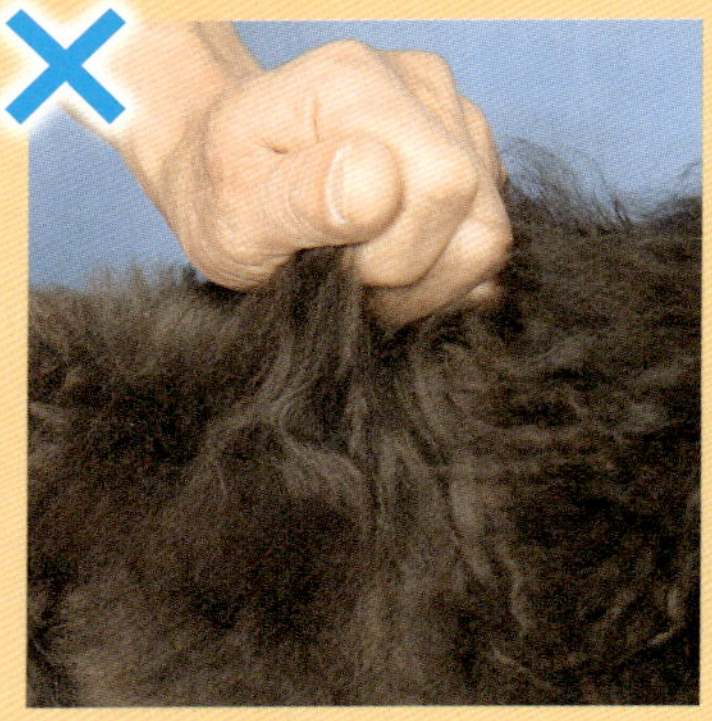

左手で強く押さえたり握ったりすると皮膚も引っ張られ、ピンが部分的に強く当たって皮膚を傷つけることがあるので注意します

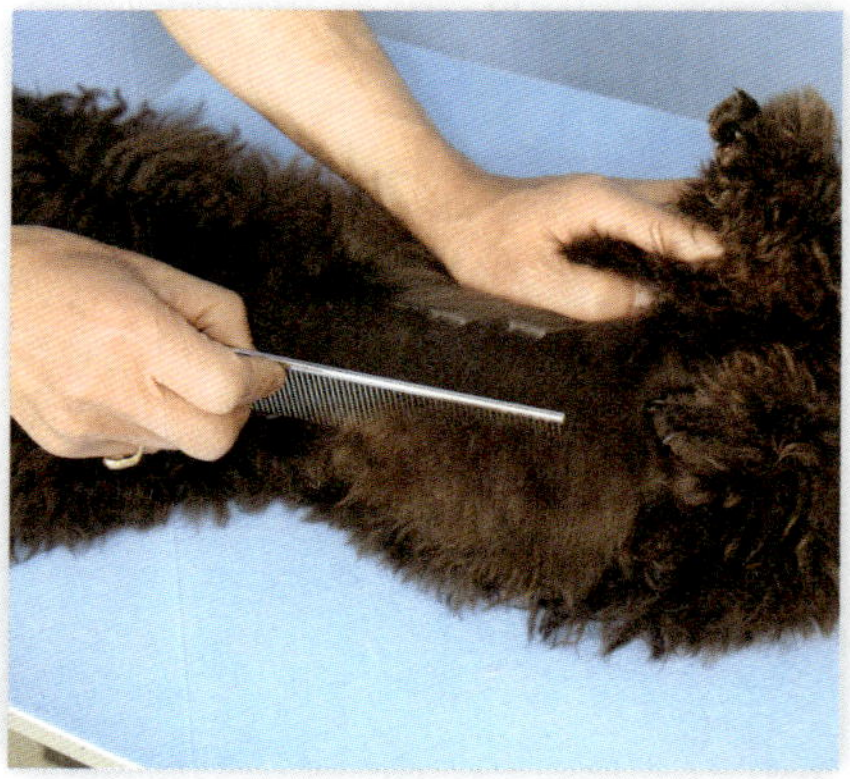

3 下胸～腹部をコーミングします。力を入れずにコームを通し、毛玉に引っかからないことを確認します。

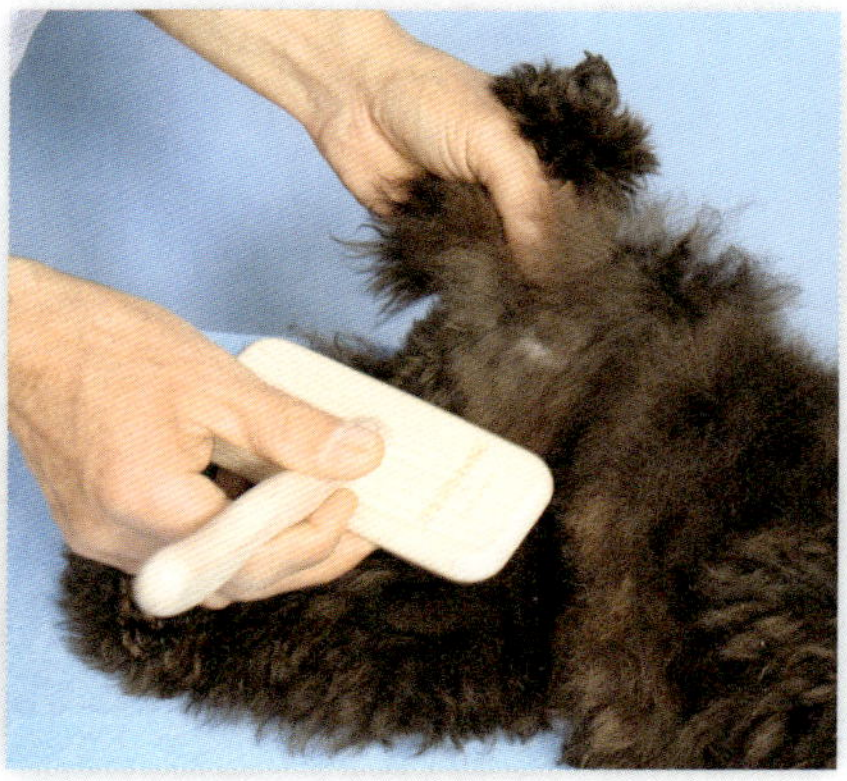

4 鼠蹊部（後肢の付け根）の毛の生え際から、内股と後肢の内側をブラッシングし、さらにコーミングします。

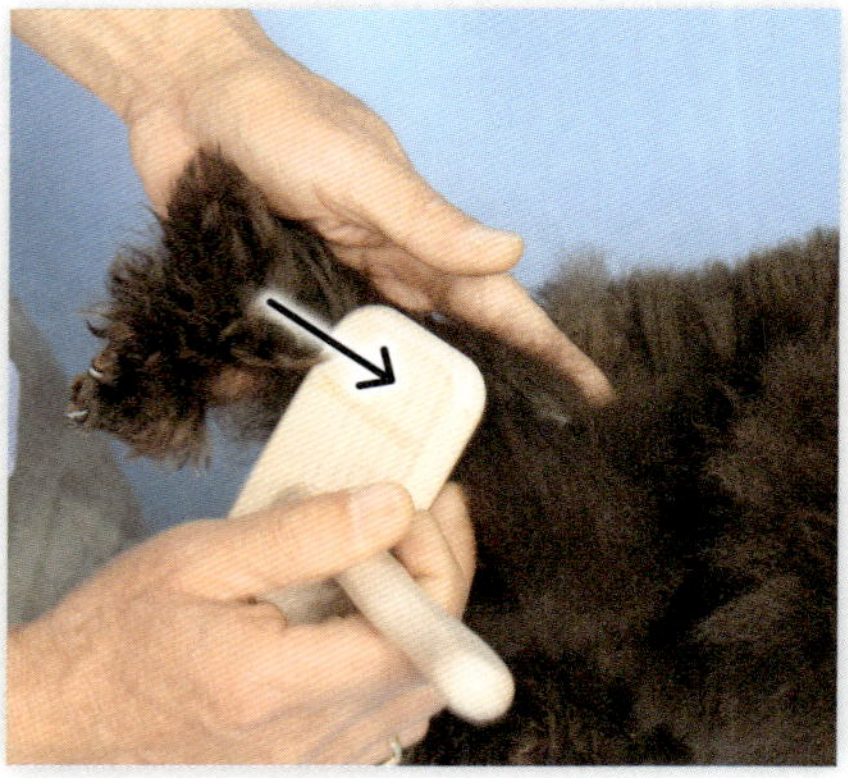

5 後肢の前側～外側は、毛流とは逆に肢の下から上へブラッシングした後、毛流に沿ってコーミングします。

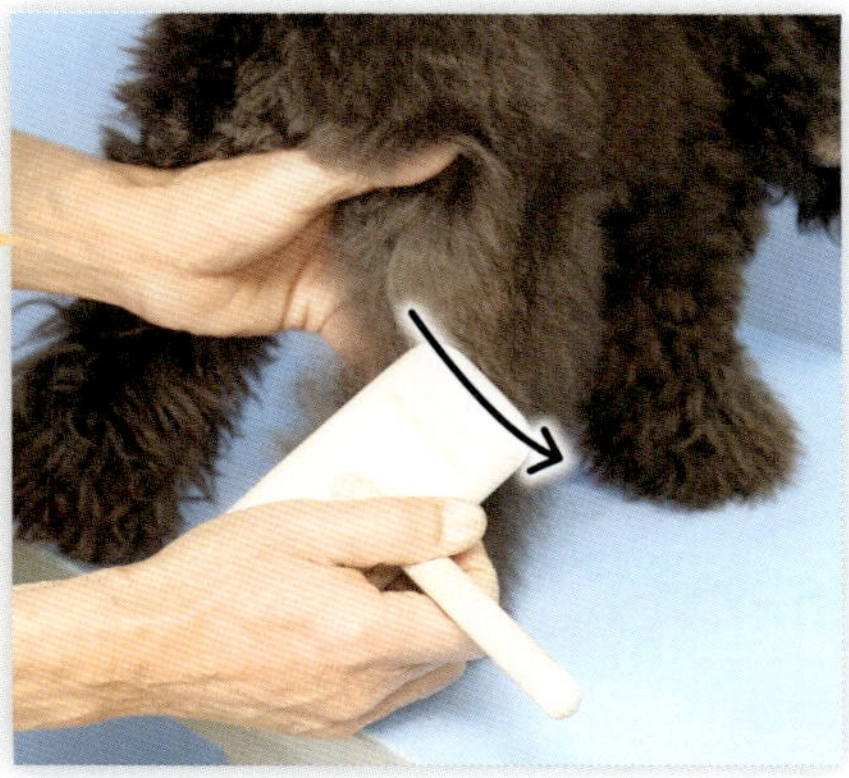

6 後肢の後ろ側は、犬を立たせて飛節の上まで腓骨の両サイドへ毛を流すようにブラッシングし、さらにコーミングします。

POINT

腓骨に沿ってとかすと、骨の上の皮膚が薄い部分を傷つけることがあります

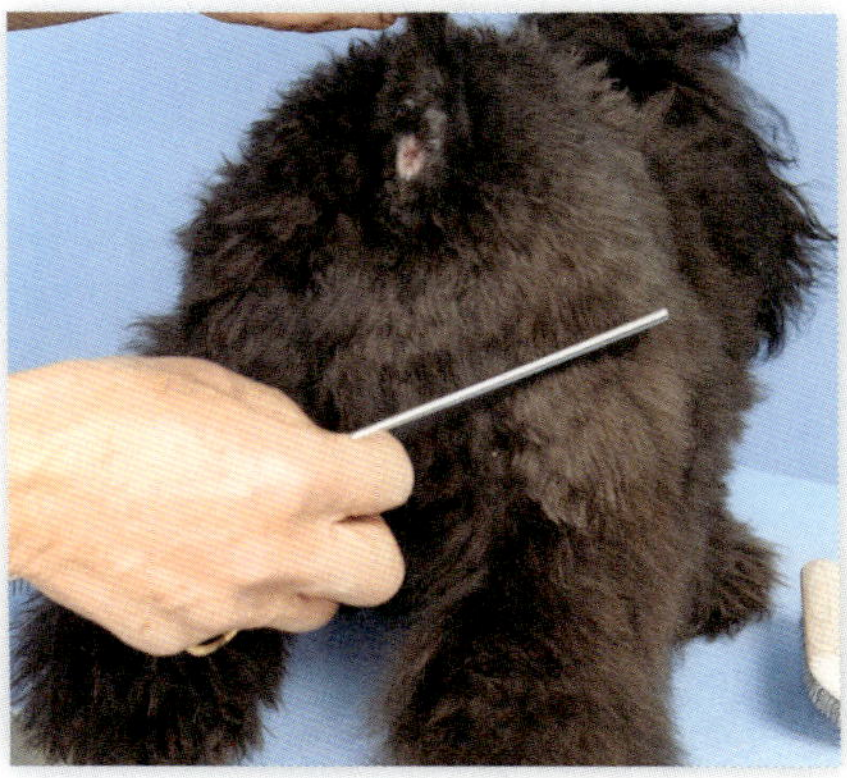

7 お尻は毛流に沿ってブラッシングし、さらにコーミングします。

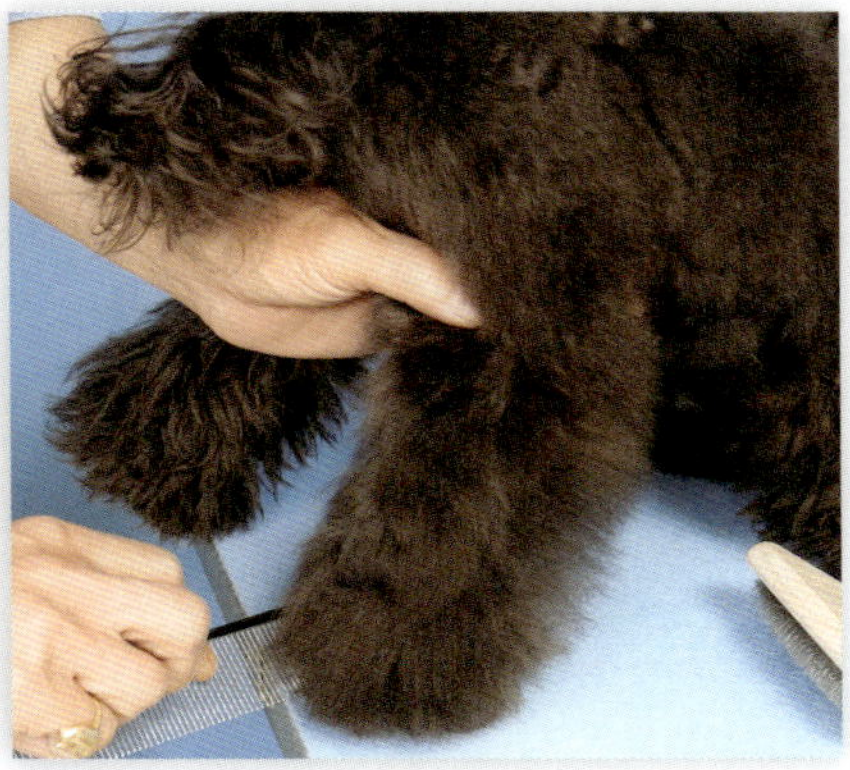

8 後肢の後ろ側の飛節より下は、下から上へ向けてブラッシングした後、毛流に沿ってコーミングします。

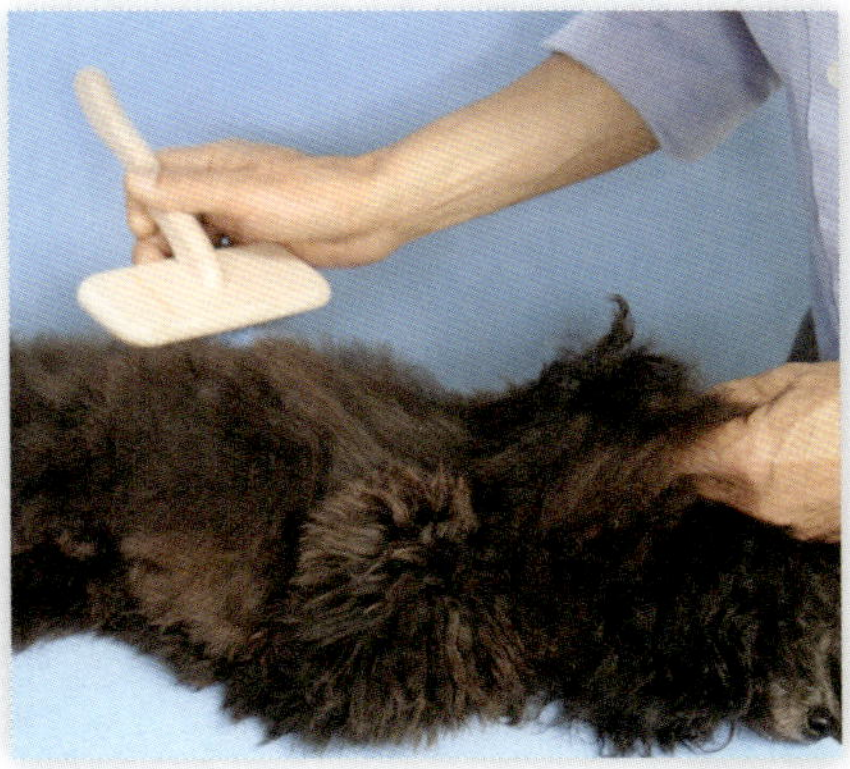

9 大腿部～ボディを毛流に沿ってブラッシングし、さらにコーミングします。

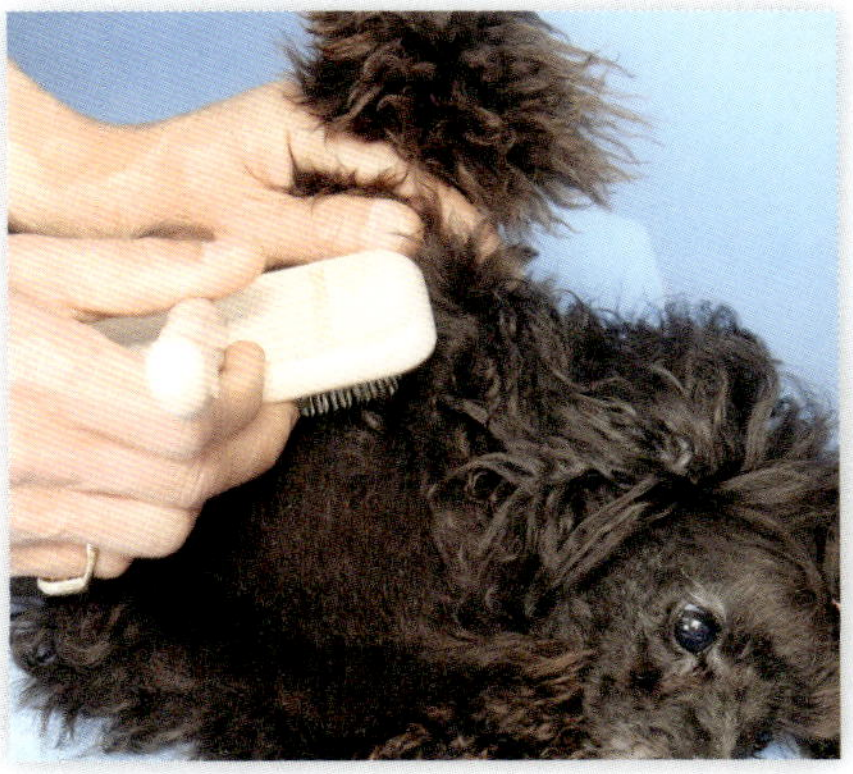

10 犬を仰向けに寝かせ、脇をとかします。毛玉ができやすいところなので、スリッカーでいろいろな方向へブラッシングした後、毛流に沿ってコーミングします。

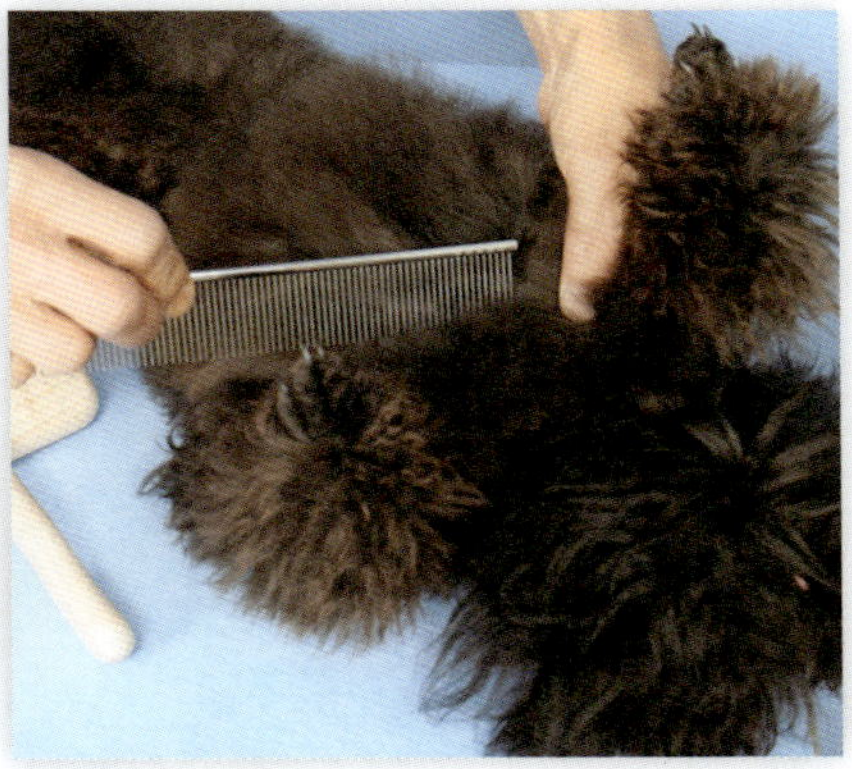

11 下胸を真ん中から外側へ向けてブラッシングし、さらにコーミングします。

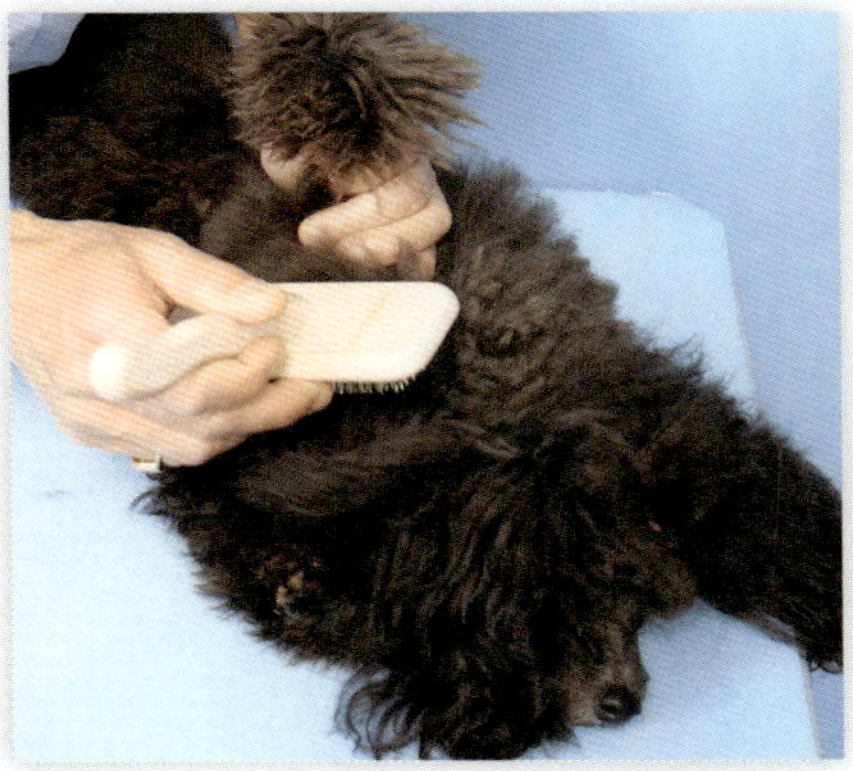

12 前肢の内側～前側～後ろ側は毛流とは逆に肢の下から上へブラッシングした後、毛流に沿ってコーミングします。

POINT

上から下へとかすと、指の関節などをピンで傷つけることがあります

13 パッドの周りは、毛の生え際から外側へ向けて放射状にとかします。

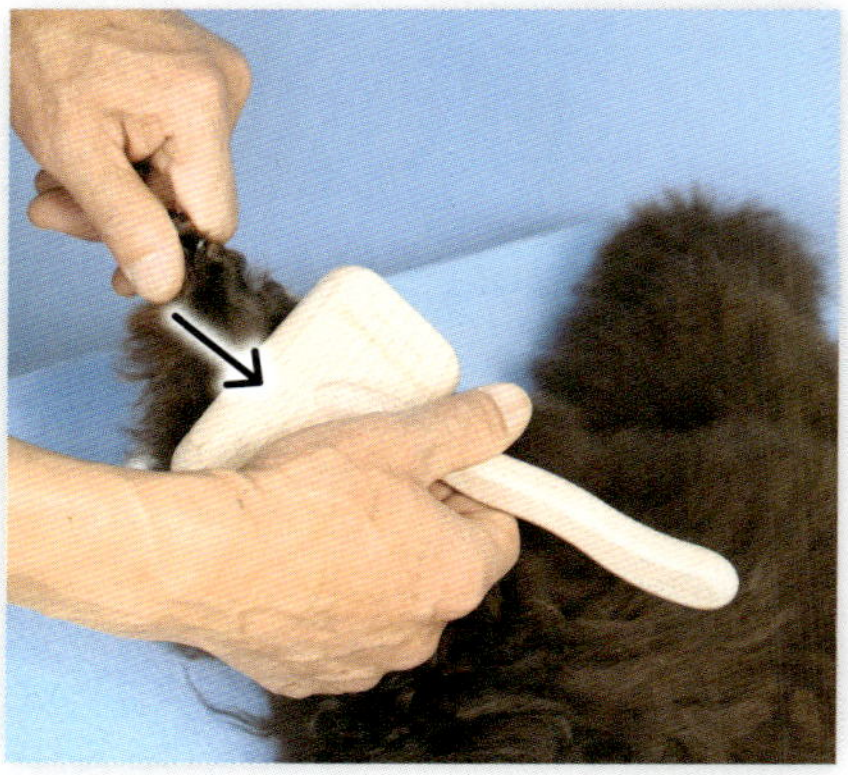

14 前肢の外側のパスターンより下は下から上へ、パスターンより上は上から下へブラッシングした後、それぞれ毛流に沿ってコーミングします。

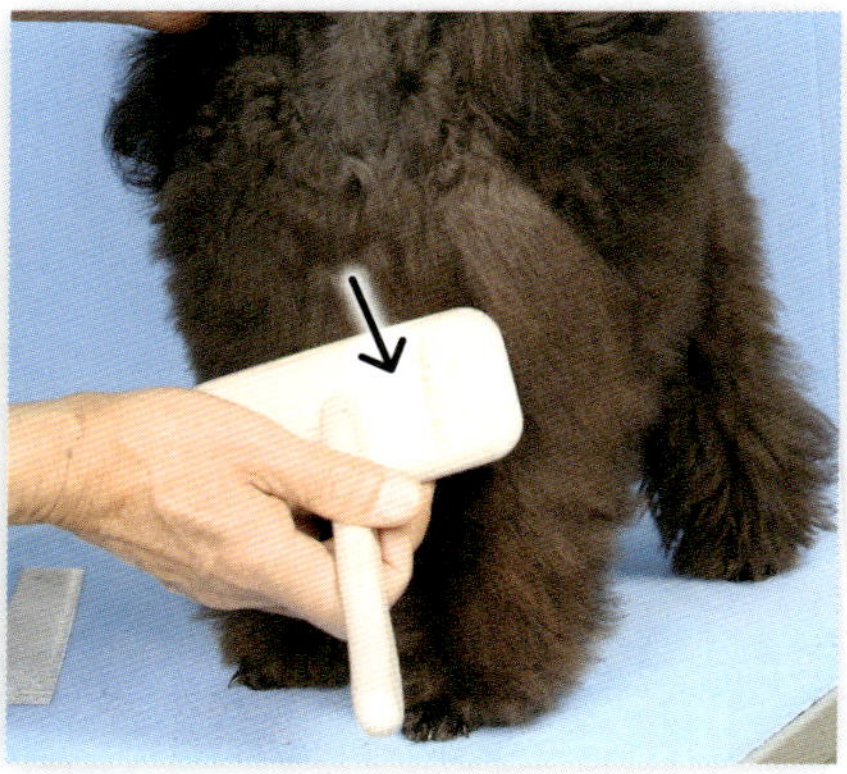

15 犬を立たせ、前胸を毛流に沿ってブラッシングし、さらにコーミングします。

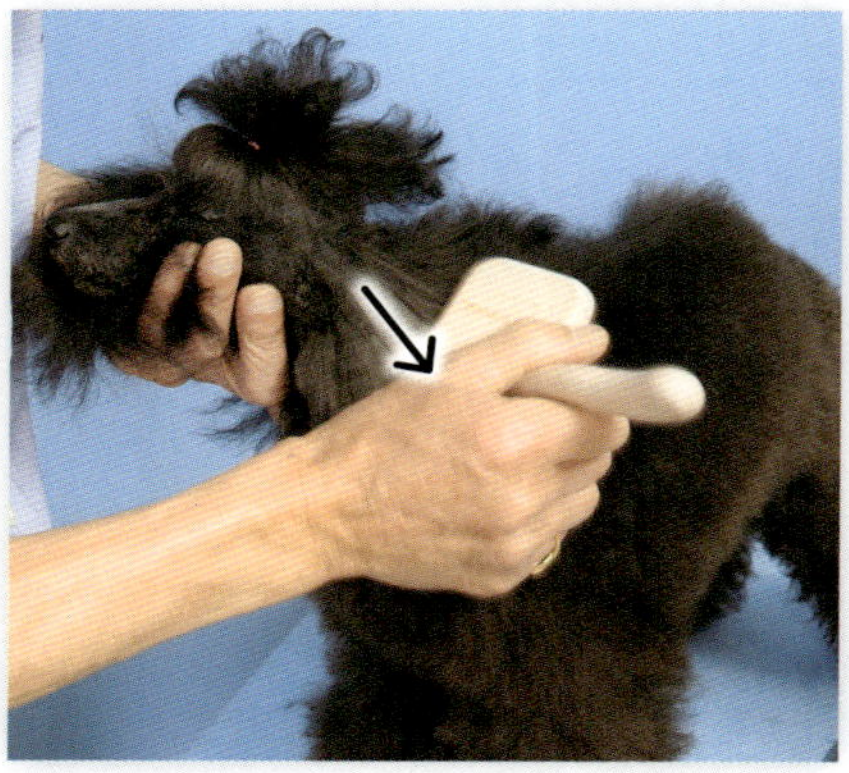

16 耳の表側は、縁の位置を確認してから毛流に沿ってブラッシングし、さらにコーミングします。

POINT

毛流に対して横方向などに向けてとかすと、毛玉にピンが引っかかったとき、強く引っ張られて耳の皮膚が裂けることがあるので注意

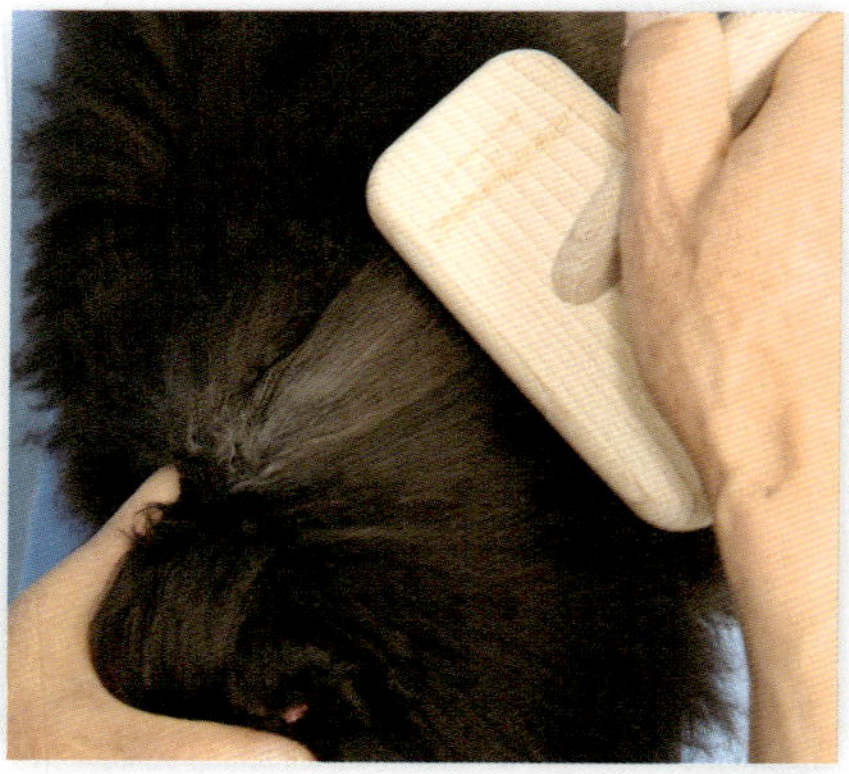

17 耳を裏返し、頭に載せるように広げます。耳の裏側を毛流に沿ってブラッシングし、さらにコーミングします。

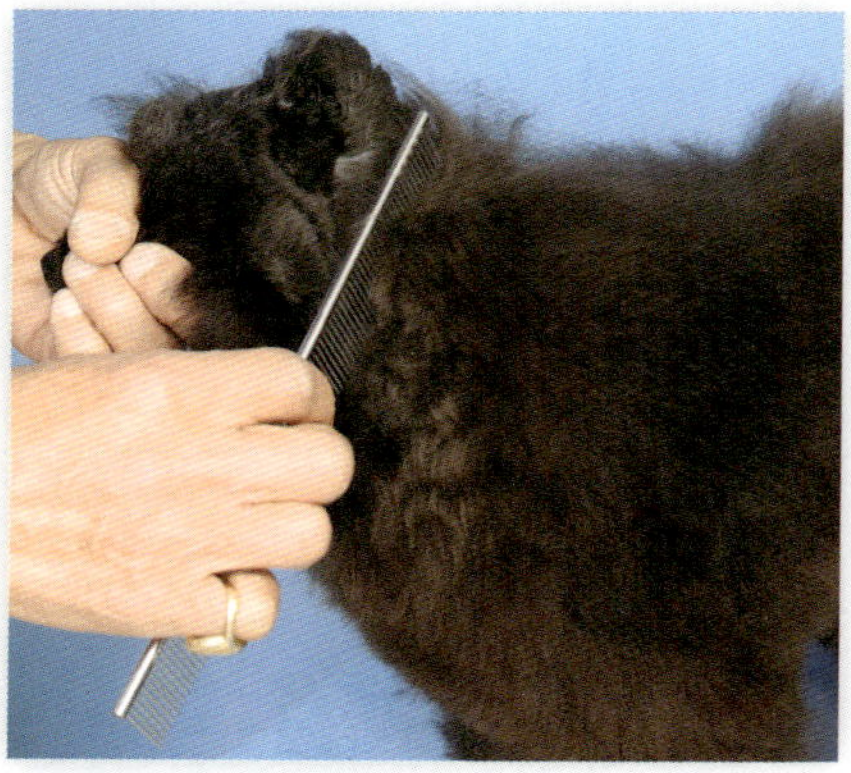

18 耳の後ろをブラッシングし、さらにコーミングします。

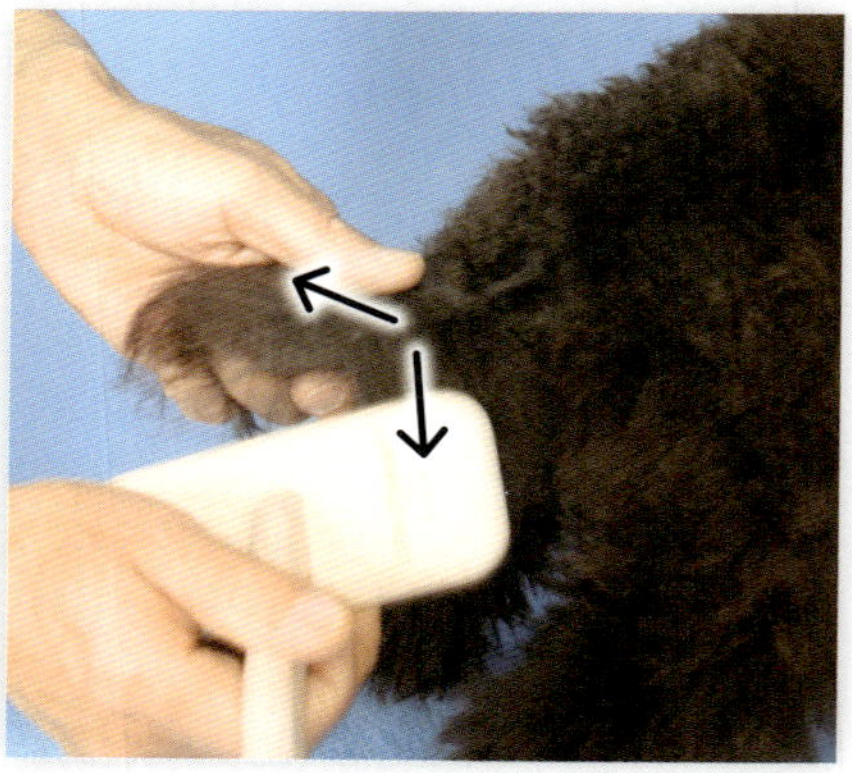

19 テイルは中央から左右に分けてブラッシングし、さらにコーミングします。

POINT

毛玉はブラシをローリングさせ、もつれた毛にピンを引っかけるようにして取ります

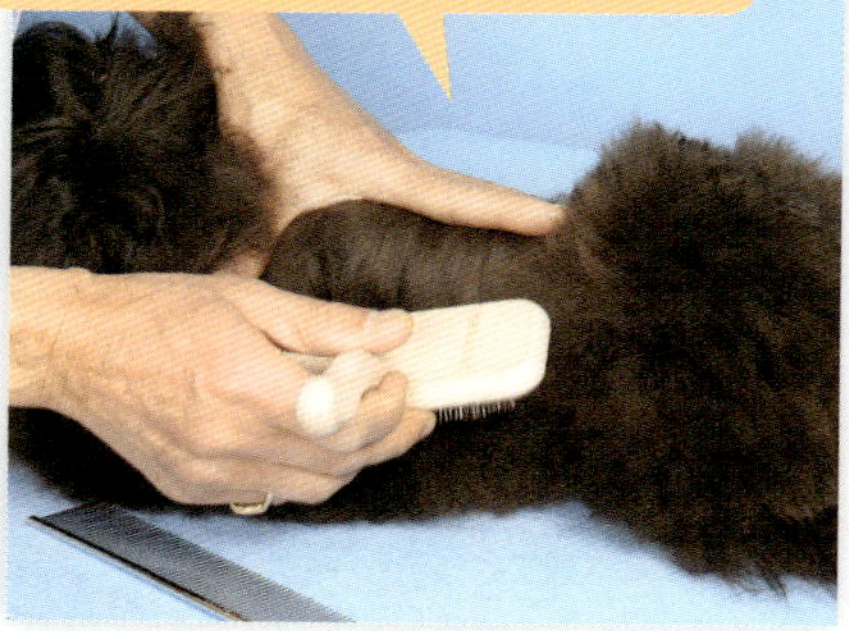

20 コームが毛玉に引っかかる感触があったときは、上からかぶさる毛を左手で押さえ、毛玉に直接ピンを当てるようにしてとかします。

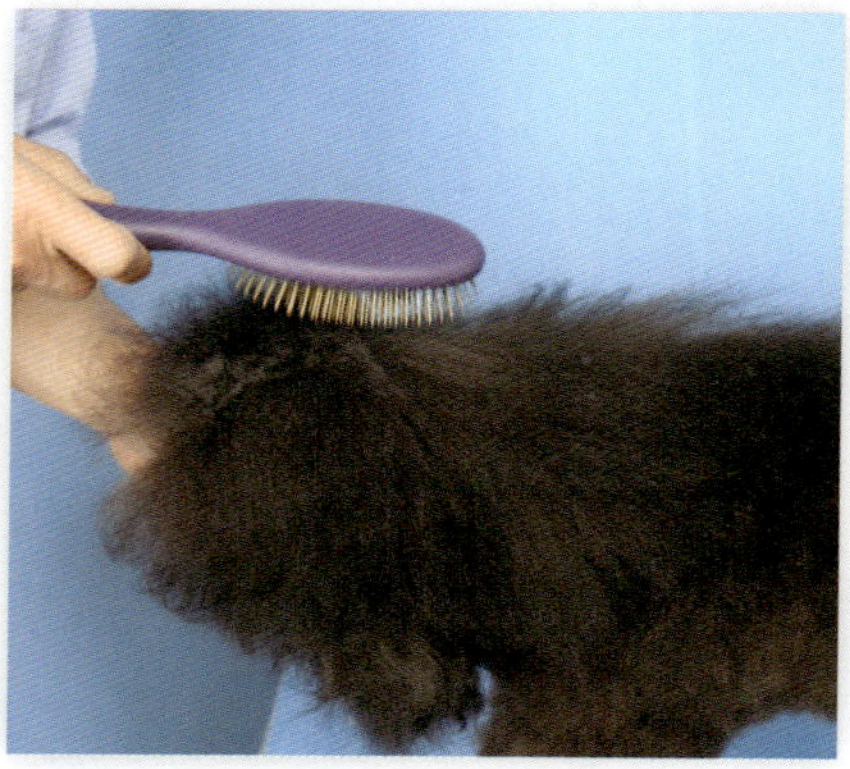

21 頭部は、耳の付け根から左右へ向けてブラッシングし、さらにコーミングします。

シャンピング前の耳のケア

耳掃除の準備

耳に汚れがある場合、シャンピング時に耳の中を洗います。
耳を洗う際は、シャンピング前に耳の毛を抜いておく必要があります。
こうした耳のケアは、汚れのない健康な耳にはとくに必要ありません。

1 耳孔の上に、イヤーパウダーをかけます。耳孔の中に直接入れないこと。

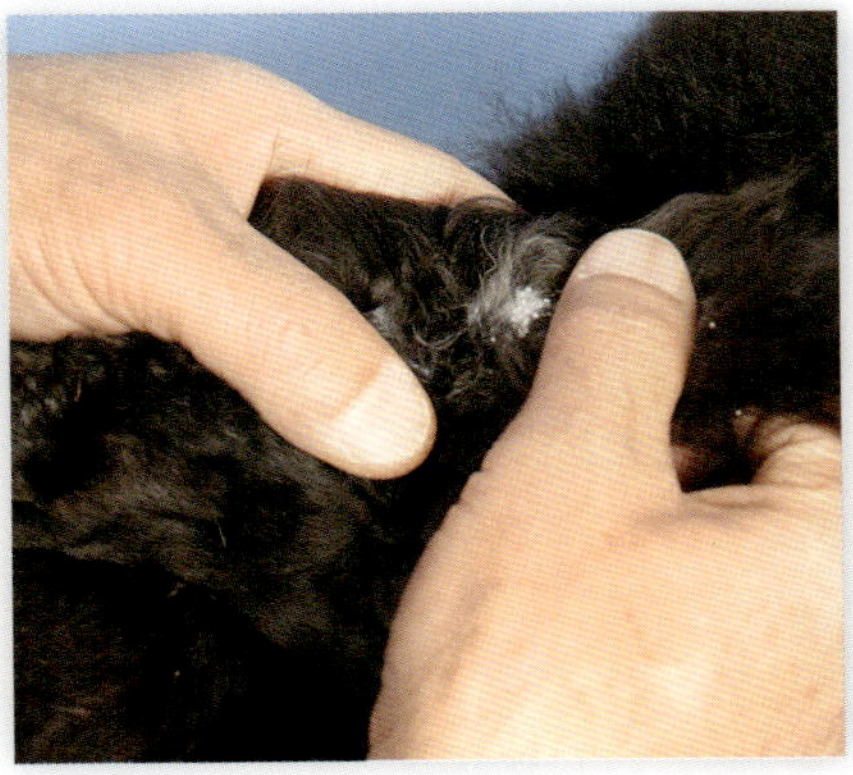

2 耳の付け根を持って軽く振り、イヤーパウダーを耳孔の中に少しずつ入れてなじませます。

POINT

耳孔より前の毛は抜かない！

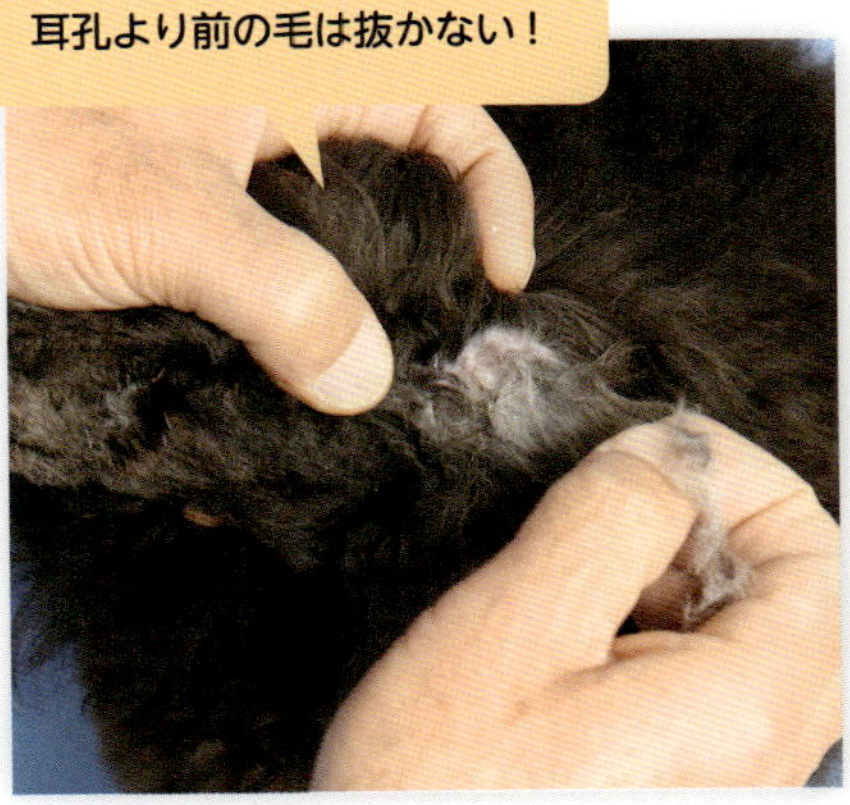

3 耳孔の周りと内側の毛を、指でつまんで抜きます。

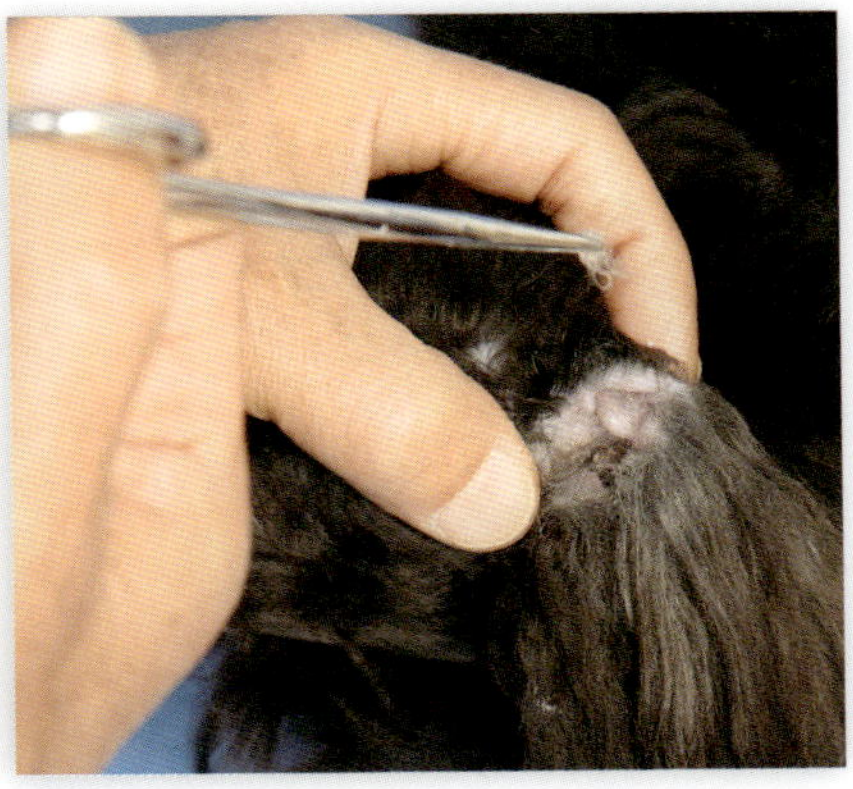

4 耳孔の内側の、見える範囲の毛だけを鉗子でつまんで抜きます。

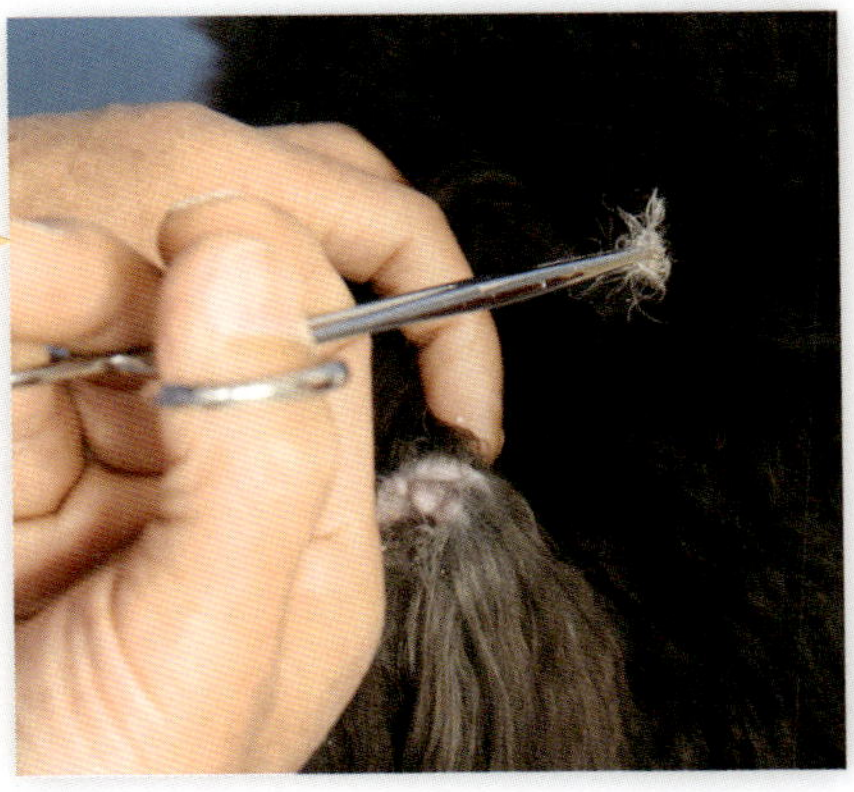

5 鉗子を使うときは、抜きたい毛の毛先を挟み、力を入れずに軽く抜き取ります。

POINT

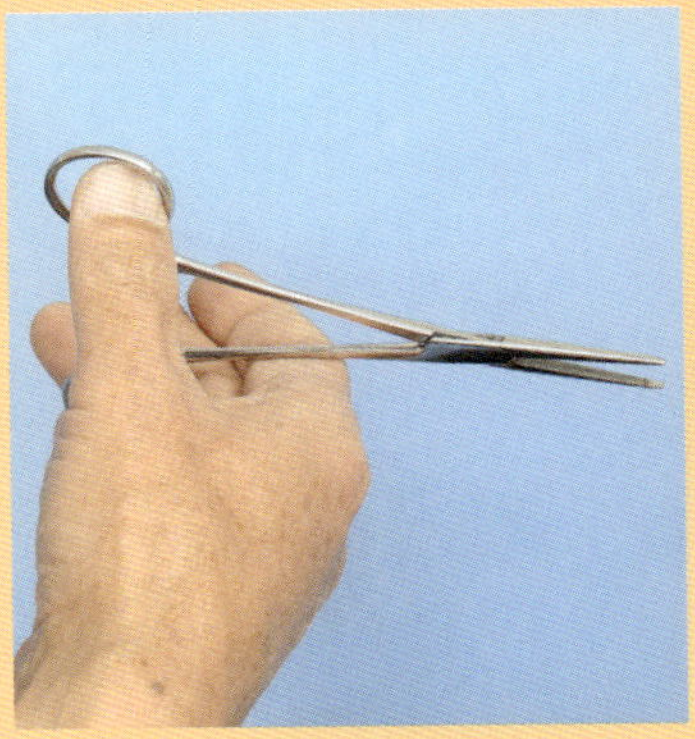

鉗子は、開く部分の根元近くでも皮膚を挟んでしまうことがあるので、当てる角度には十分に注意します

※軽い汚れであれば、イヤーローションと綿棒でふき取るケアを行う場合もあります。

汚れを完全に落としきる

シャンピング

シャンピングは、犬の被毛や皮膚に合ったシャンプー剤で二度洗いするのが基本です。
1回目は、汚れの80～90%を落とすつもりでていねいに。
2回目で、洗い残した汚れを完全に落とすようにします。
シャンピングの後はリンスをし、タオルドライでなるべく水分を取っておきます。

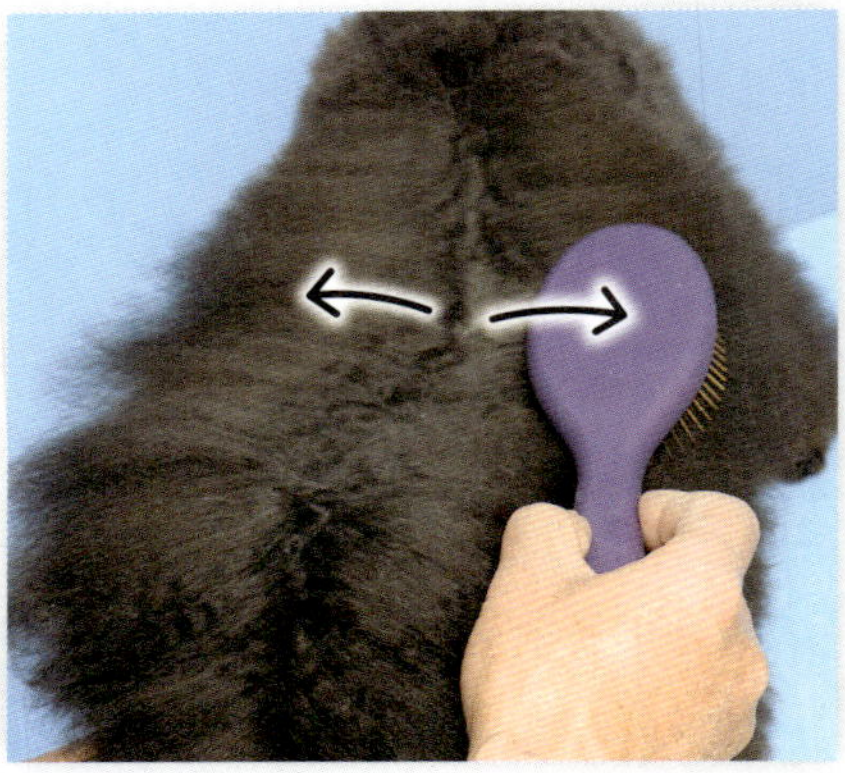

1 「背割り」をします。ボディの毛を背線で分け、左右にとかしておきます。

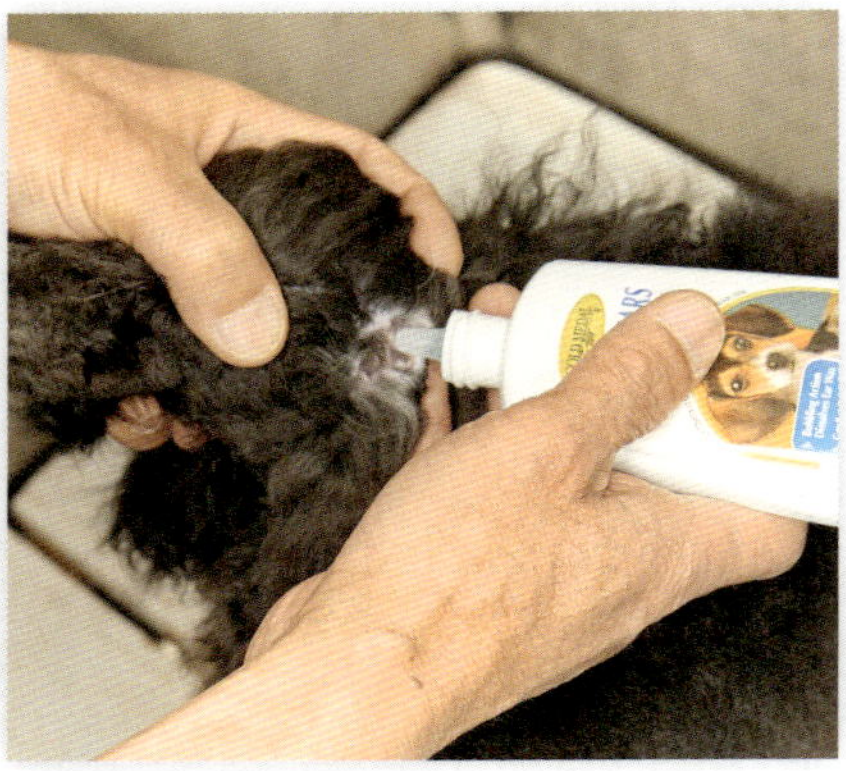

2 耳孔にイヤーローションを入れます。脂を溶かし、汚れを浮き上がらせる効果があります。

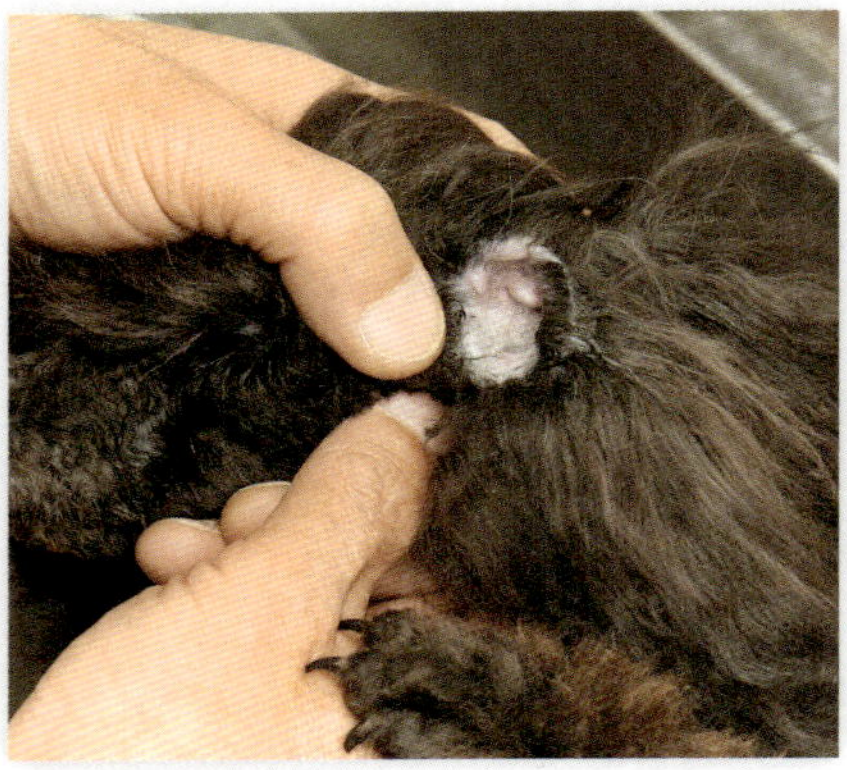

3 親指を耳孔の前、やや下あたりに当て、下から上へそっともみます。耳孔から汚れた泡が出てきます。

4 耳孔にぬるま湯を入れて、しっかりすすぎます。

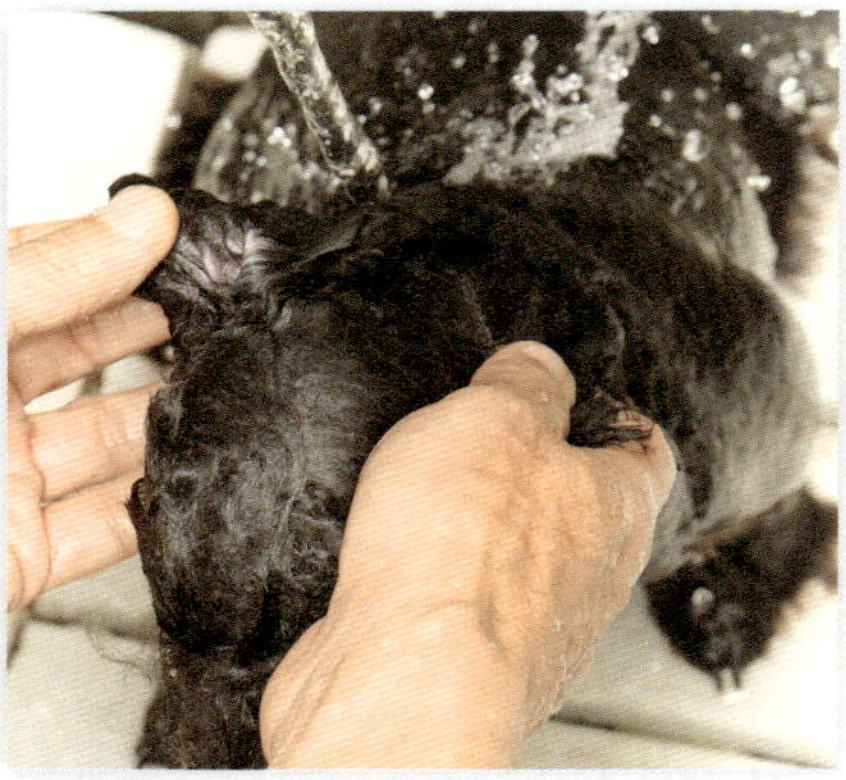

5 耳の付け根を持って耳孔を広げるように軽く引っ張り、汚れを洗い流します。汚れが残っていれば3～5を再度行います。

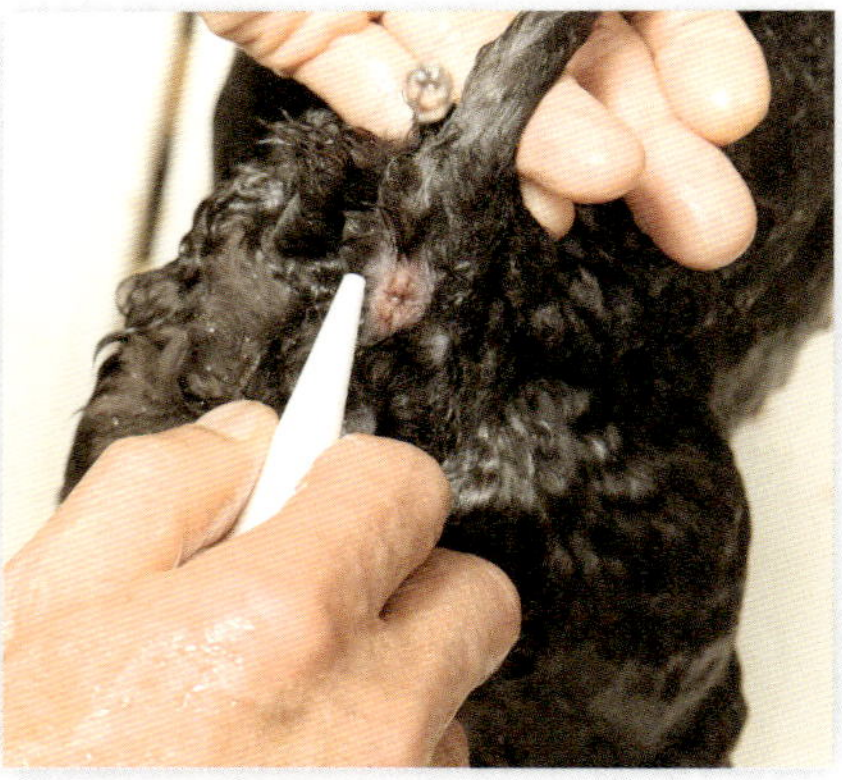

6 肛門腺を絞ります。肛門の両脇にある小さい穴が、肛門腺の出口。分泌物が溜まる肛門腺の袋は、肛門の中心部の斜め下にあります（指した部分）。

POINT

親指と人さし指を内側へ押しつけるのではなく、手首を使って内側から外側へ動かすつもりで、上へずらしていきます

7 感触で肛門腺の袋の位置を確認し、手のひらで肛門腺の出口の穴を上から覆います。親指と人さし指を袋の下に当て、力を入れずに、2本の指をそのまま上へずらします。

8 分泌物を洗い流し、肛門腺に膨らみがないことを確認します。

9 体を濡らしていきます。1の背割りを崩さないように注意しながら、シャワーまたはカランからぬるま湯をかけます。

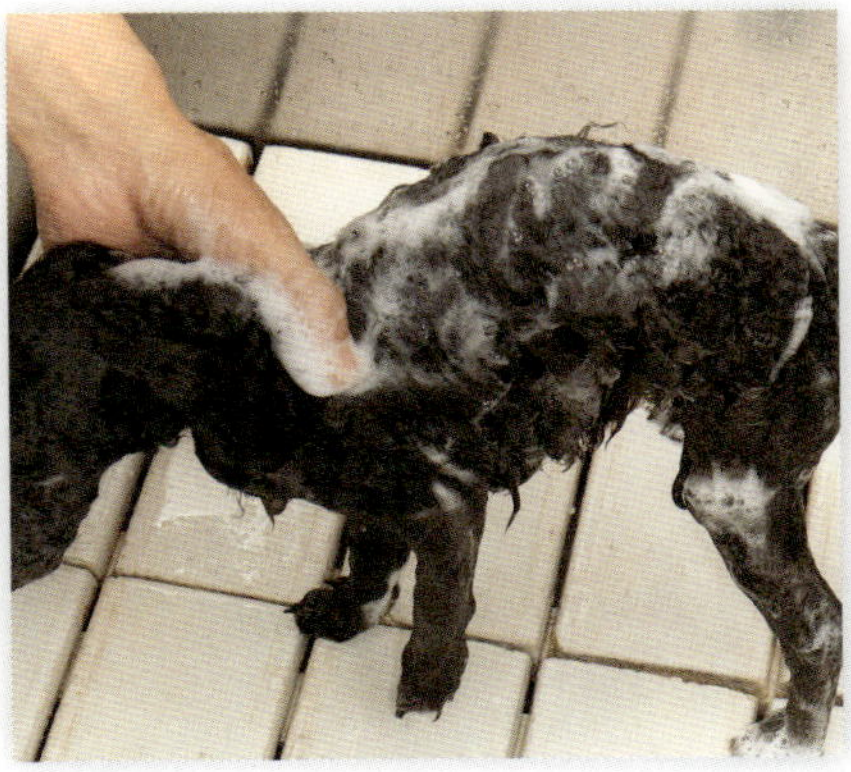

10 適切な濃度に薄めたシャンプー剤を十分に泡立て、頭以外の全身に広げます。

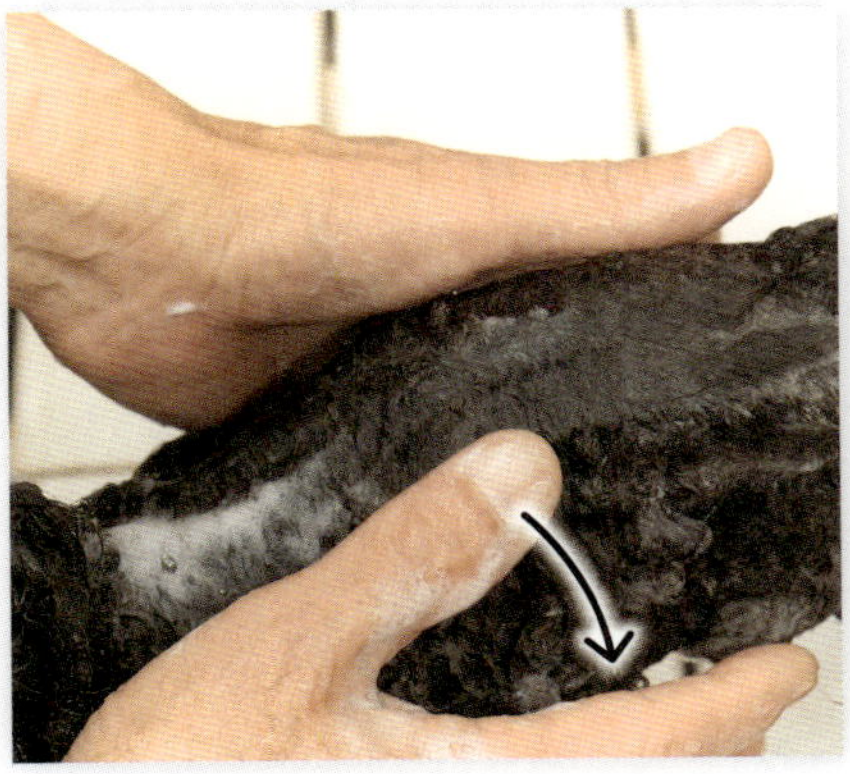

11 こすり洗いをします。手の付け根〜親指を使い、毛流に沿って一方向に洗っていきます。

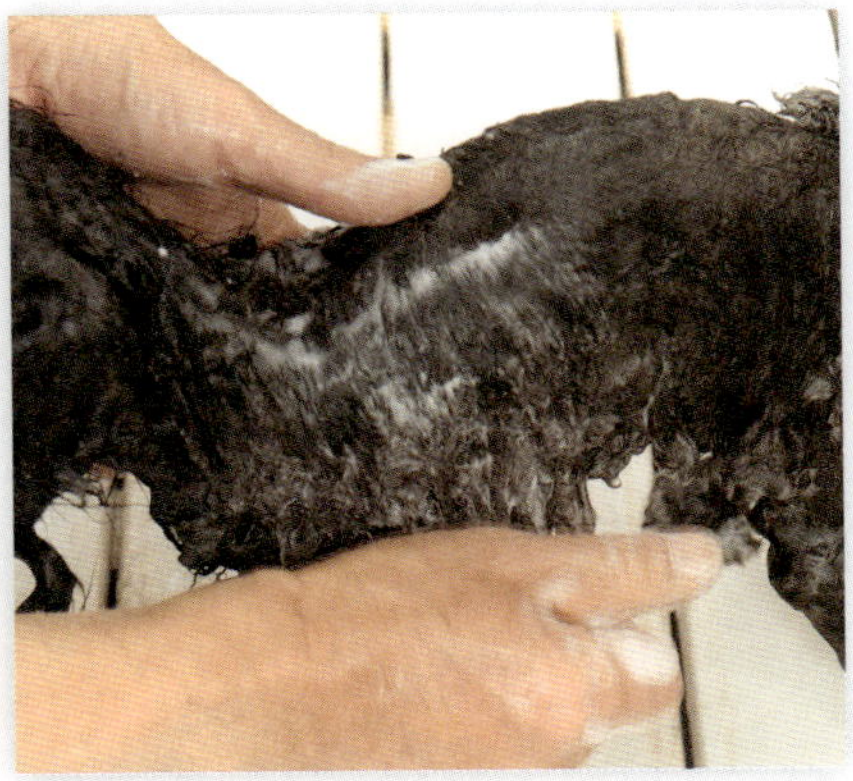

12 軽くこすりながら毛と毛のあいだに空気を含ませるようにすると、泡立ちがよくなります。

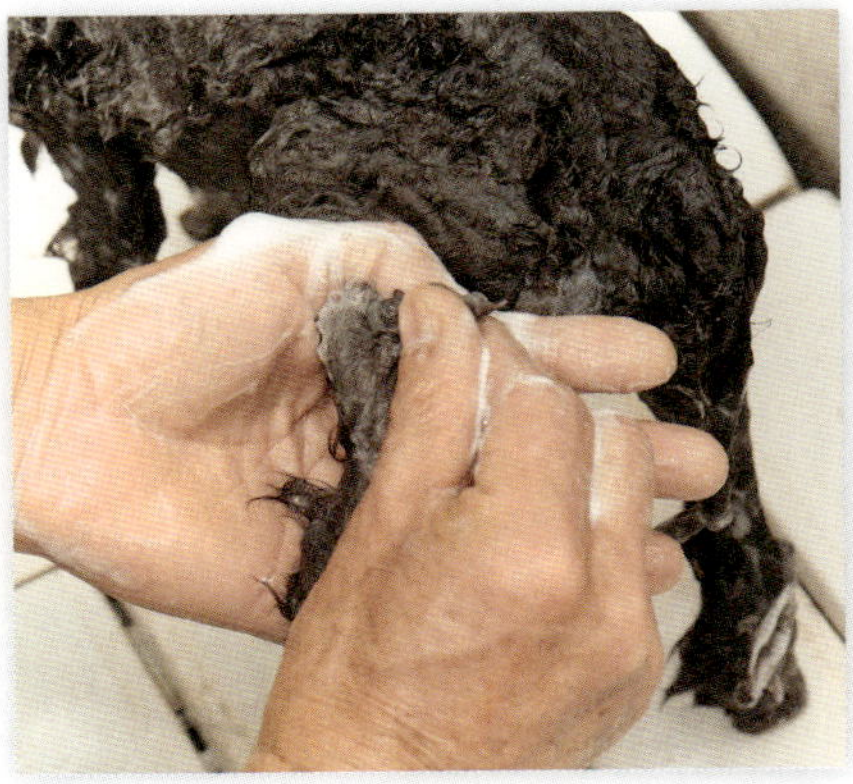

13 後肢の後ろ側、飛節より下は、親指の腹を使ってしっかりこすり洗いをします。

14 後肢の前側〜外側の毛は、毛流に沿って斜め前に向けて洗います。

15 テイルは、付け根から先端まで、親指の腹でこすります。

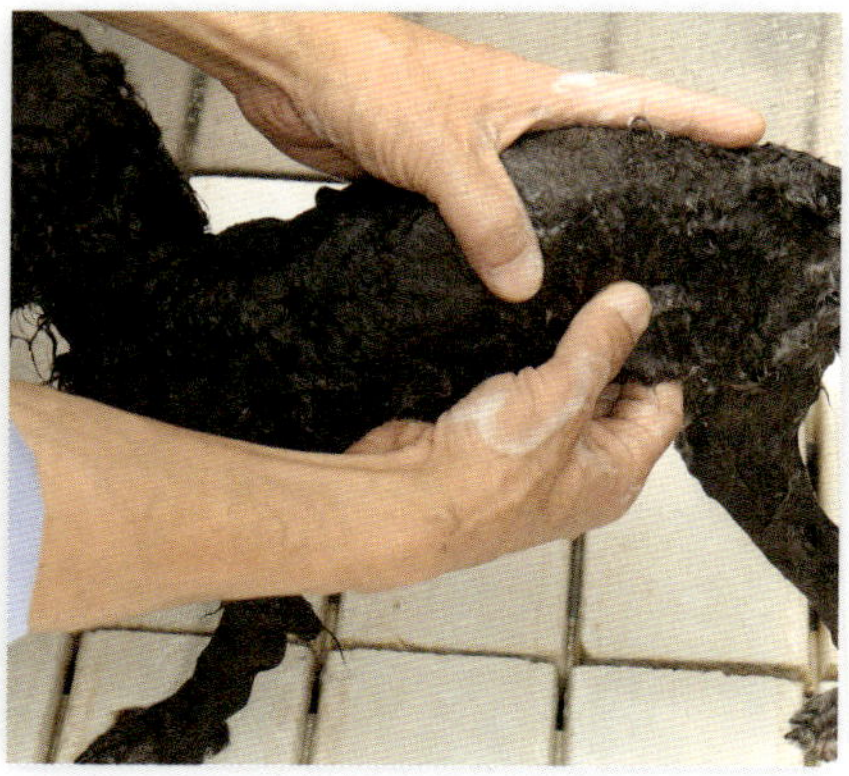

16 タック・アップは、親指とそれ以外の4本の指でそっと挟んで洗います。

17 肘の後ろ～脇はしっかりこすり洗いをし、前肢は毛流に沿って洗います。

18 手根球は、パッドの周りに指を入れて洗います。

19 泡立てたシャンプー剤を頭に付け、目尻～耳の付け根を結ぶイマジナリー・ラインから、上へ向けてこすり洗いをします。

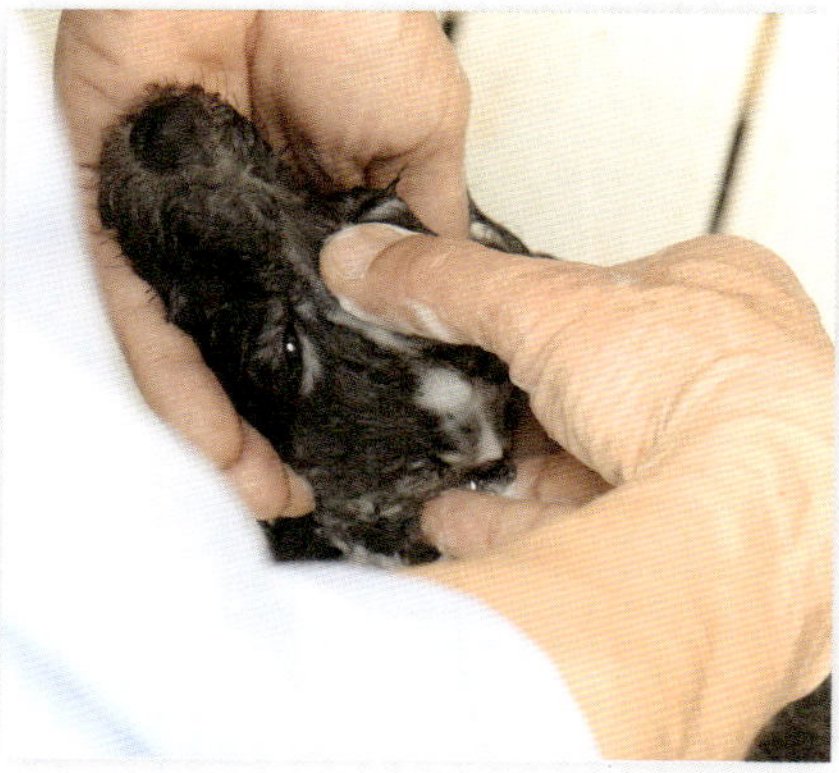

20 ストップ～目のあいだは、親指を縦に当てて洗います。

21 シャンプー剤を目に入れないように注意しながら、目の上を縁まできれいに洗います。

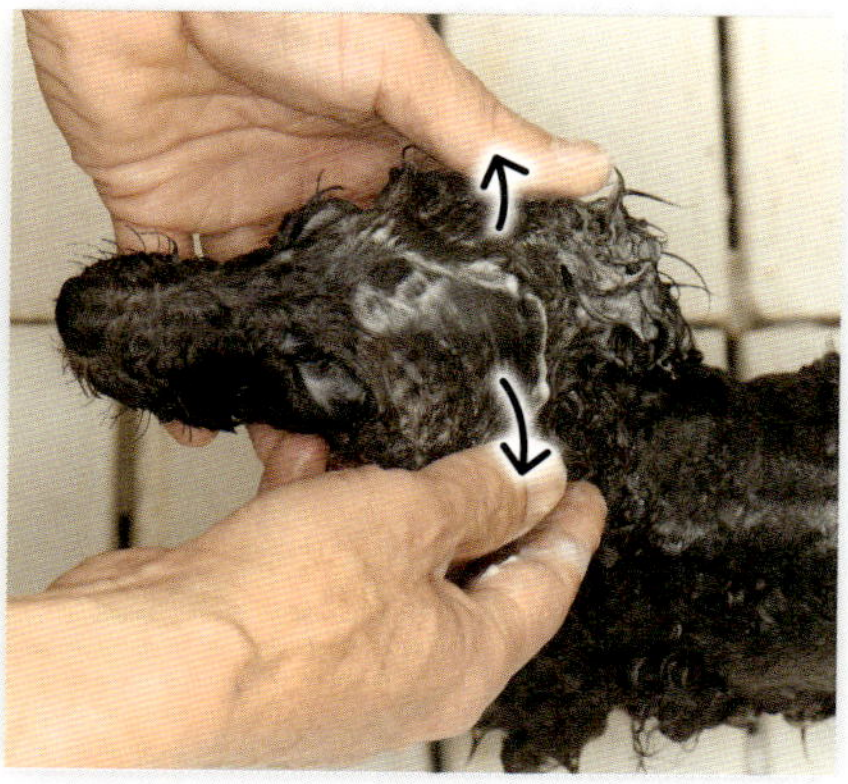

22 頭頂部は毛を真ん中で分け、左右へ向けて洗います。

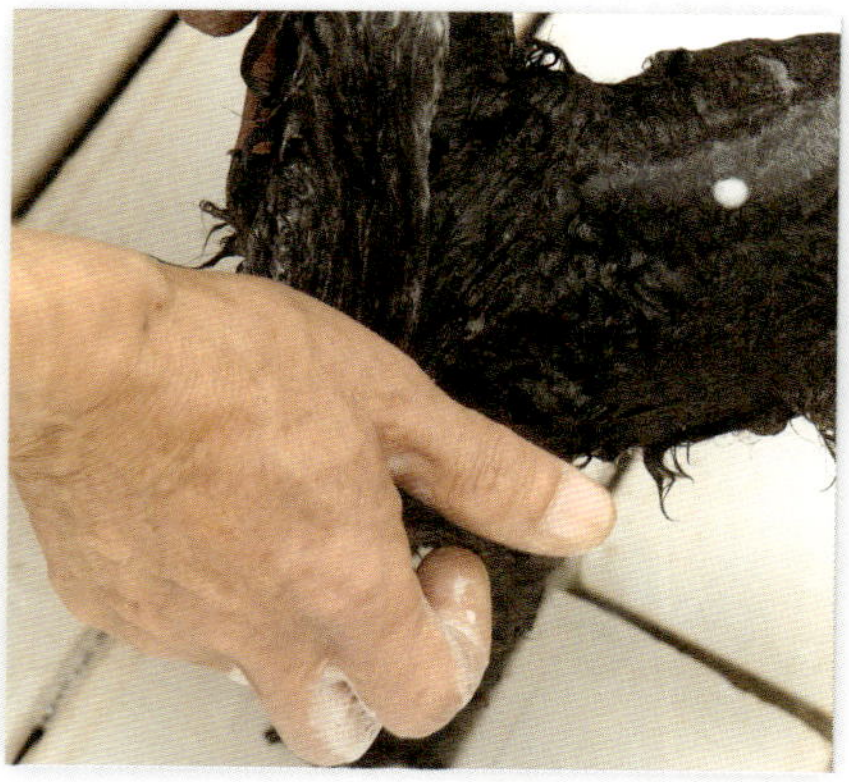

23 泡立てたシャンプー剤を耳の毛先まで付け、親指の腹で細かくこすりながら洗います。

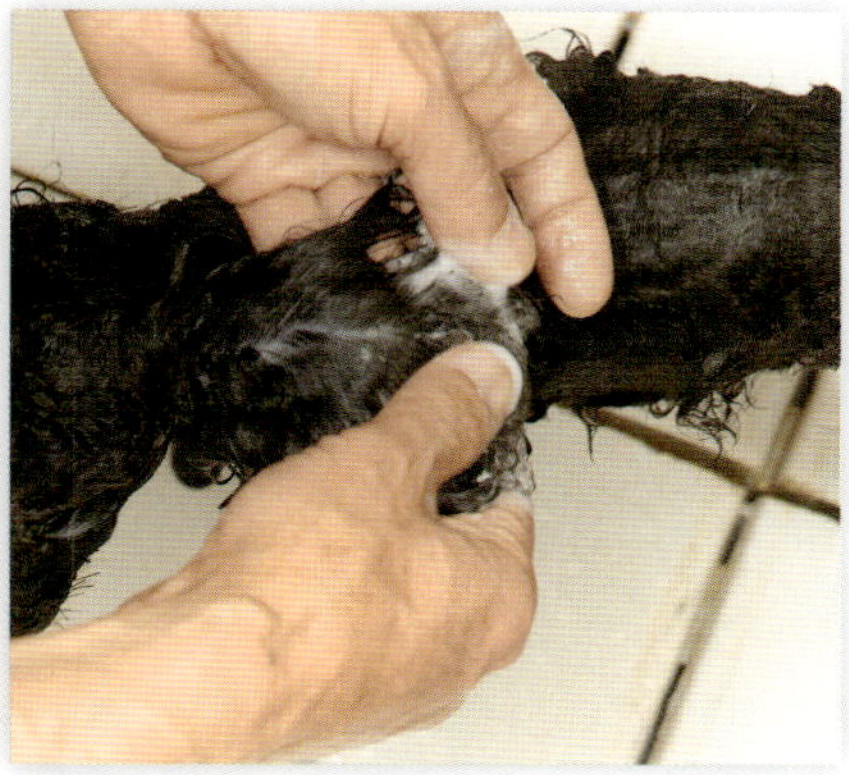

24 耳の毛を根元から分け、耳の皮膚を親指の腹でこすり洗いします。

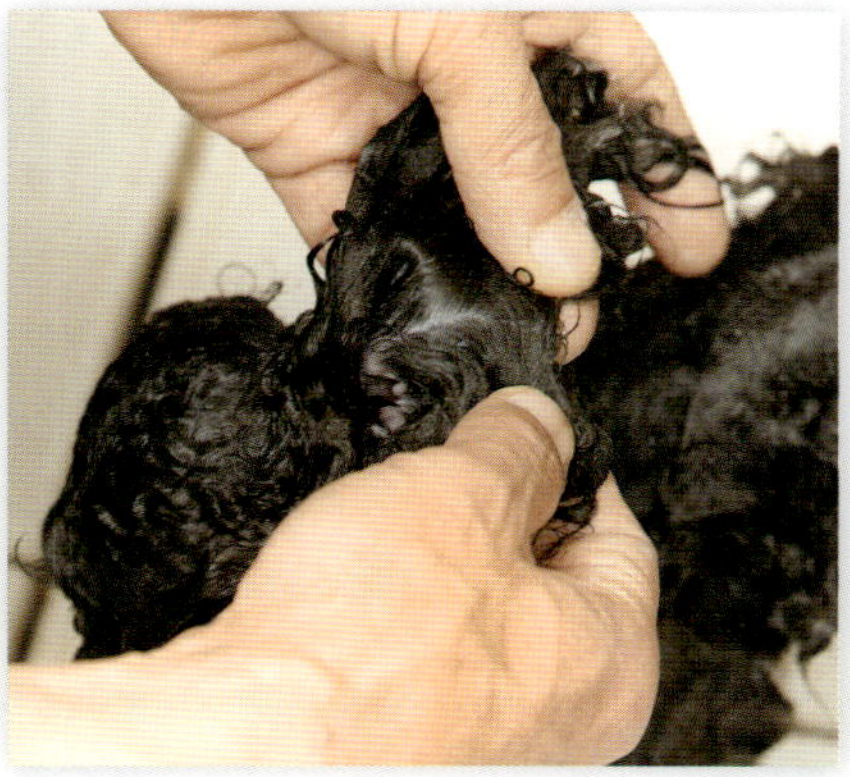

25 耳の後ろ側のひだの部分は、皮膚が重なる部分をきちんと伸ばして洗います。

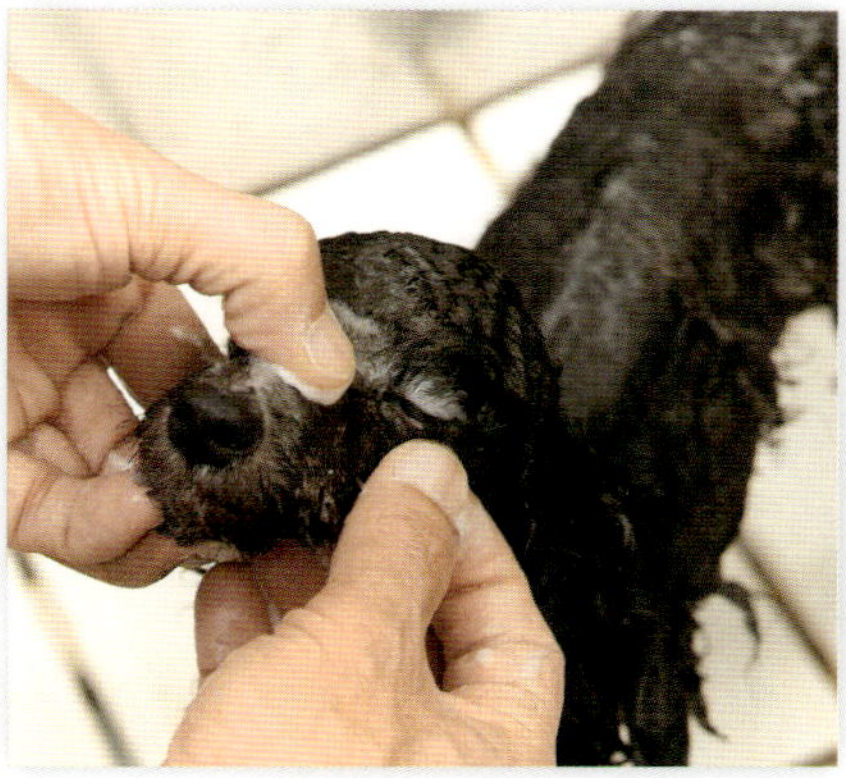

26 マズルの中心で毛を左右に分け、顔を洗います。目の下は、目の縁ぎりぎりまでていねいに洗います。

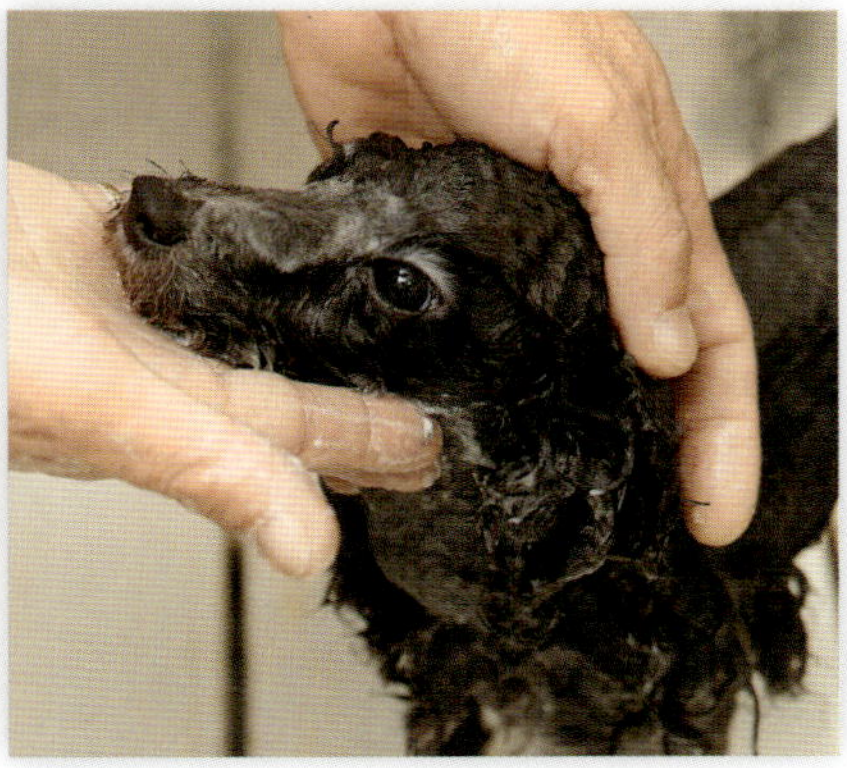

27 下顎は、下から手のひらを添え、首の付け根～口先までていねいに洗います。

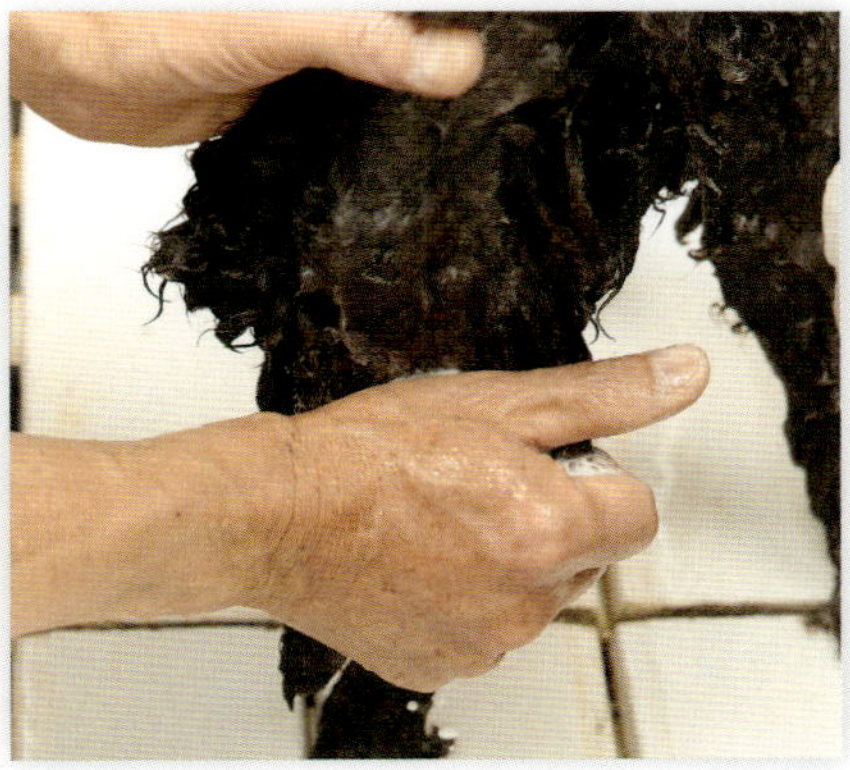

28 胸は、毛流に沿って上から下へ向けて洗います。

29 カランまたはシャワーで、頭からすすいでいきます。目に直接水が入らないように注意します。

POINT

シャワーを使う場合は、シャワーヘッドを皮膚に近いところで持つようにします

30 頭からボディ、四肢、足先へとすすいでいきます。

31 体の下部（脇、下胸、内股など）は、片方の手を下から添え、手のひらに溜めたお湯で下からもすすぐようにします。

32 2回目のシャンピングをし、泡を完全にすすぎます。指で毛をつまんでこすったとき、「キュッ」と音がすることを確認します。

POINT

脂汚れが残っていると、毛をこすっても音がしません。洗い残しがあると毛が乾きにくく、きれいに伸ばすことができません

33 リンスをします。適切な濃度に薄めたリンス液をスポンジなどに含ませ、頭以外の全身に付けます。

34 頭は、手でリンス液をすくってかけていきます。目に入れないよう、頭の角度などに注意します。

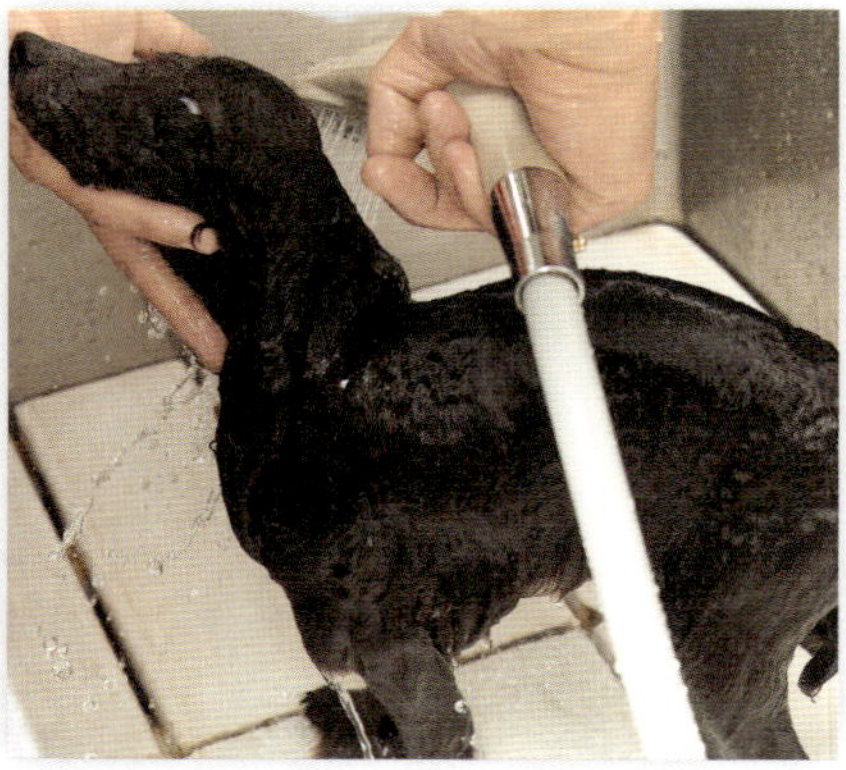

35 リンスを完全にすすぎます。すすぎ残しがないように注意。

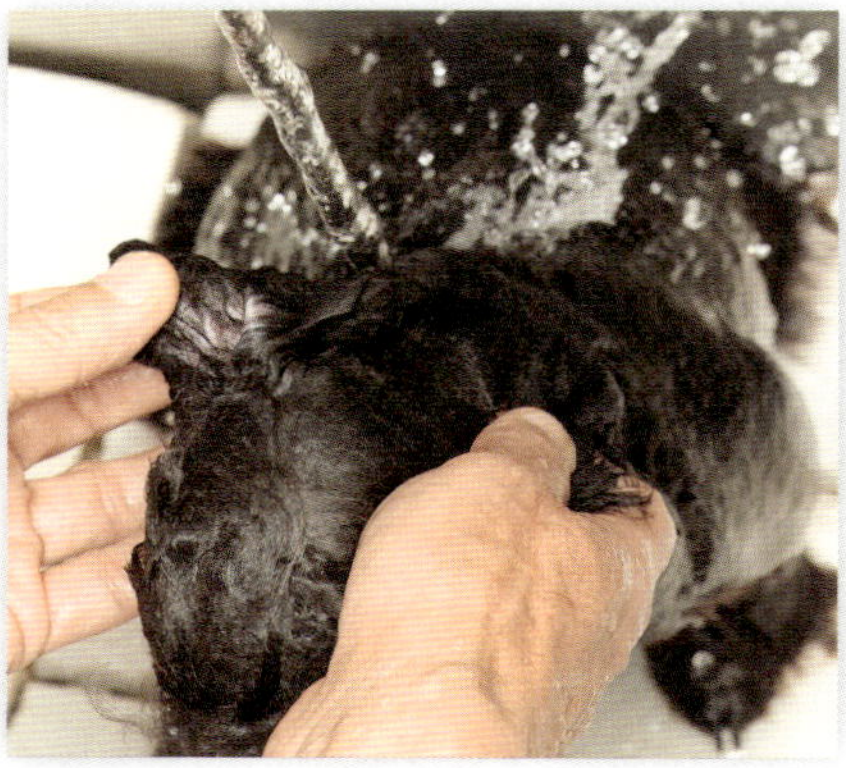

36 耳の汚れがひどかった場合は、シャンプーまで終えてから、もう一度耳の中をすすぎます。

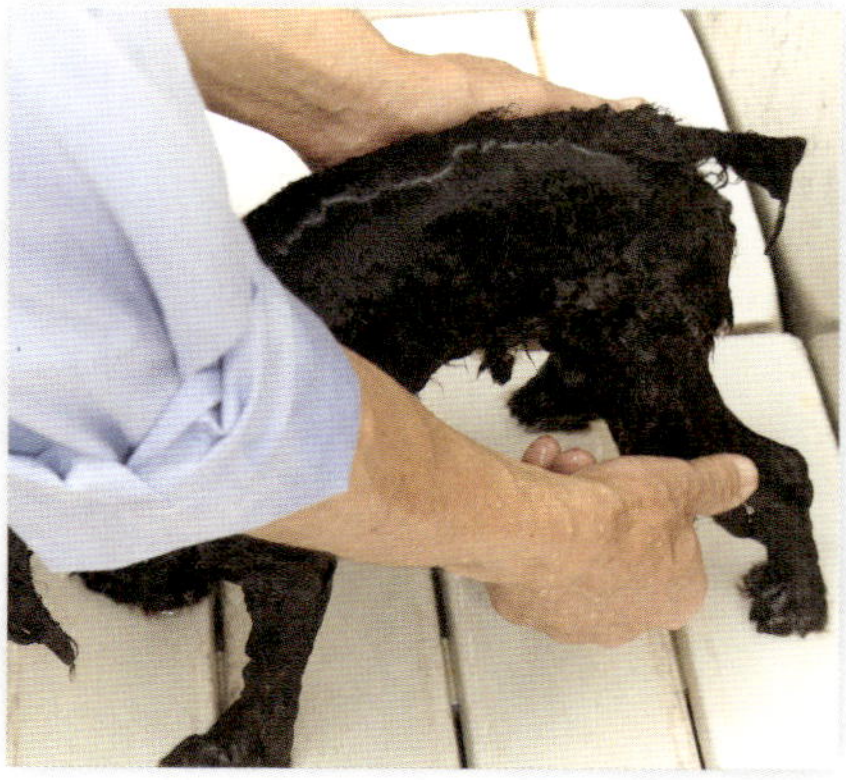

37 毛を手のひらで押さえるようにして、水分を絞ります。

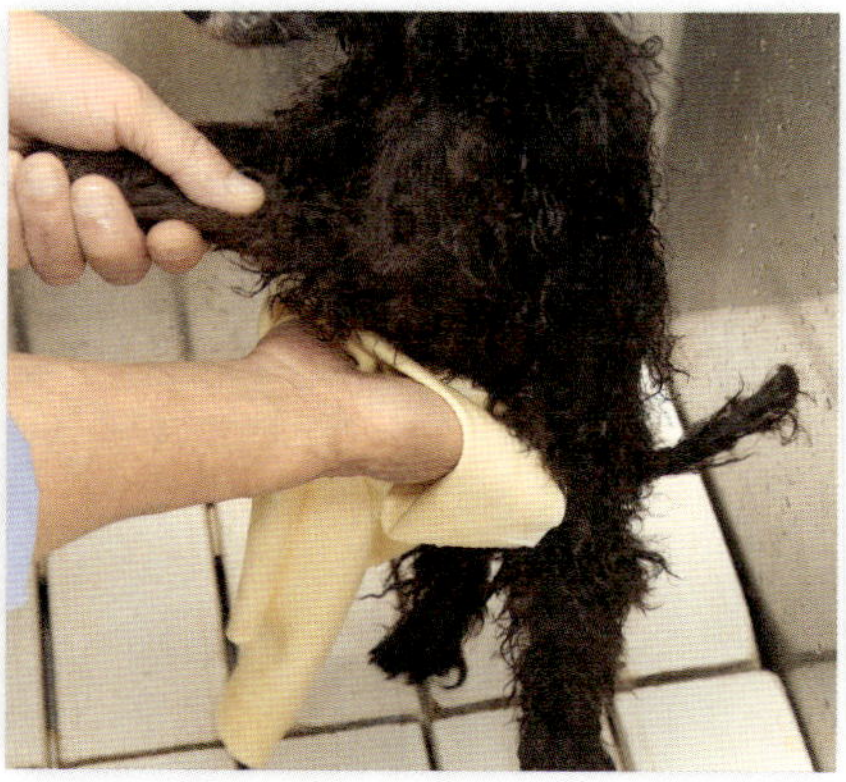

38 タオルで水分を取ります。ボディなどは、タオルの上から手のひらで押さえて水分を吸い取ります。

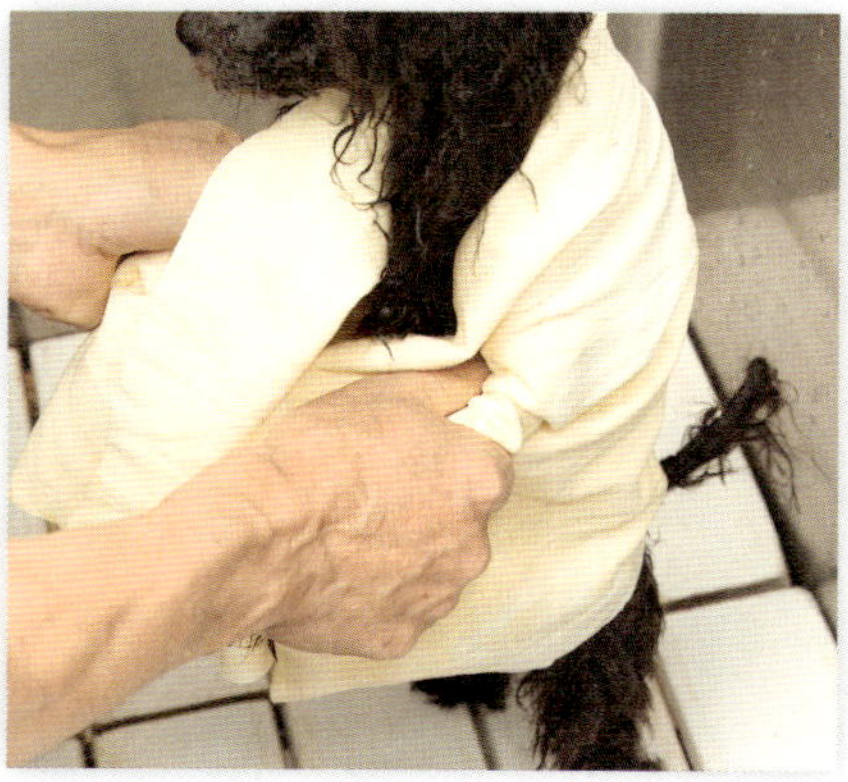

39 毛が長い部分や四肢などは、タオルの上から軽く握って水分を取ります。

トリミングの仕上がりに直結する作業

ドライング

トリミングをきれいに仕上げる条件のひとつが、ドライングで十分に毛を伸ばしておくことです。

プードルの巻き毛を伸ばすためには、一定の水分量が必要。

毛が伸びきる前に乾いてしまうと、修正がききません。

毛量や毛の長さ、乾き具合などに目を配りながら作業を進めましょう。

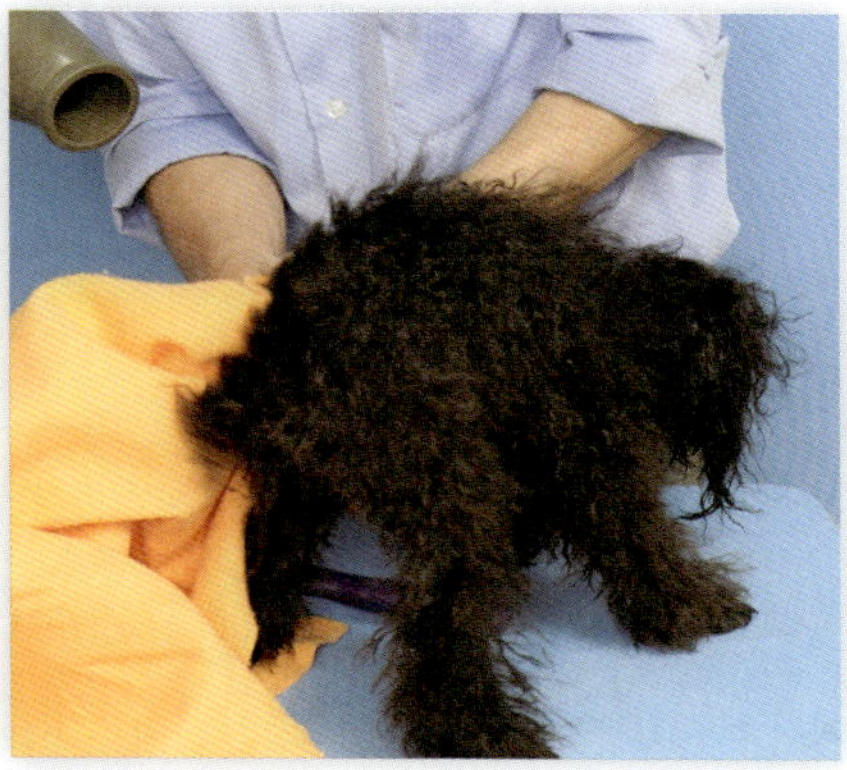

1 最初に乾かす部位（今回は後躯の左サイド）だけ、ドライヤーで風を当てながらタオルで水分を取ります。

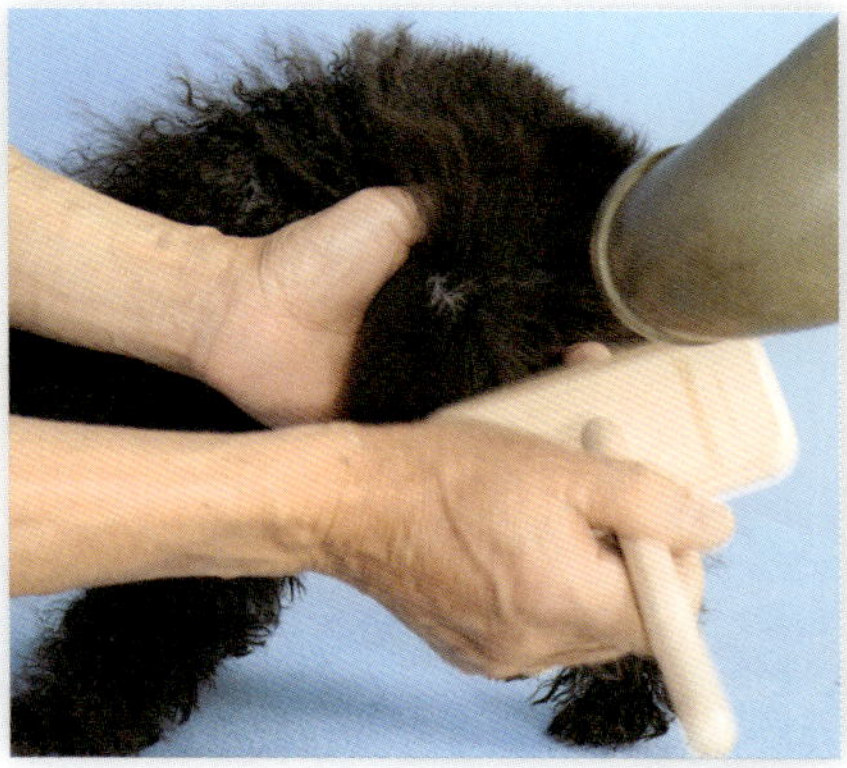

2 1でふいた部分に風を当てながら、スリッカーでとかします。

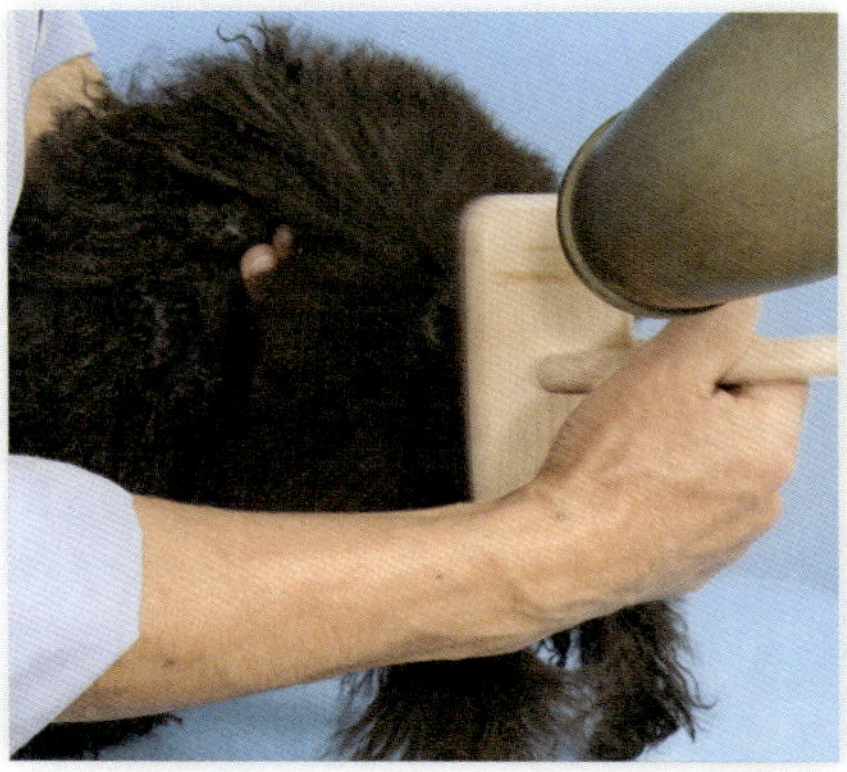

3 毛流に沿って上から下へとかすのに加え、横方向などにもとかし、毛の根元までしっかり風を当てます。

POINT

毛が短い部分は乾きやすいので、速い段階でドライングを！

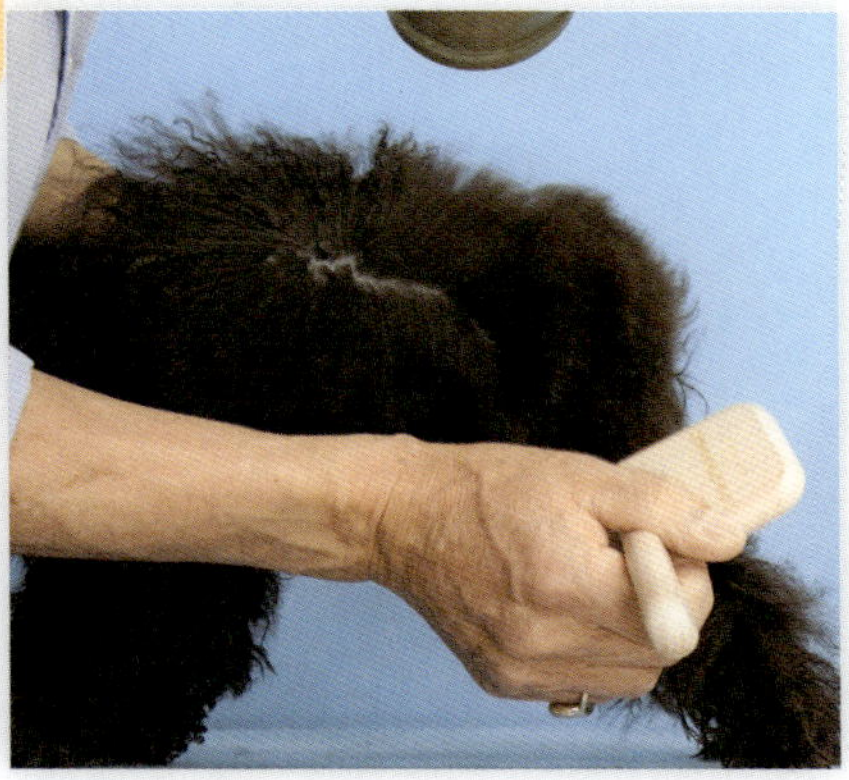

4 毛の水分は上から下へ落ちていくので、ドライングも体の上から下（高い部位から低い部位）へ進めていきます。

5 お尻を乾かします。肛門の近くは、皮膚を傷つけるのを防ぐため、コームでとかしながら風を当てます。

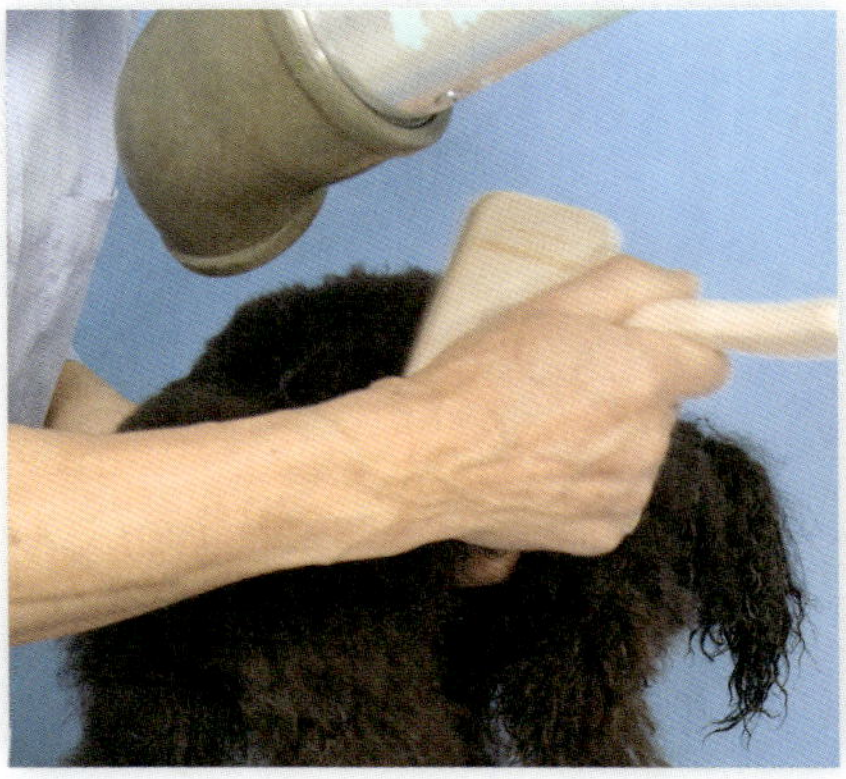

6 後躯の逆サイドを乾かします。

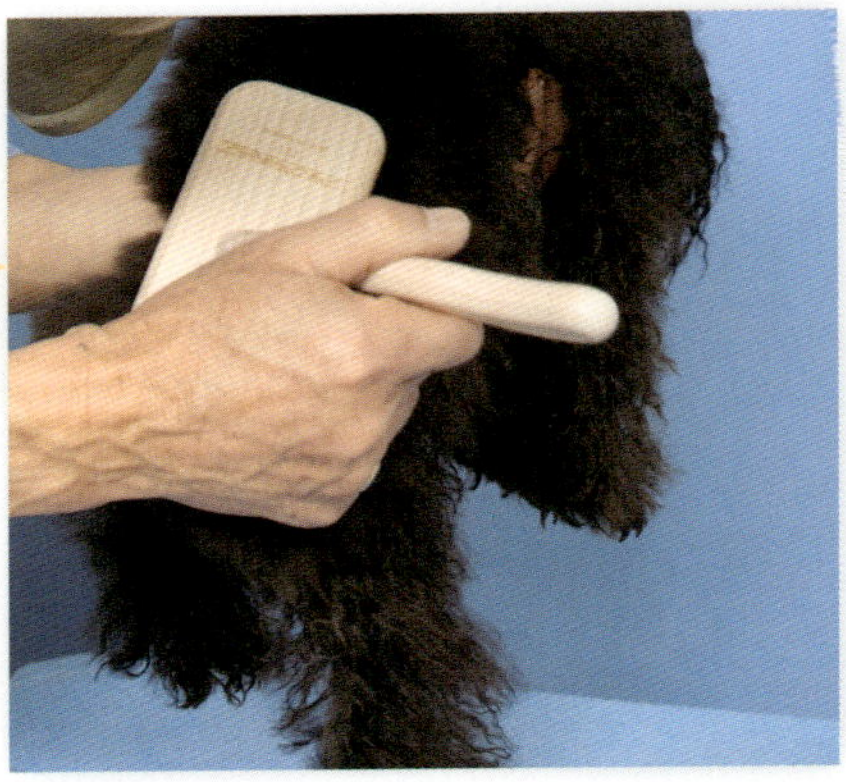

7 ドライングは、1カ所を完全に乾かしてから次の部位へと進めていきます。今乾かしているところ以外には風が当たらないよう、ドライヤーの向きや犬の位置を工夫しながら作業します。

POINT

乾かしたい部位に隣り合っている部分は要注意。風が当たっているのに気づかず、ブラシで毛を伸ばさない状態で乾いてしまうと、後から修正できません

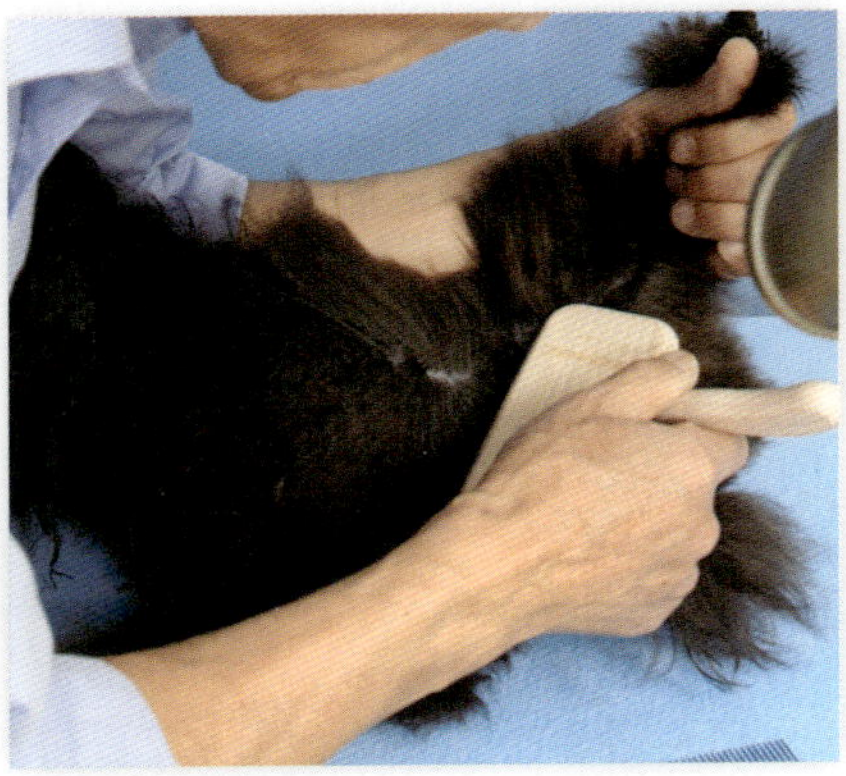

8 内股を乾かします。皮膚を傷つけやすい部分なので、風が当たっている部分を確認しながら、毛の根元からブラシのピンを入れてゆっくりと毛を伸ばしていきます。

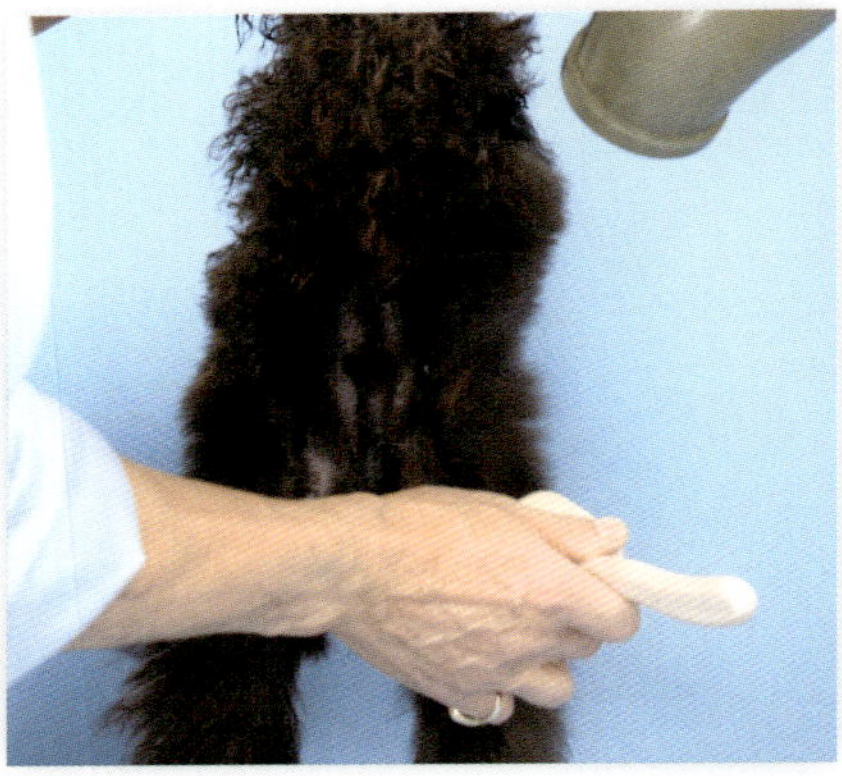

9 風が当たりにくい部分やとかしにくい部分は、犬を立たせるなど、姿勢をかえさせてしっかり乾かします。

10 テイルを乾かします。スリッカーを軽くローリングさせるように動かすと、長めの毛の根元まで風が入りやすく、毛もきれいに伸びます。

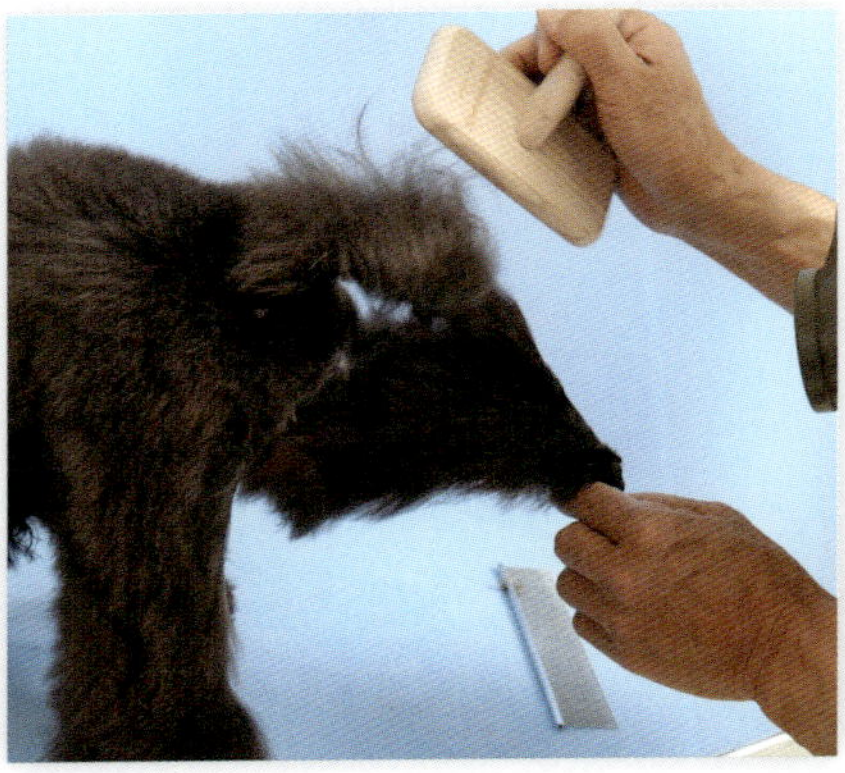

11 後肢の内側、下胸、脇、前肢へと作業を進めていきます。

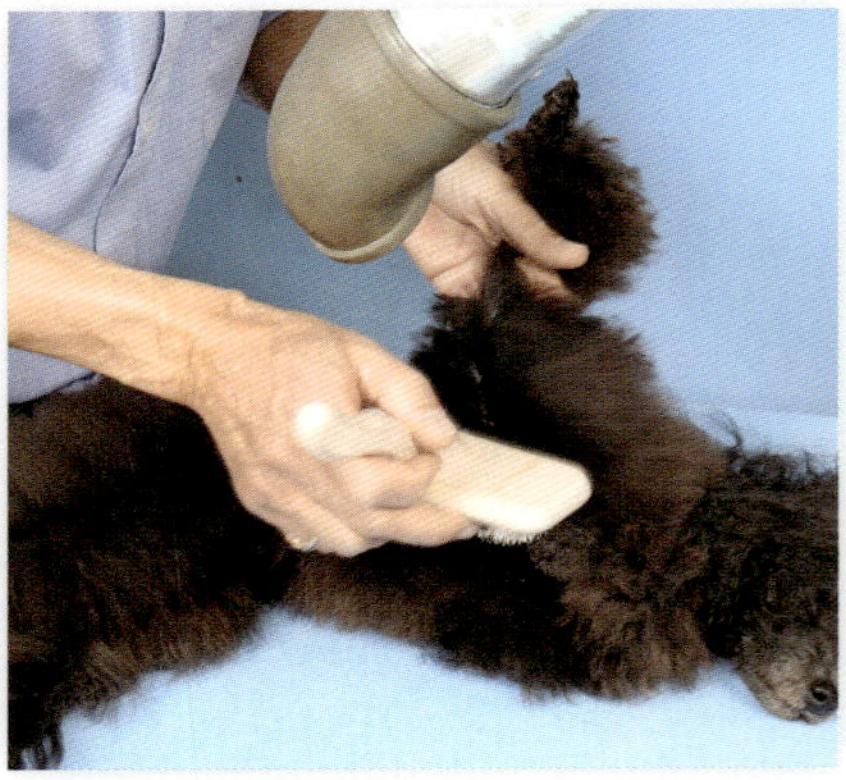

12 犬を寝かせて作業するときは、頭を上げにくい姿勢で保定すると、犬が立ち上がるのを防げます。

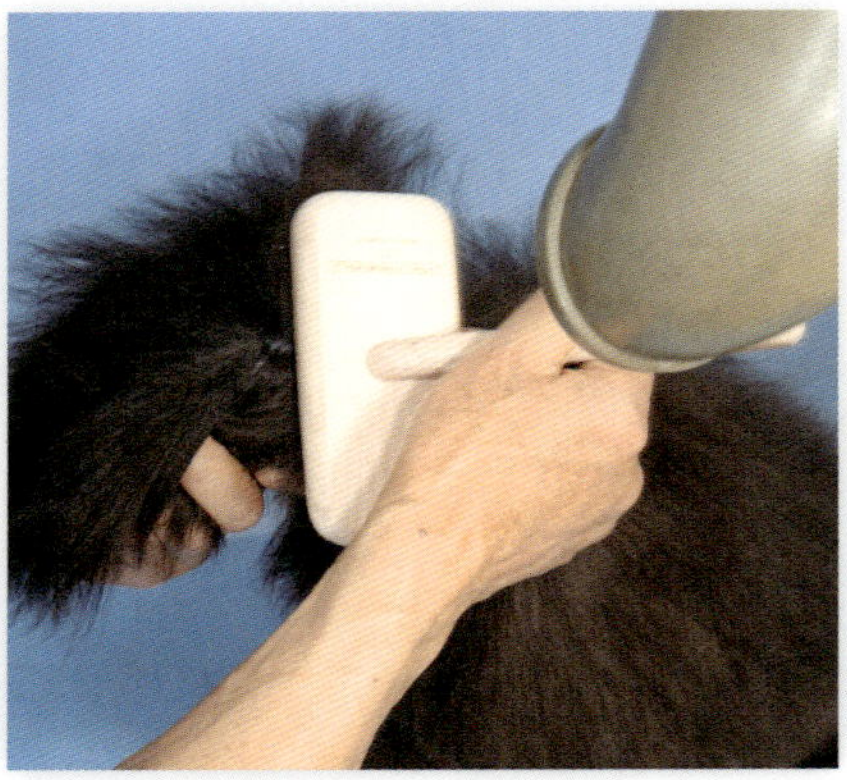

13 耳を上げ、ネック周りを乾かします。

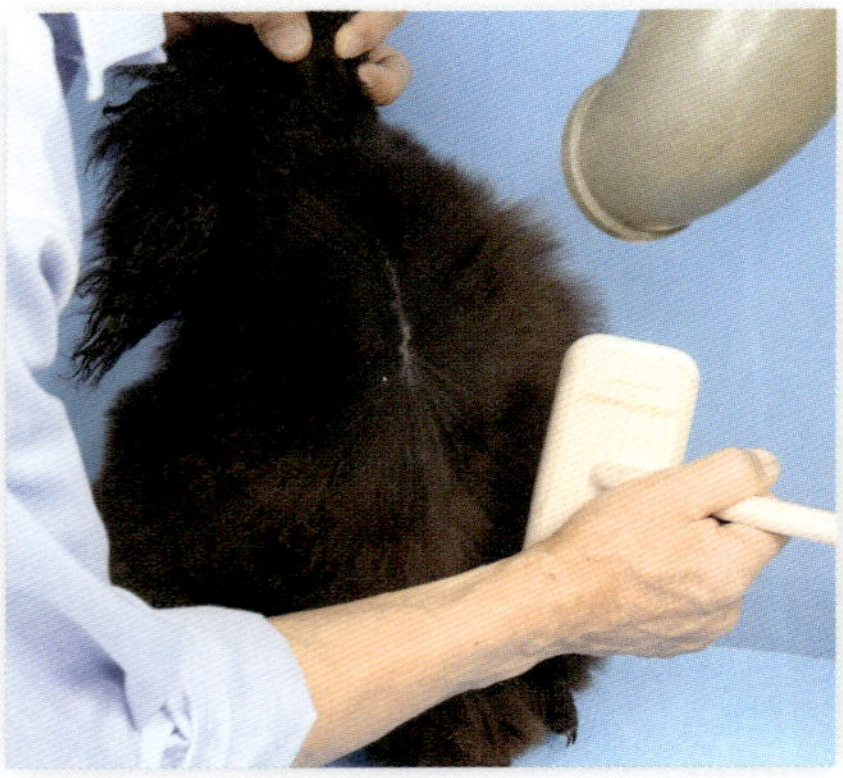

14 胸～前躯のサイドを乾かします。毛流に沿ってとかすほか、横方向などにもとかして毛をしっかり伸ばします。

POINT

余裕がある場合は、ボディを乾かし終える前に、耳を少しだけ乾かしておきます。途中で風を当てておくと、最後に耳を乾かすのにかかる時間を短縮できます

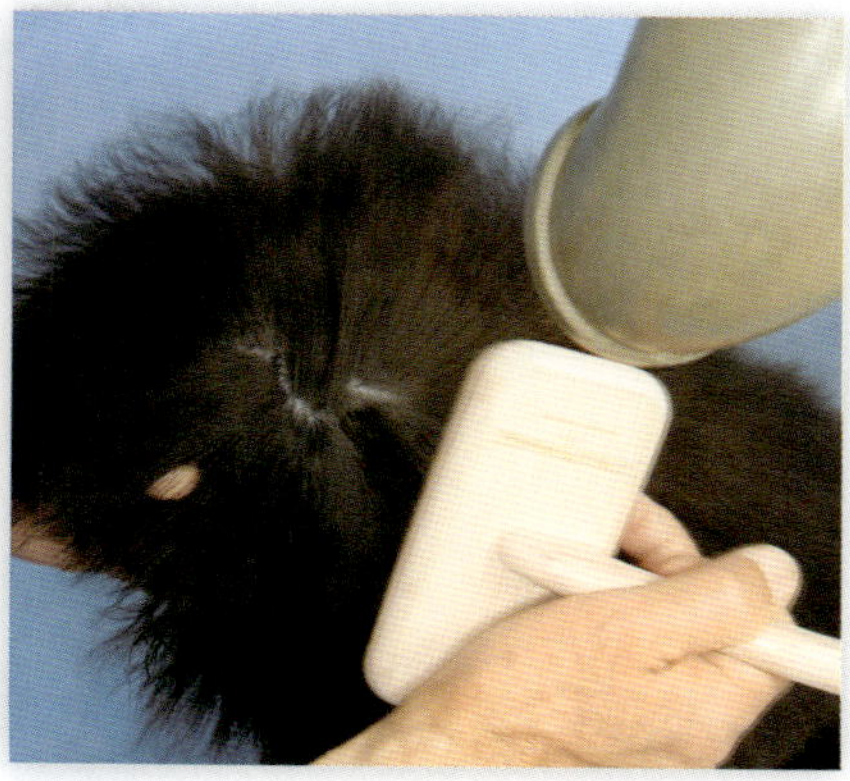

15 頭部を乾かします。耳の付け根の段差にピンを引っかけないように注意します。

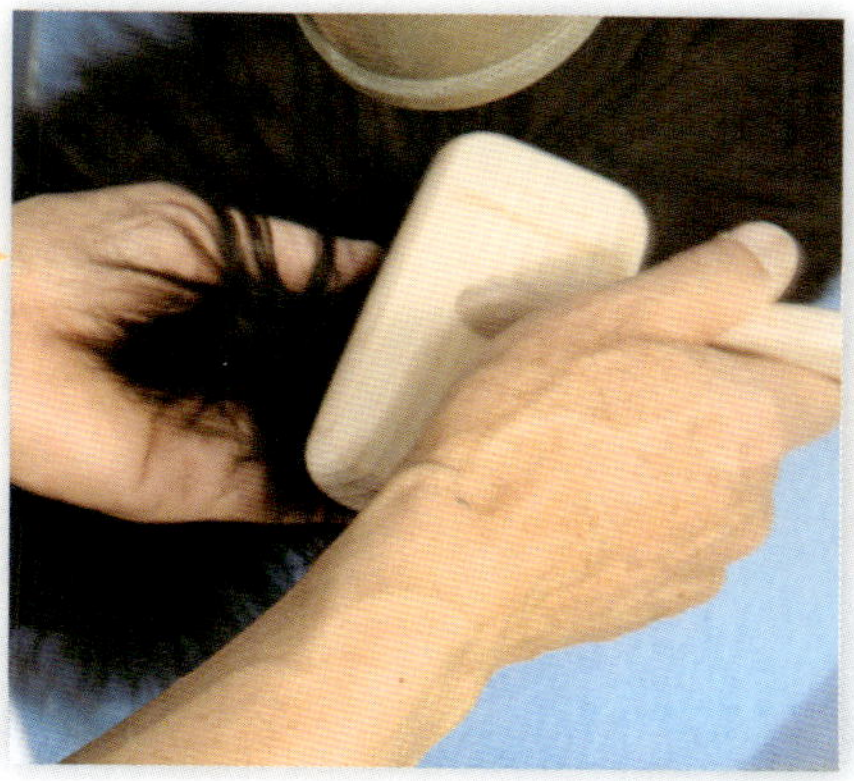

16 耳を乾かします。耳の毛はボディのような巻き毛ではなく、毛の密度もあって乾きにくいので、ドライングの手順は最後にしてかまいません。

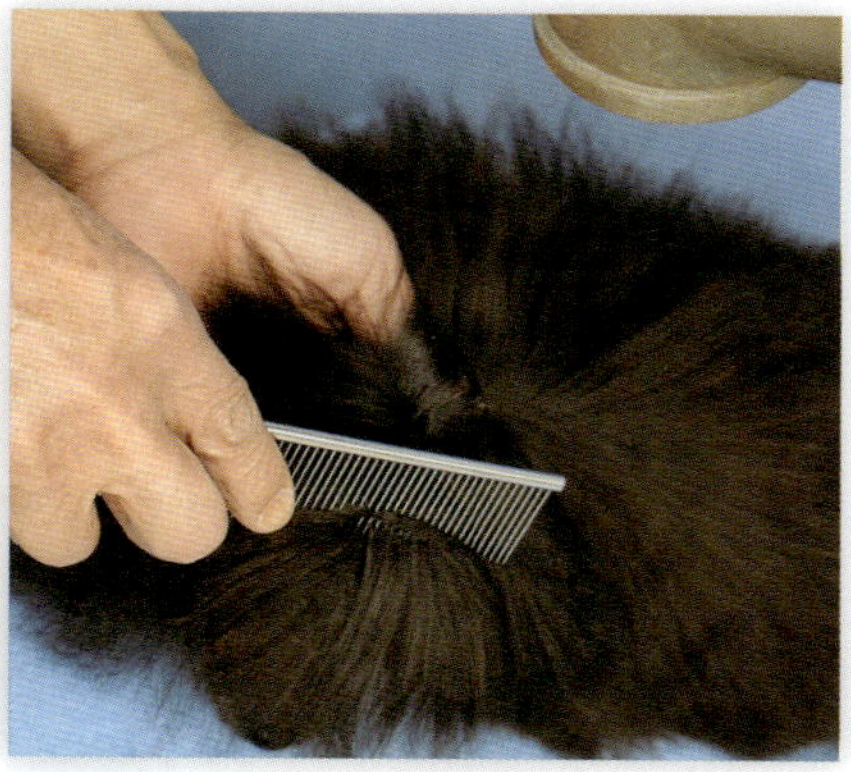

17 耳は乾くのに時間がかかるため、スリッカーでとかし続けると皮膚に負担がかかります。途中でコームに替え、ほぼ乾いたところでスリッカーに戻します。

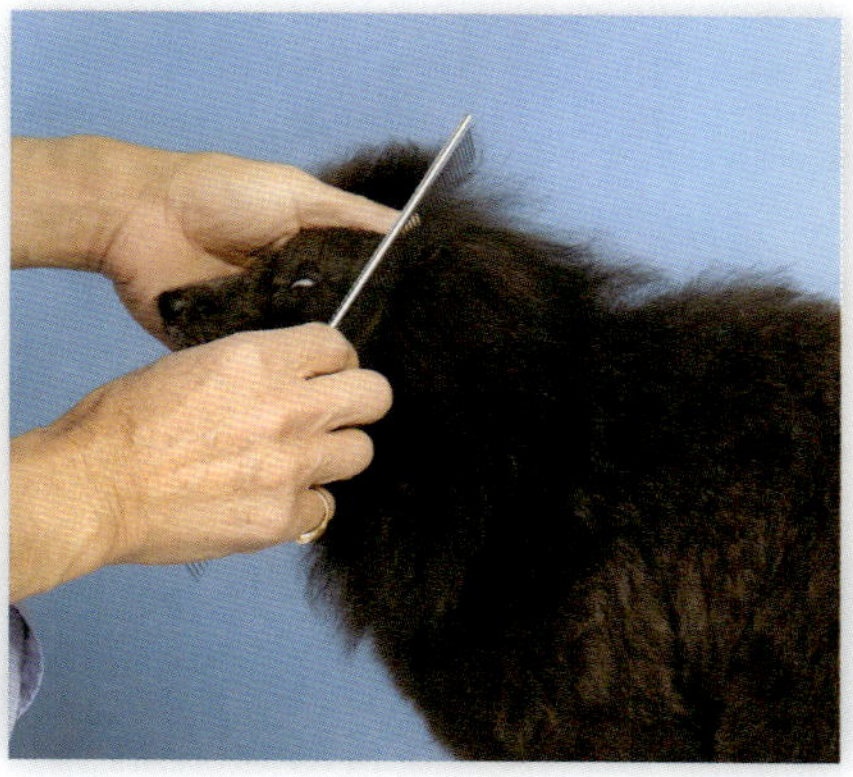

18 耳を裏返し、裏側からも風を当てます。

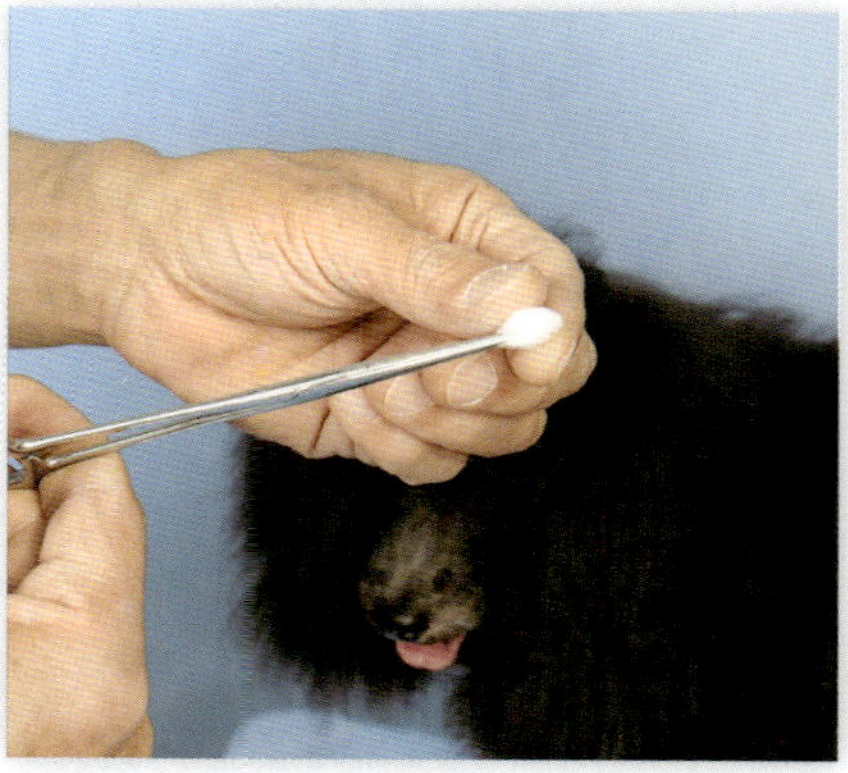

19 耳のケアを仕上げます。指で丸めたコットンを鉗子で挟みます。

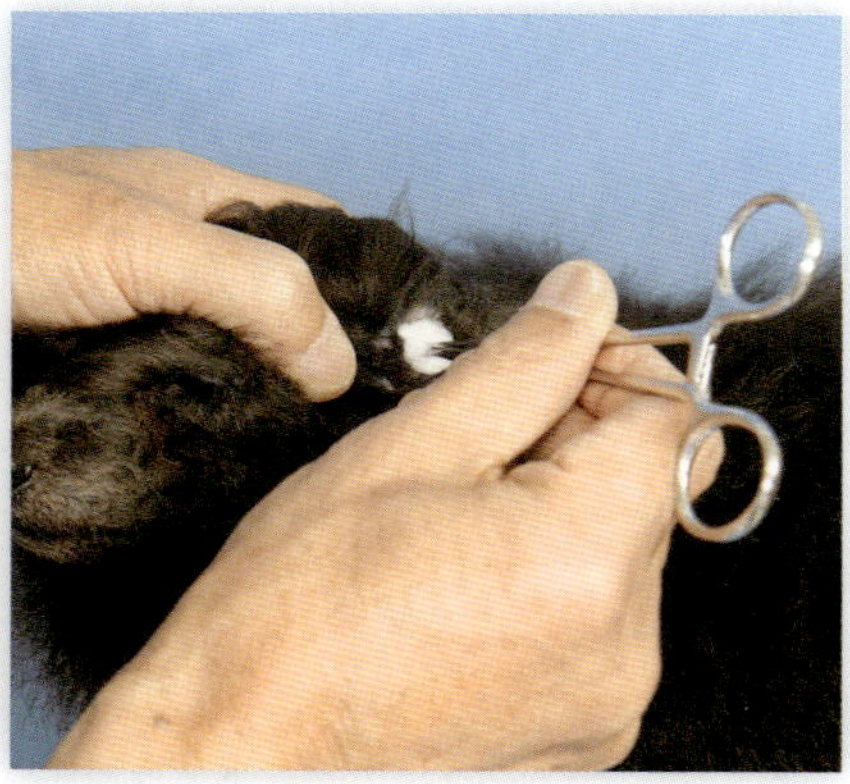

20 耳の中の見える範囲を軽くふきます。

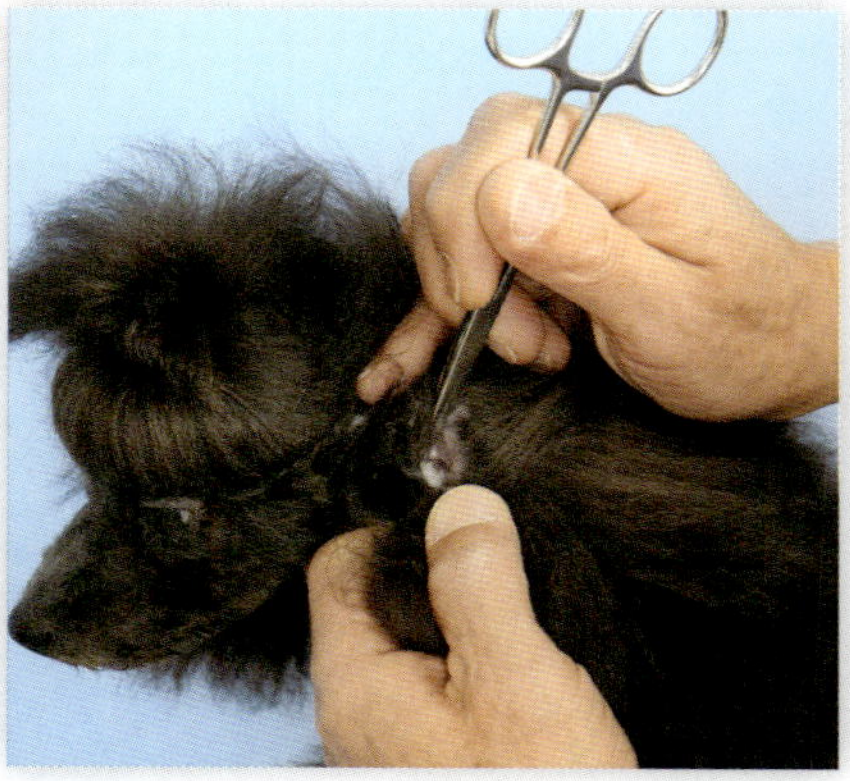

21 犬の斜め後ろに立ち、耳孔の下を軽く引っ張りながら、鉗子が無理なく入るところまで、耳孔の中をふきます。

column

ラッピングのテクニック

ショー・クリップのプードルのメイン・コートや耳など、長く残す被毛は、ふだんはラッピングして保護する必要があります。

頭部のラッピング

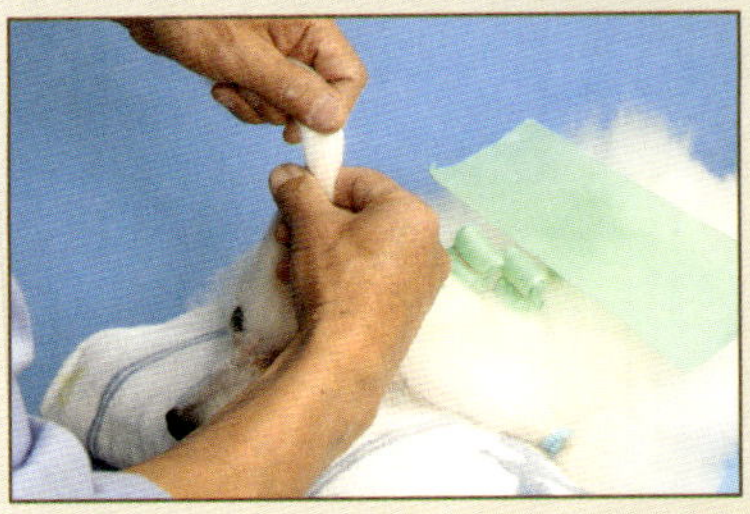

1 犬の前に立ち、ラッピングする毛をストップの上あたりでまとめて持ちます。

2 ①の毛束に、後ろからラッピング・ペーパーを当てます。ペーパーは毛の根元にしっかり押し当て、ペーパーは手前が短く、後ろが長めになるようにします。

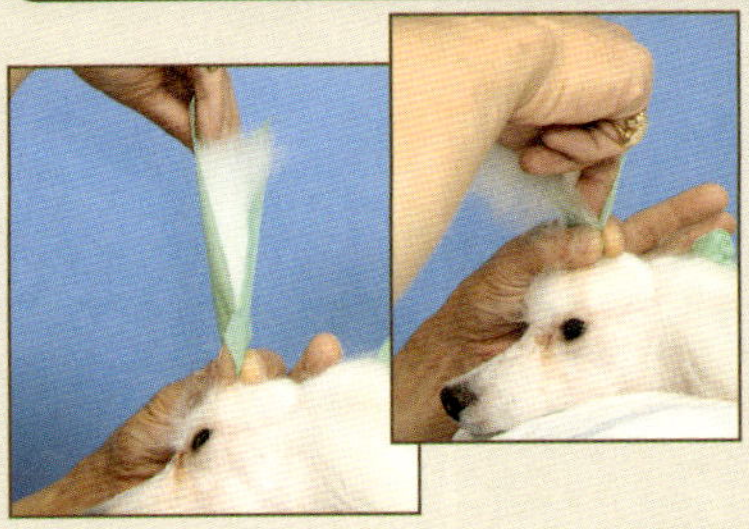

3 毛束の根元をペーパーの上から左手の親指と人さし指で押さえます。右手の中指を毛の根元から毛先のほうへ滑らせ、毛束をペーパーの中に入れていきます。

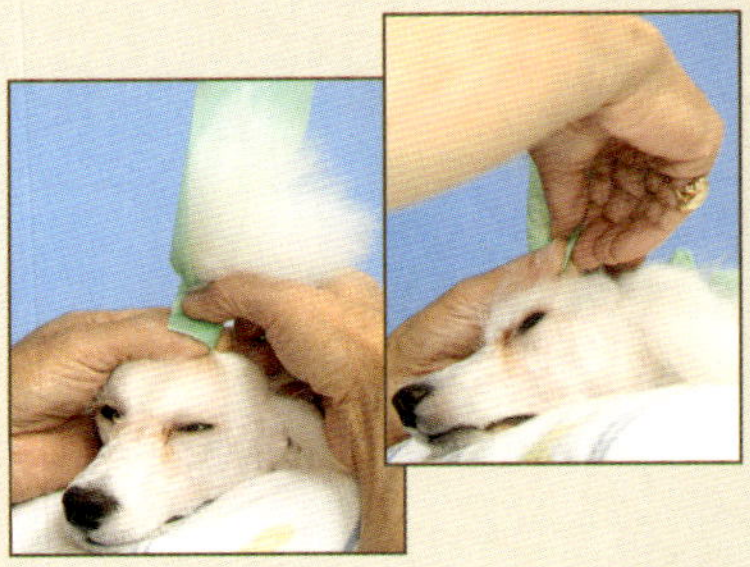

4 左手の親指を左にずらしながら、その上に右手で後ろ側のペーパーを巻きます。

5 下端を左手でしっかり押さえ直し、右手で毛束を毛先までペーパーの中に入れていきます。

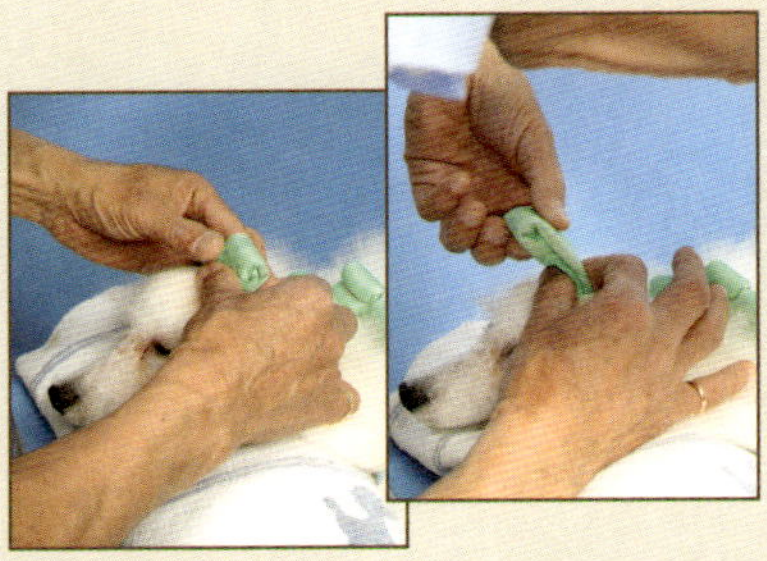

6 包んだ毛束を後ろへ半分に折り返し、もう一度同様に折って、毛束の下から3分の1程度のところにゴムをかけます。

耳のラッピング

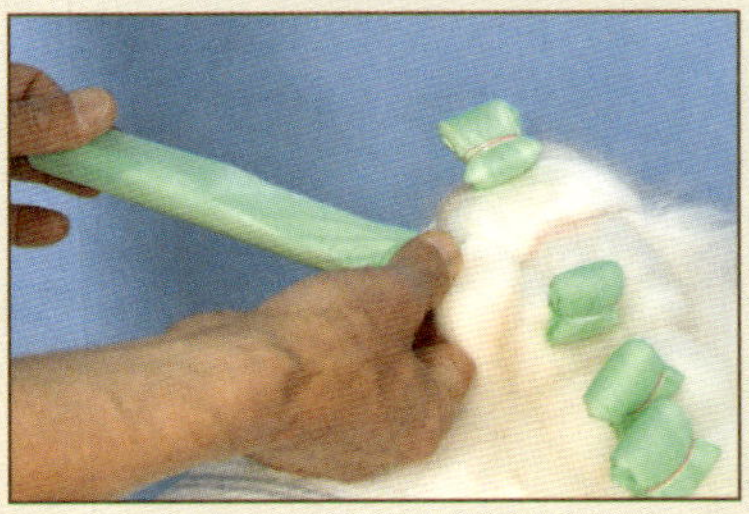

1 耳の毛を束ねて持ち、耳の縁より少し上あたりから、ラッピング・ペーパーで包みます。

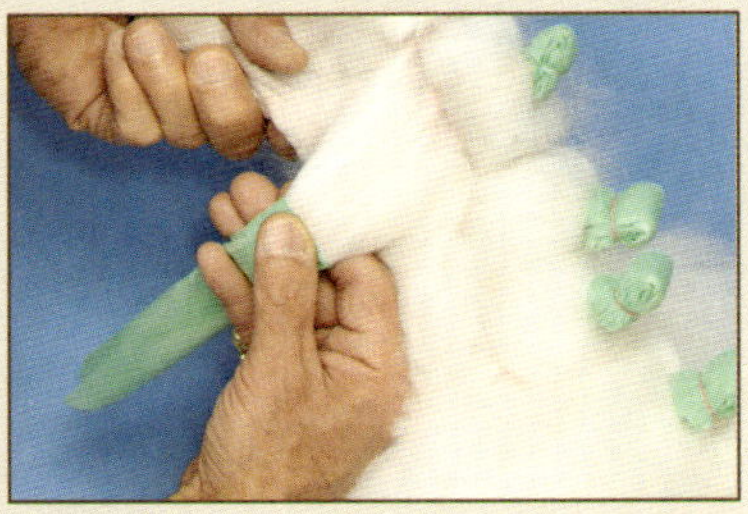

2 ペーパーの上の端を持ち、やや内側へ引きながら、耳の縁より下までずらします。

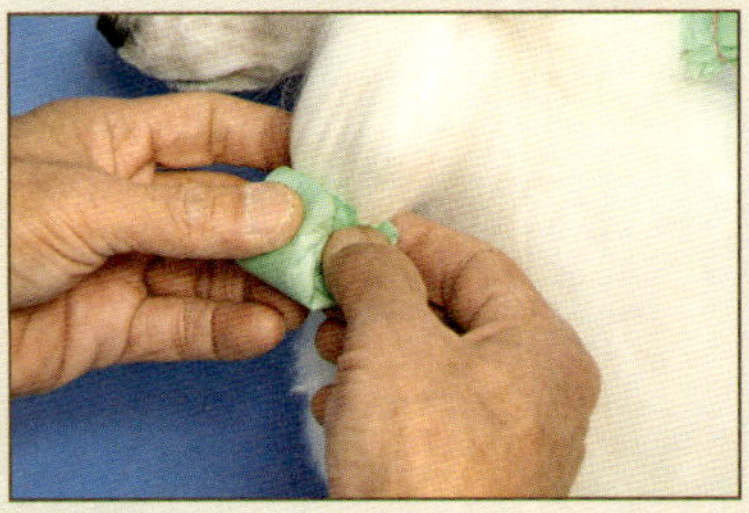

3 毛束を内側へ半分に折り返し、もう一度同様に折ってゴムをかけます。

第6章

クリッピングとシザーリング

金子幸一

- 面と角のとらえ方
- 顔・足・ボディのクリッピング
- シザーリング
- ブレスレットの作り方

バランス良く仕上げるための

面と角のとらえ方

「面と角」でとらえたラム・クリップのゲージ（途中経過）。作業を進める際は、このような「面と角」のつながりをつねにイメージするようにしましょう。

©Kouichi Kaneko 2017

「丸く切ろう」としない

カットの際、最も苦労することのひとつが「丸い部分」の整え方でしょう。どんなにていねいにカットしても、目指した形になっていなかったり、左右のバランスがおかしかったり……。修正しようとするうちに、かえってゆがみや凹みが出たという経験は、誰にでもあるはずです。

「丸」がうまく作れない主な原因は、最初から「丸く切ろう」とすることにあります。正方形の紙を、コンパスなしで丸く切る方法を考えてみてください。紙とハサミをくるくる回して切ろうとしても、きれいに仕上げるのは困難。それより、四角形の角を落として円に近づけていくほうが確実です。

まず、正方形の４つの角をそれぞれ45度

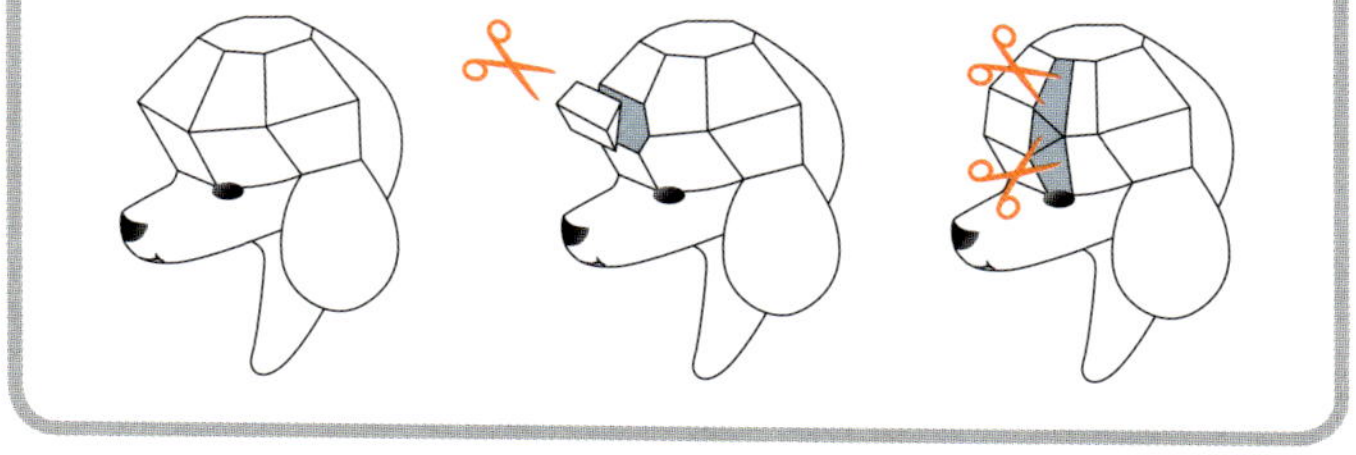

トリミング5カ条

1 犬を自然に立たせる

犬の体型や骨格はさまざま。カットによってカバーできる部分はカバーし、それぞれの犬のスタイルに応じて適切な形に仕上げます。

2 目線の位置に注意する

犬を見下ろす姿勢で作業すると、ハサミの角度が前後に傾いてしまいがち。とくに「テーブルに対して平行な面」を作りたい場合、カットする部分と同じ高さまで目線を下げて確認する必要があります。

3 立毛を正しく、ていねいに

毛質・毛量・毛流を考慮に入れてコームでしっかりと立毛させ、より自然な状態に被毛を整えてからカットします。

4 ハサミの向きと角度を理解する

一定の角度でハサミを動かせるように、基本的な動作の練習をきちんとしておきます。

5 どの部分を切っているのか把握する

「面と角」で仕上げる場合の基本を理解し、今どの部分を切っているのか、意識しながら作業します。途中でおかしな面を作ってしまうと、仕上がりに影響するので注意します。

の角度で落とし、正八角形にします。さらに、その角を等しい角度で落とせば、正十六角形に。この時点で、真円にかなり近づいているはずです。「面と角」の理論では、トリミングにおいても同様に「角を落として丸くしていく」ことを基本としています。つまり、「丸」を作るために必要なのは、「面」と「面」が接する「角」を正しい角度で落とし、最終的に「丸に近い形」に仕上げる技術なのです。

「面」と「角」を意識する

この章では、ラム・クリップを例に挙げて解説していきますが、「面と角」の理論はどんなカットにも応用可能です。また、解説の中で示される角度は、標準的な体型の犬を基準とした平均的なもの。「ローオン・レッグス・タイプ（胴が長く肢が短い）」や「ハイオン・レッグス・タイプ（胴が短く肢が長い）」といった体型の違いや肢の向き、アンギュレーションの深さなど、カットする犬のスタイルに応じて微調整していきましょう。また、犬を正しく見ることや、道具を適切に使うことも大切。トリミングの基本を見直し、正確かつていねいに作業を進めていきましょう。

プードルの顔にバリカンを入れる

顔のクリッピング

顔のクリッピングは、スタンダード・スタイルはもちろん、
ペット・カットにも応用できる技術です。
顔の印象を決める大切なポイントなので、
基本を押さえてバランスよく仕上げることを心がけましょう。

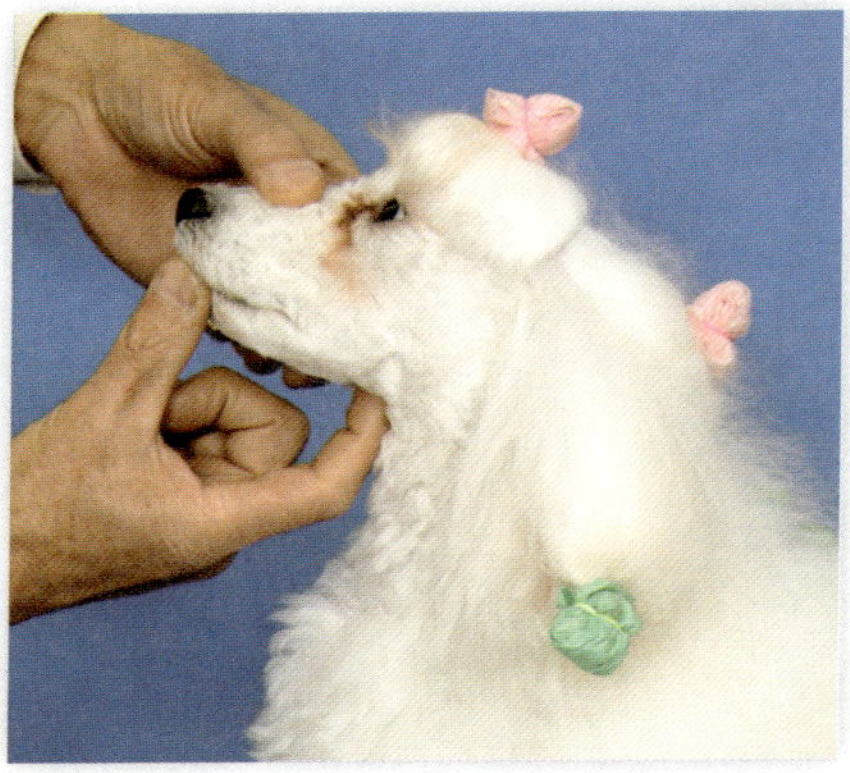

1 ネック・ラインの頂点を決めます。まず、のど～マズルの先端の長さを確認します。

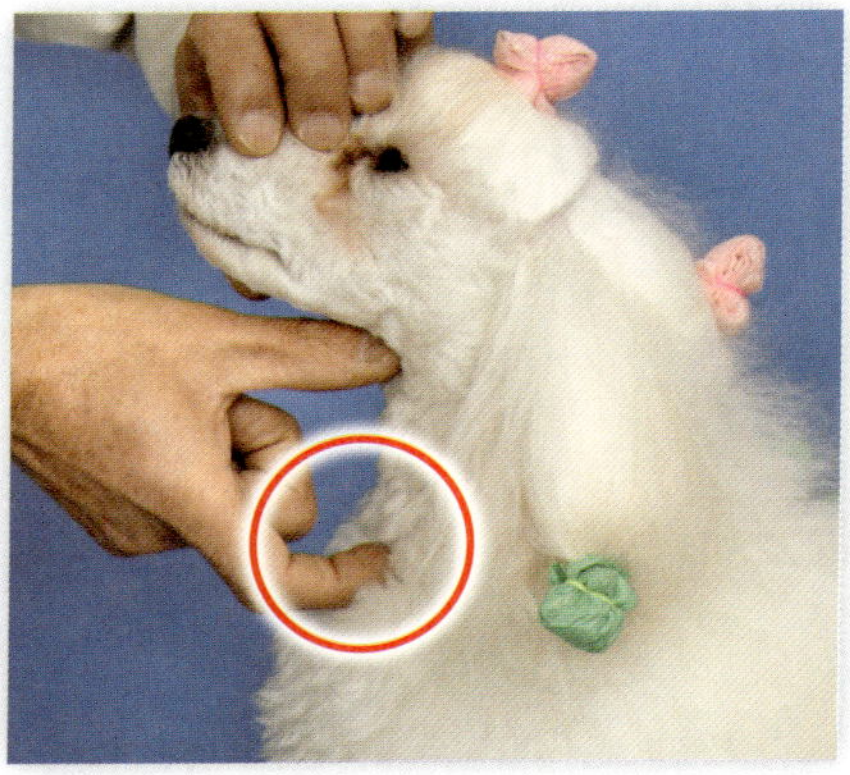

2 のどから下へ、1と等距離にある位置を測り、そこをネック・ラインの頂点とします。

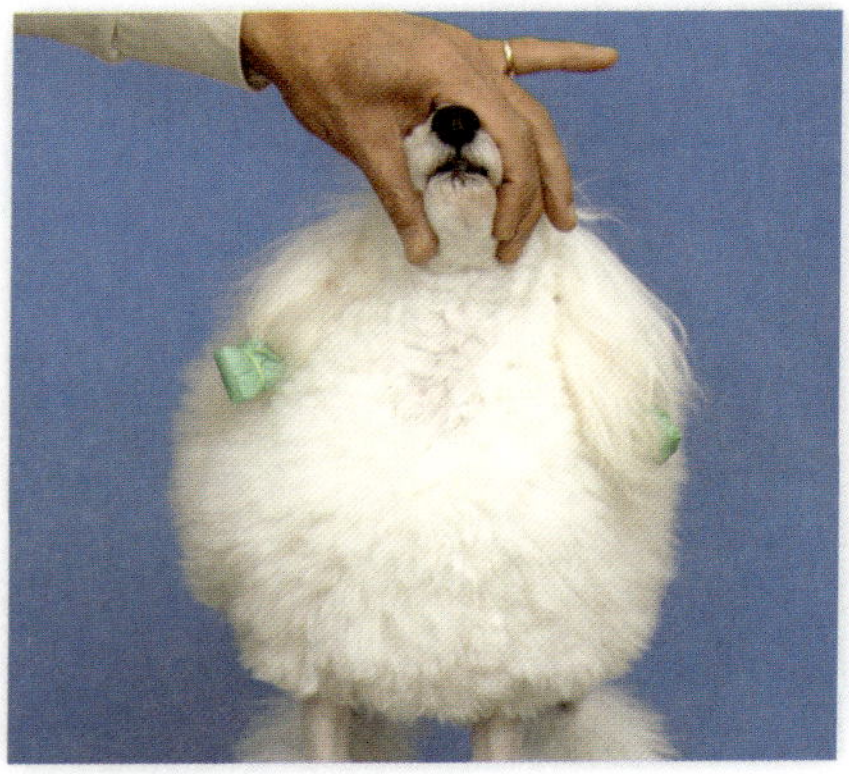

3 犬を正しく立たせ、前望して、左右の前肢の中央に犬の鼻（鼻鏡）が位置していることを確認します。

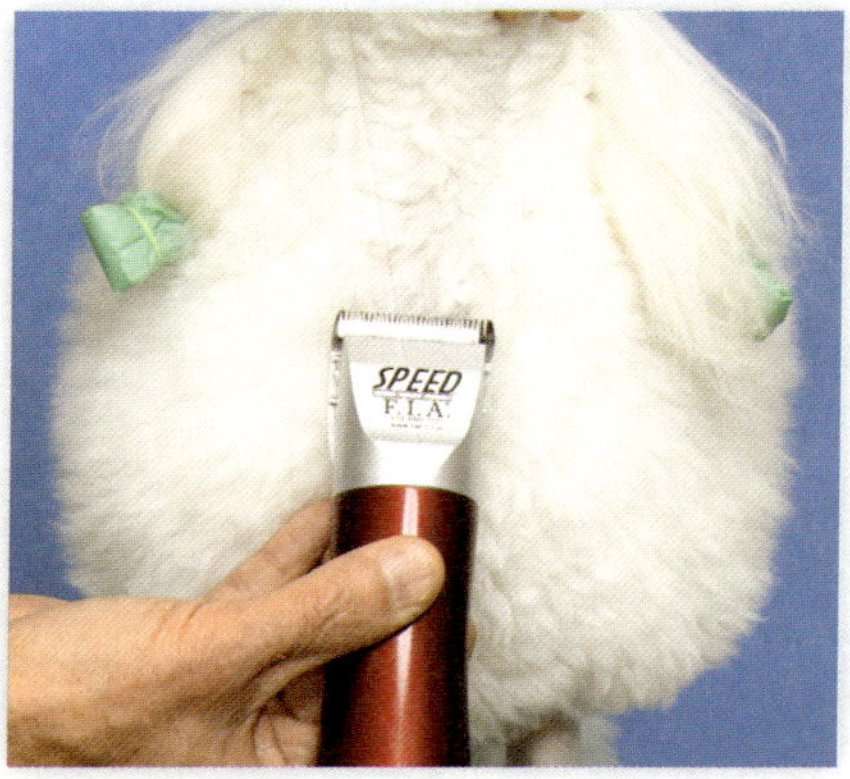

4 2で決めたポイントに刃の中央が当たるように、1ミリの刃を付けたクリッパーを当てます。

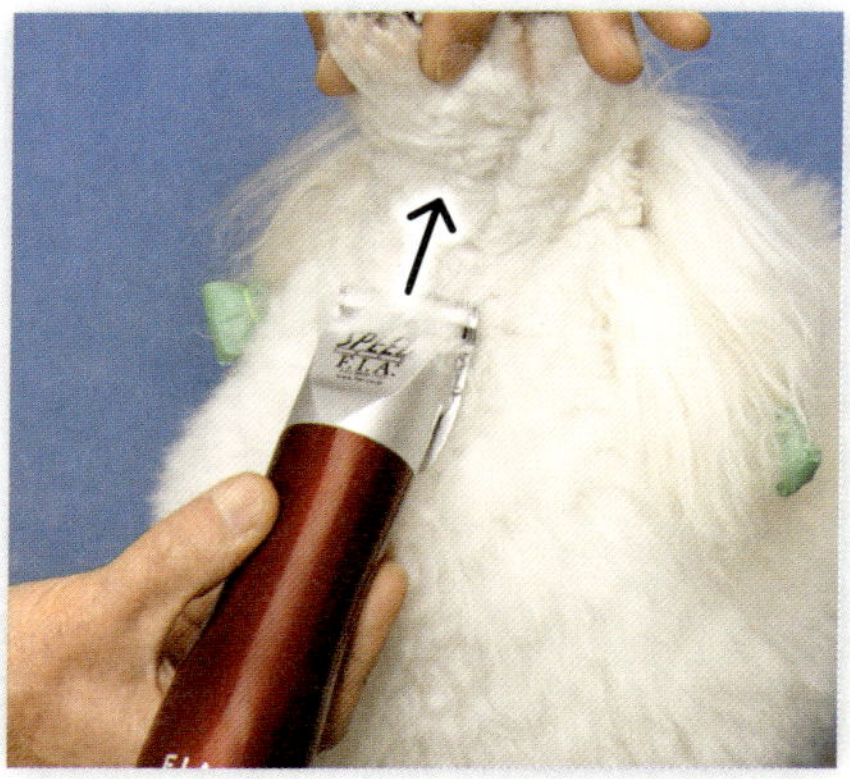

5 4でクリッパーを当てた位置から、のどへ向けて真っ直ぐに逆剃りします。

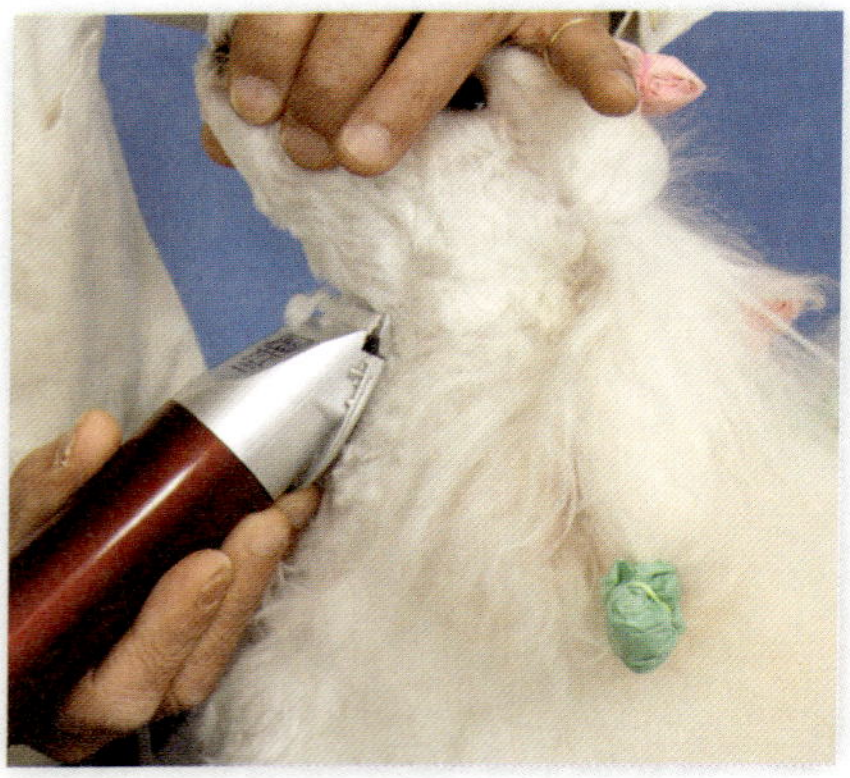

6 刃の先端がのどにふれるまで、ブレードの底を皮膚に沿わせるように動かします。

POINT

刈り始めは、のどへ向けて垂直に。刃はテーブルに対して平行に当てます。写真は中心より向かって右下がりの状態

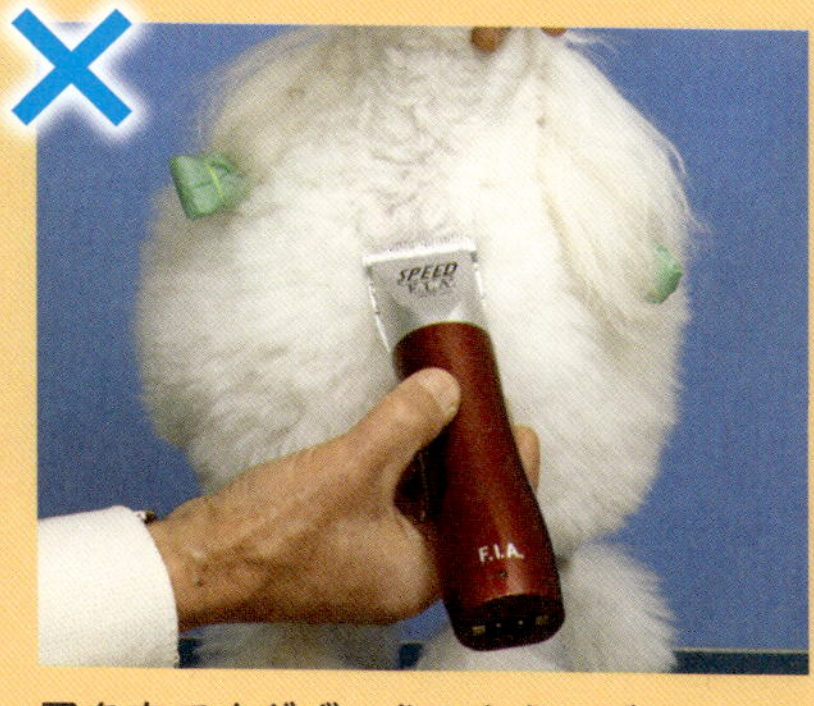

刃を立てすぎず、犬の皮膚にブレードの底（静刃の裏側）を当てるようにします。写真は刃が立っている状態

クリッパーの刃が左右どちらかにずれないように注意します。写真は中心から向かって右にずれている状態

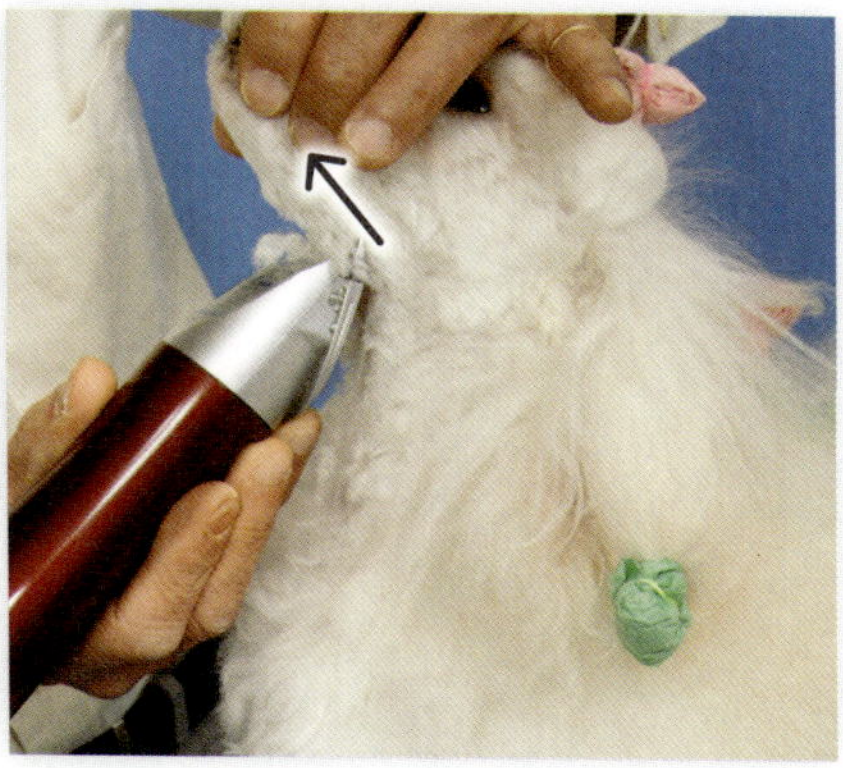

7 刃の先端がのどに当たったら、クリッパーの角度は変えずに、そのまま手前へ軽く滑らせるようにして、のど～下顎へ続く部分を刈ります。

POINT

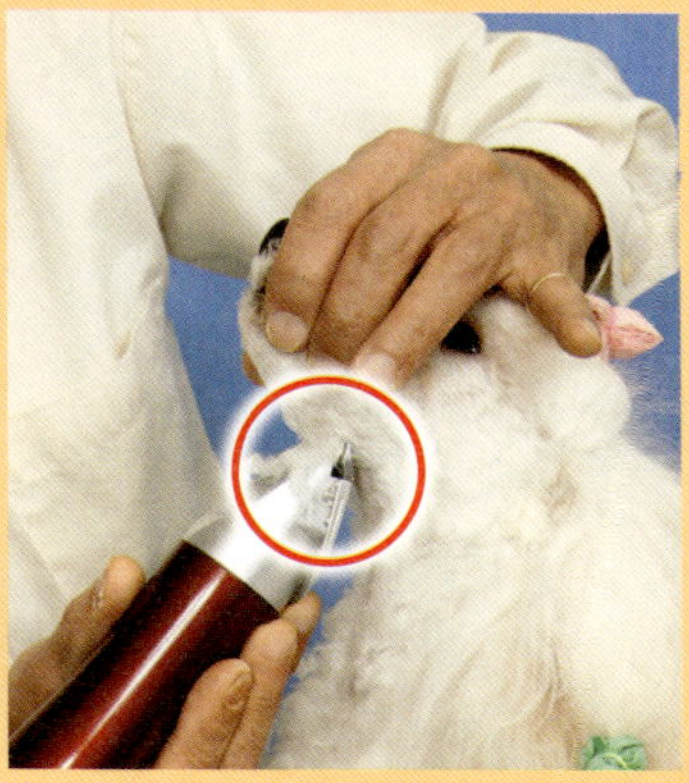

このときは、ブレードの底を皮膚から離してもOK

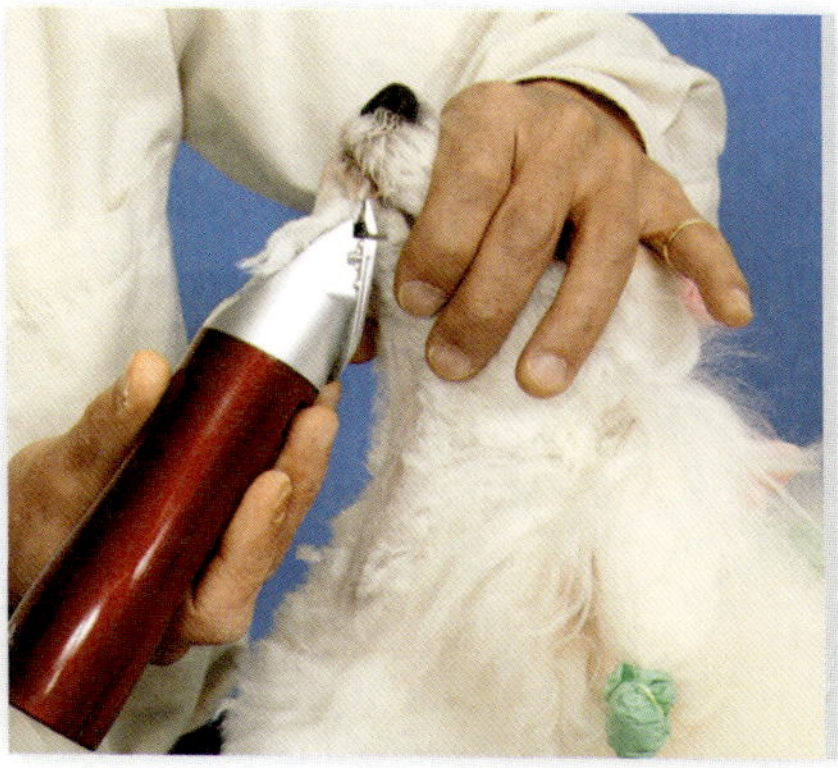

8 ブレードの底を皮膚に自然に当てられる位置まで来たら、クリッパーの角度を変えて下顎の先まで刈ります。

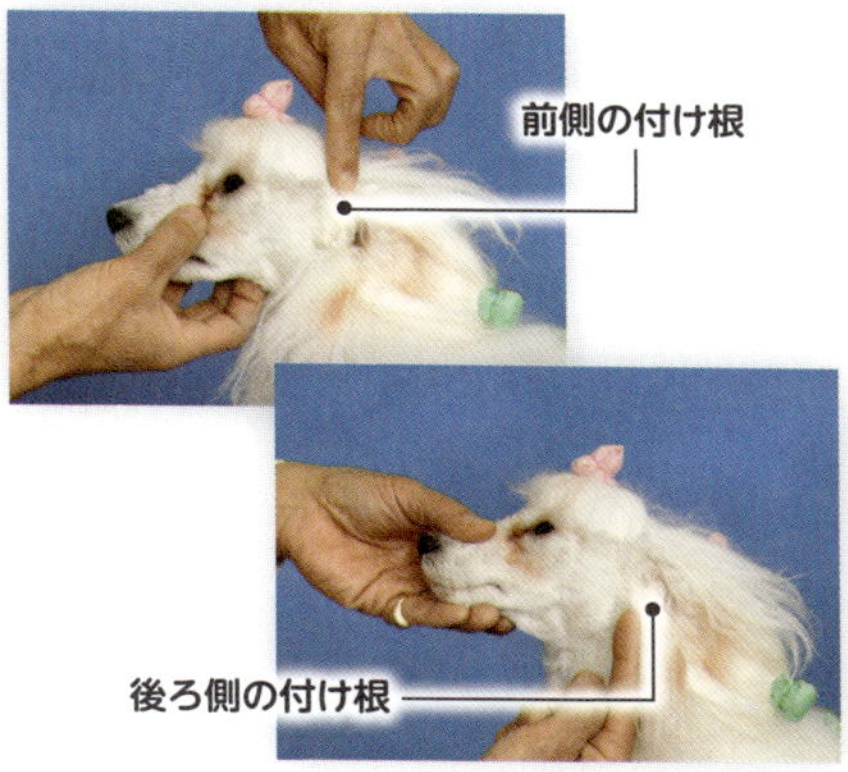

9 イマジナリー・ラインを作っていきます。耳を裏返し、耳付きの高さを確認します。

POINT

犬の顔の角度は「10m先の地面を見ているくらい」を目安に

10 犬を正しく立たせ、鼻先を軽く下げた姿勢で保定します。

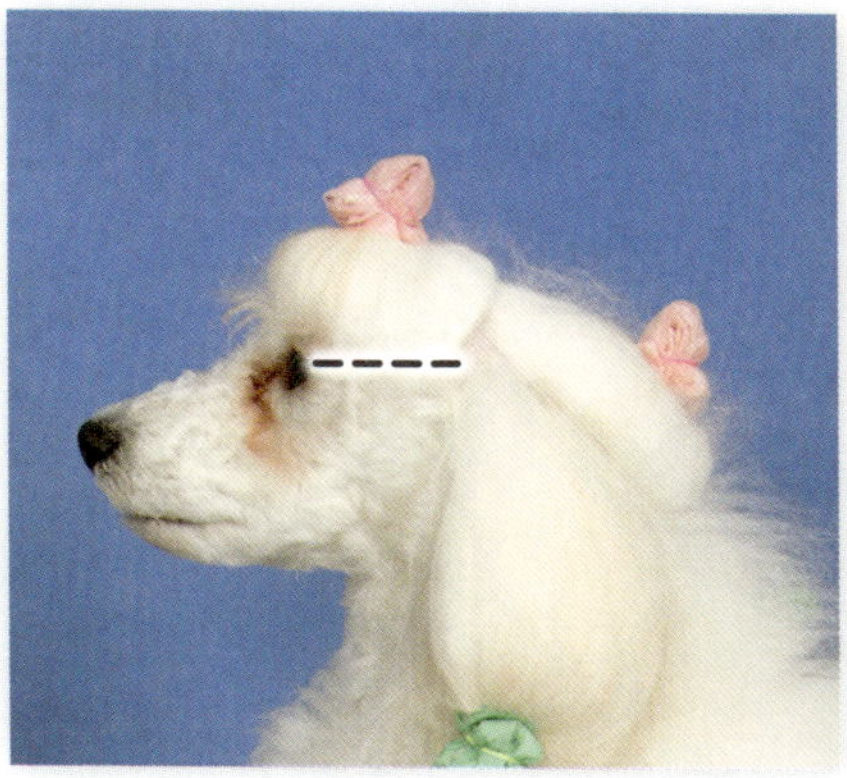

11 テーブル面（床）に対して平行になるように、刈り始めの位置（高さ）を調節します。

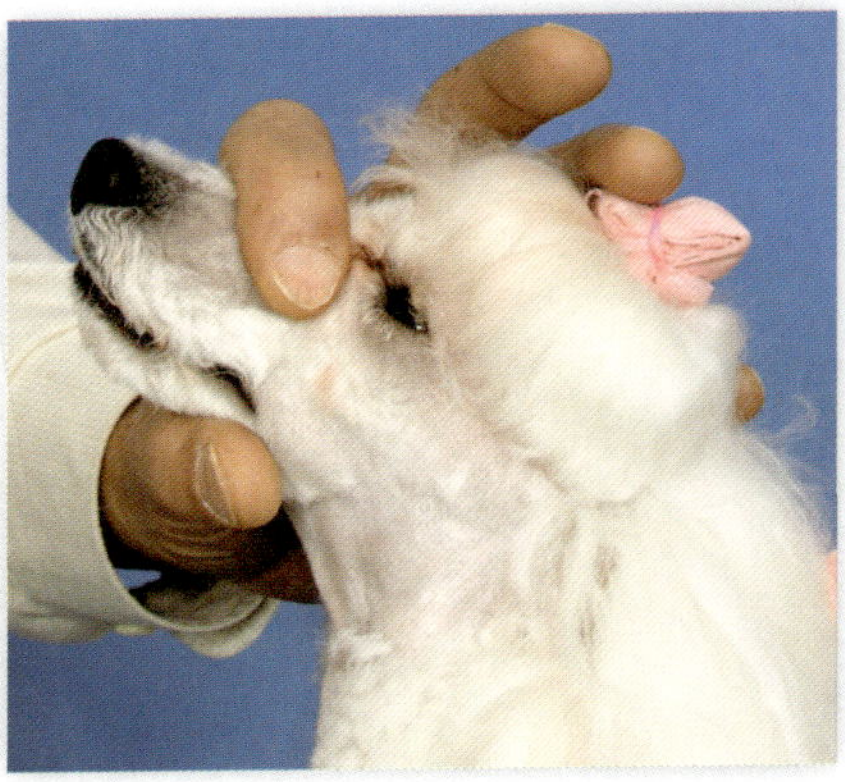

12 顔の左側を刈るときは、犬が首を動かさないよう、左手の親指を下顎に当てて人さし指をマズルの上から回し、小指で後頭部を押さえます。

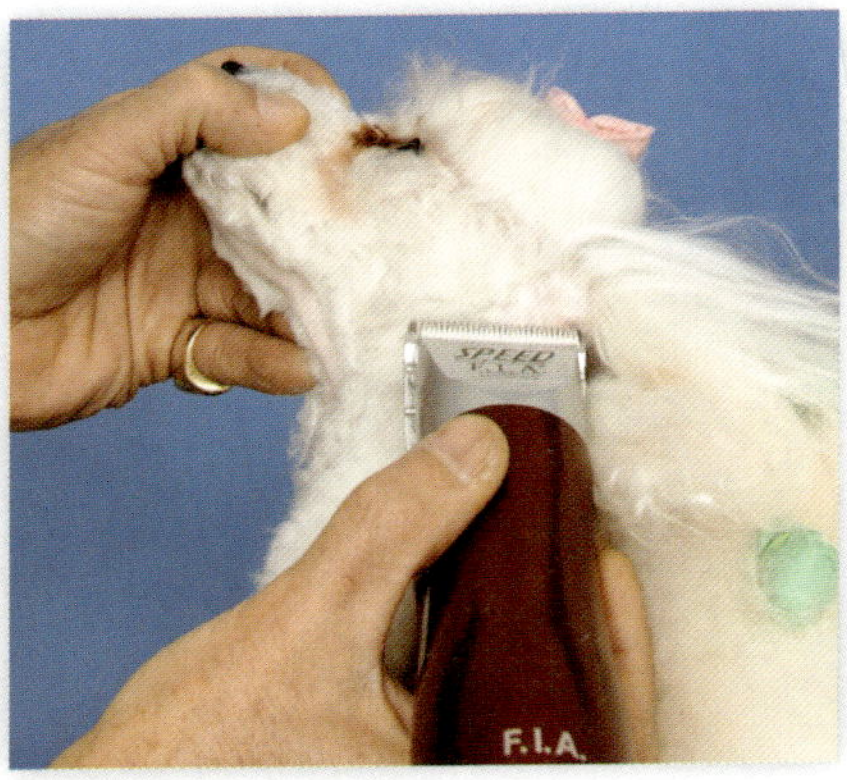

13 耳の前側の付け根へ向けて、耳孔の前の毛をきれいに取ります。

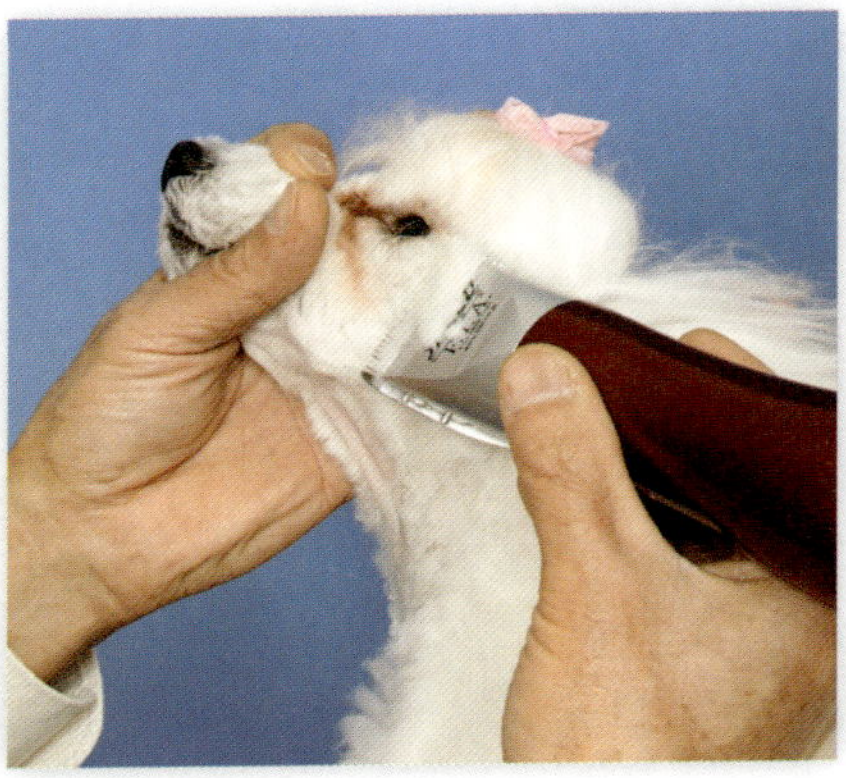

14 耳の前側の付け根まで刈ったら、クリッパーの向きを変えます。[11]で想定したイマジナリー・ラインを意識しながら、目尻へ向けて真っ直ぐに刈ります。

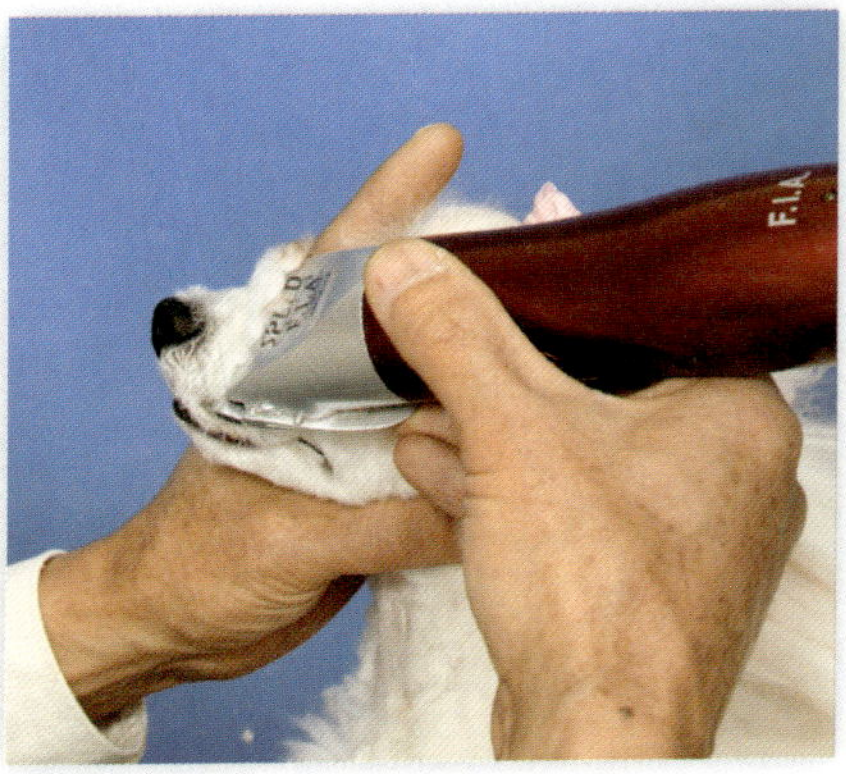

15 目尻まで刈ったら、そのまま続けて、目の下～マズルを刈っていきます。

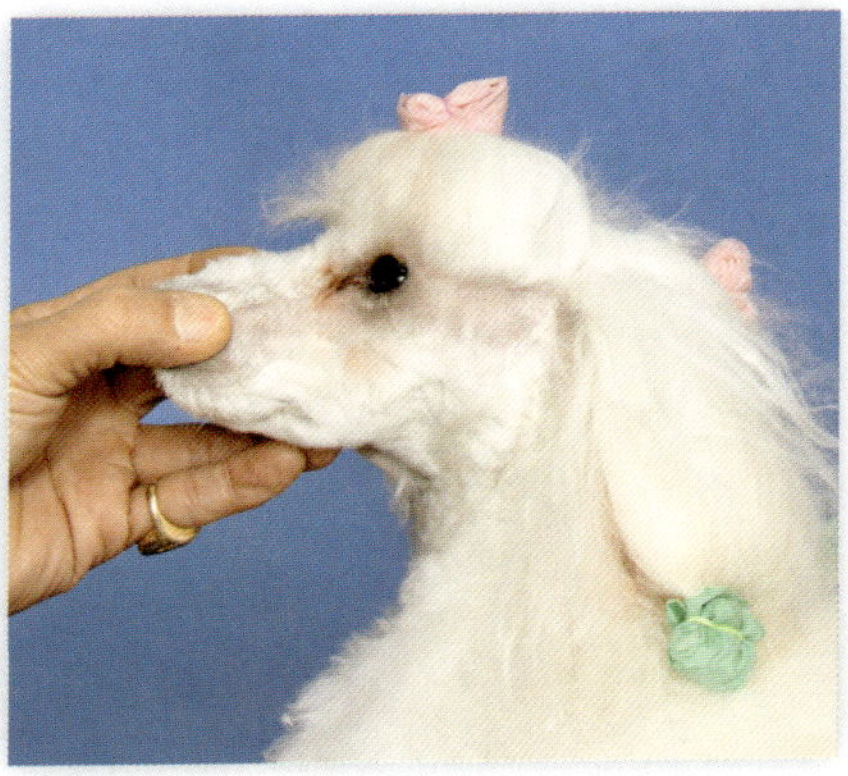

16 犬を[10]のように立たせてイマジナリー・ラインの角度を確認し、必要に応じて調整します。

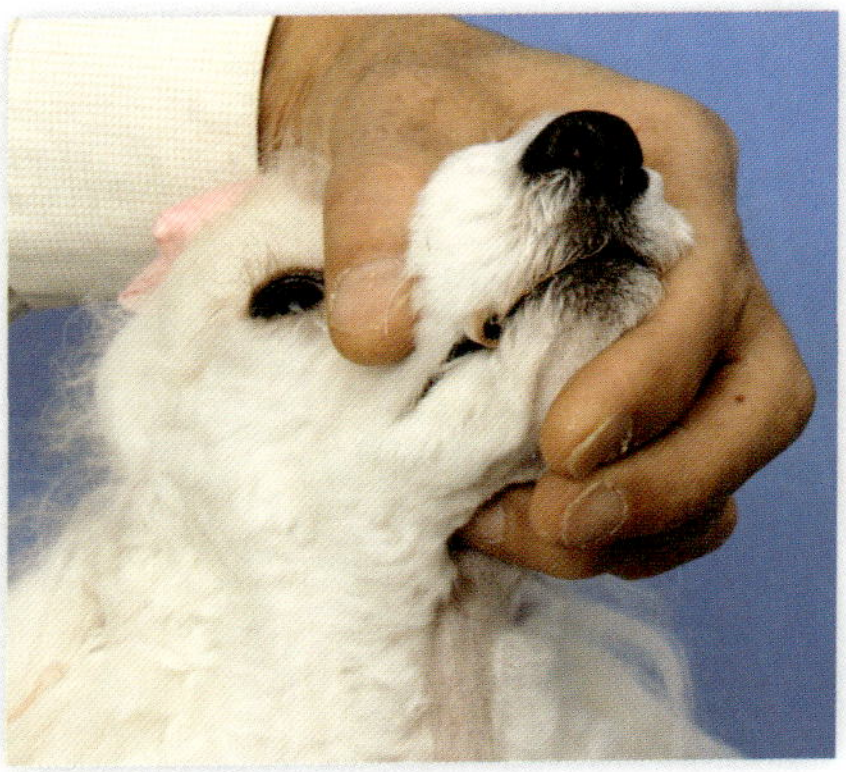

17 反対側も同様に。顔の右側を刈るときは、左手の親指を上にしてマズルをつかみ、薬指をのどのくぼみに軽く入れて保定します。

18 ネック・ラインを作ります。まず、耳の後ろ側の付け根とアダムス・アップルを真っ直ぐ結ぶように逆剃りします。

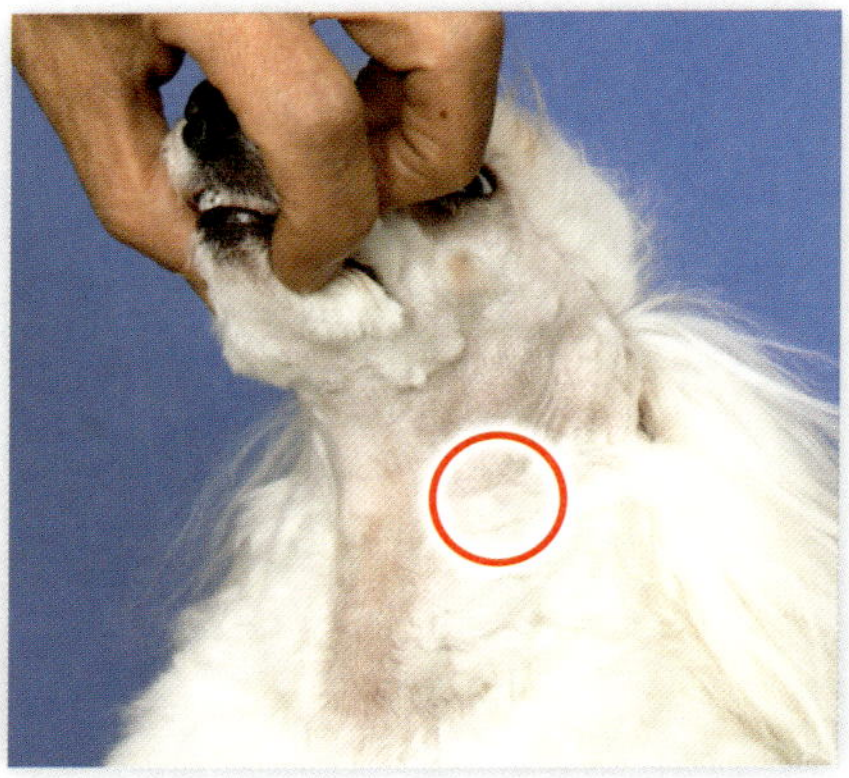

19 [18]までの作業を終えたところ。ネック・ラインの内側に角が残ります。

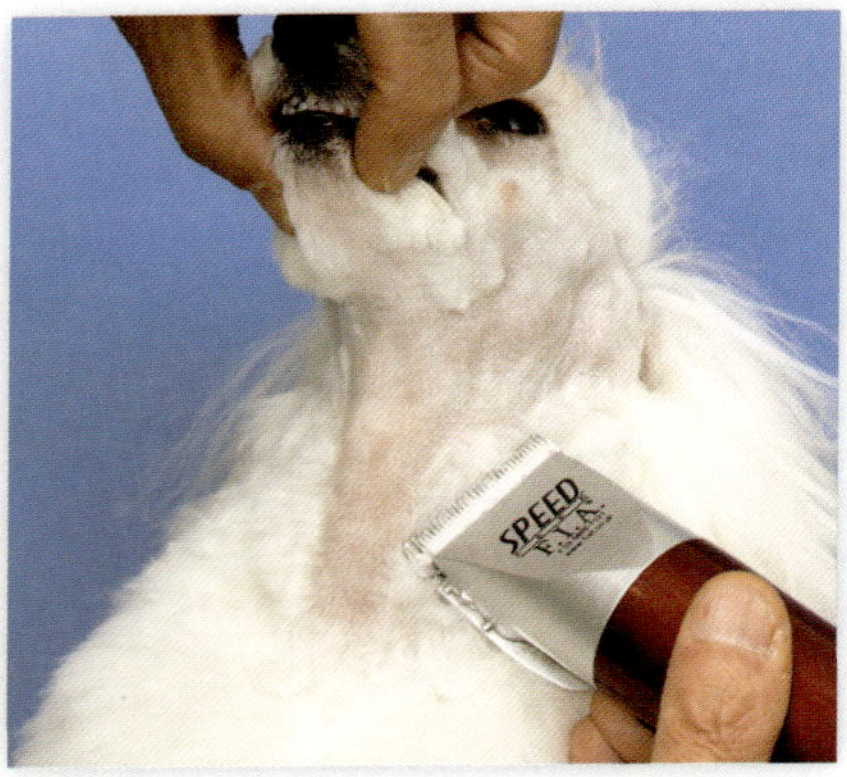

20 [19]の角を取るように逆剃りし、[2]で決めたネック・ラインの頂点と耳の後ろ側の付け根を結ぶネック・ラインをおおまかに作ります。

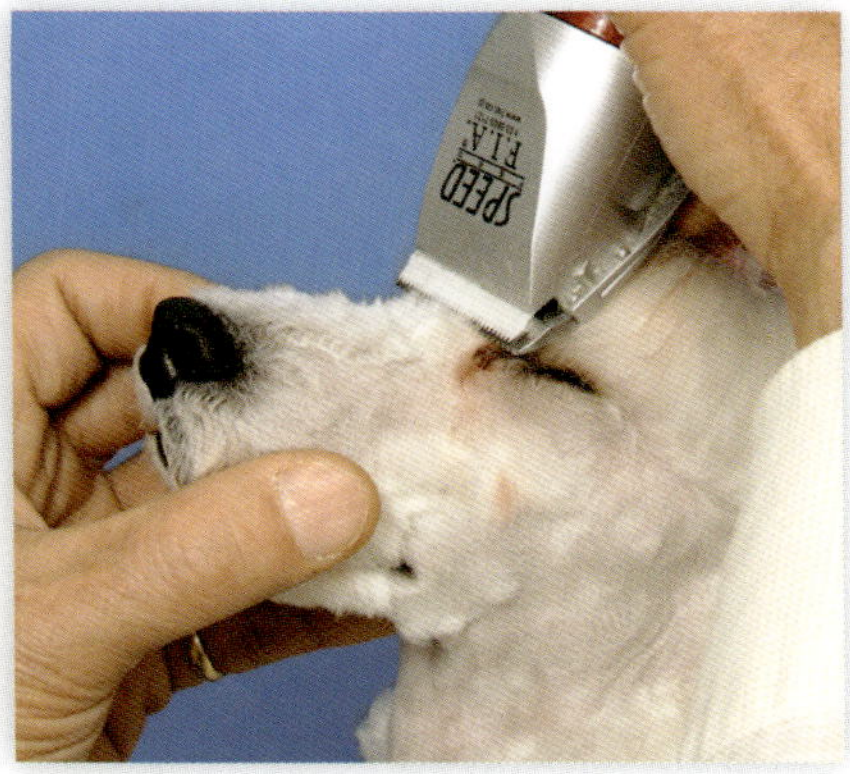

21 ストップ～マズルを刈ります。左右の目頭を真っ直ぐに結ぶ位置から刈り始めます。

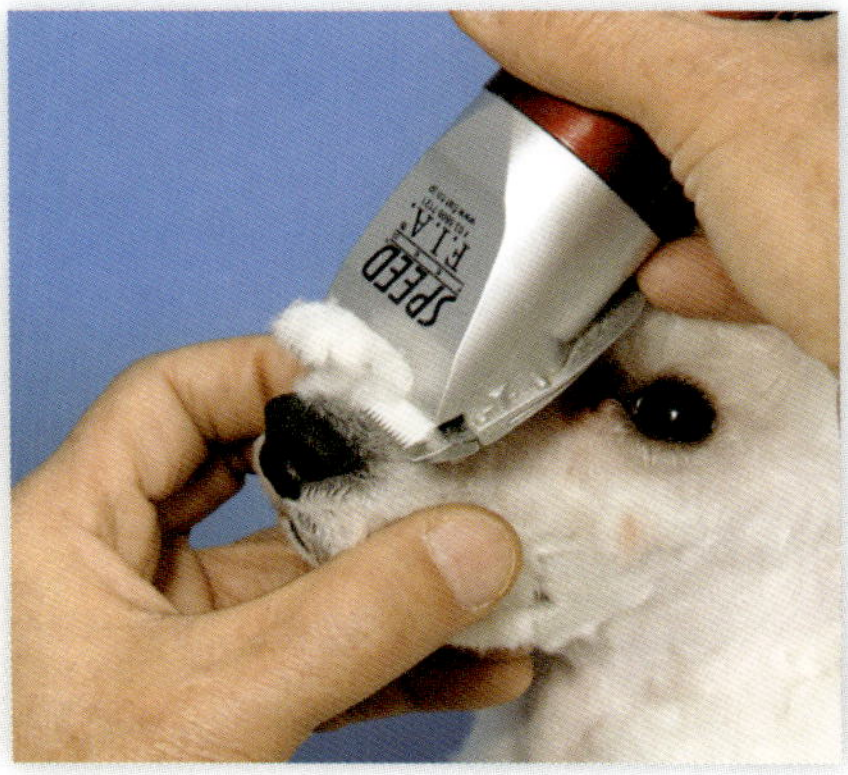

22 21から続けて、鼻梁を刈ります。

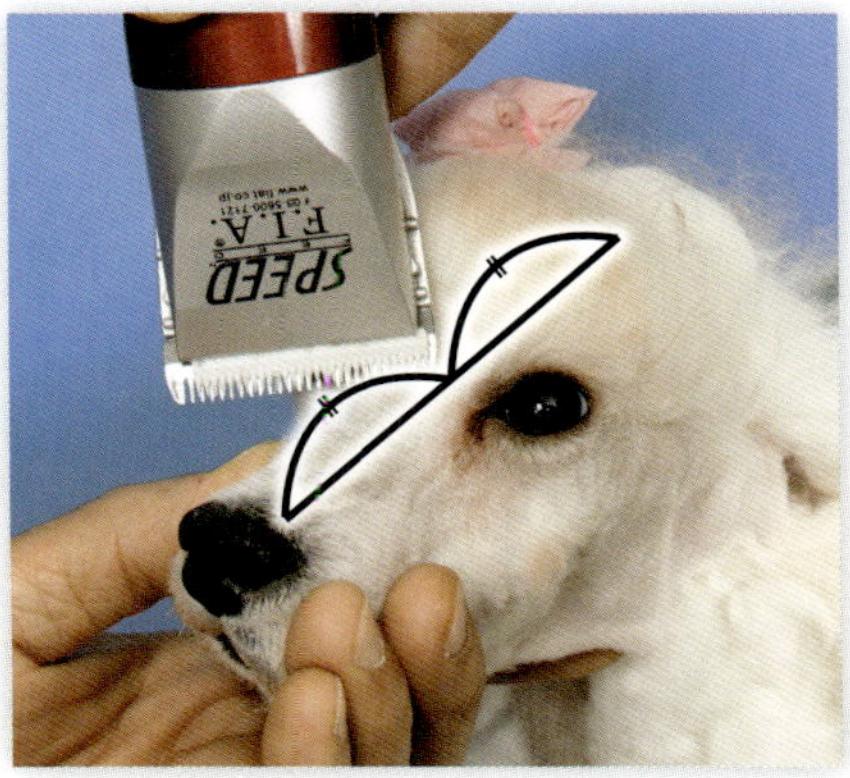

23 鼻先～インデンテーションの頂点：頂点～後頭部が1：1となる深さを目安に、インデンテーションを入れます。

POINT

インデンテーションの頂点

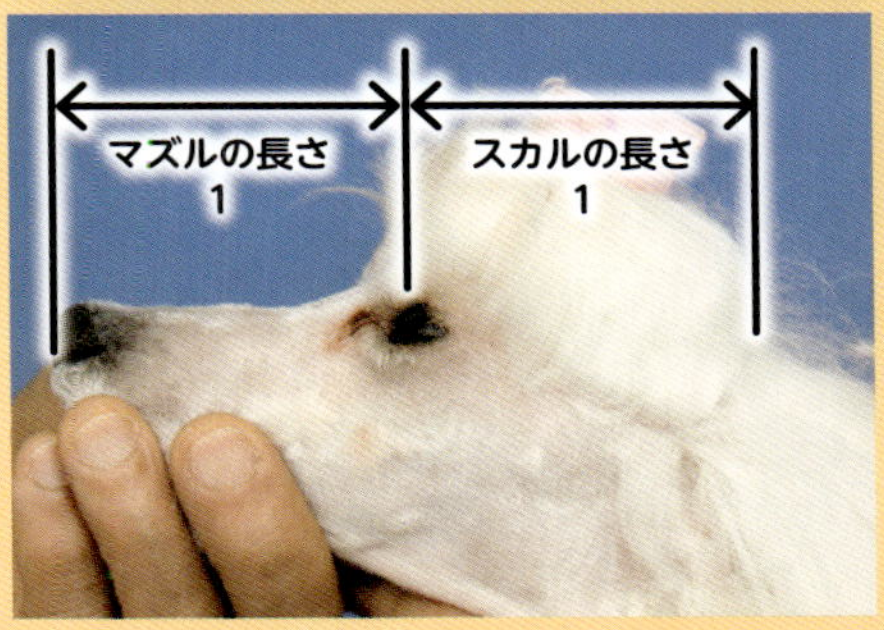

トイ・プードルの場合、スカル：マズルが10：8.5程度の比率になっていることが多いもの。スカルへ向けてインデンテーションを彫り込むことによって、マズルを長く見せます

スカルの長さ

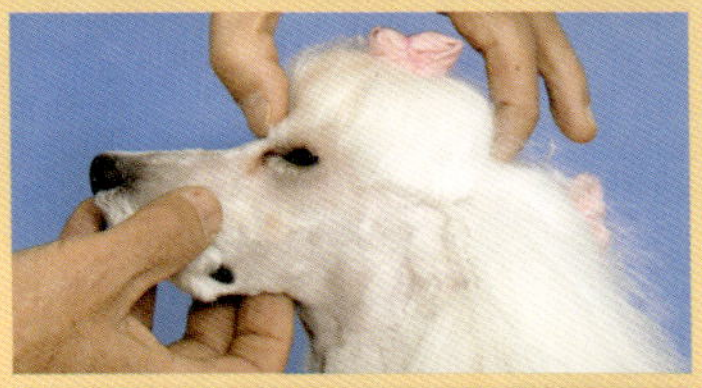

マズルの長さ

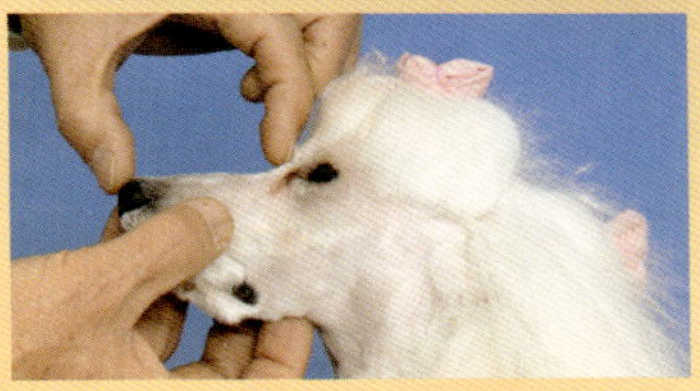

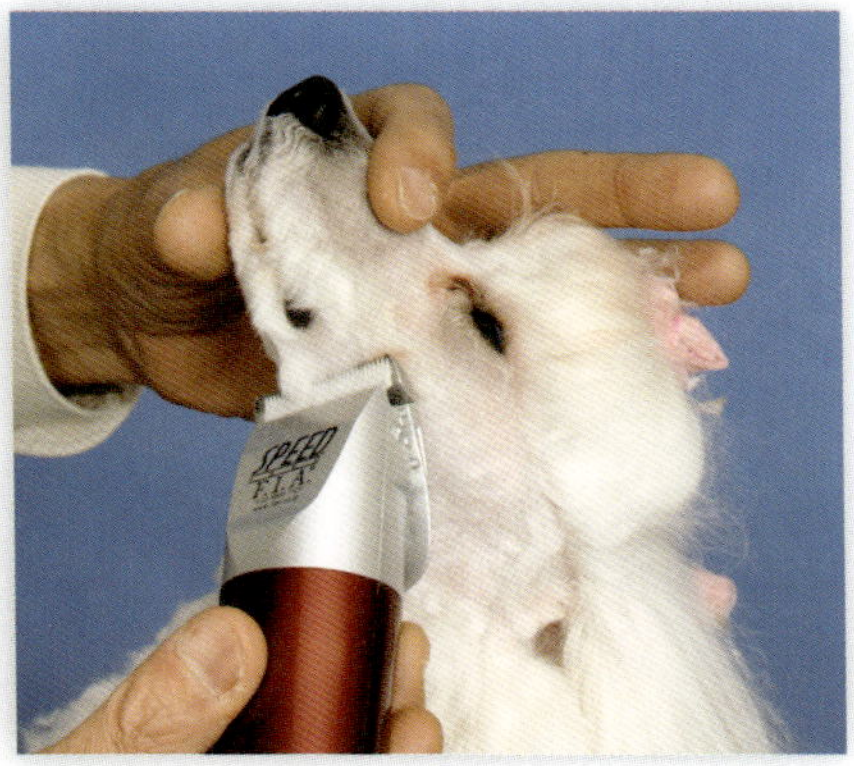

24 リップ周りを刈ります。左手の親指と人さし指でマズルを持ち、薬指を後頭部に当てて保定します。

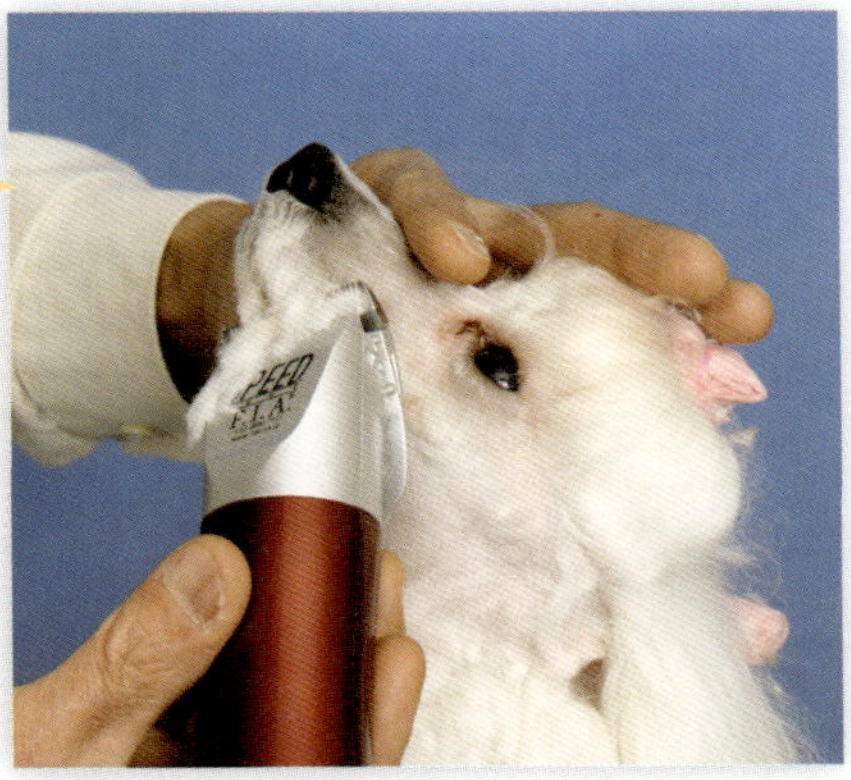

25 皮膚を引っ張らずにクリッパーを軽く当て、上唇に沿ってすっと刈ります。

POINT

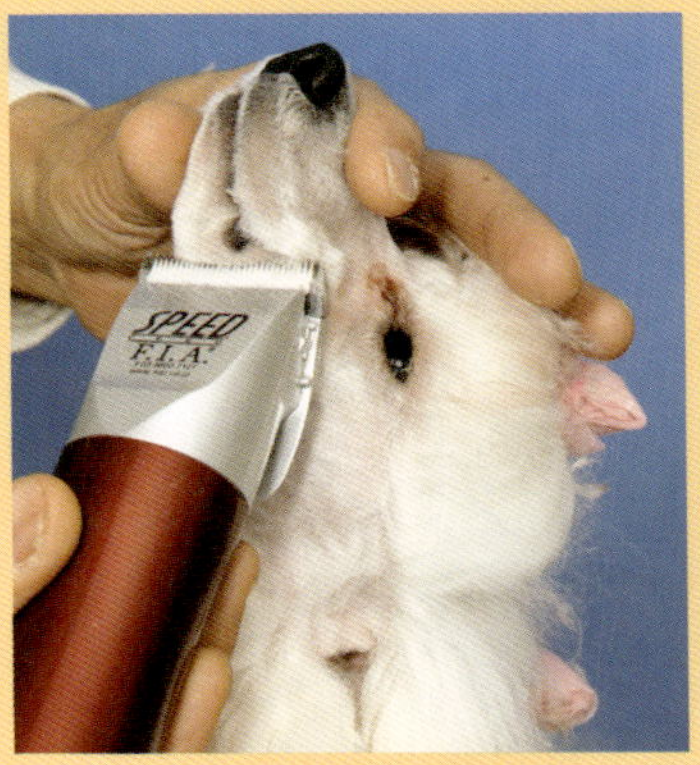

クリッパーを強く押し当てると、皮膚のたるみに刃が引っかかってリップ周辺を傷つけることがあります

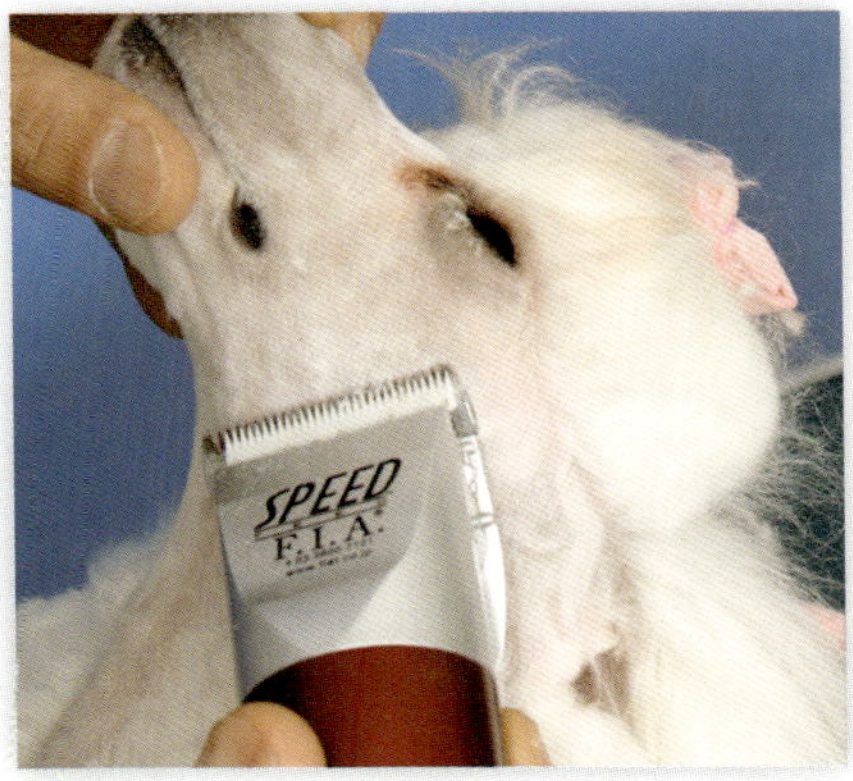

26 頬～マズルの刈り残した毛をきれいに取ります。

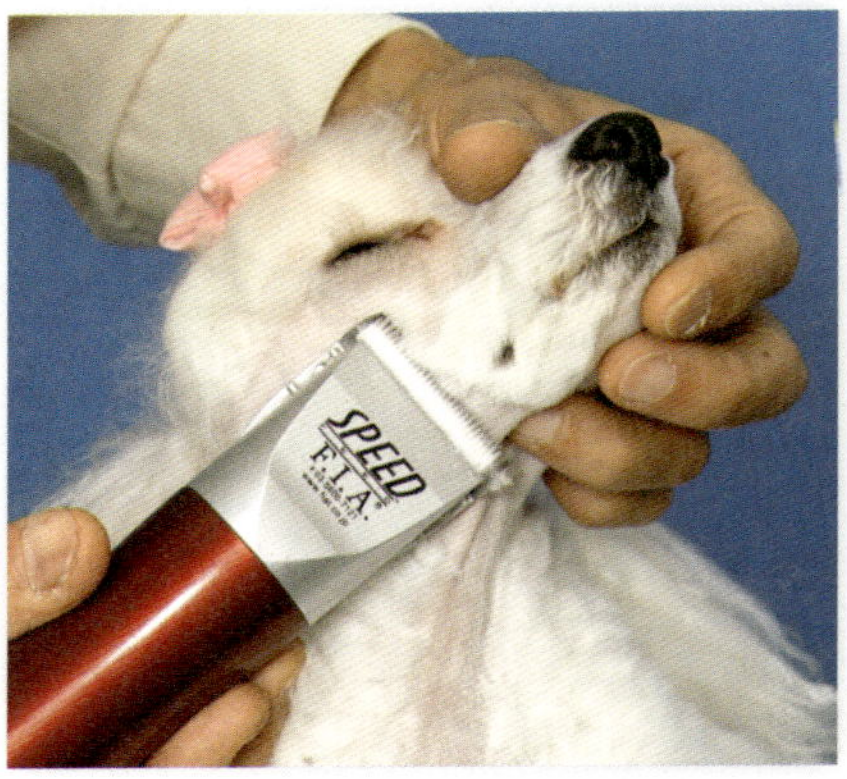

27 反対側を刈るときは、17と同様に保定します。

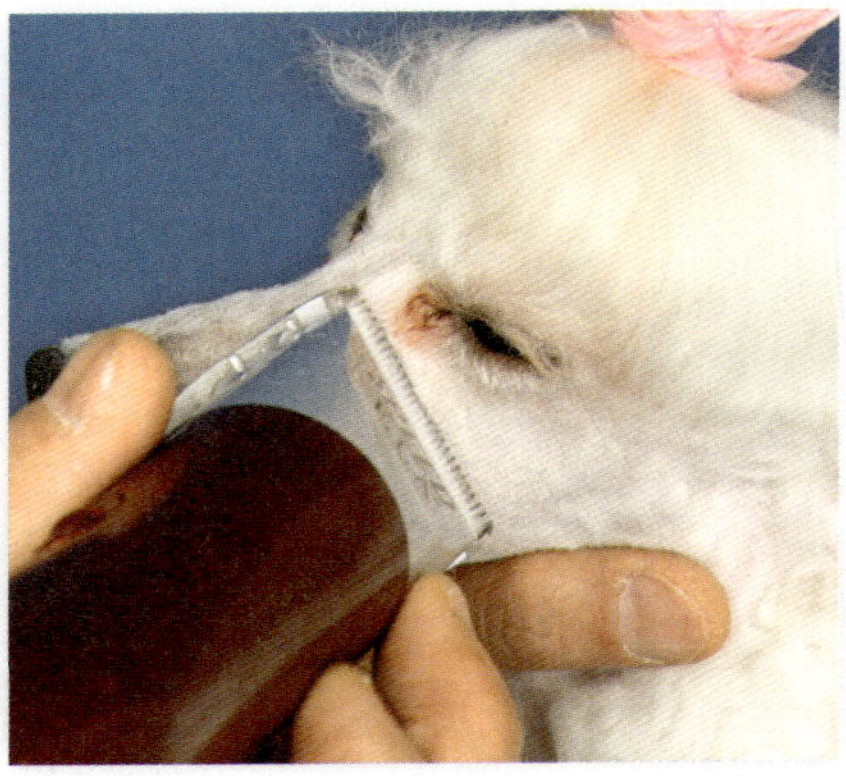

28 目頭の涙やけが気になるときは、マズルへ向けて並剃りした後、目頭の下だけ逆剃りしておきます。

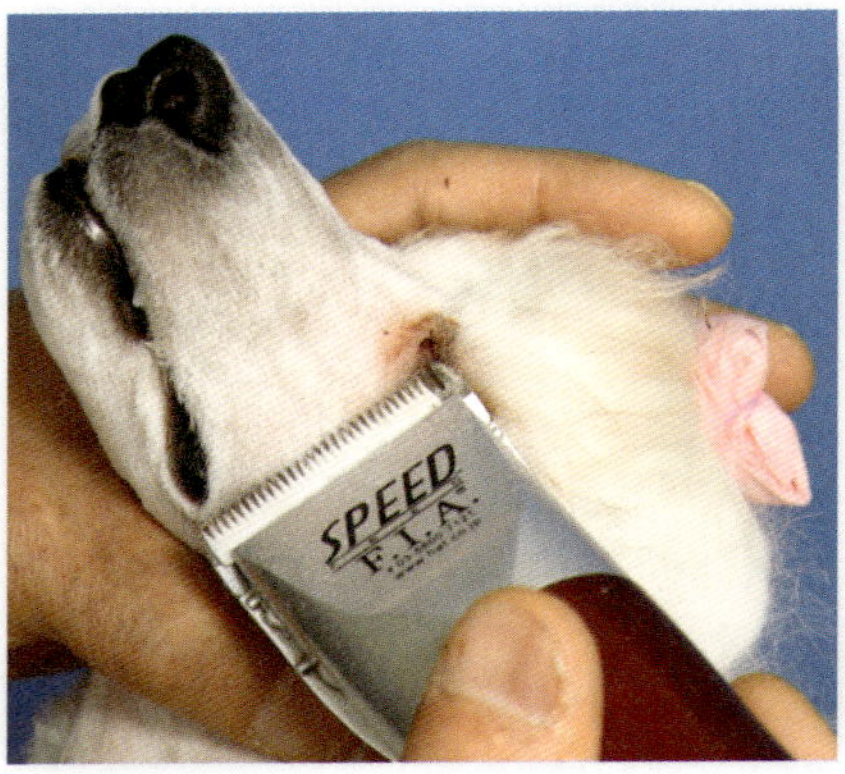

29 目の下を刈ります。頬のあたりに左手の親指を当てて皮膚を軽く引っ張り、クリッパーの刃の角をまぶたの縁に沿って動かします。

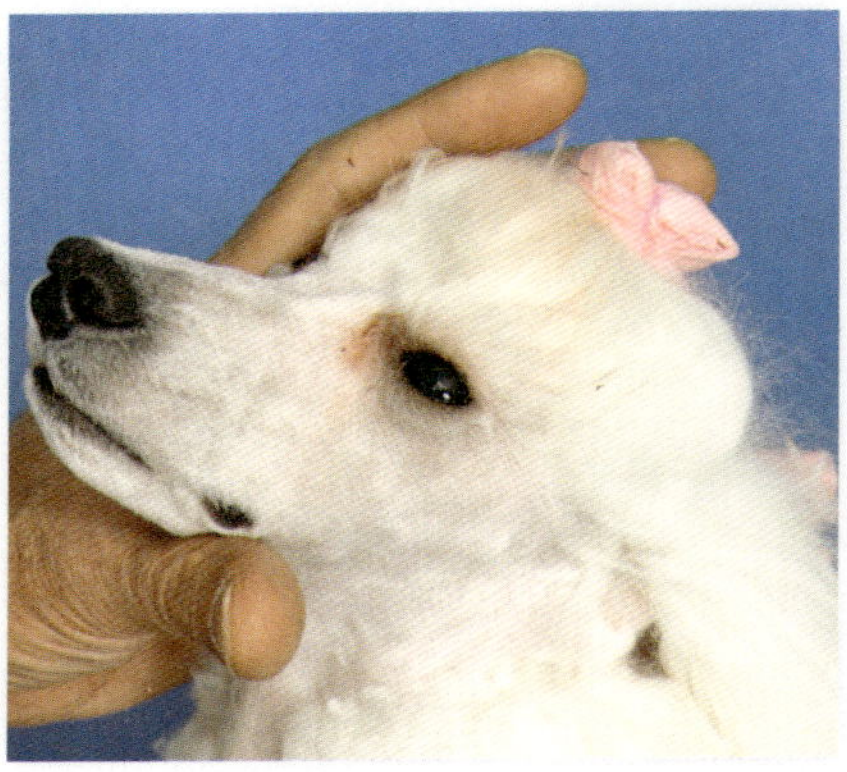

30 29までの作業を終えたところ。

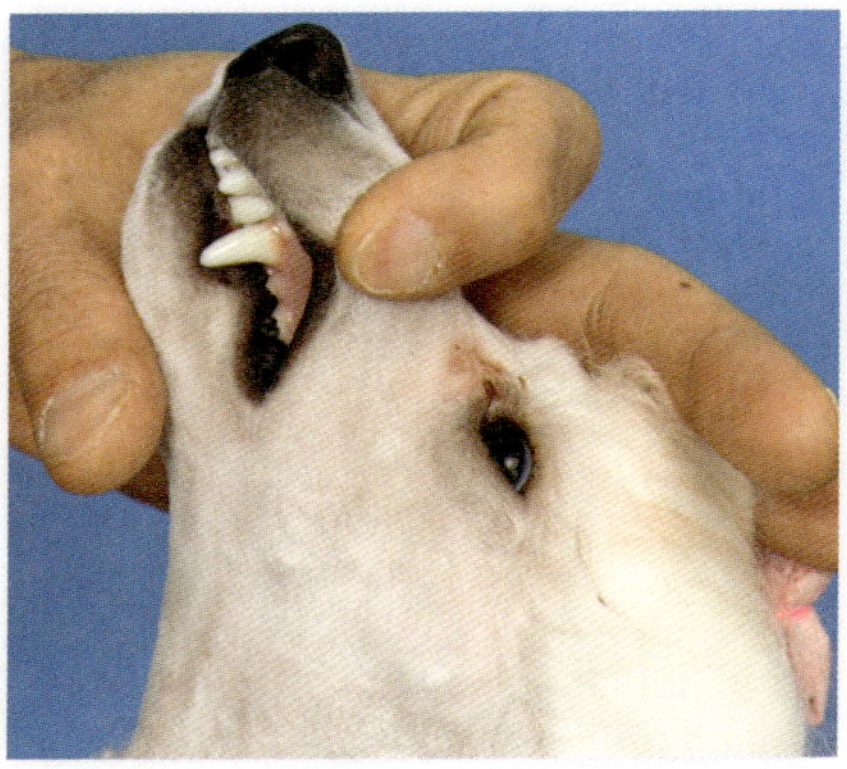

31 リップ周りを仕上げていきます。左手でマズルを持ち、上から回した人さし指で上唇をめくります。

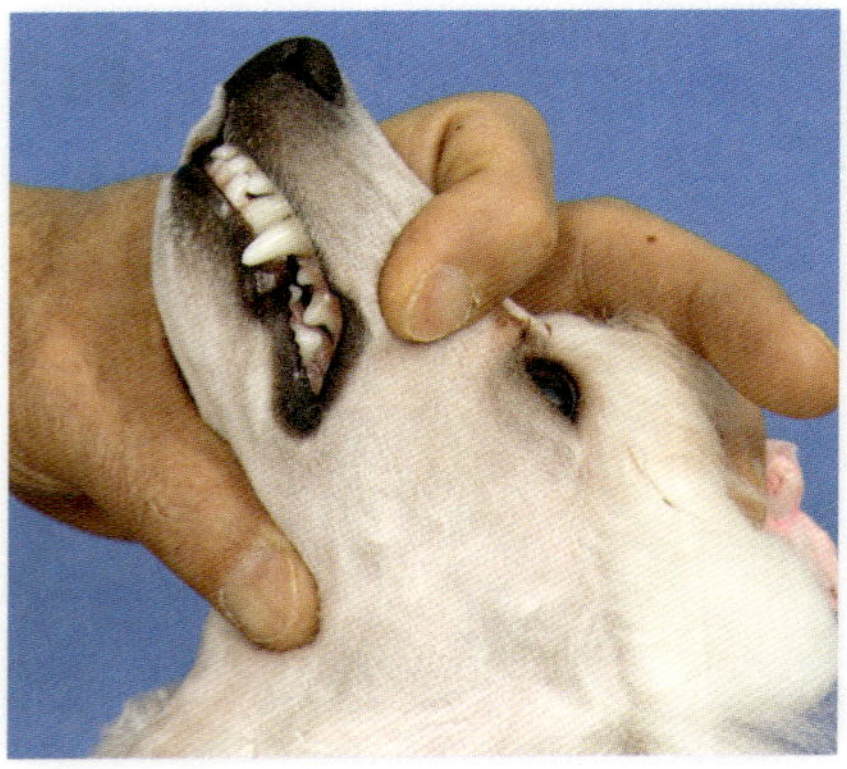

32 親指で、下顎の皮膚をのどのほうへ軽く引っ張ります。

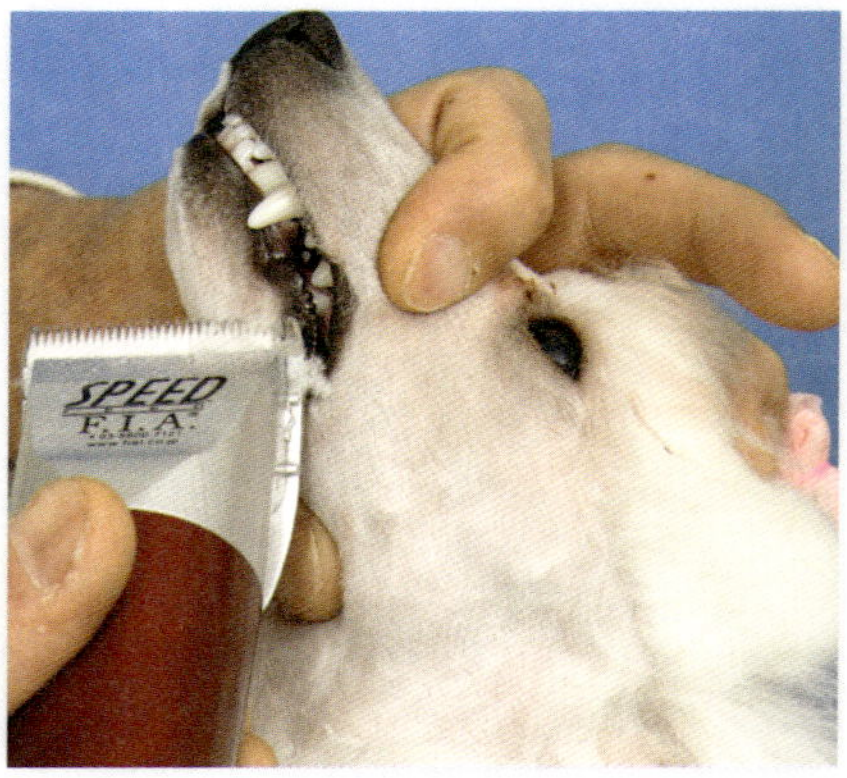

33 口角から、クリッパーの角を下唇の縁に沿って動かすように刈っていきます。

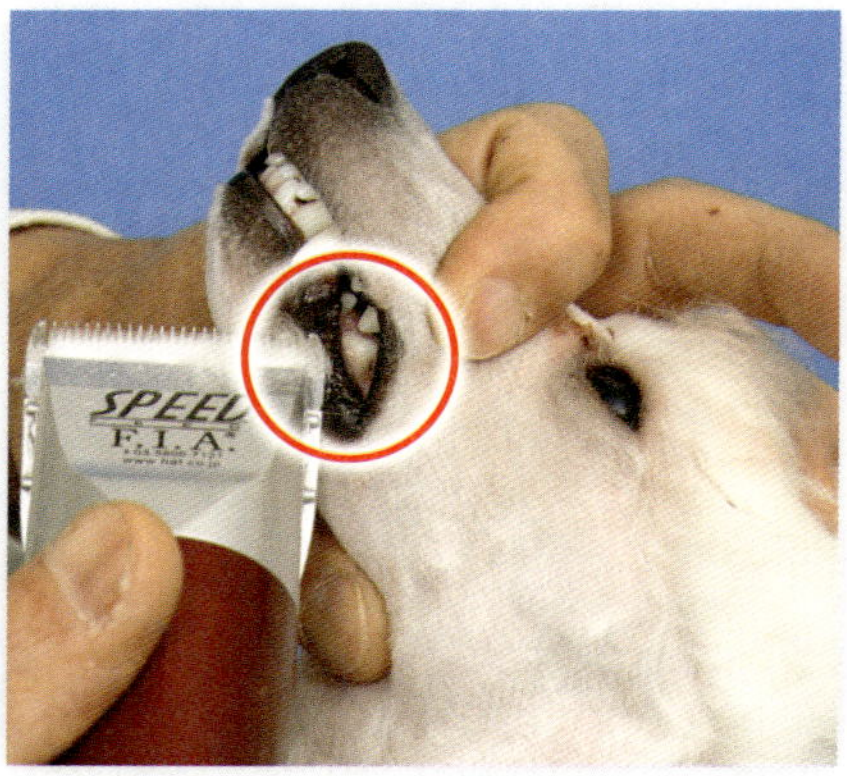

34 犬歯が当たる部分の後ろ側あたりのくぼみも、クリッパーの角度を変えて当て、きちんと毛を取ります。

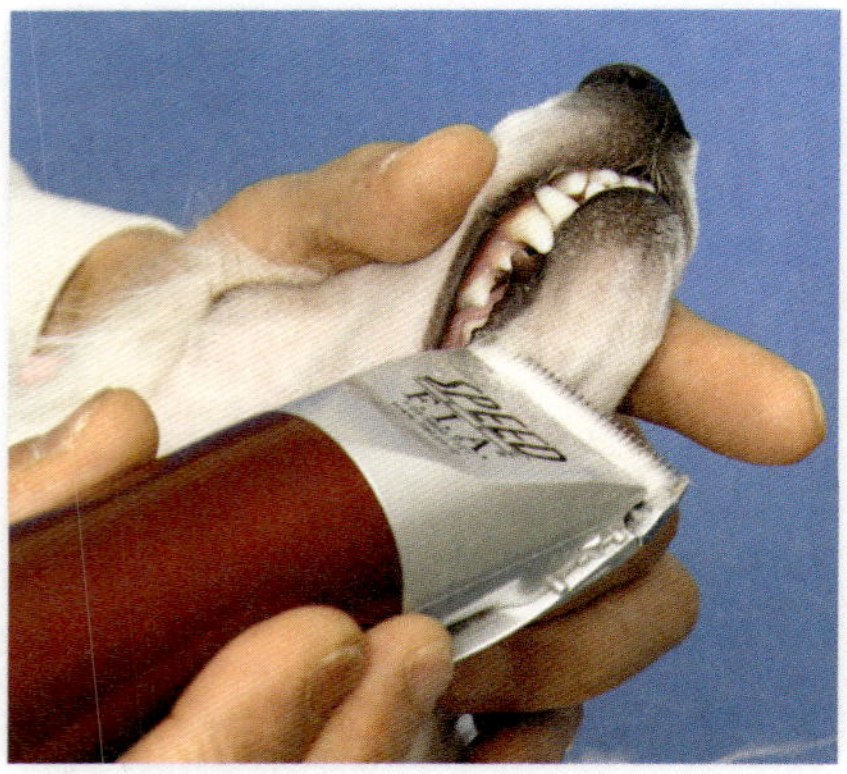

35 反対側を刈るときは17と同様に保定し、親指で上唇をめくって、中指や薬指で下顎の皮膚を引っ張ります。

POINT

刃の下側の角を当てて刈り始めると、刈っている部分が手で隠れて見えなくなってしまいます

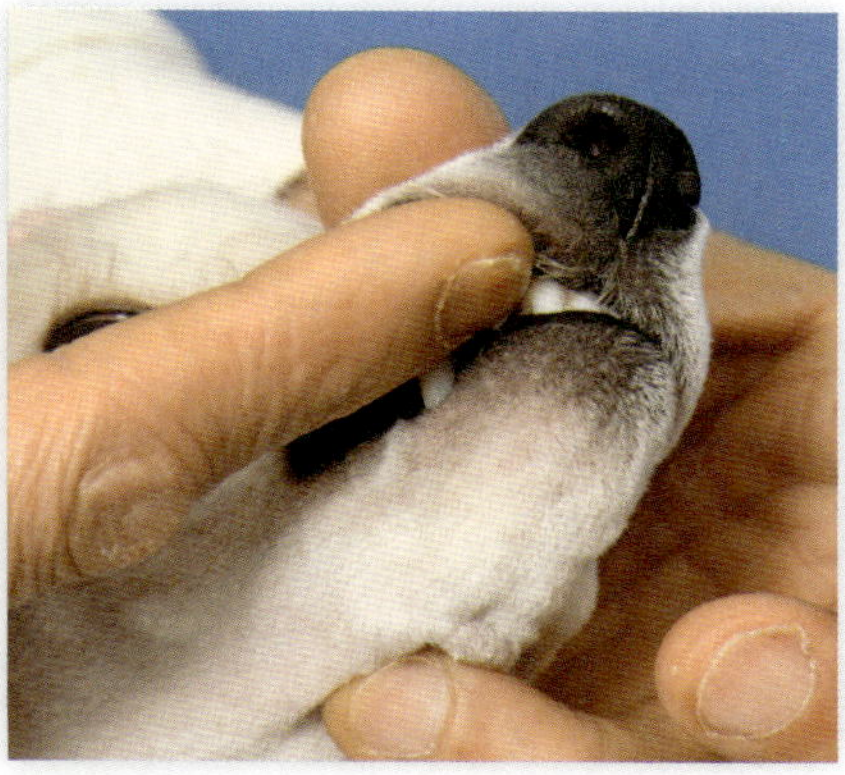

36 口の中に巻き込まれる上唇の毛を、指でかき出します。

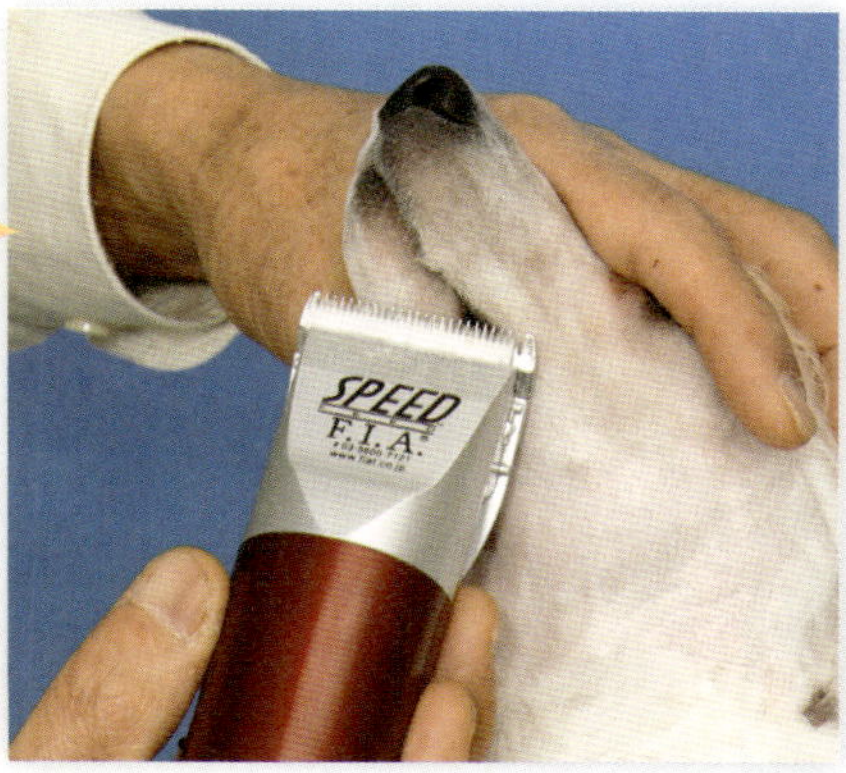

37 クリッパーの刃の上側の角を上唇の縁に沿って動かし、[36]でかき出した毛をきれいに取ります。

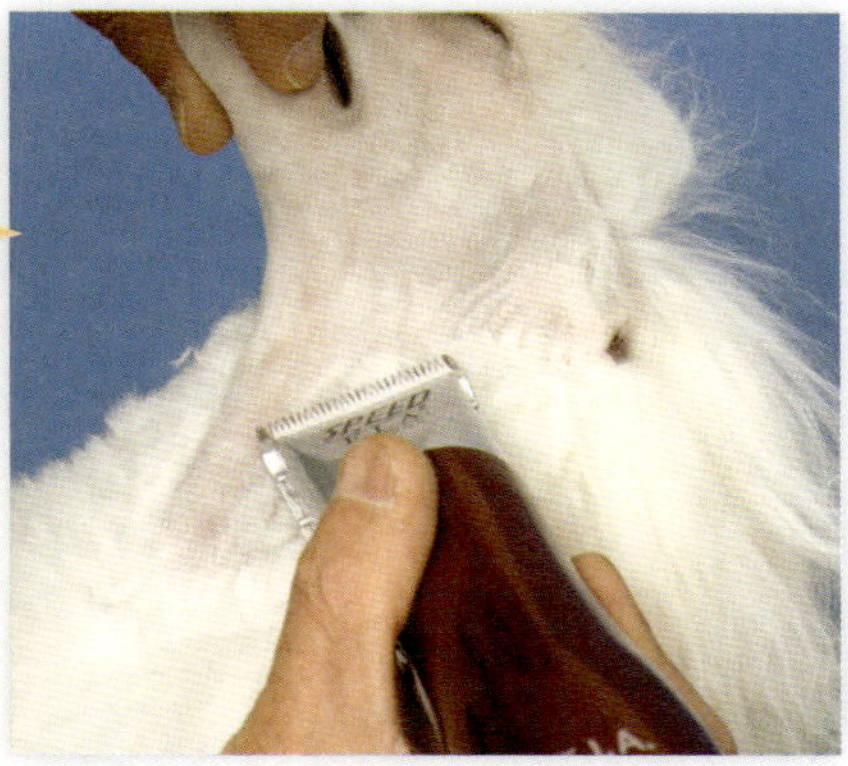

38 ネック・ラインを仕上げます。全体のバランスを見ながら、[20]で大まかに整えたネック・ラインを少しずつ広げていきます。

POINT

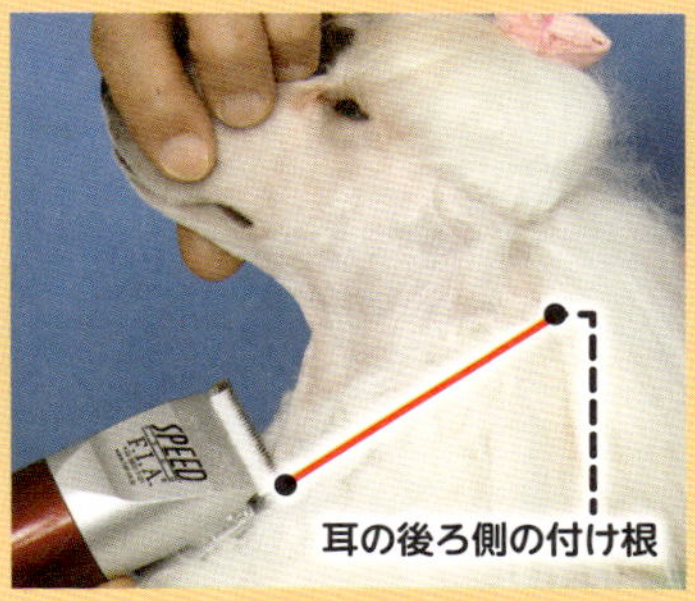

ネック・ラインは、[38]のように外側から内側へ刈るほか、下から上へ刈ってもOK。その場合、クリッパーの外側の角の延長線が、耳の後ろ側の付け根より外側へ行かないように注意します

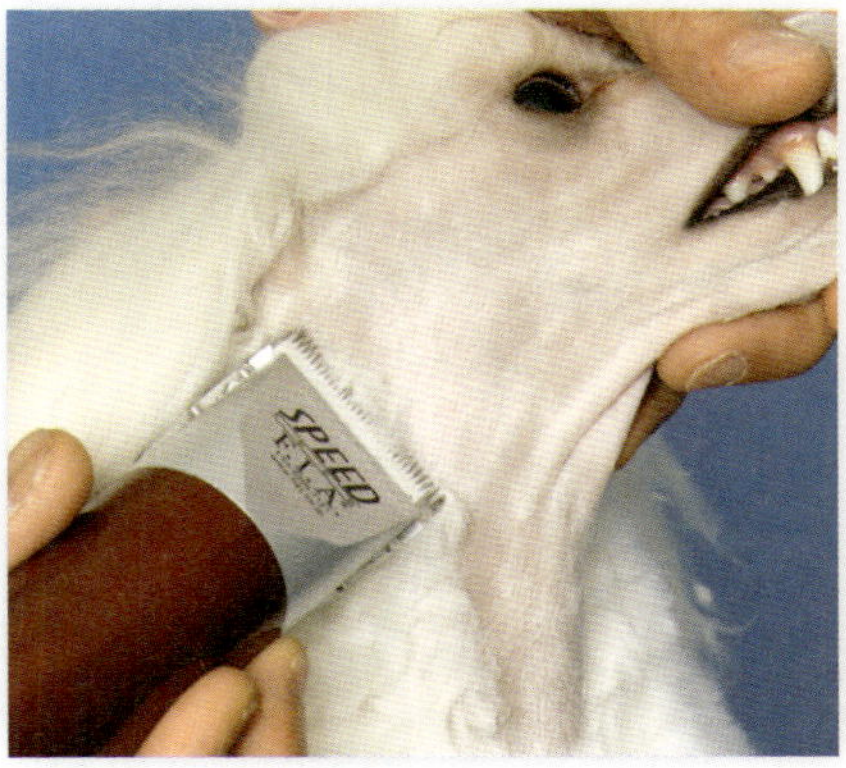

39 耳の少し下は毛流が上向きになっているので、刈り方に注意が必要です。まず、ネック・ラインの外側から内側へ向けてクリッパーを当て、刃に毛をからめます。

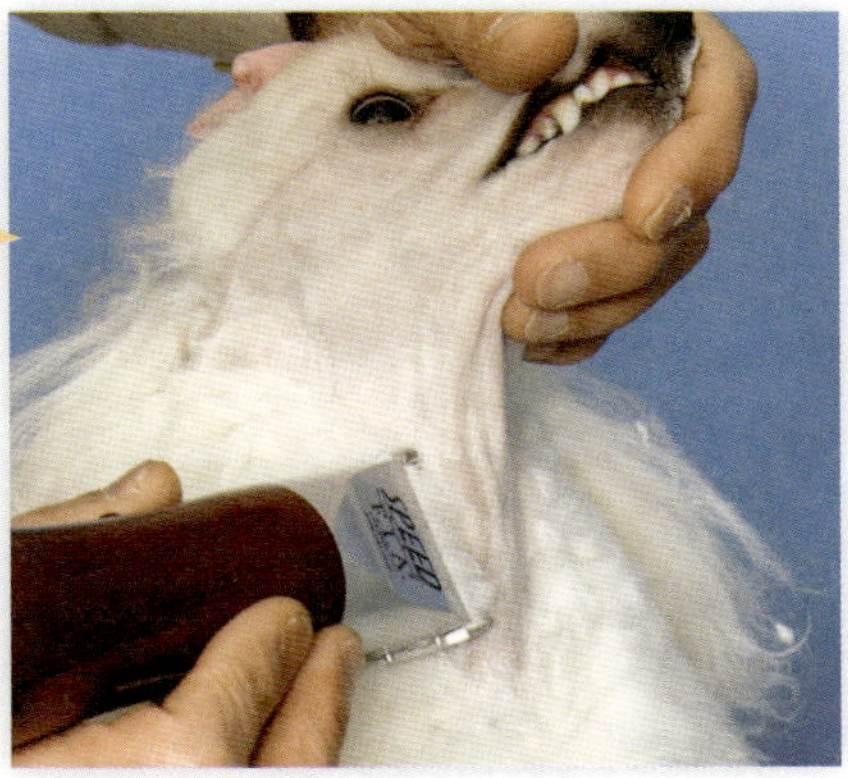

40 [39]の角度を保ったままクリッパーを下へずらし、残った毛を取ります。

POINT

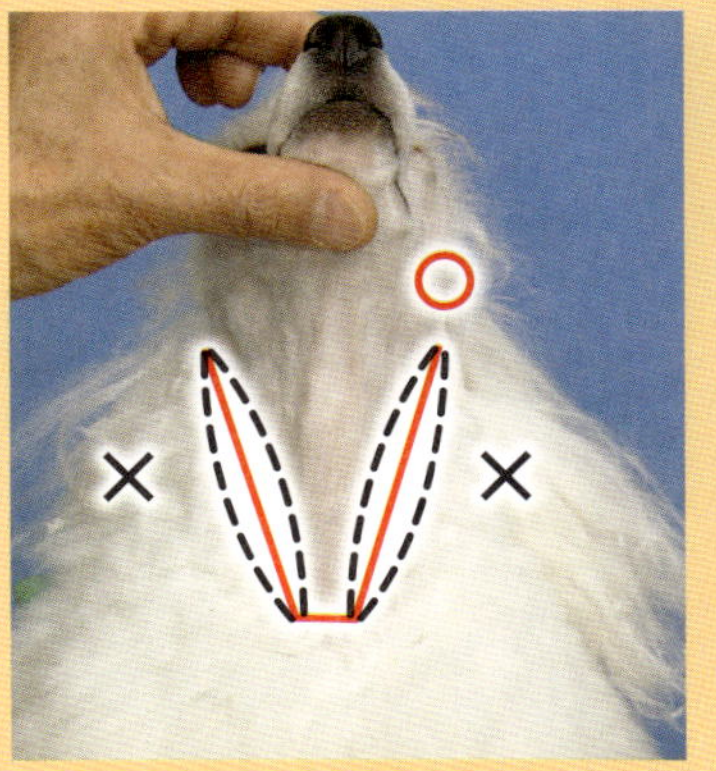

ネック・ラインは、頂点から耳の後ろ側の付け根を真っ直ぐに結ぶのが基本です。

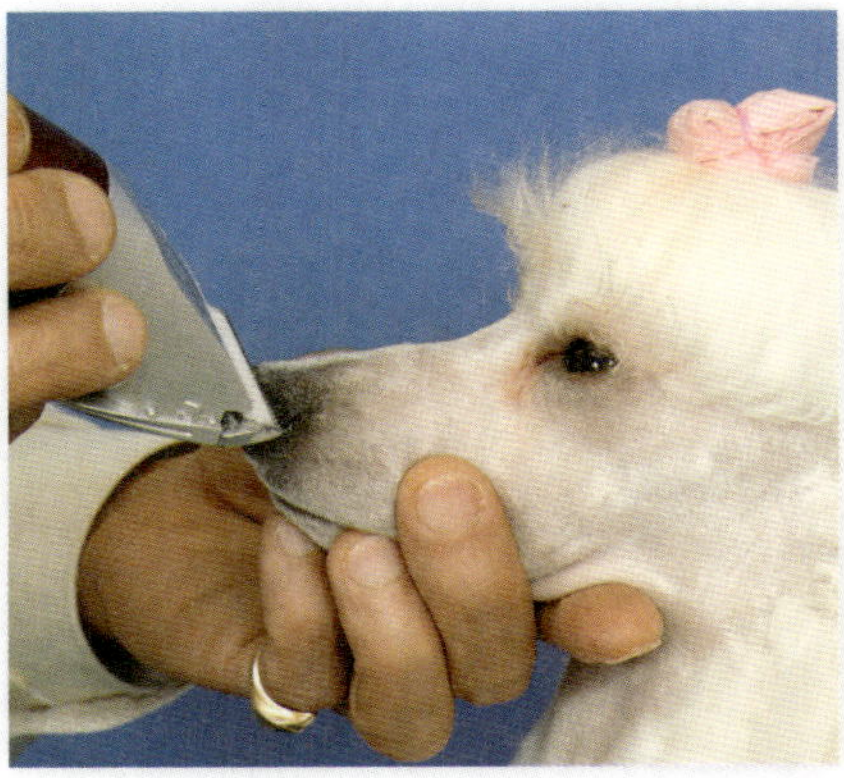

41 鼻鏡にかかるマズルの先端の毛を、鼻鏡の側からクリッパーを当てて刈ります。

使う機会の多いテクニック

足のクリッピング

足先のクリッピングには、
プードルのスタイルをすっきりと引き締める効果があります。
指のあいだ、足裏などの毛をきれいに取りのぞいておくことで、
皮膚トラブルの予防・改善する効果も期待できます。

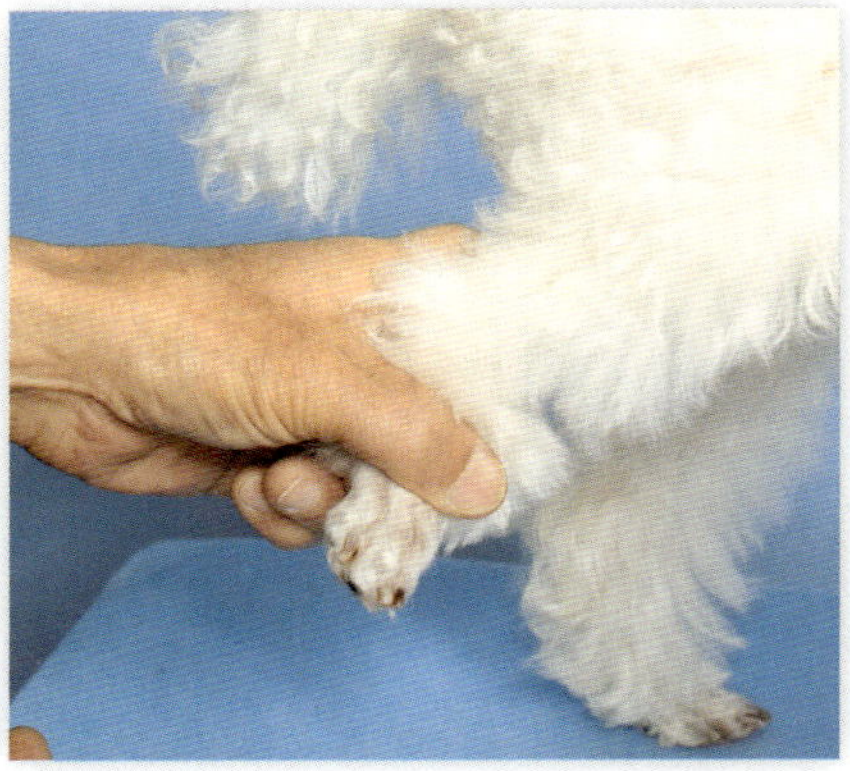

1 後肢のフット・ラインを刈ります。左手を肢の外側から回し、人さし指を飛節の上、親指をフット・ライン（握りの曲がる部分）に当てて肢を曲げ、中指〜小指で下から支えます。

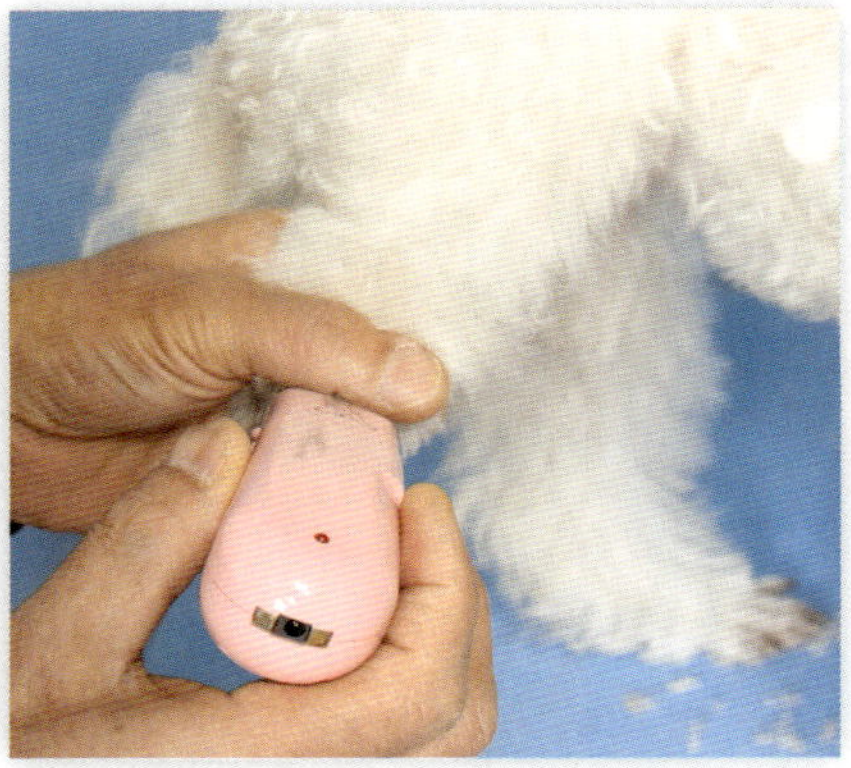

2 真ん中の2本の指に対して垂直にミニ・クリッパーを当て、左手の親指にぶつかるところまで逆剃りします。

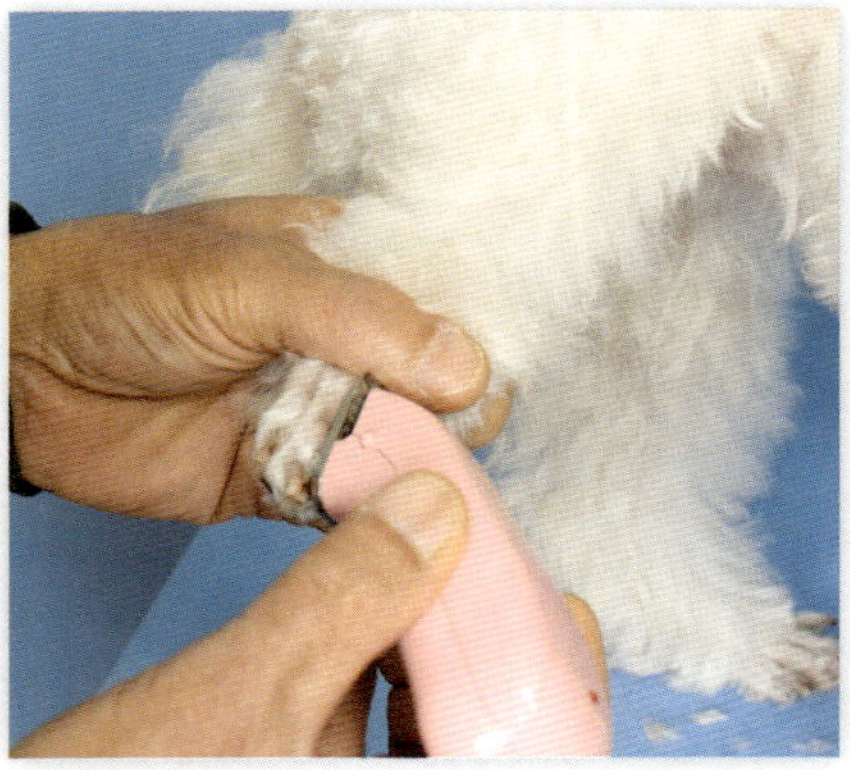

3 同じ姿勢で保定したまま、握りの上を逆剃りします。[2]で刈った部分の左右をそれぞれ逆剃りし、残った毛をきれいに取ります。

POINT

左手の親指は、同じ位置で固定しておきます

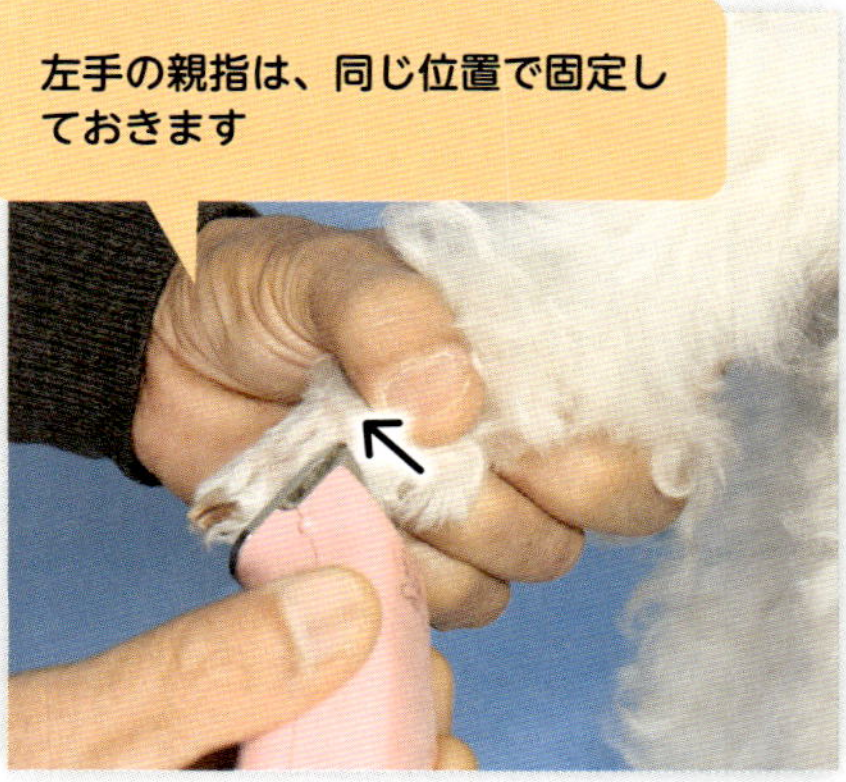

4 肢の前側から内側、外側へつながるあたりは、毛流が外向きです。フット・ラインまで真っ直ぐに逆剃りしたら、刃に毛を載せたまま、毛流と反対に少しスライドさせます。

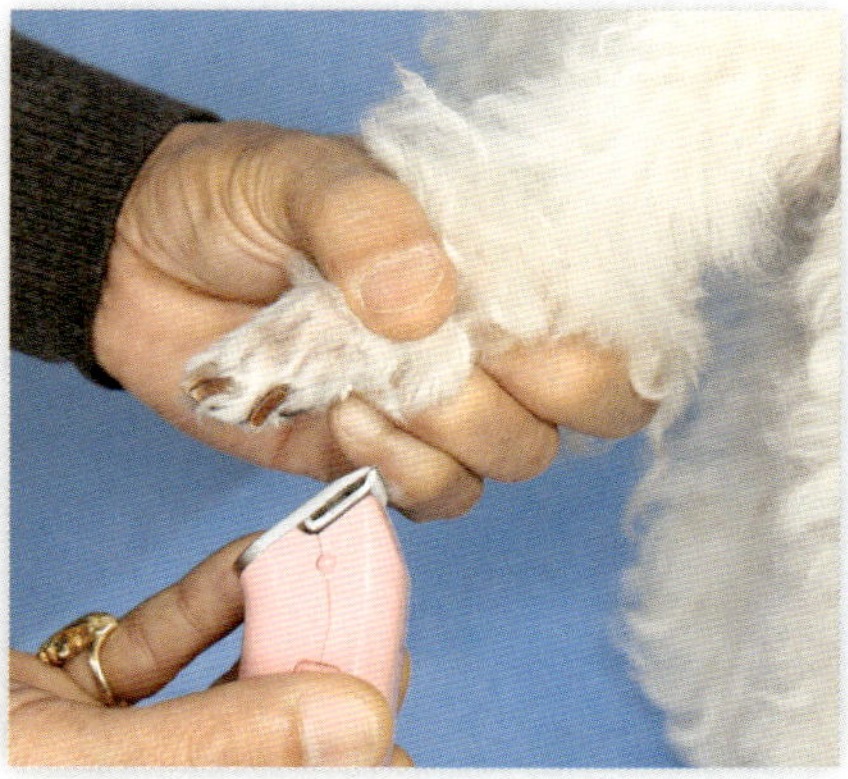

5 親指と薬指で足を上下から挟んで軽く押し、指を開いて水かきが見えるようにして指のあいだの毛を大まかに刈ります。

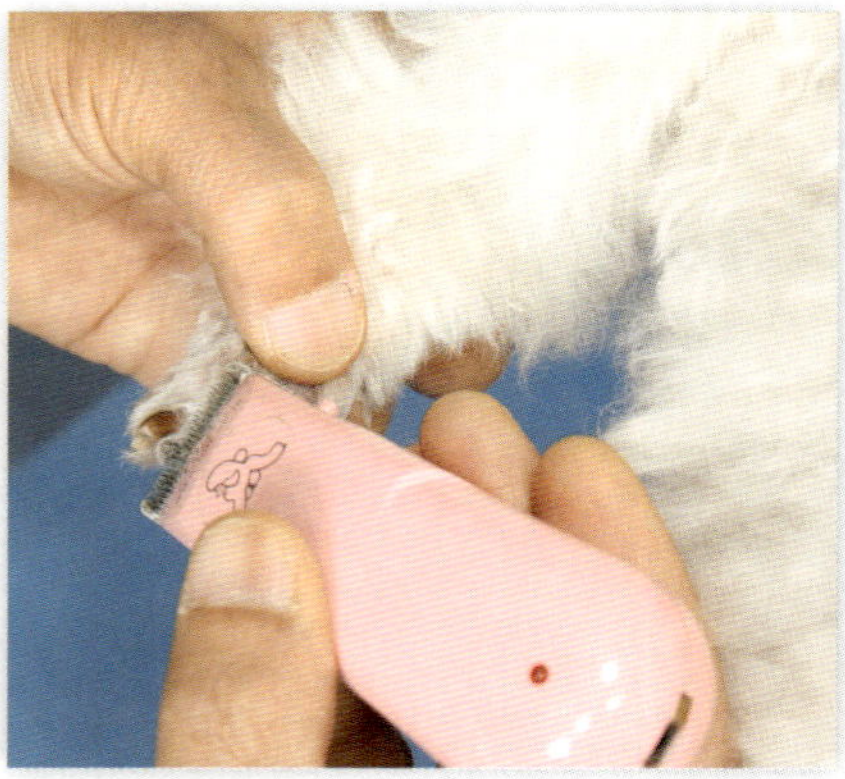

6 指のあいだの毛が生えている部分とパッドの境目を刈ります。クリッパーの上側の角を使い、きれいに毛を取ります。

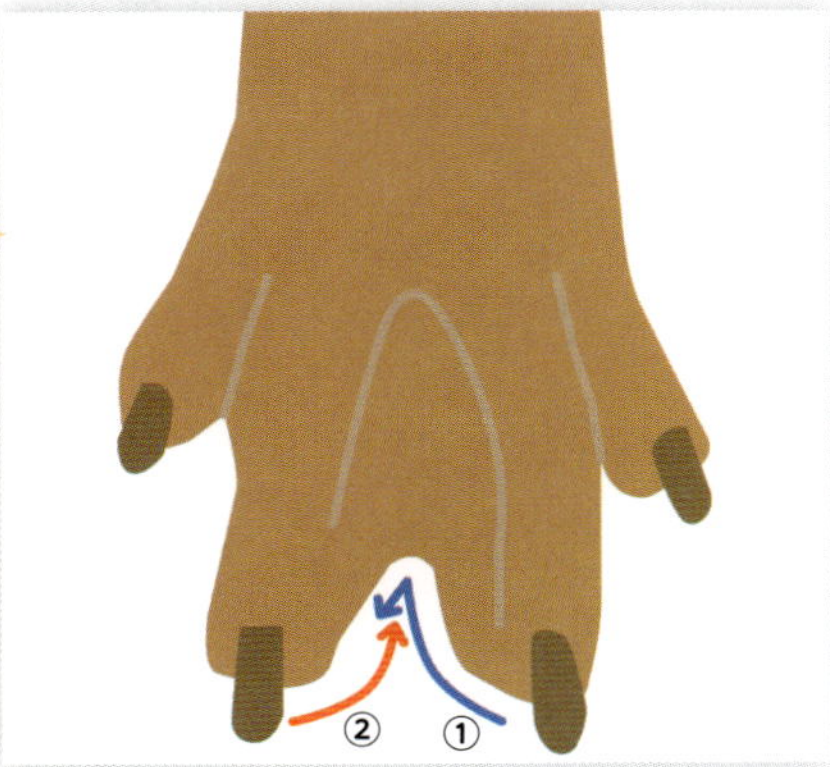

7 右利きの場合、水かきを刈るときは右側の指先からクリッパーを入れ、指の付け根のカーブに沿って左側の水かきの途中まで刈っておきます。その後、左側からクリッパーを入れ、刈り残した部分の毛を取ります。

POINT

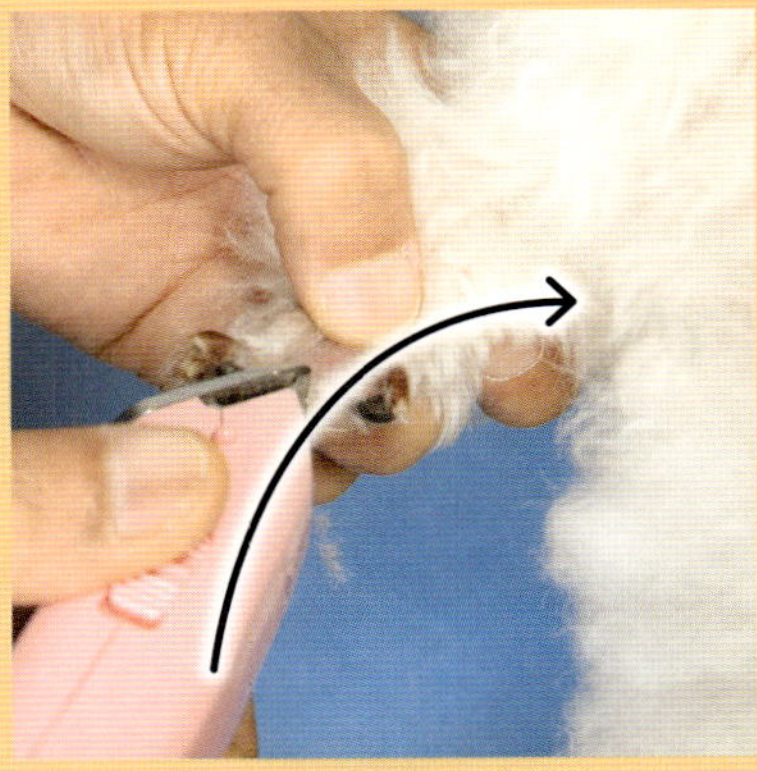

手首を返す角度には限界があります

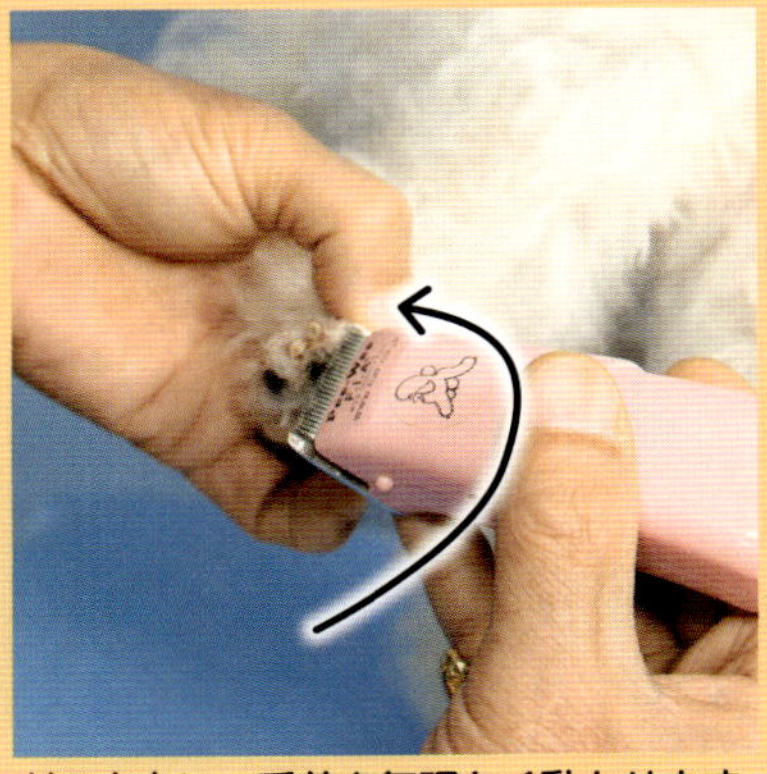

刈る方向に、手首を無理なく動かせます

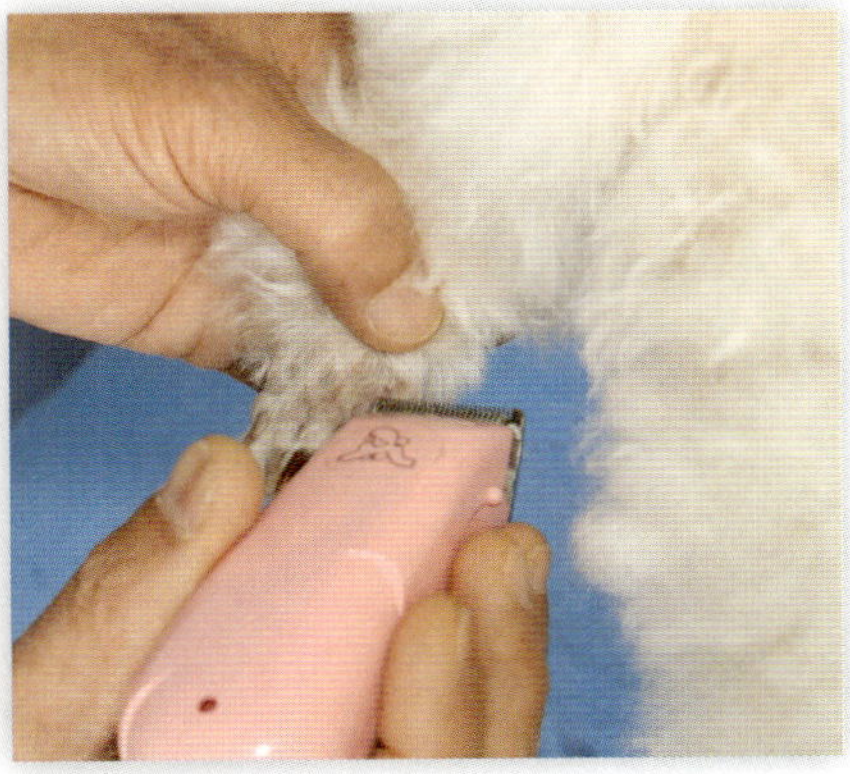

8 指の側面を刈ります。クリッパーの下側の角を使い、7でクリッピングしたところより上の部分の毛を取ります。

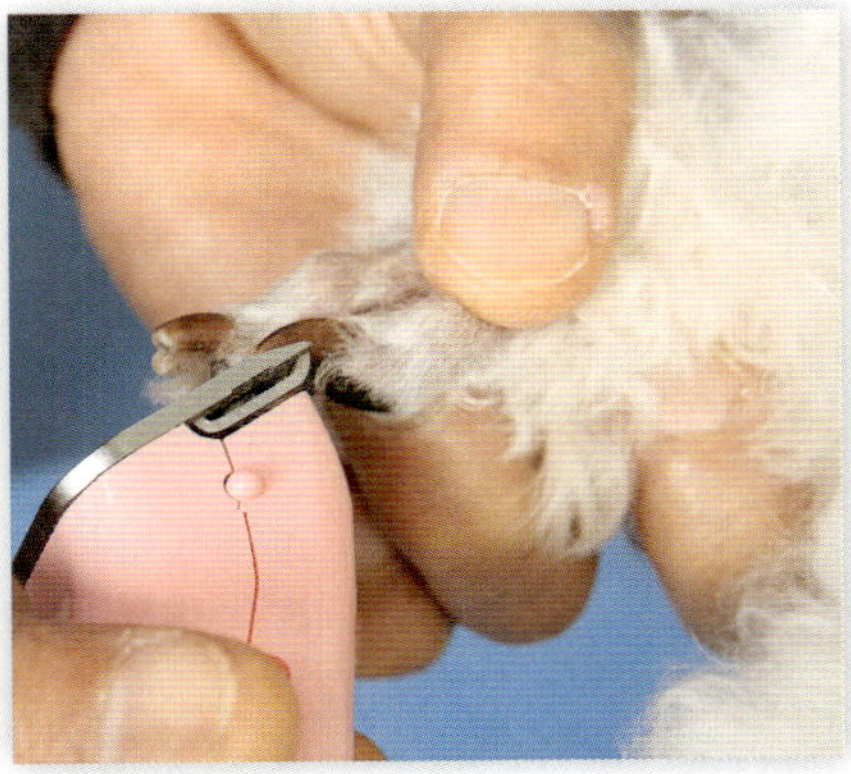

9 爪の際の、下向きに生えている毛を刈ります。ブレードの底（静刃の裏側）で軽く爪を押して動刃に毛を載せ、クリッパーを軽くねじるようにして毛を取ります。

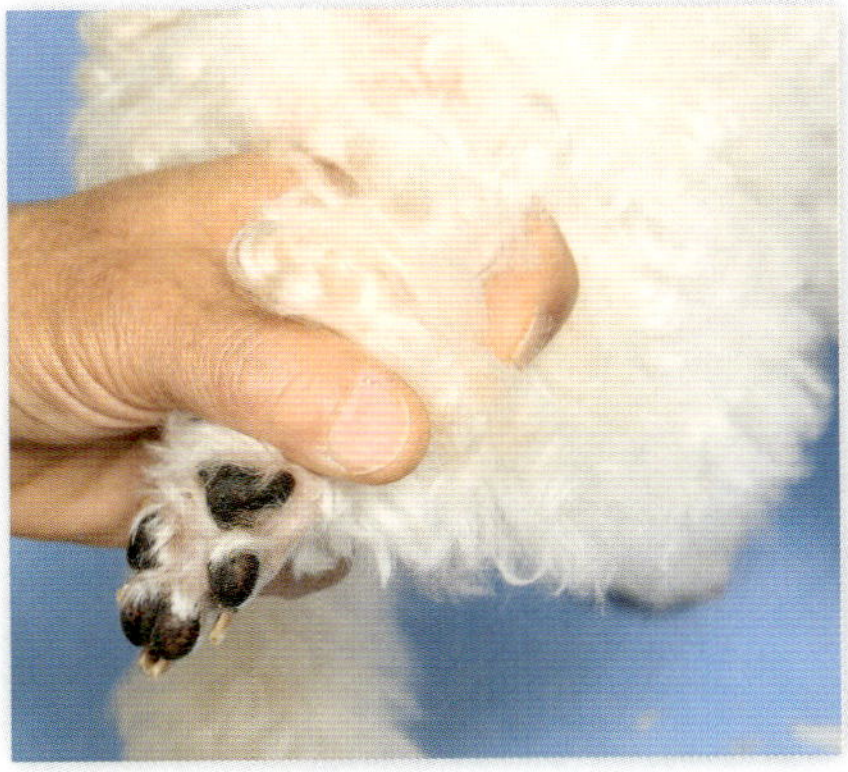

10 犬の真後ろに立ち、左手を肢の内側から回して、人さし指を飛節の上へ、親指を後ろのフット・ラインに当てて保定します。

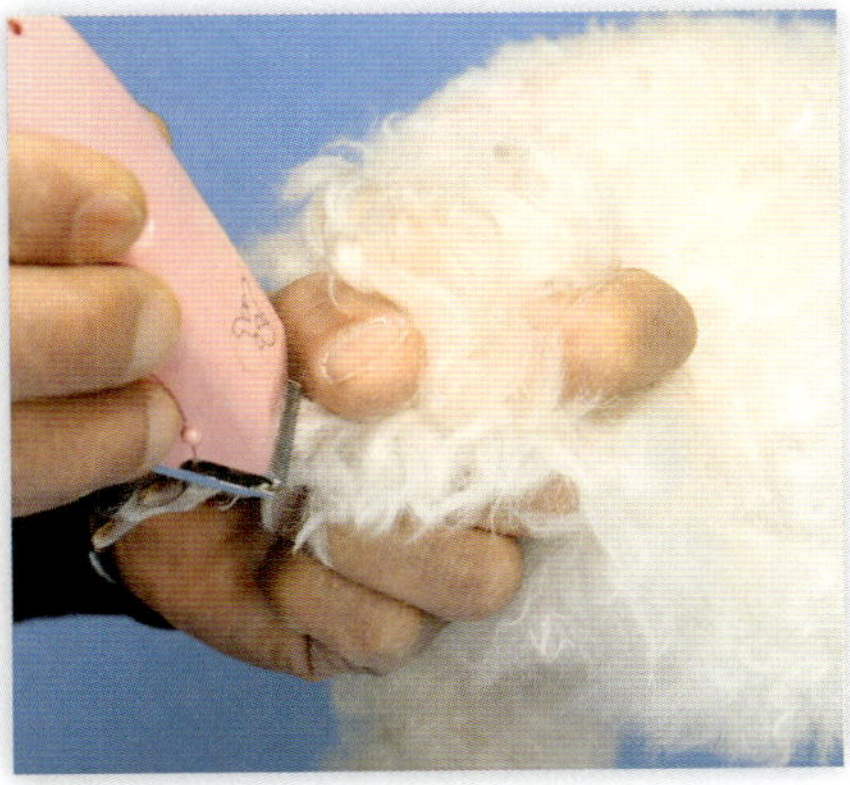

11 左手の親指に刃が当たるところまで、後ろ側のフット・ラインを逆剃りします。

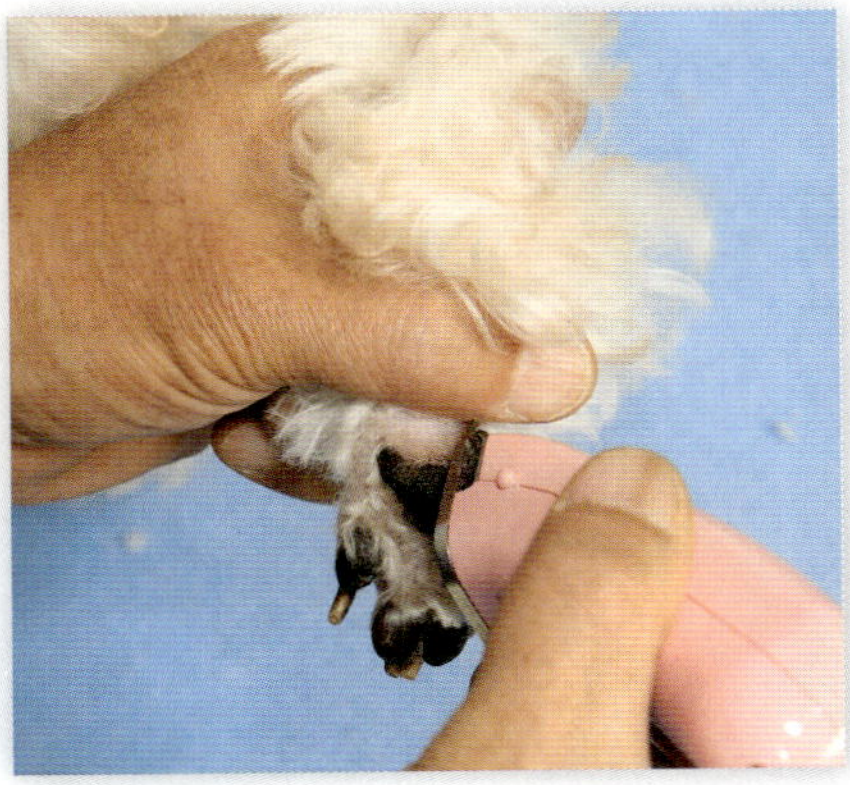

12 フット・ラインの後ろ側と外側、内側を自然につなげるように、11の左右を逆剃りします。

POINT

両端の2本の指先をやや内側へ寄せると、パッドのあいだがよく開きます

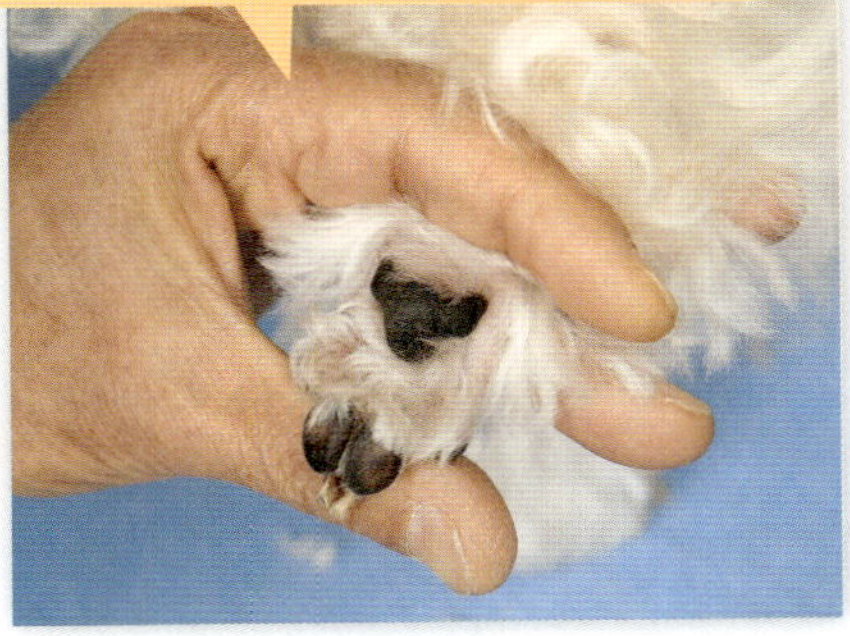

13 中足骨を人さし指と中指で挟みます。親指で両脇の指を押さえながら、真ん中の2本の指の下に親指を入れます。

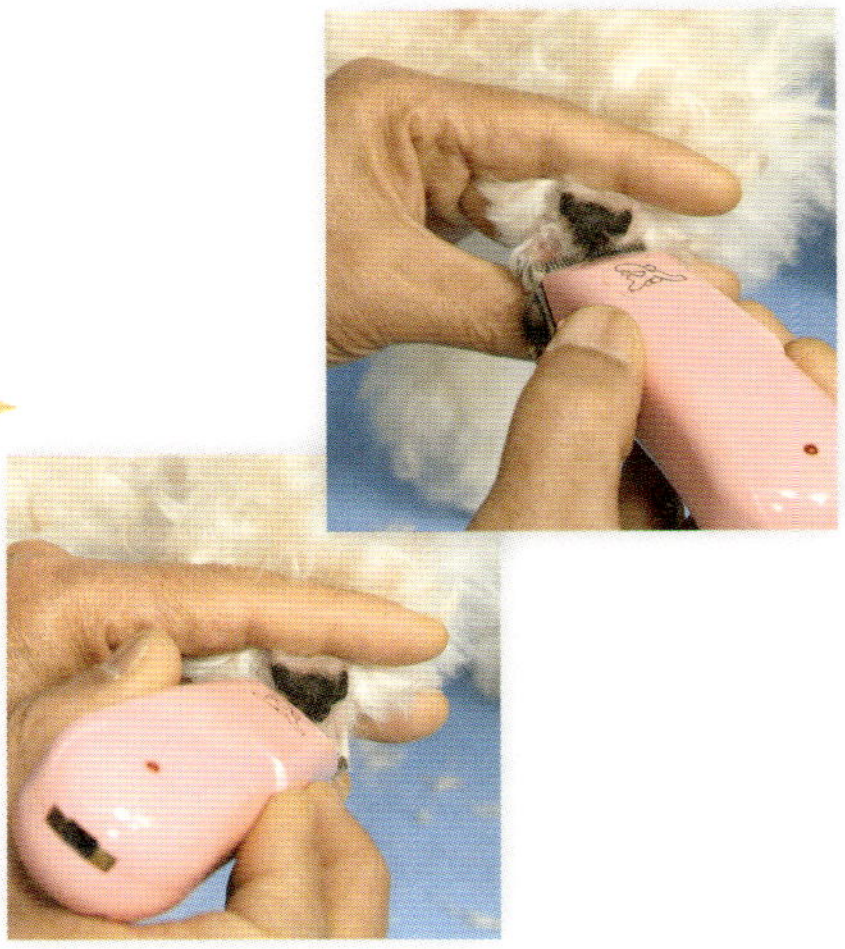

14 ヒールパッド（掌球）の前側を、3つの手順で刈ります。最初に真ん中の部分を刈り、さらに右側と左側から刈ります。

POINT

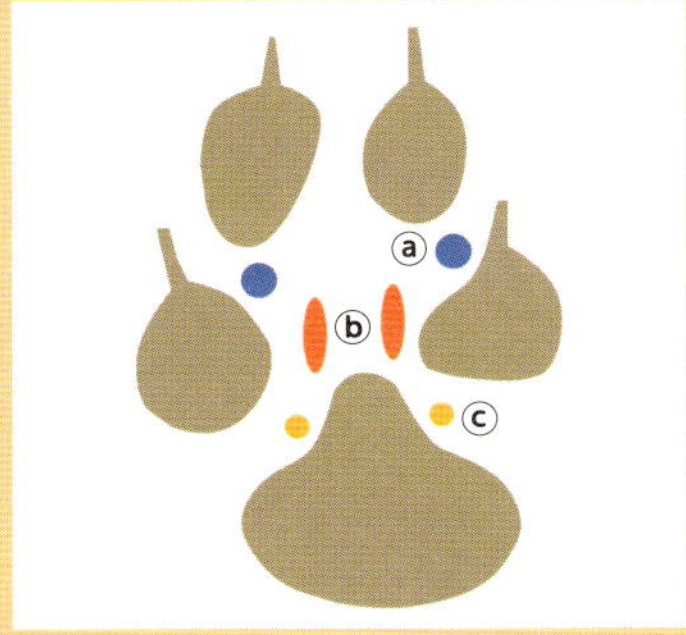

足裏側の指の筋の部分（ⓐ、ⓑ）は毛を刈り残しやすいところ。くぼみに刃を立てて入れ、刃に毛を載せて横にスライドさせるようにするときれいに取れます

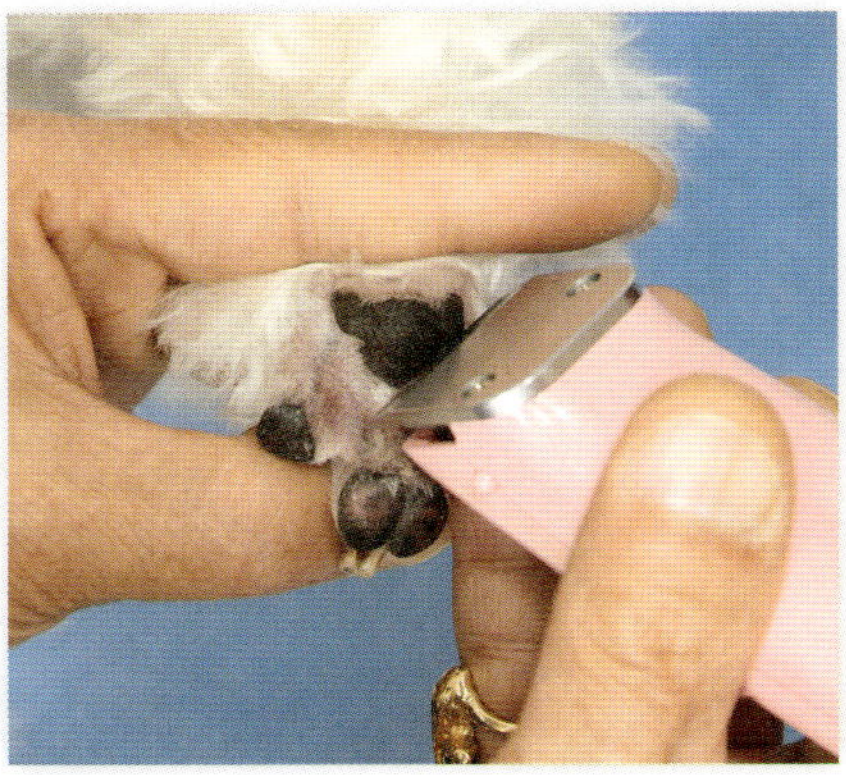

15 クリッパーの角を使い、ヒールパッドのくぼみⓒに残った毛も取ります。

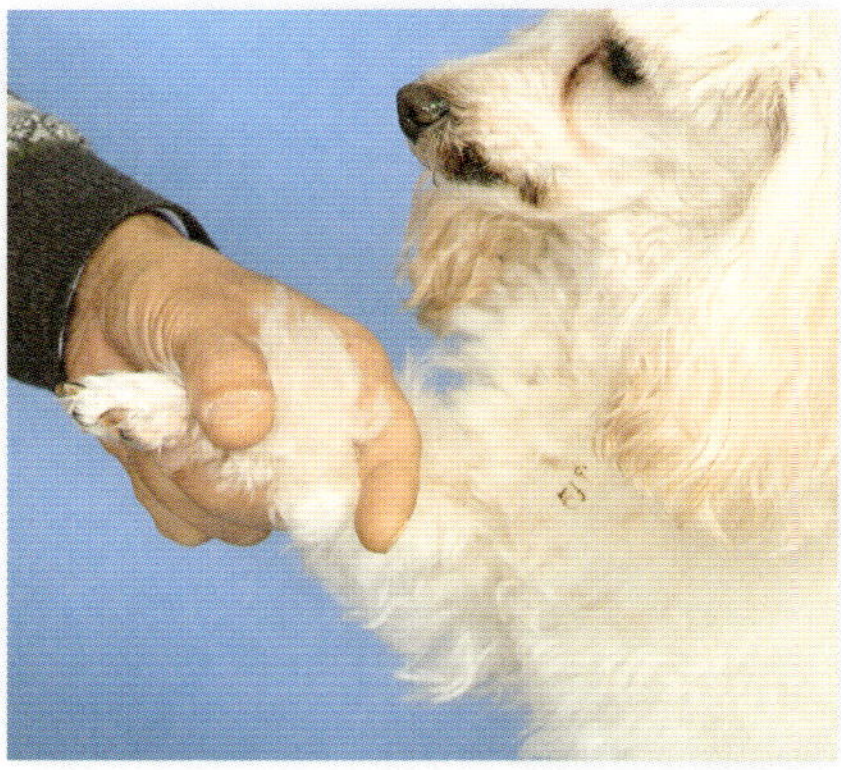

16 前肢のフット・ラインを刈ります。中手骨を人さし指と中指で挟み、親指をフット・ラインに当てて腕関節を曲げます。

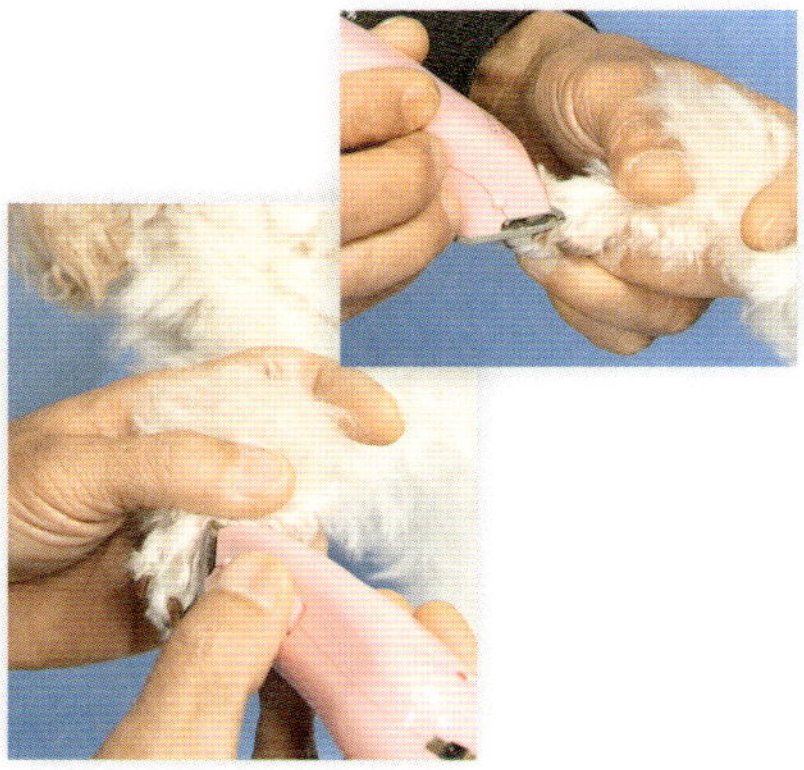

17 真ん中の2本の指に対して垂直に刃を当て、刃が親指にぶつかるところまで逆剃りします。さらに、その両脇も逆剃りして残った毛を取ります

18 指のあいだを、後肢と同様に刈ります。

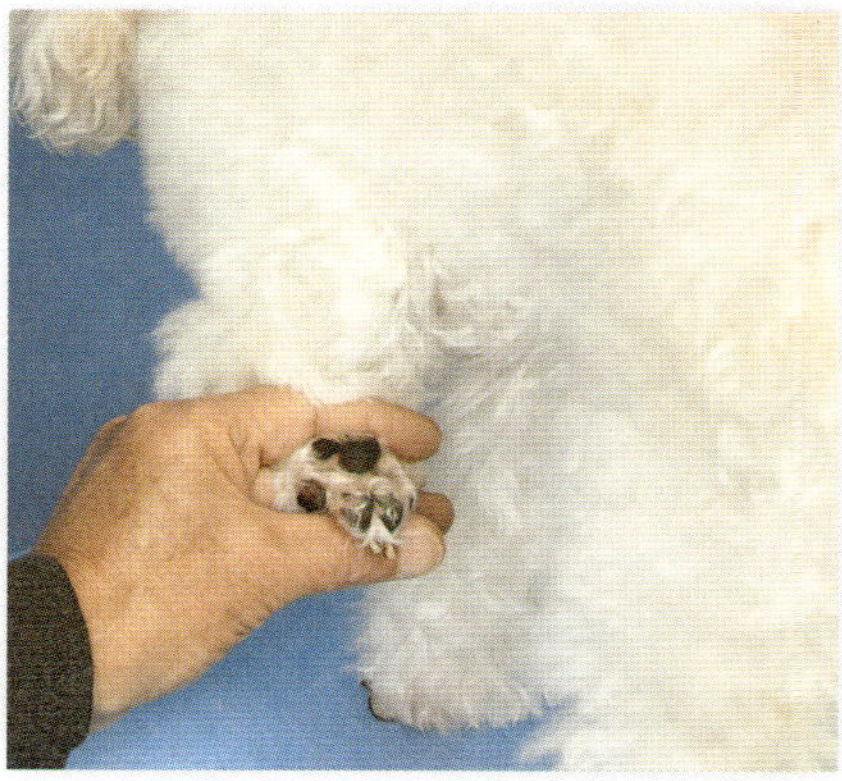

19 後肢と同様に、足裏を刈ります。左前肢を刈るときは犬の真横に立ち、左手を外側から回して13と同様に保定します。

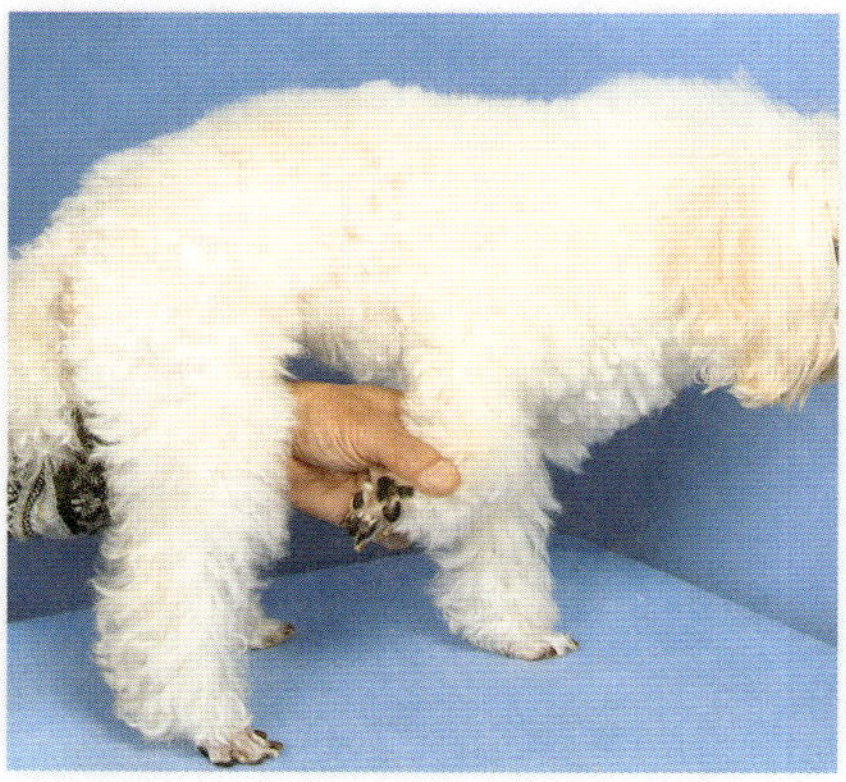

20 右前肢を刈るときは、後肢のあいだから左腕を入れて保定します。

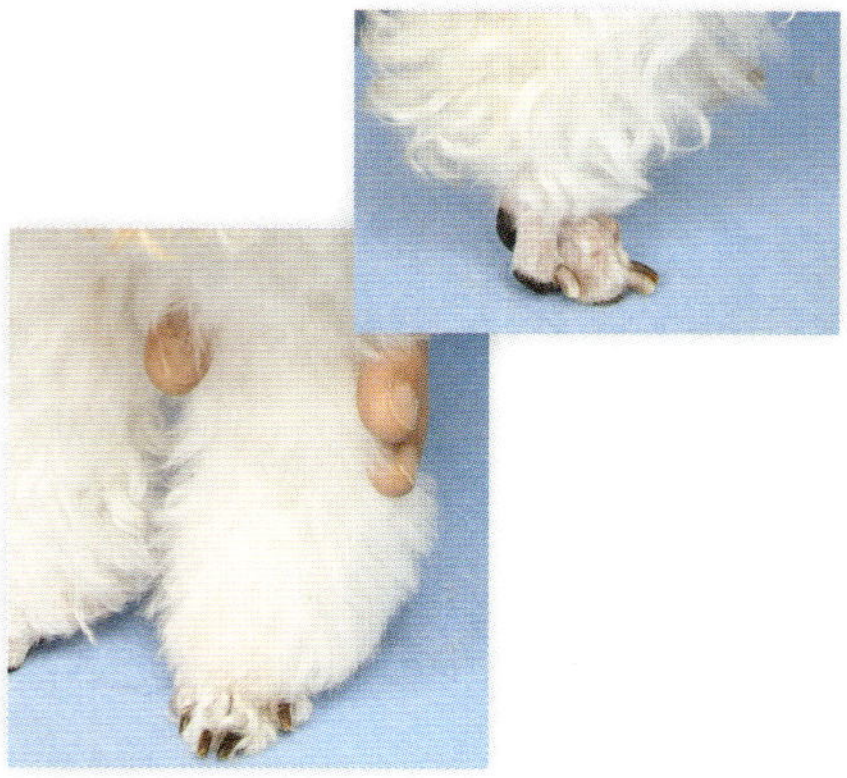

21 足先のクリッピングが仕上がったところ。

どんな犬種にも必須の工程

ボディのクリッピング

衛生面で重要な腹部や肛門周りのクリッピングは、
ペット・カットにも欠かせません。
皮膚が薄く敏感な部位なので、クリッパーを正しく使い、
犬の様子に気を配りながらていねいに作業を進めましょう。

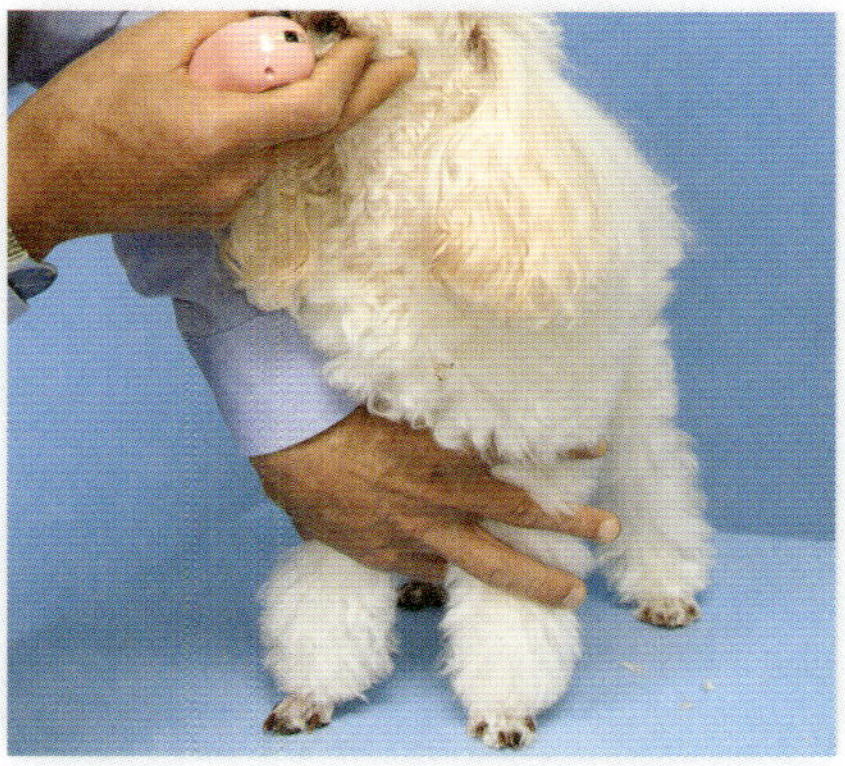

1 腹部をクリッピングするために、犬を後肢で立たせます。犬の横に立って左手を前から回し、両前肢のあいだに人さし指を入れます。

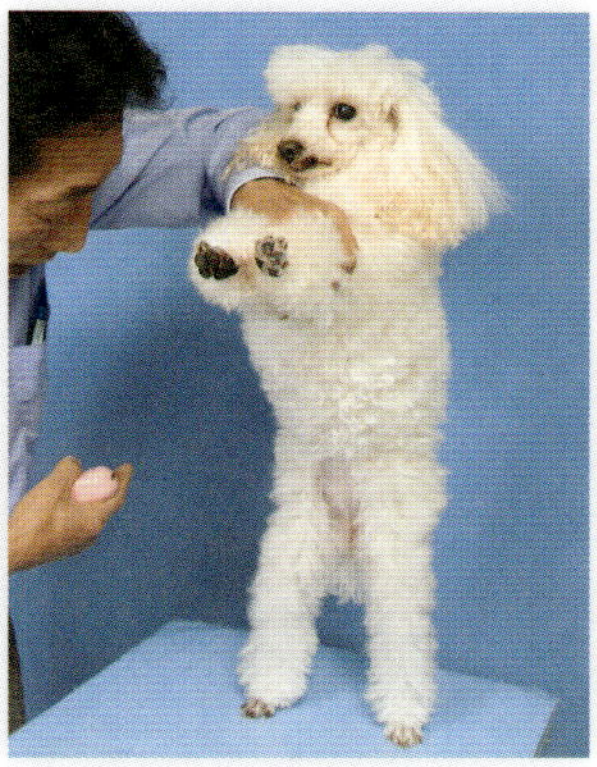

2 親指を右前肢、中指～小指を左前肢に回して両前肢を握り、肘を上へ上げるようにして犬を立たせます。

POINT

左手を肢の後ろから回すと、犬を立たせたとき、自分の左腕が視界を遮ってしまいます

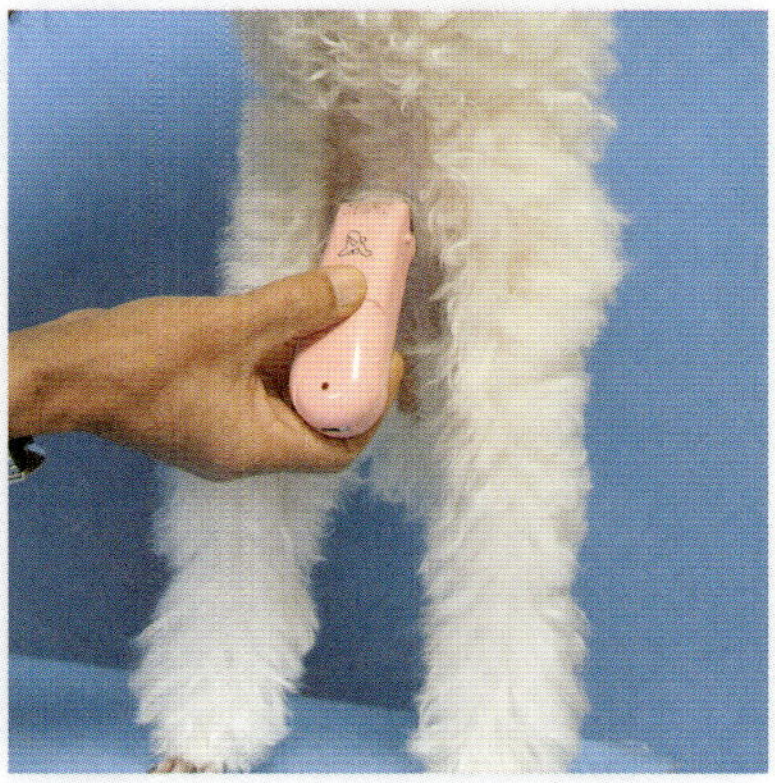

3 ミニ・クリッパーで、へそまで真っ直ぐに逆剃りします。オスの場合は尿で汚れやすいため、へそよりやや上まで毛を取ります。

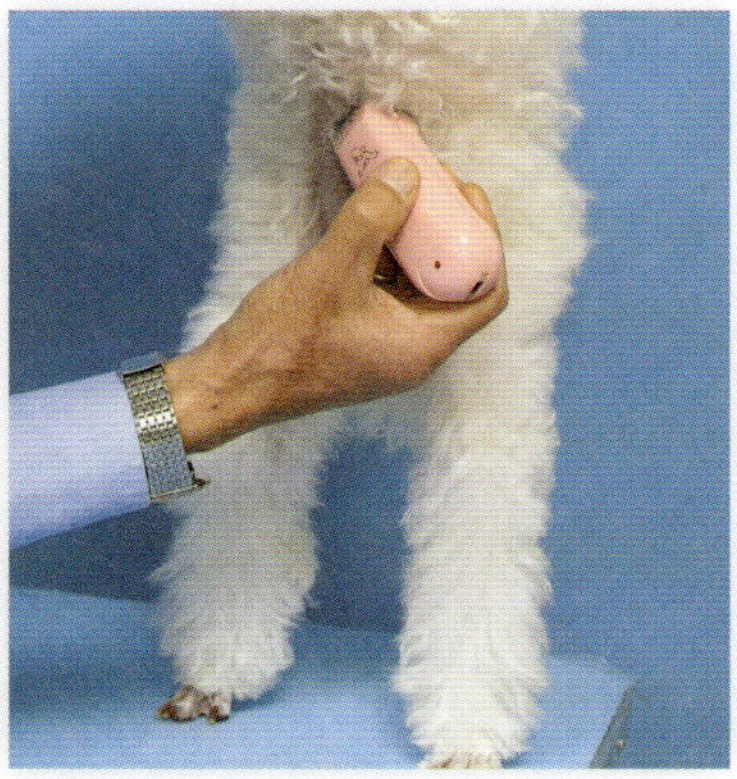

4 3の左右を逆剃りし、刈終わりは逆U字形につなぎます。

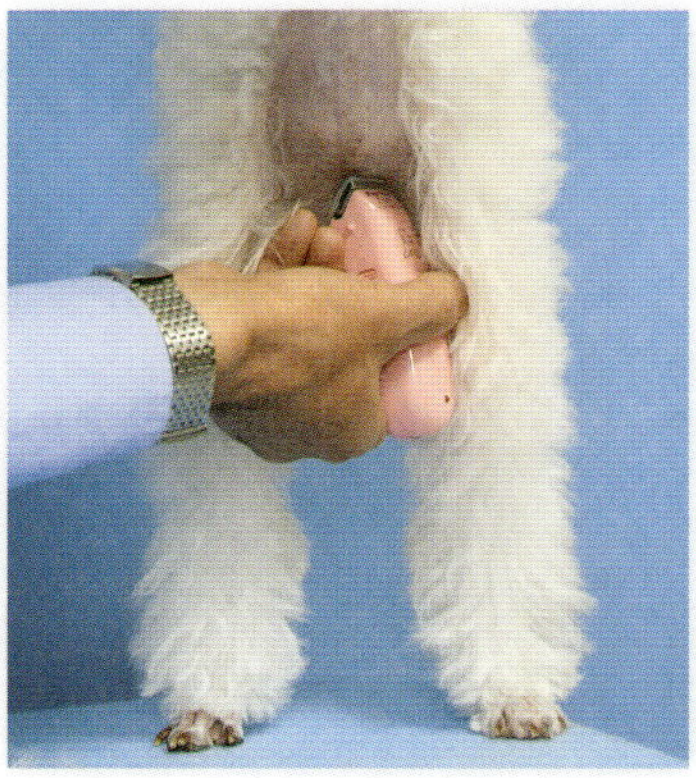

5 鼠蹊部に残った毛も、逆剃りできれいに取ります。

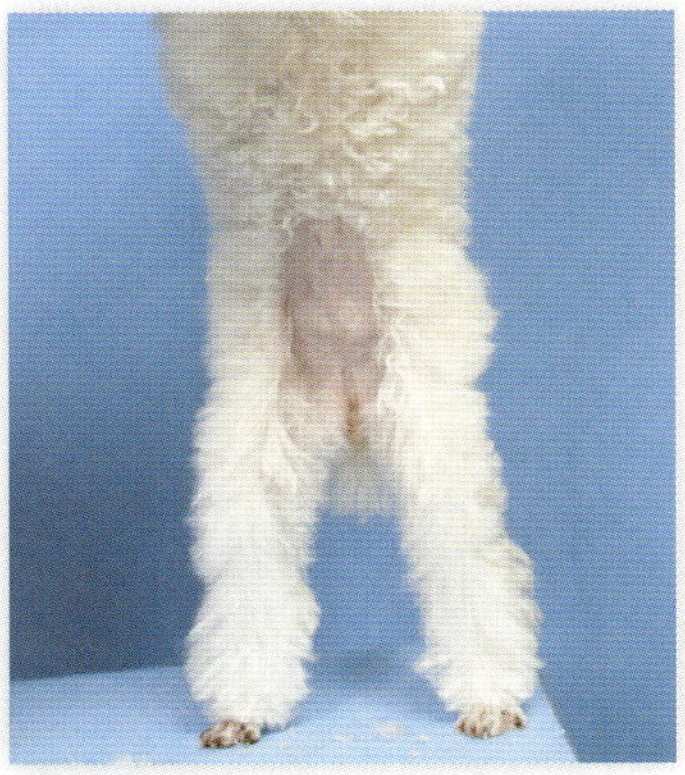

6 腹部のクリッピングが終わったところ。

7 テイルをクリッピングします。犬の真後ろに立ち、1ミリの刃を付けたクリッパーで、付け根より2.5㎝ほど上から付け根まで、テイルの表側を逆剃りします。

8 クリッパーを左右に倒し、7の両脇を逆剃りします。

9 テイル・セットにV字型の刈り込みを入れます。V字の開いた側は、テイルの幅に合わせます。

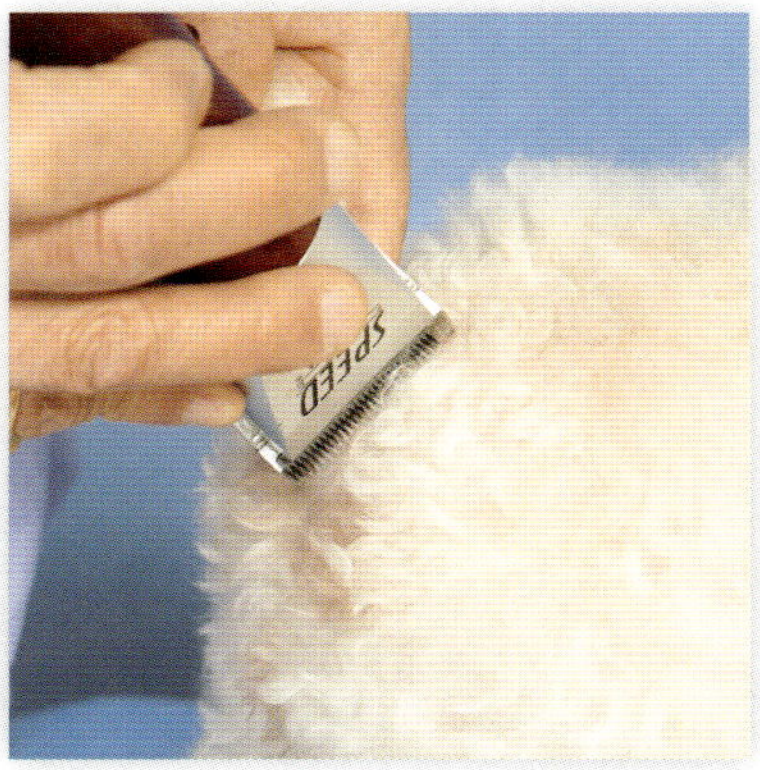

10 テイルを上げ、9のV字の開いた側から、テーブルに対して30度の角度でテイルのサイドを逆剃りします。

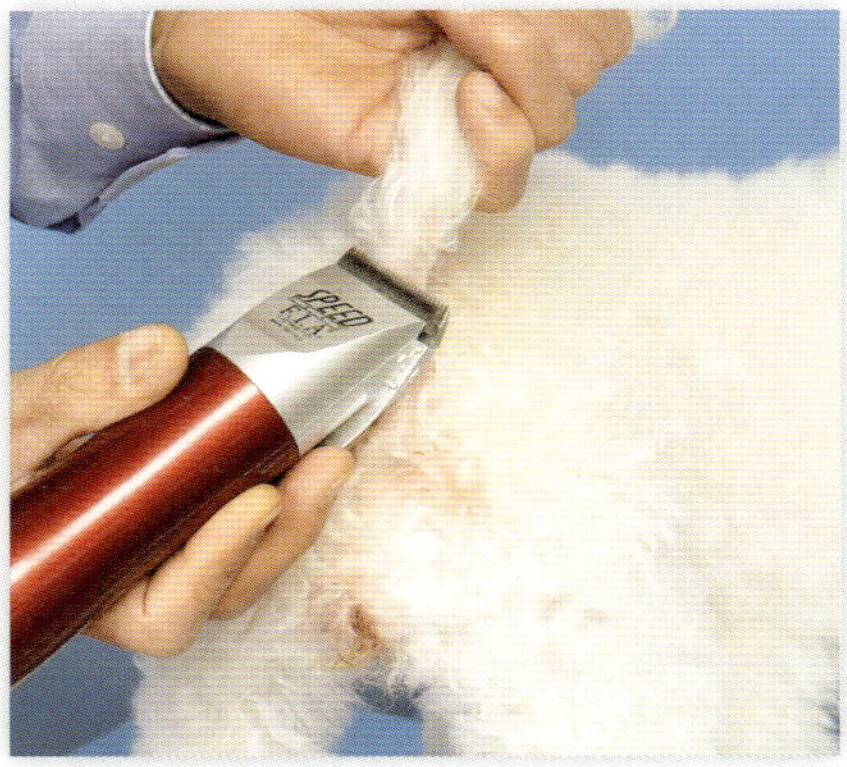

11 テイルの両サイドの10の刈り終わりを、肛門の下でV字形につなげるように毛を取ります。

12 テイルの裏側を、表側、両サイドと同じ高さまで逆剃りします。

POINT

テイルの裏側の中央にある硬い筋の上には、刃を当てないように注意。筋の両側に刃を当てるように逆剃りします

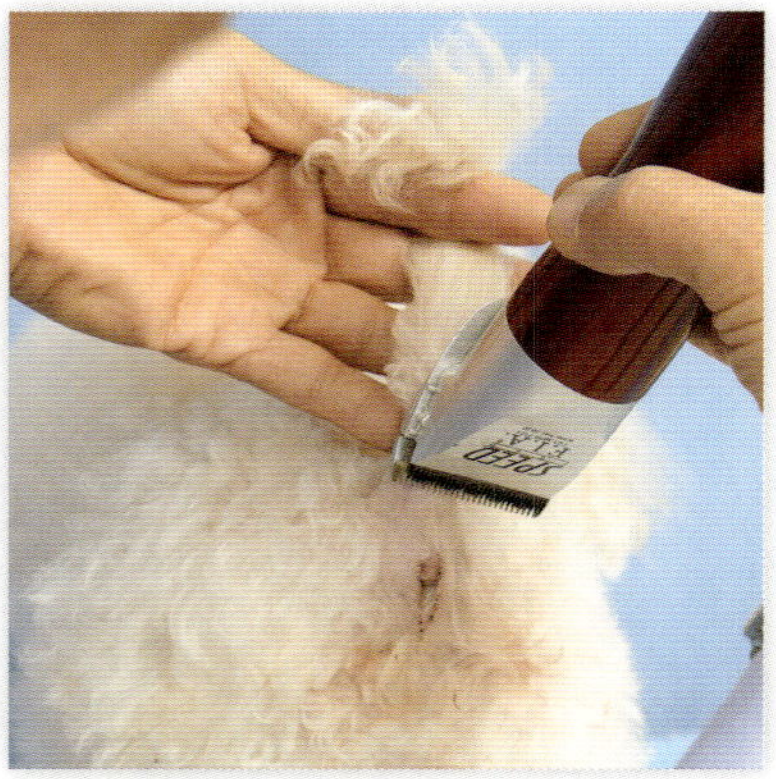

13 皮膚が弱い犬や肛門周りのクリッピングを嫌がる場合は、並剃りしてもかまいません。

ラム・クリップで学ぶ

シザーリング

ハサミによるカットは、トリミングの要です。
作業する際には、「正しい角度」をつねに意識しましょう。
トイ・プードルのラム・クリップを例にして解説していますが、
各パーツの「角度のとらえ方」は、どんなスタイルにも応用できる基本的なものです。

足、腹部、テイル、顔～ネック・ラインのクリッピング作業を終えたところとほぼ同じ状態。

1 後肢の足周りをカットします。テーブル（トリマーに近い端）に犬を正しく立たせ、前側のクリッピング・ラインに沿ってカットします。ハサミは、テーブルに対して平行に当てます。

2 1と同様に、外側・後ろ側・内側のクリッピング・ラインにもハサミを入れます。ハサミの刃先を使い、毛の根元から確実にカットします。

3 フット・ラインの後ろ側の角度を決めます。側望し、後ろ側のクリッピング・ラインから、テーブルに対して45度の角度で、ほどよい丸みを付けて切り上げます。

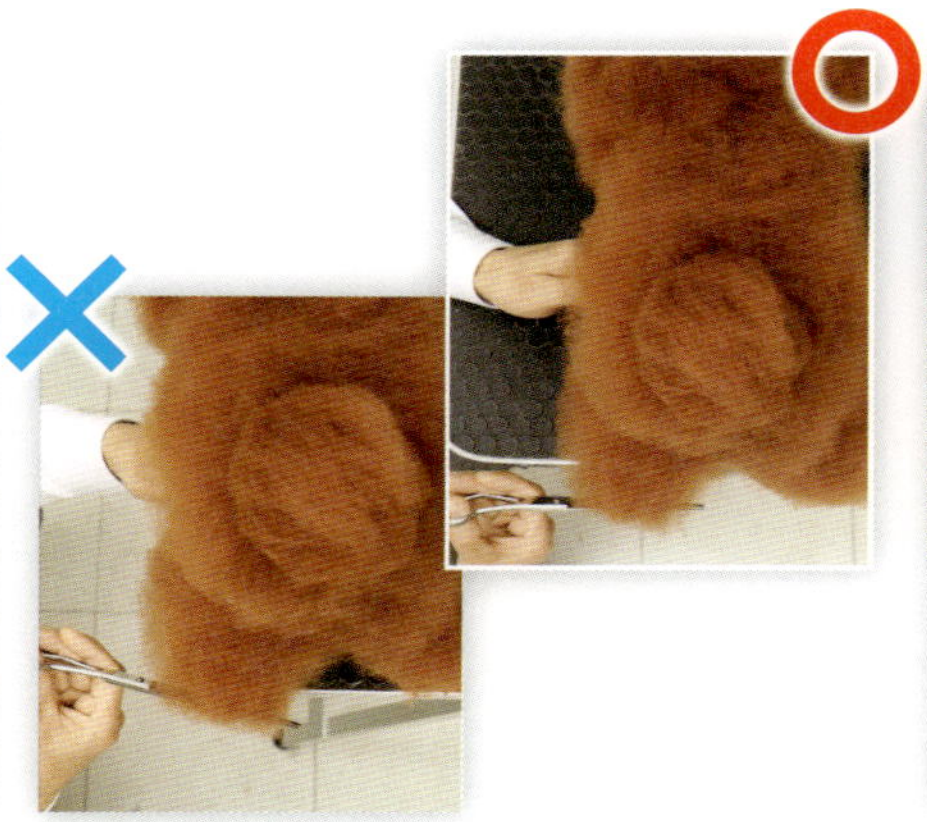

4 3の作業をする際、ハサミは必ず背骨に対して直角（上望したとき）に当てます。

5 フット・ラインの前側の角度を決めます。側望し、前側のフット・ラインから、3のラインと直角に交わる角度で、ほどよい丸みを付けて切り上げます。

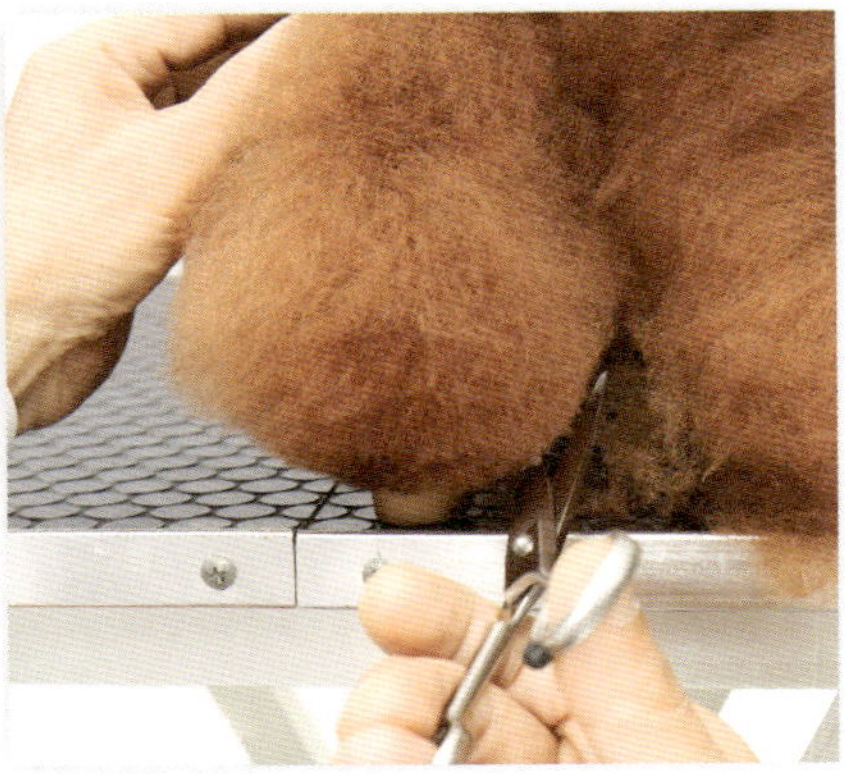

6 フット・ラインの外側・内側の角度を決めます。後望し、それぞれテーブルに対して45度の角度で、ほどよい丸みを付けて切り上げます。

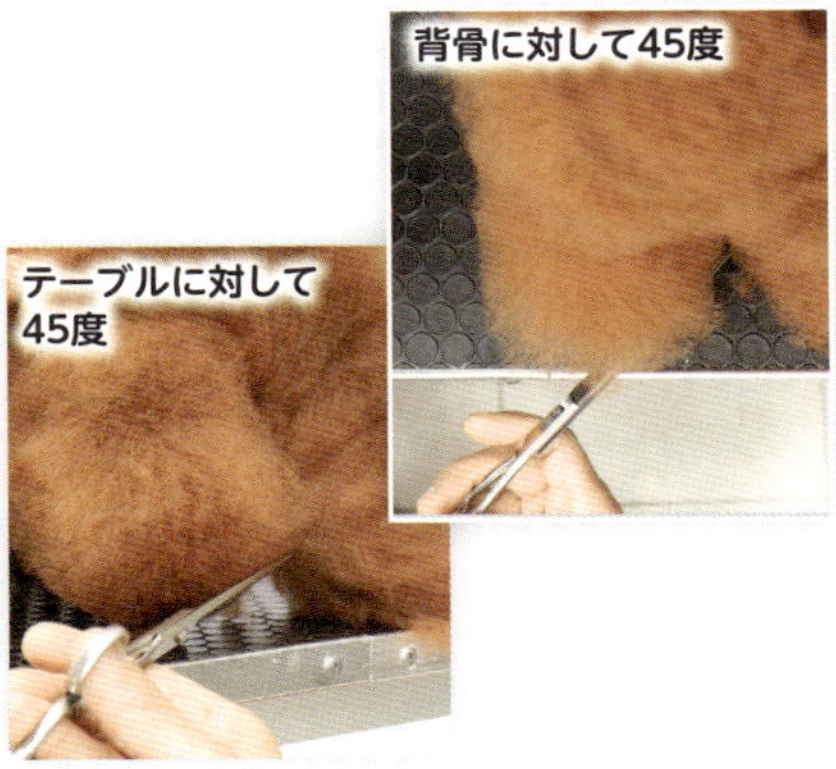

背骨に対して45度
テーブルに対して
45度

7 フット・ラインの前側・外側・後ろ側・内側の角を取るようにカットします。ハサミは背骨に対して45度、テーブルに対して45度の角度で当てます。

8 前肢の足周りをカットします。テーブル（トリマーに近い端）に犬を正しく立たせ、前側のクリッピング・ラインに沿ってカットします。ハサミは、テーブルに対して平行に当てます。

9 [8]と同様に、外側・後ろ側・内側のクリッピング・ラインにもハサミを入れます。

10 フット・ラインの前側・外側・後ろ側・内側を、それぞれテーブルに対して45度の角度で、ほどよい丸みを付けて切り上げます。

11 フット・ラインの前側・外側・後ろ側・内側の角を取るようにカットします。ハサミは背骨に対して45度、テーブルに対して45度の角度で当てます。

12 後躯の背線をカットします。テイルの付け根から、テーブルに対して平行〜やや前上がりのラインでカットします。

POINT

フット・ラインの決め方

基本

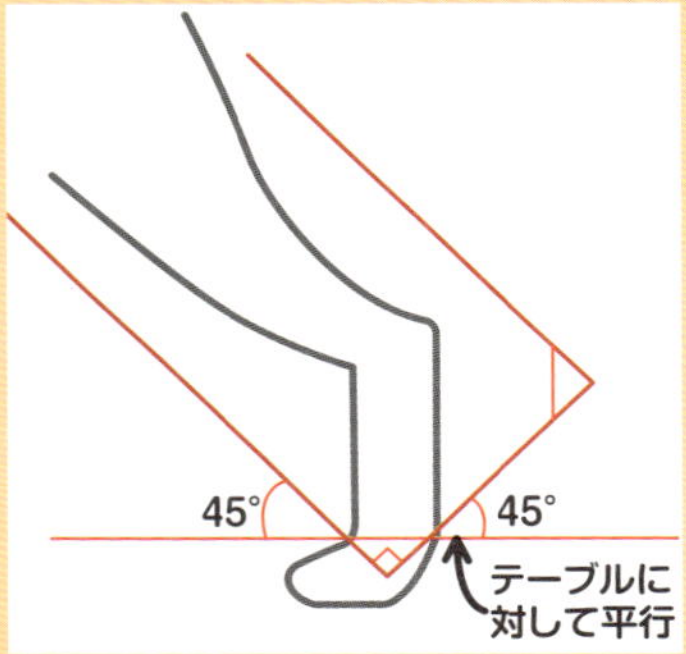

45°
45°
テーブルに
対して平行

前後の角度は、犬の体型に合わせて調整します。バランスよく見せるコツは、前後の角度の延長線が直角に交わるようにすることです

飛節の毛量・長さが足りない場合

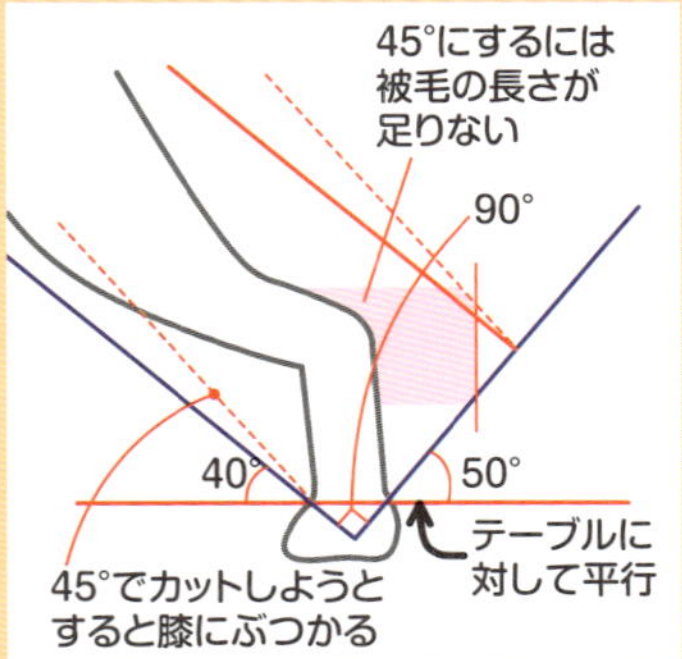

45°にするには
被毛の長さが
足りない
90°
40°
50°
テーブルに
対して平行
45°でカットしようと
すると膝にぶつかる

前後の角度が合計90度になるよう、それぞれ調整して仕上げます

13 スクエアな体形が理想なので、⑫の角度は、中躯まで延長したとき、キ甲の高さが体長とほぼ同じになるように決めていきます。

14 テイルの前付け根〜後ろ付け根は、理想的な寛骨の角度を意識して、テーブルに対して30度の角度でカットします。

15 ボディの後部をカットして体長を決めていきます。後肢アンギュレーションの始まるポイントまで、テーブルに対して垂直にカットします。

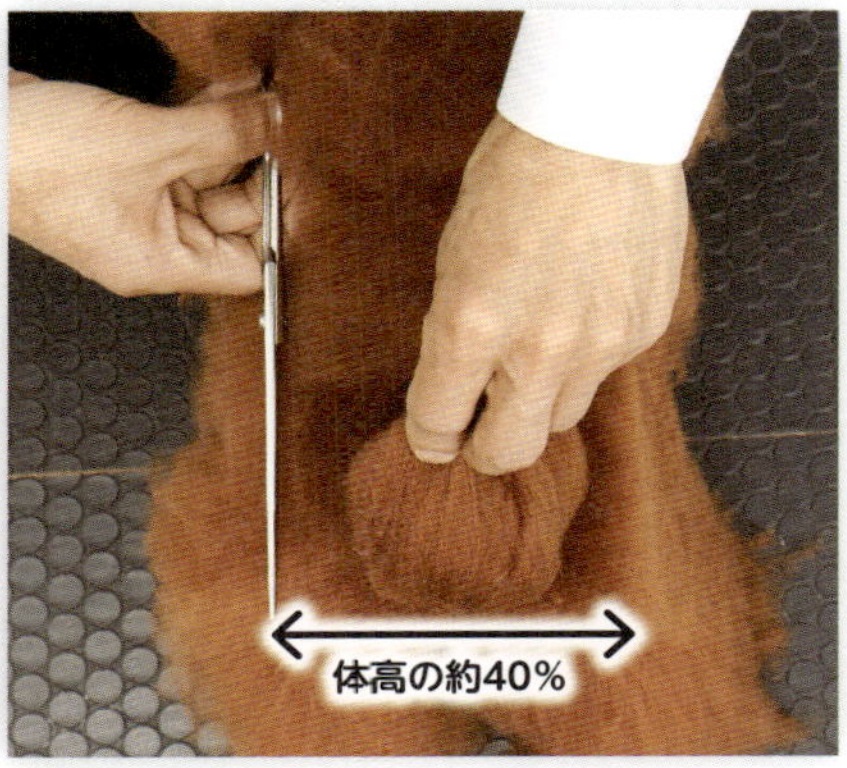

16 後躯のサイドをカットします。後躯の幅は体高の40%程度を目安にします。ハサミは背骨に平行な角度をキープします。

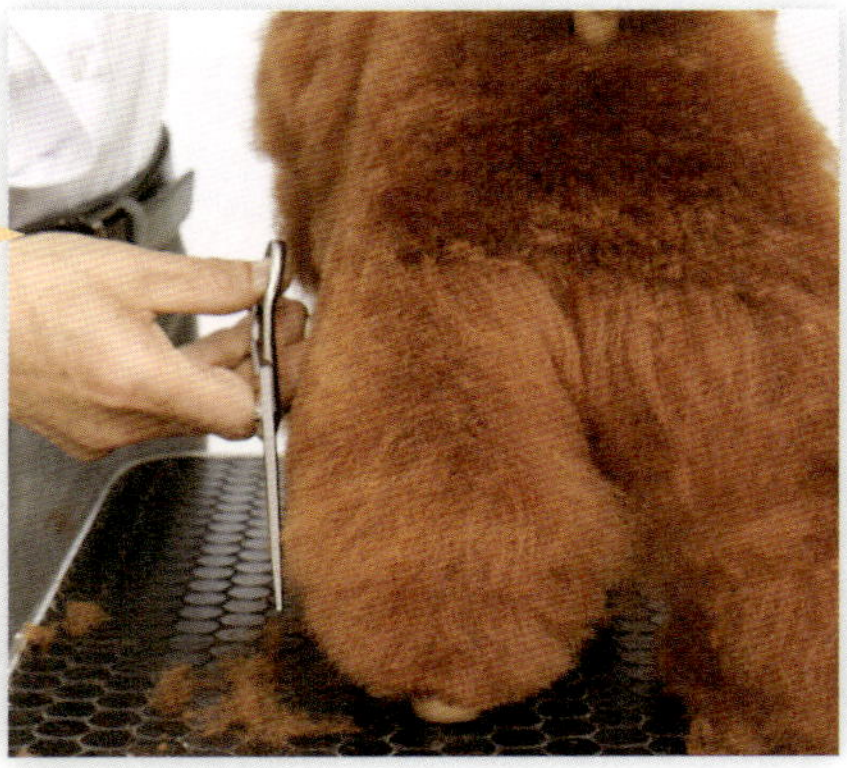

17 後肢の外側をカットします。⑯で決めた幅から下へ、テーブルから立ち上げた垂線に対して10度ほど開く角度でまっすぐにカットします。

POINT

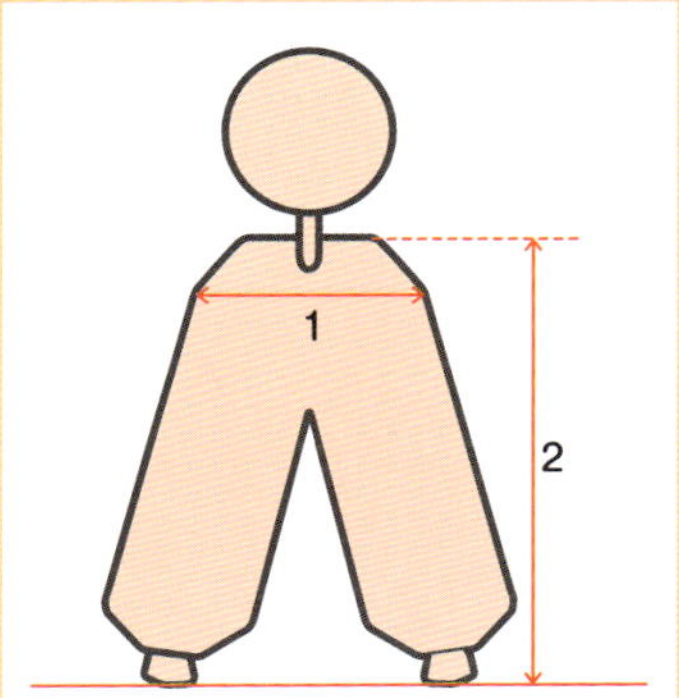

体の幅と高さのバランスも考えながら作業します。幅：高さ＝1：2くらいのバランスが目安

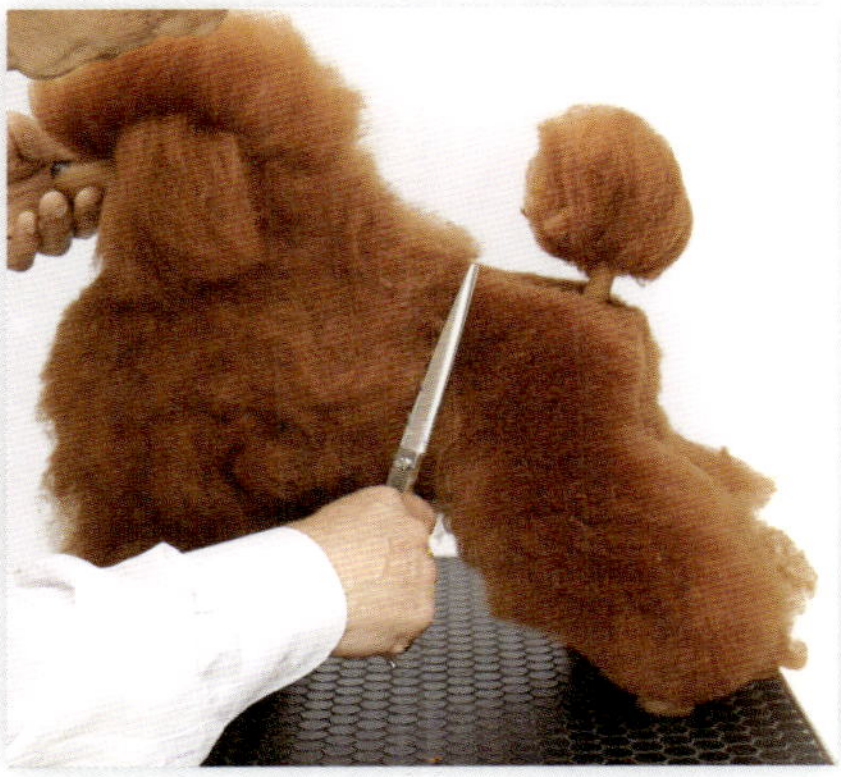

18 右利きのトリマーが犬の左サイドをカットする際、大腿部はハサミを縦（または斜め）に当てます。ただし、タック・アップより下はハサミを横向きに当てるとよいでしょう。

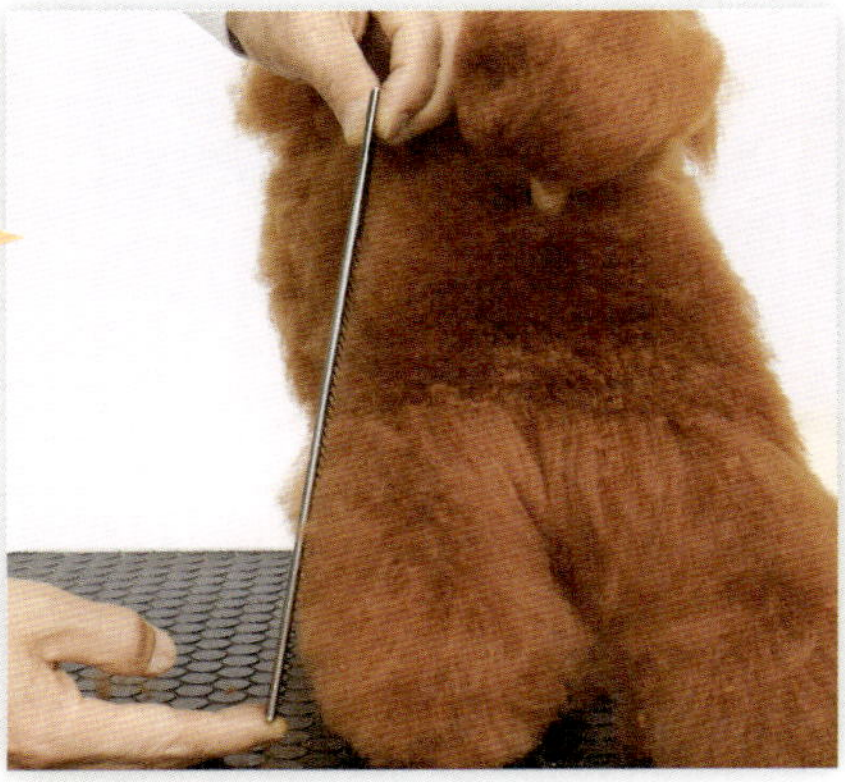

19 ⑰の作業では、背線からフット・ラインまで、真っ直ぐな面を作ります。

POINT

切り始めの角度が開きすぎている

フット・ラインへ向けて、途中から内側に入る

シザーリング

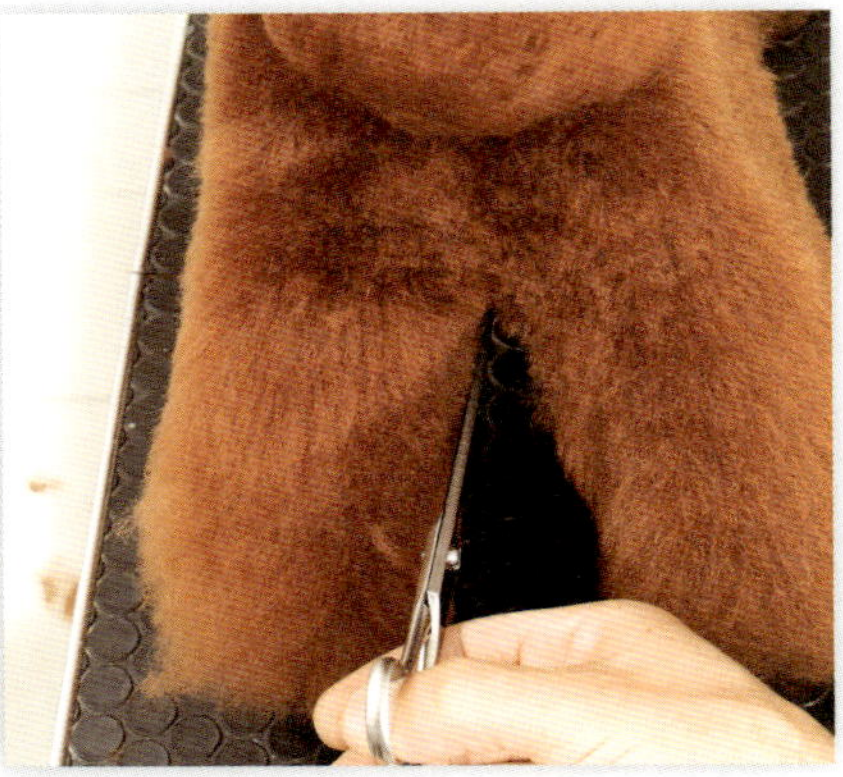

20 後肢の内側をカットします。[17]に対して平行にカットします。

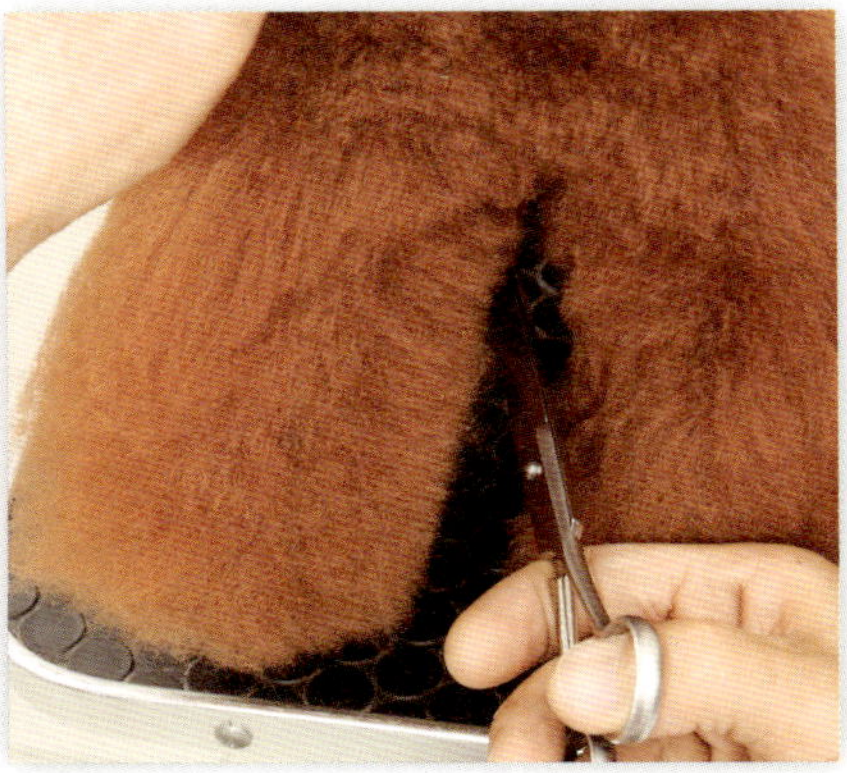

21 [20]でカットした部分を立毛し直すと、内側の前方に切り残しの毛が出てきます。その部分を、刃先をやや内側へ向けてカットします。

22 内側の前方は毛が前へ流れているため、[20]の作業の際、刃先から毛が逃げてしまいます。[21]の作業を加えることで、面を平らに整えることができます。

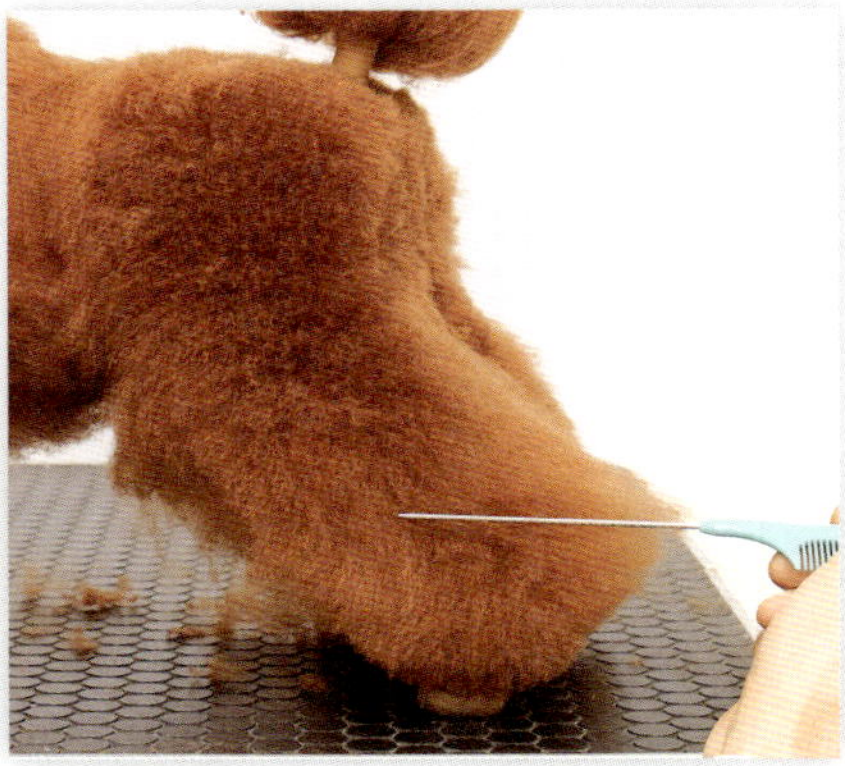

23 スロープ・ライン（後肢の後ろ側）をカットします。立毛し、飛節の高さを確認します。

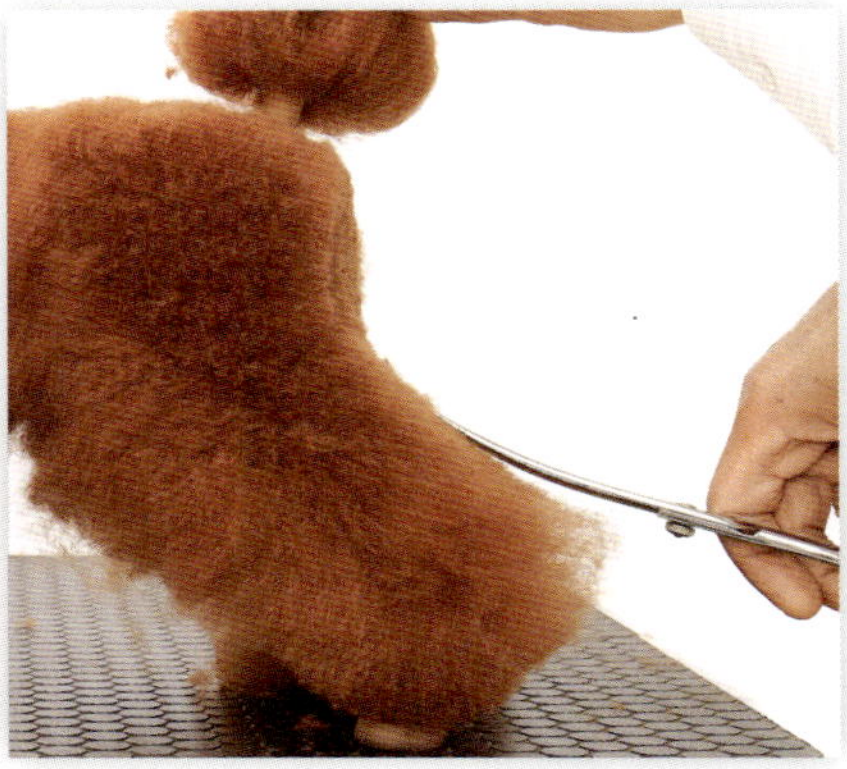

24 [23]の高さの最も後ろの点（最も毛のある部分）〜[15]でカットした後肢アンギュレーションの始まるポイントに向かって、少し丸み（アール）を付けて切り上げます。

25 [15]でカットした面と後肢の外側の角を取るようにカットします。[15]でカットした高さまでは、テーブルに対して垂直にハサミを当てます。

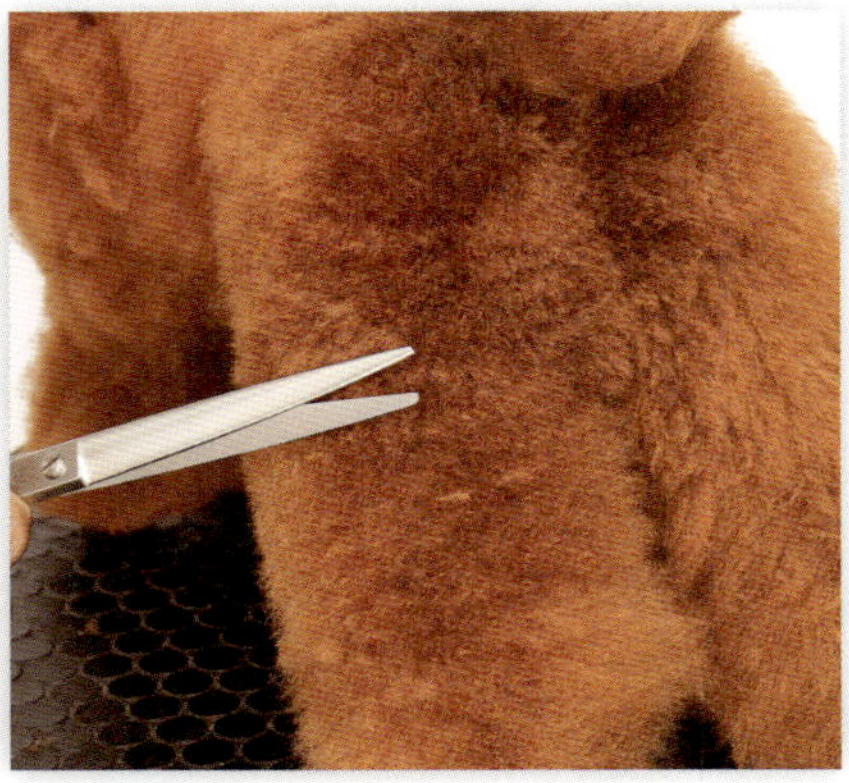

26 [24]でカットした面（スロープ・ライン）と後肢の外側の角を取るように、スロープの角度に合わせてハサミの角度を変えながらカットします。

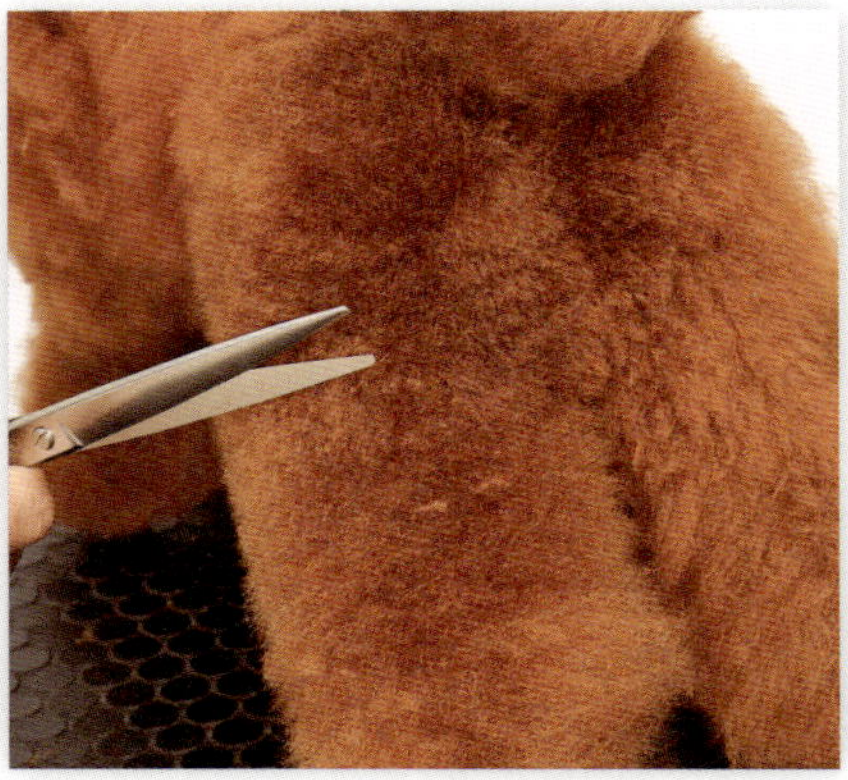

27 ハサミの角度を変えたところに切り残しが出ないよう、[25]の作業をする際は、[26]でカットする部分へつなげることを考えておきます。

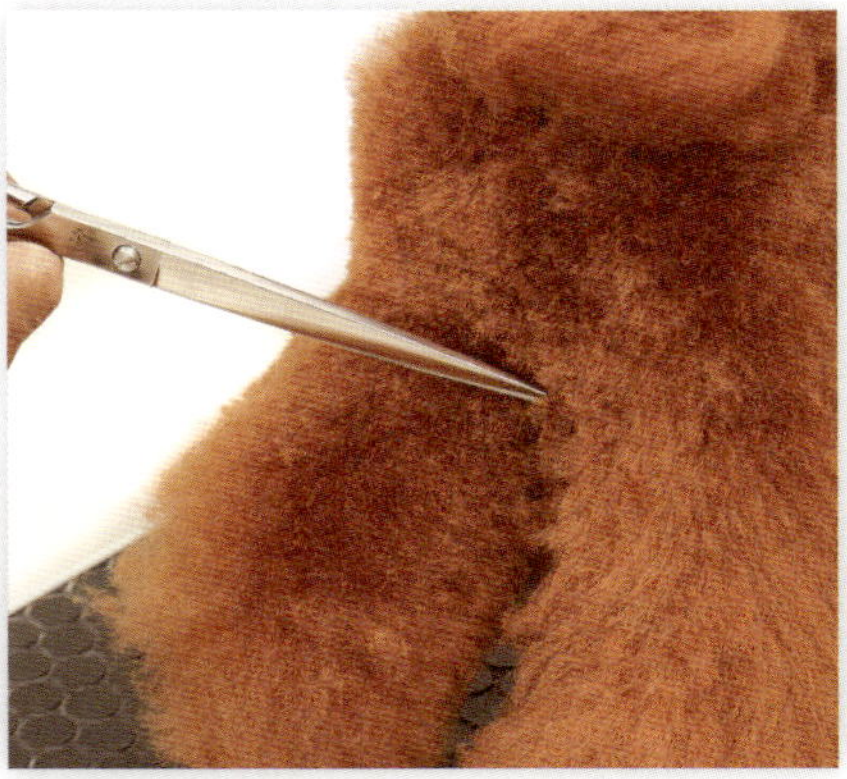

28 [15]、[24]でカットした後肢の後ろ側と、内側の角を取るようにカットします。[27]と同様、切り残しがないように面をつなげます。

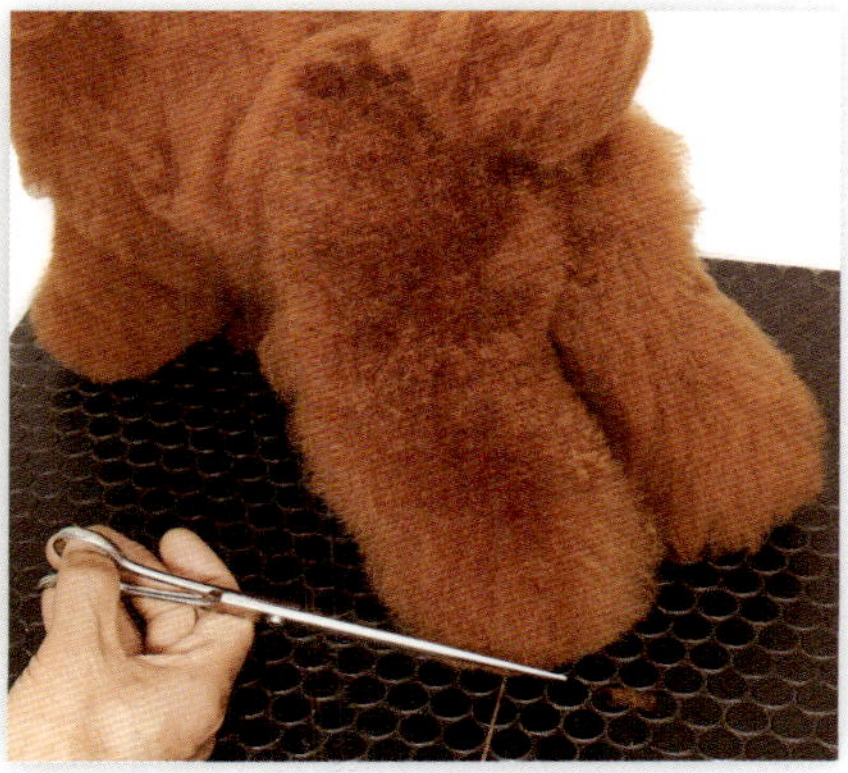

29 3と外側・内側の面の角を取るようにカットします。

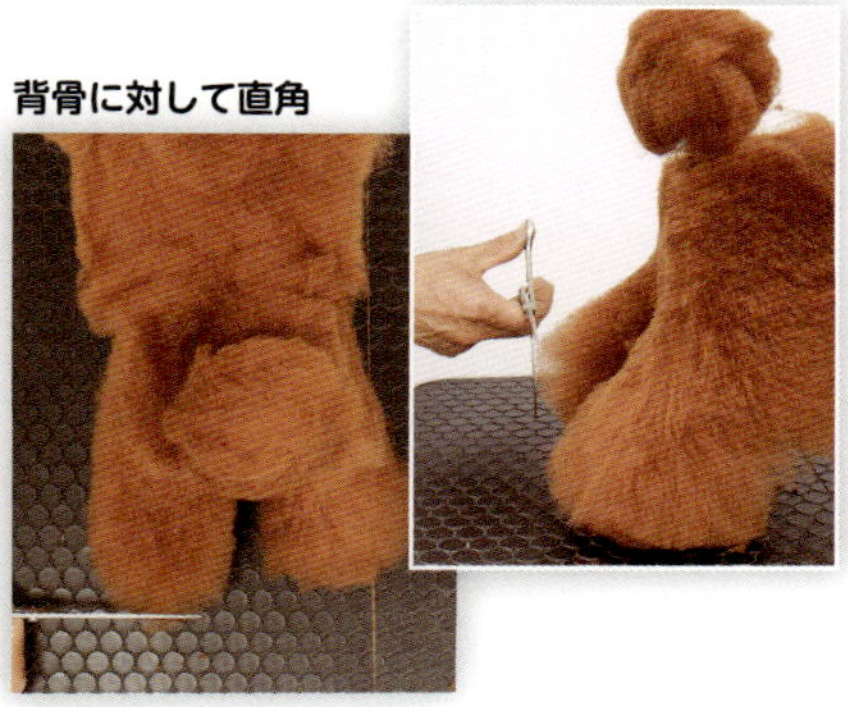

30 3と24の角を、テーブルに対して垂直にカットします。ハサミは、背骨に対して（上望して）直角に当てます。

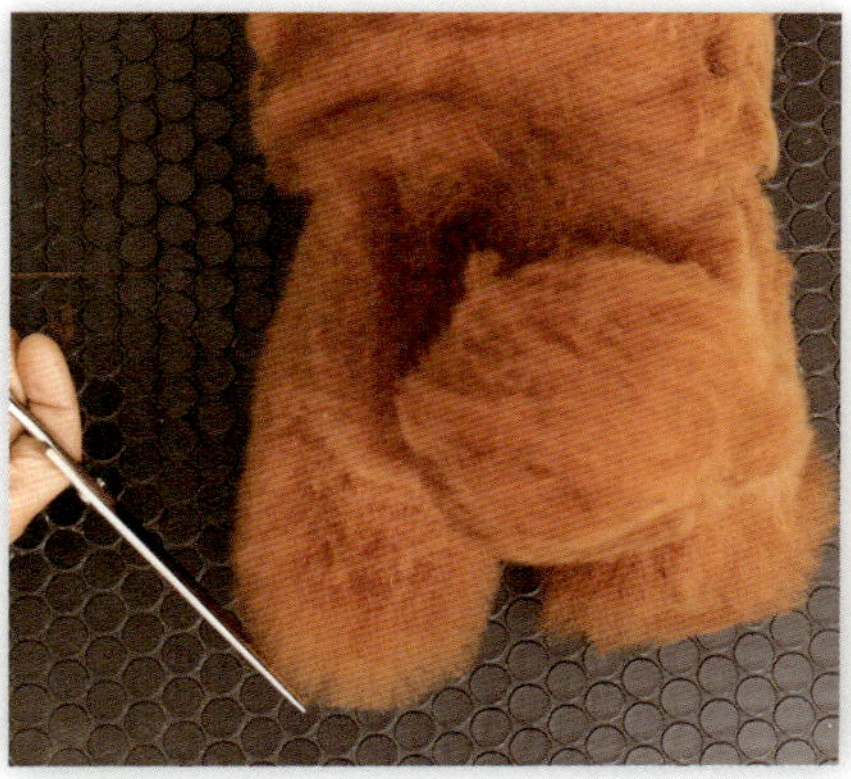

31 30と外側・内側の面の角を取るようにカットします（写真は上望）。

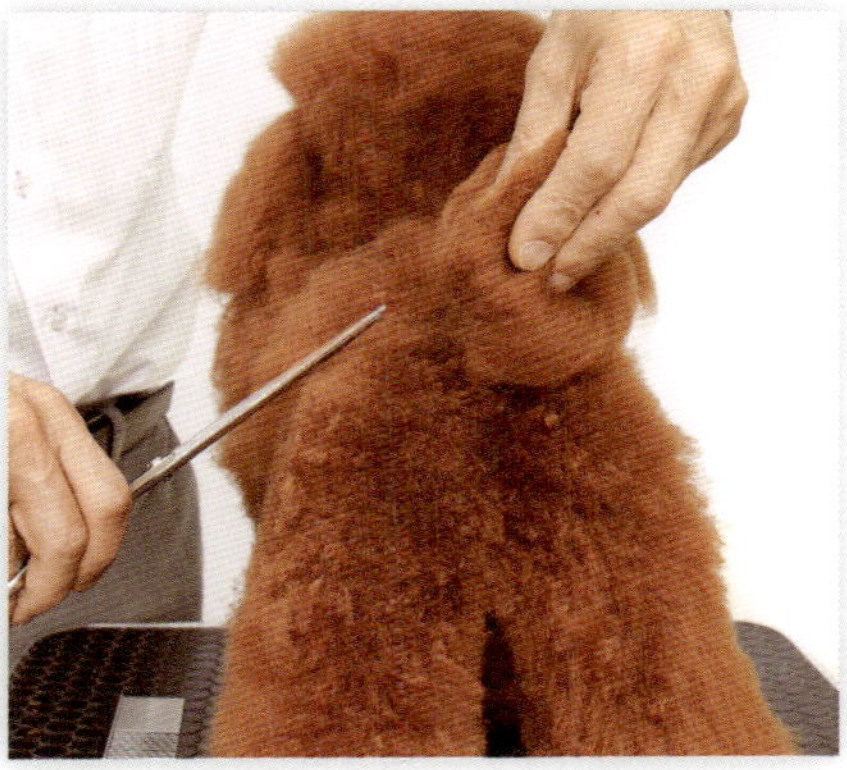

32 後躯の背線と後肢の外側の角を取ります。14と15の頂点から後肢の外側へ、テーブルに対して平行な線を想定。その線上に45度の角度でハサミを当てます。

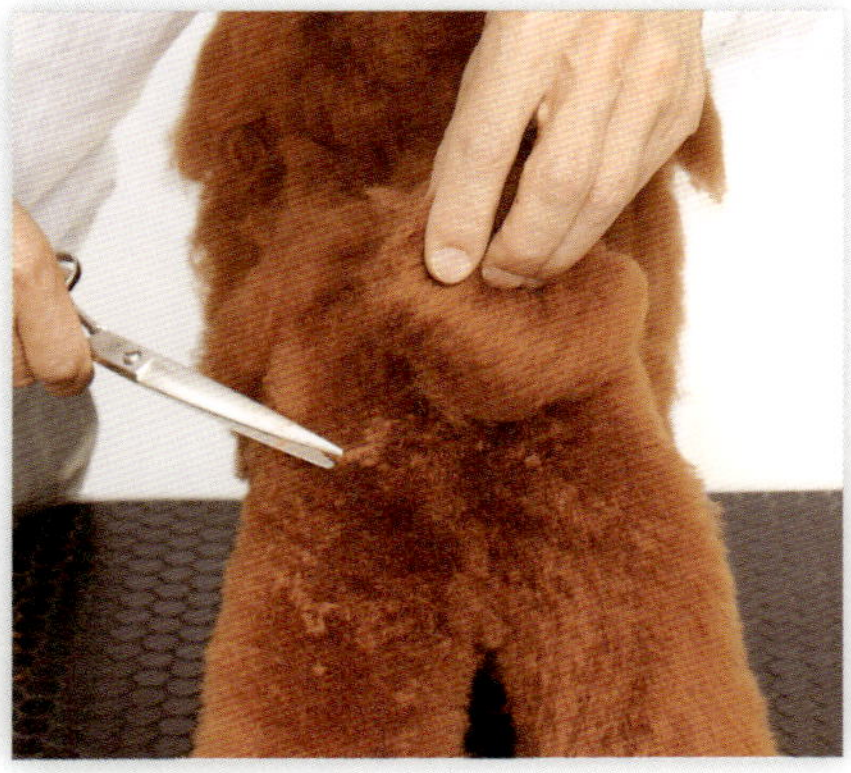

33 32と14の角を取るようにカットし、25の面へつなげます。

34 後肢の前側をカットします。フット・ラインから膝の高さまで、24に平行にカットします。

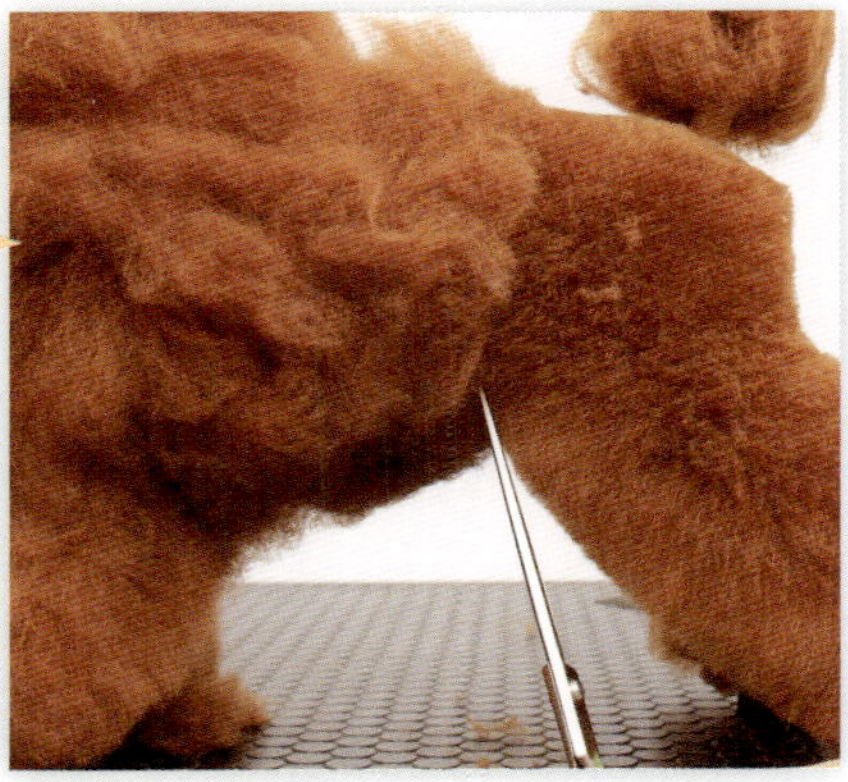

35 34から膝より上は、テーブルに対してハサミをやや立ててカットします。

POINT

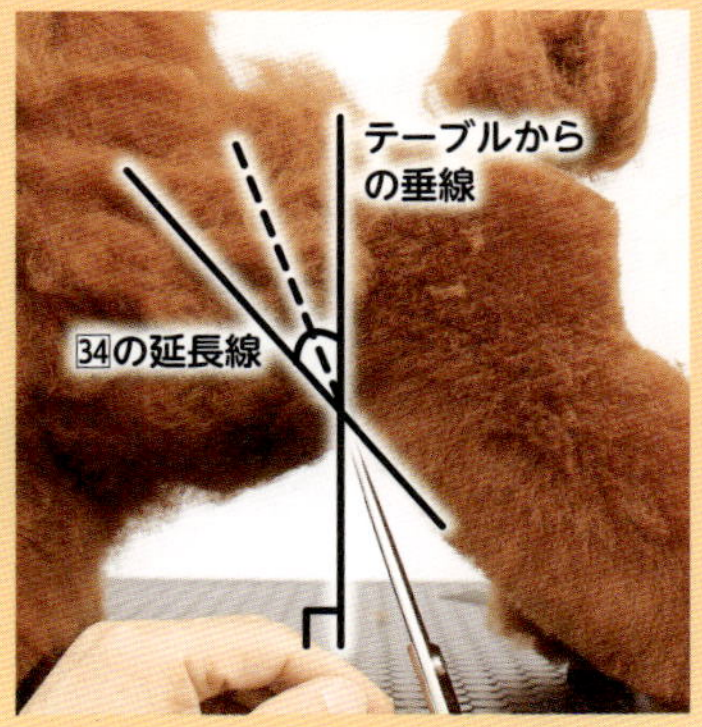

膝の位置にテーブルから立ち上げた垂線と、34の延長線が作る角度を想定し、その半分の角度を目安にするとよいでしょう

36 34～35と外側・内側の面の角を取るようにカットします。

POINT

タック・アップの位置修正

タック・アップの位置の目安は、ボディの後部から約1/3のところ。バランスの取れた犬なら本来の位置でOKですが、犬によっては修正が必要な場合もあります

バランスの取れた犬

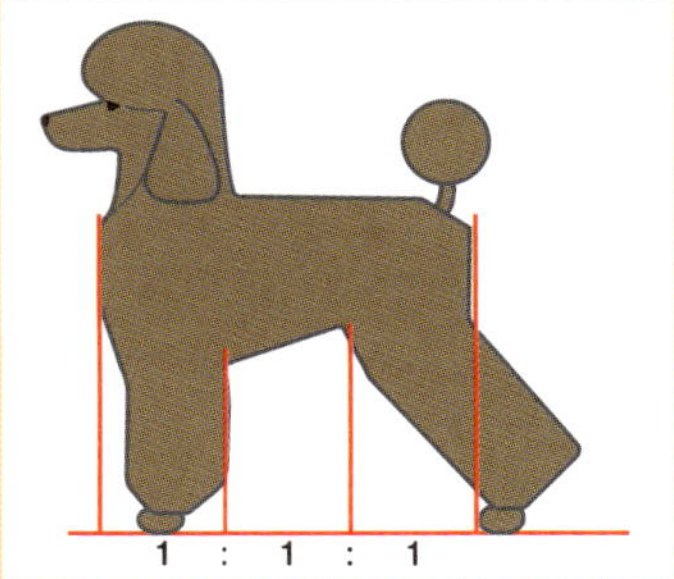

ボディの後部からほぼ1/3のところにタック・アップがあります

修正が必要な場合

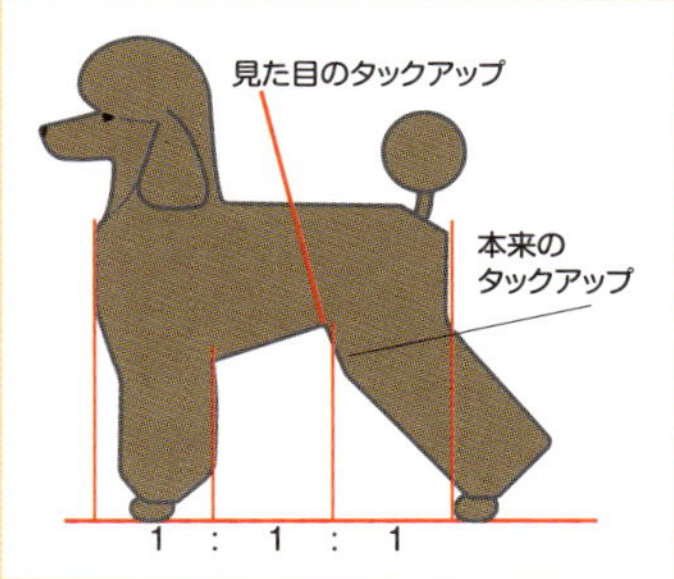

タック・アップがボディの後部からほぼ1/3のところにくるよう、位置をずらします

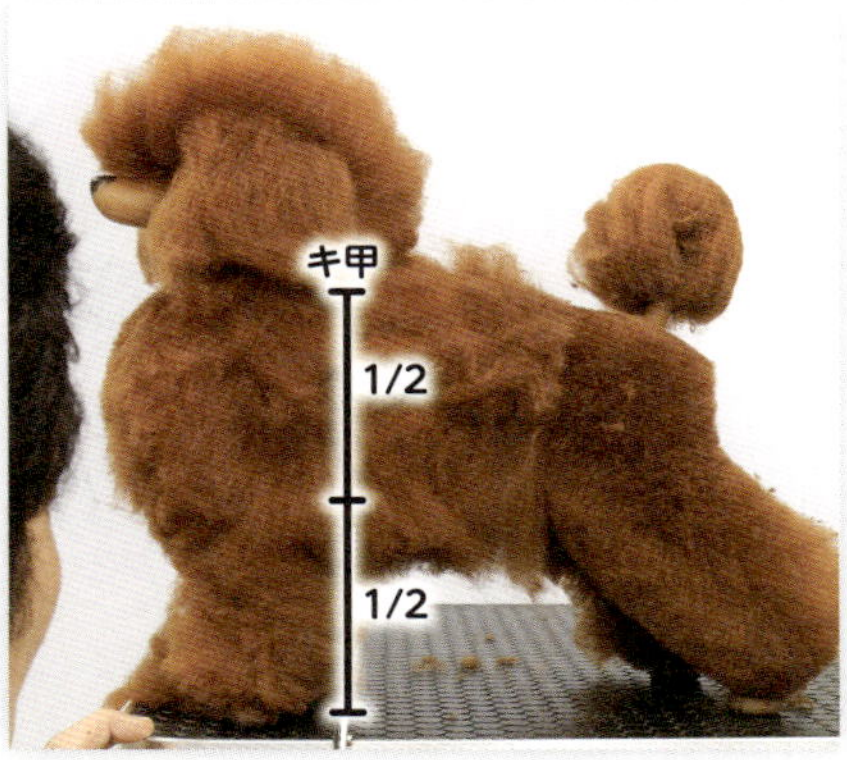

37 ボディのアンダー・ラインをカットします。前肢の後ろ側の線上に、テーブル～仕上がりのキ甲の高さの中間点を想定します。

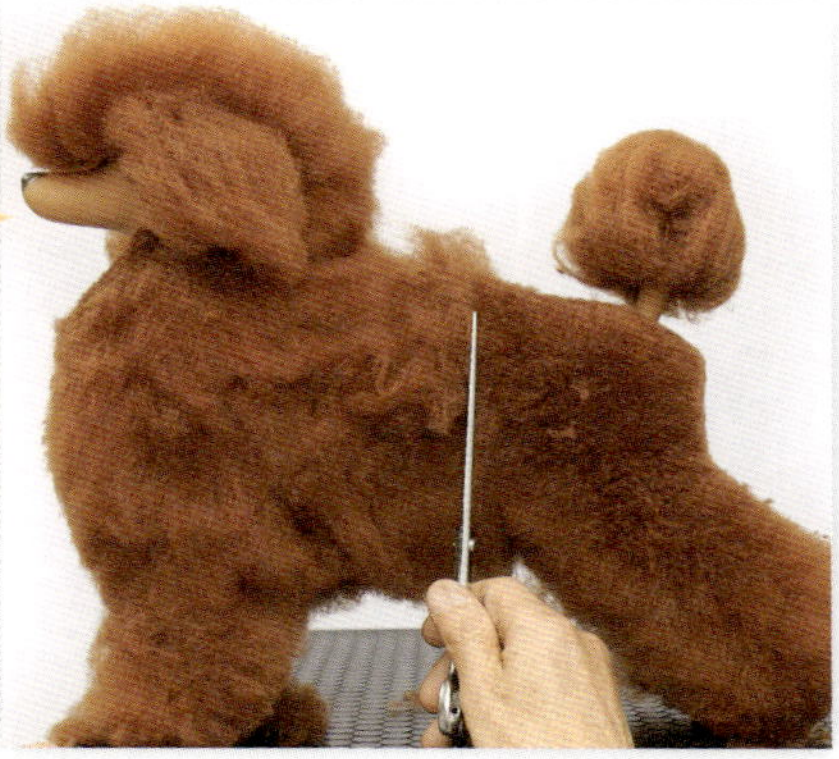

38 ネック・ライン、エプロンの毛がオーバー・コート（過剰）な場合は、先に粗刈りします。側望して体長を3等分し、後ろから1/3の位置を確認します。

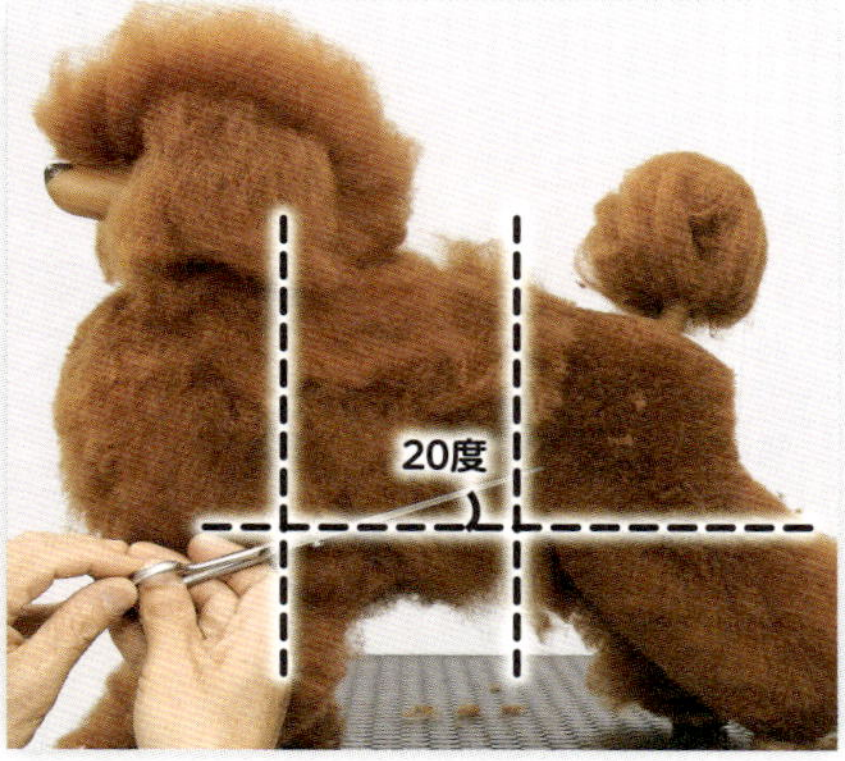

39 [37]で想定した点～[38]まで、テーブルに対して20度の角度でカットします。

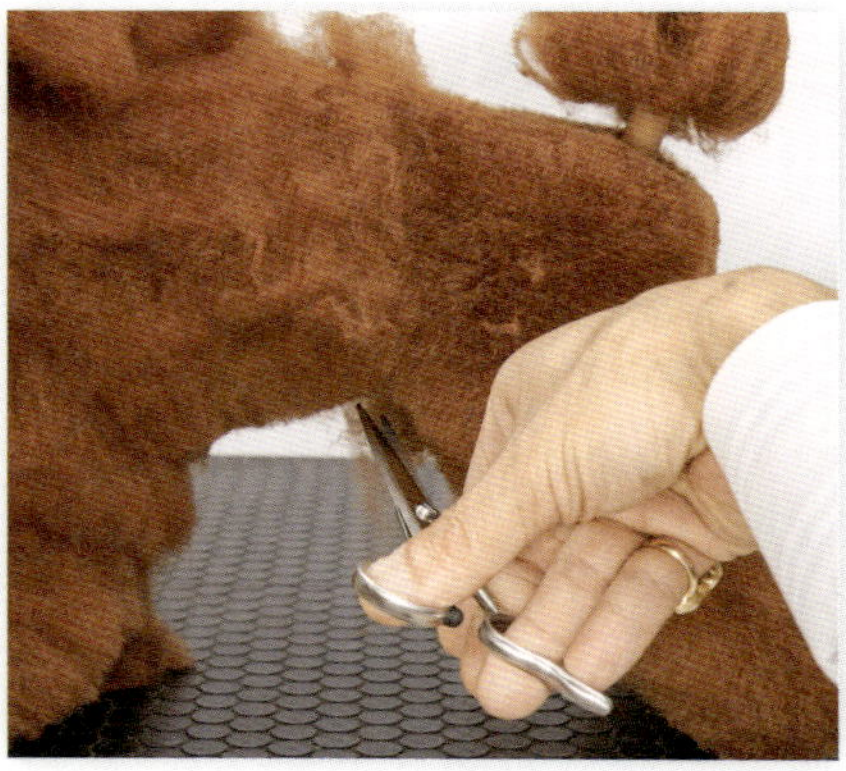

40 [38]より後ろに出る切り残しを、[35]へつなげるようにカット。さらに。[38]より後ろのサイドボディや背線に切り残しがあれば整えます。

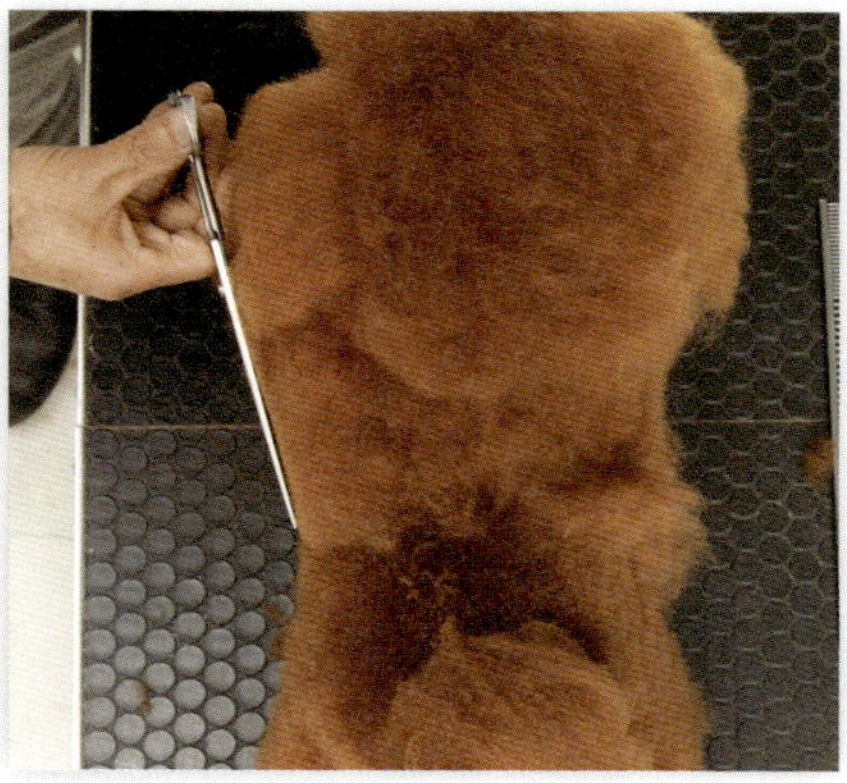

41 中躯のサイドをカットします。ハサミはテーブルに対して垂直に当て、上望したとき前へ向けて軽く広がるように整えます。

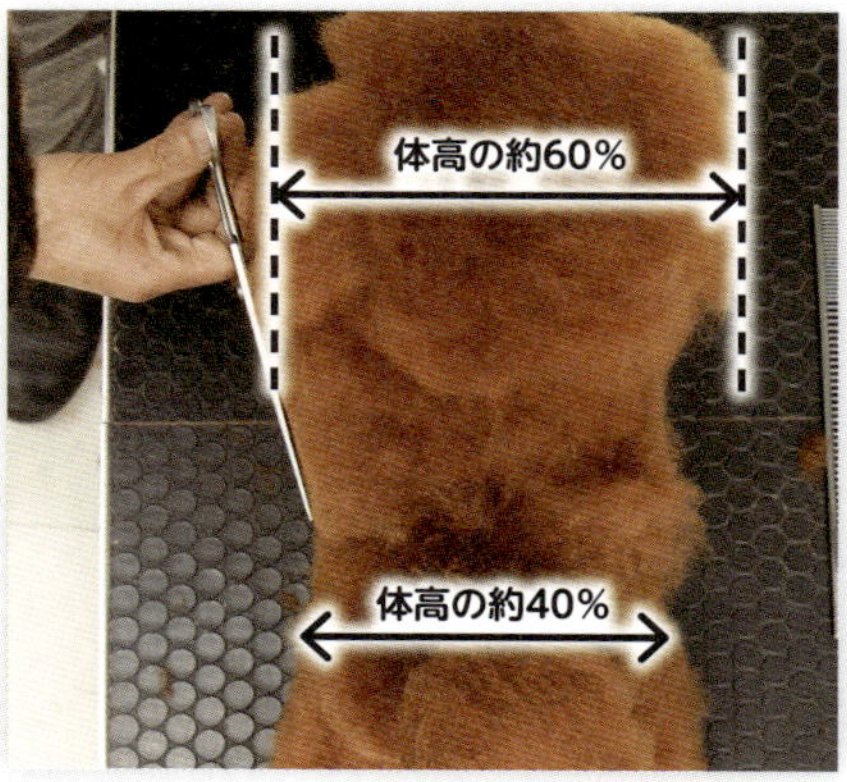

42 最終的に、前躯の幅は体高の60%程度に仕上げます。中躯のボディ・サイドは、仕上がりの前躯の幅を想定し、後躯～前躯をつなぐ角度でカットします。

43 右利きのトリマーの場合、後躯～中躯の右サイドをつなげる部分は、ハサミを上から縦に当てます。ハサミを横向きにするとボディに手が当たるため、前躯の毛を切りすぎてしまいます。

44 側望し、32で想定した線（線Ⓐ）を確認し、さらにその下に、ボディの高さを3等分するようにもう1本の線（線Ⓑ）を想定します。

45 39とボディ・サイドの角を取るように、44で想定した線Ⓑの高さまで切り上げます。

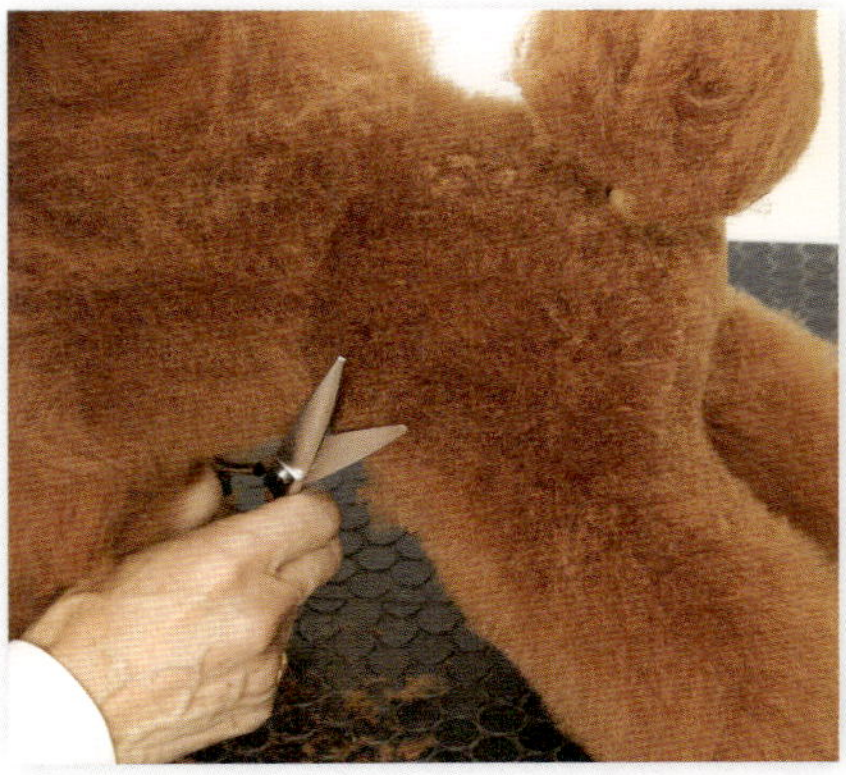

46 44と36のあいだの切り残しをカットし、ボディと後肢のつながりを整えます。

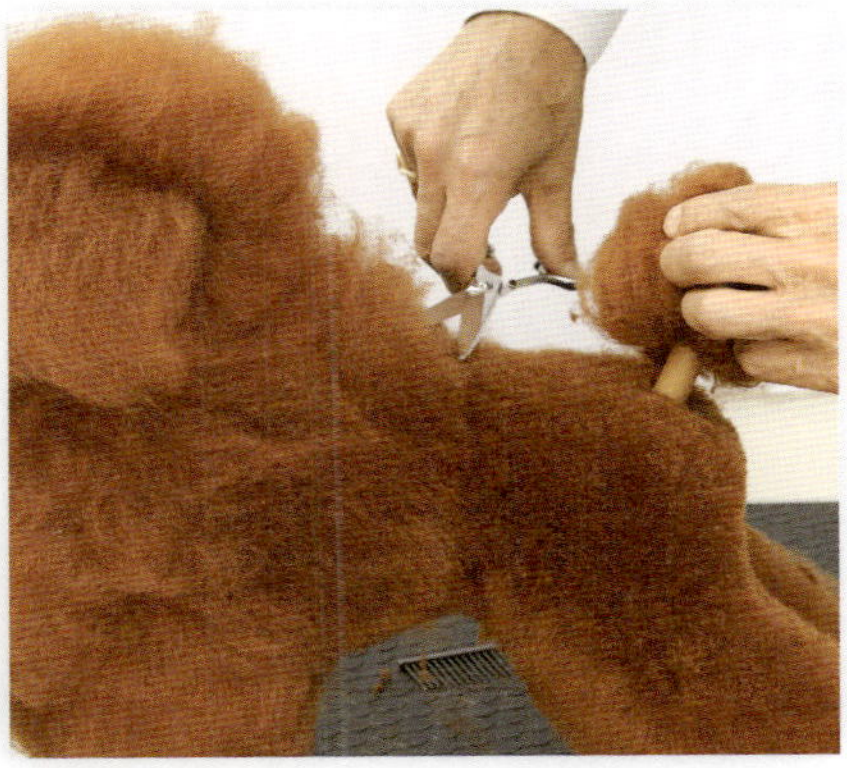

47 中躯の背線をカットします。中躯の半分あたりまでは、後躯の背線を延長します。

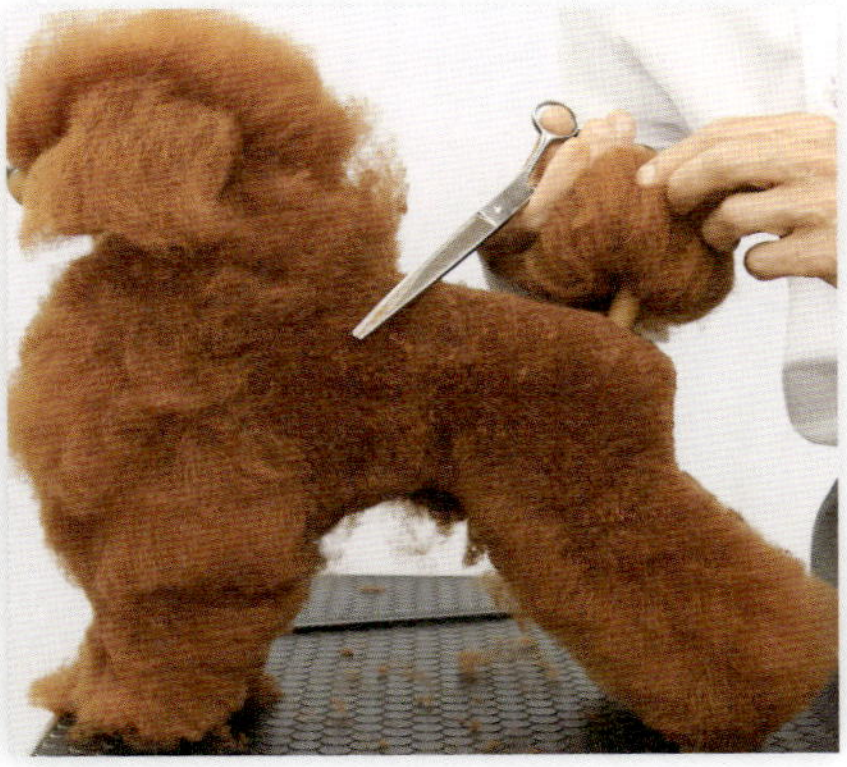

48 後躯から32の面を延長し、47と41の角を取ります。

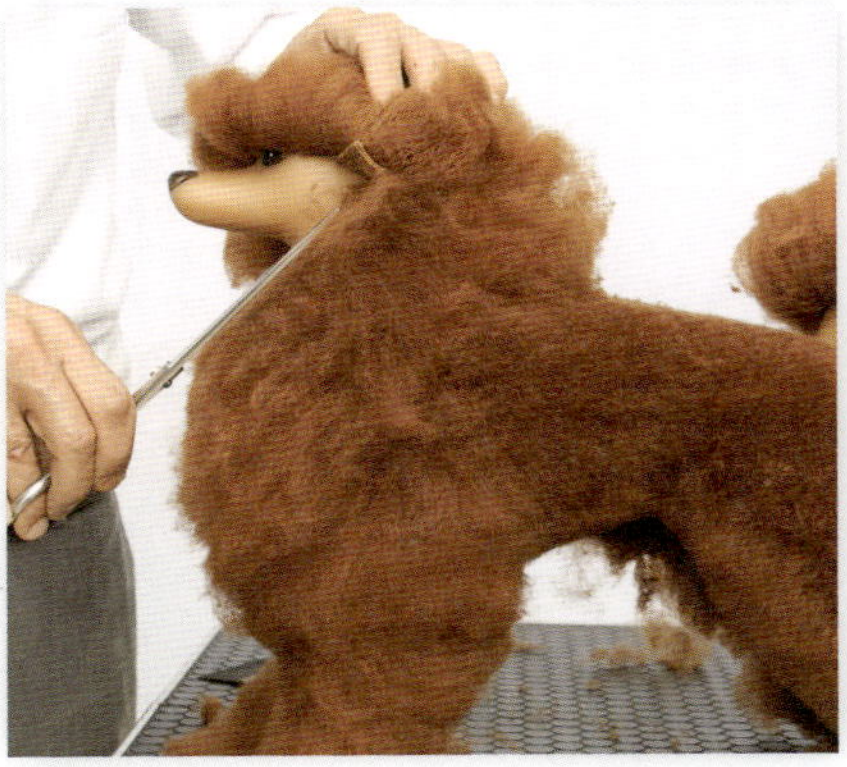

49 胸をカットします。44で想定した線Ⓐの高さまで、ハサミをネック・ラインに沿って当てて前胸の毛をカットします。

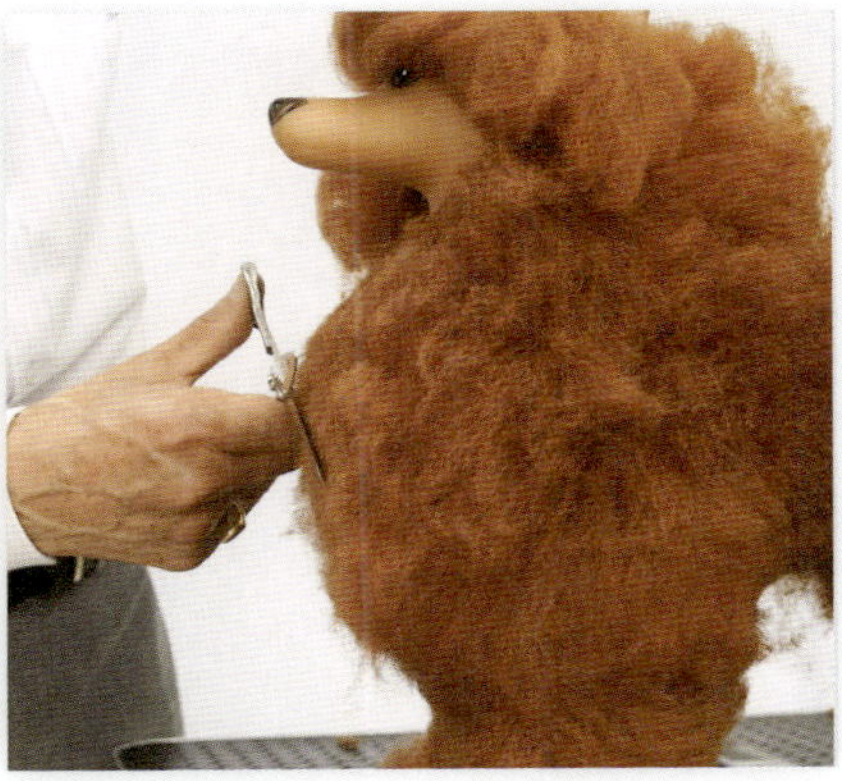

50 49より下は、テーブルに対して垂直にカットします。この部分は、コーミングすると下側が膨らむので、胸の下へ向けてやや細くするつもりでハサミを当てるとよいでしょう。

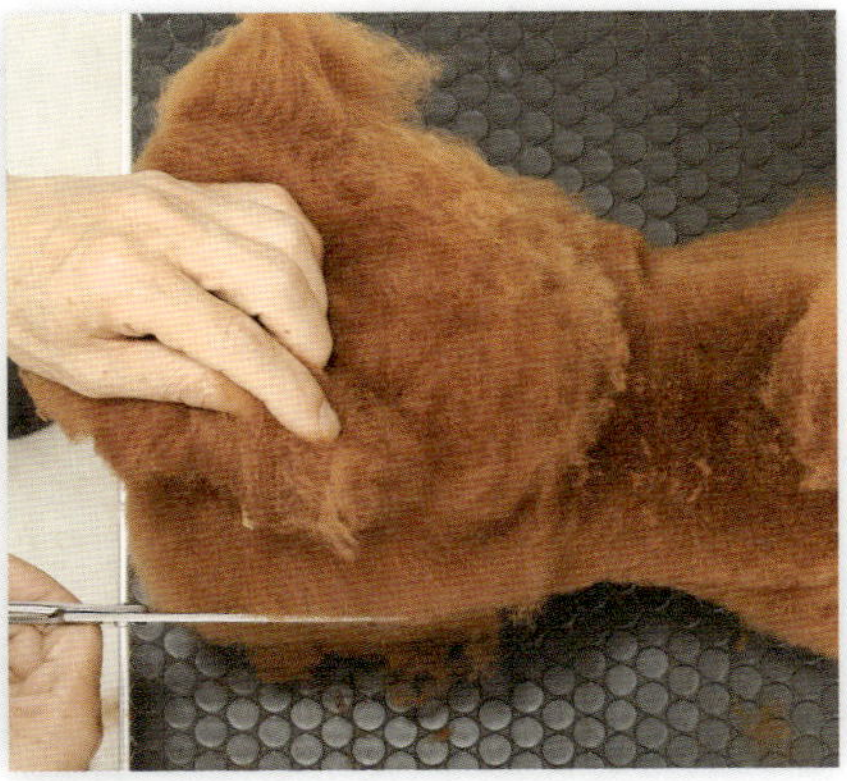

51 41からつなげて、前躯のサイドをカットします。42で想定した体の幅（体高の60%）を目安に、背骨に対して平行にハサミを当てます。

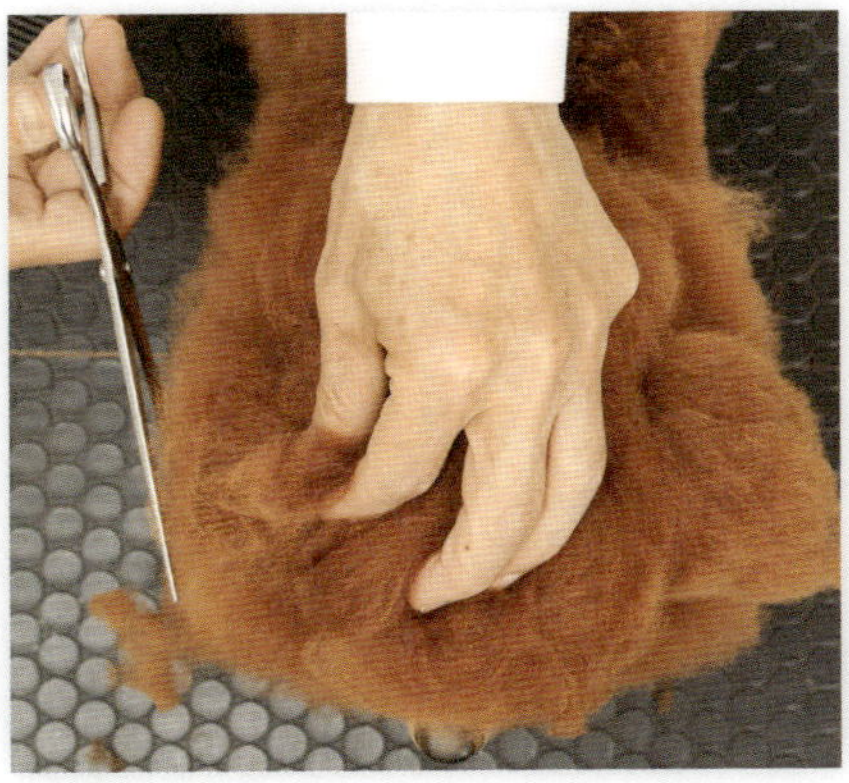

52 右利きのトリマーが右サイドをカットする際は、刃先から毛が逃げやすいので、ボディの前部へ向けてやや幅を狭めるつもりでハサミを当てます。

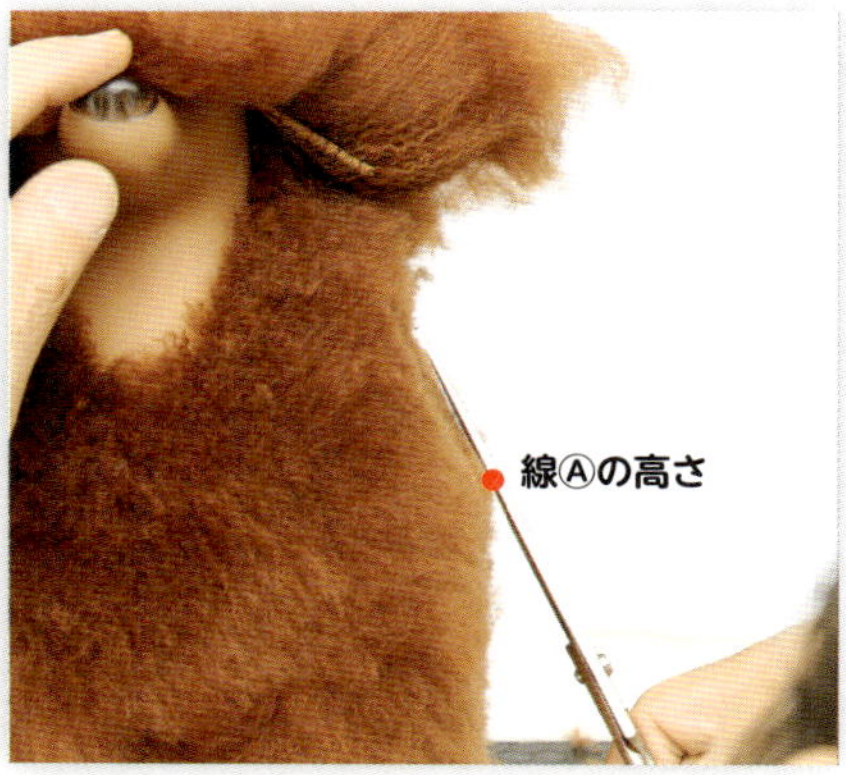

53 51からつなげて、サイドネックをカットします。44で想定した線Ⓐ～耳の付け根をつなぐ角度で、背線より少し上までカットします。

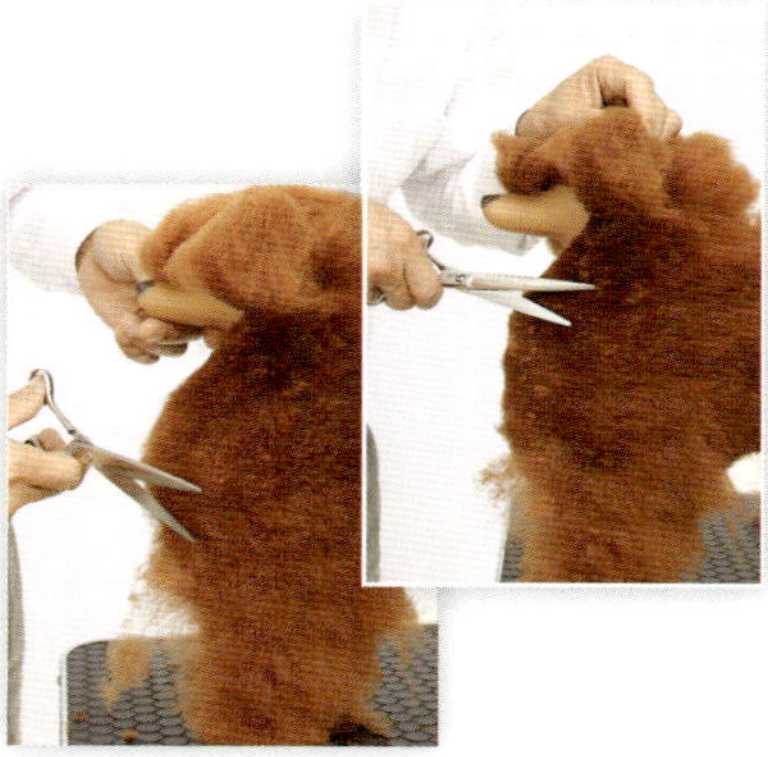

54 49と53、50と51の角を取るようにカットします。

55 前肢の後ろ側をカットします。側望し、37で想定した位置（アンダーラインの始まり）からテーブルに対して垂直にカットします。

POINT

毛流に注意！

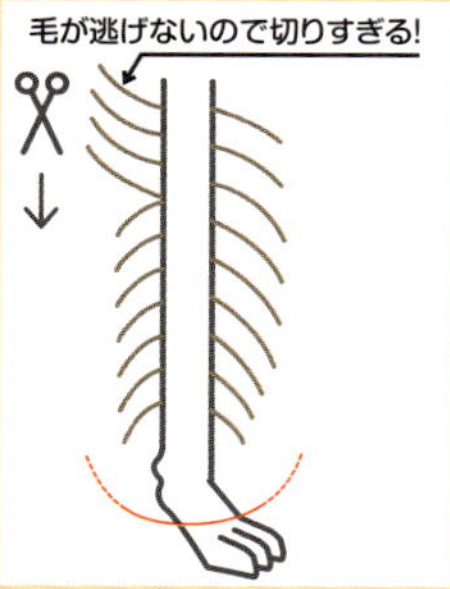

前肢後ろ側の上部は、ほかの部分とは毛流が逆。ハサミを上から下に向けて当てると、深くえぐれてしまうことがあります。切りすぎないよう、十分に立毛しておきましょう

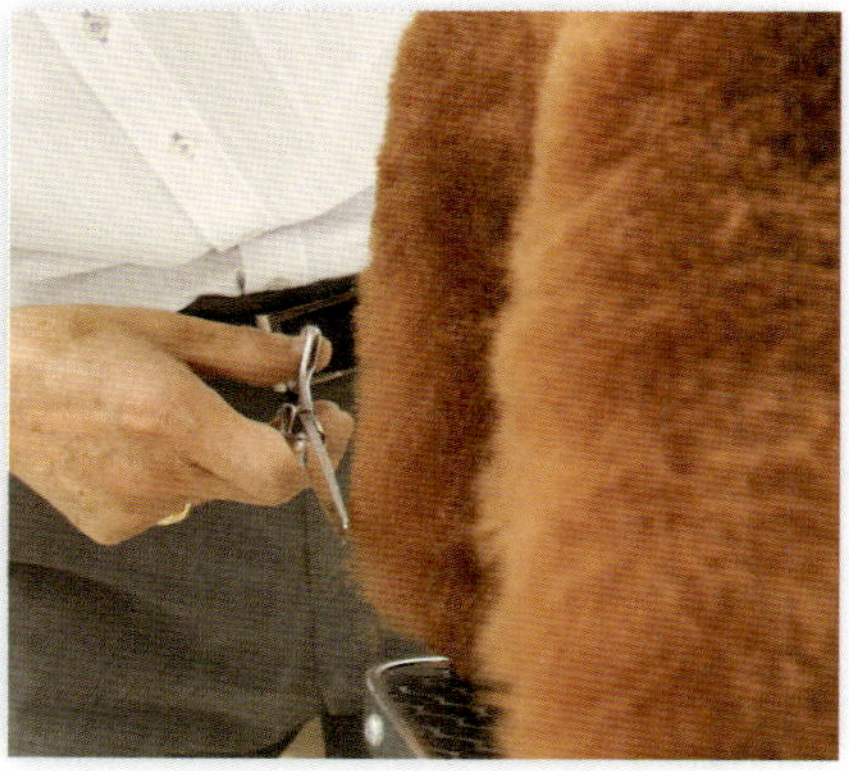

56 前肢の外側をカットします。51からつなげて、テーブルに対して垂直にカットします。

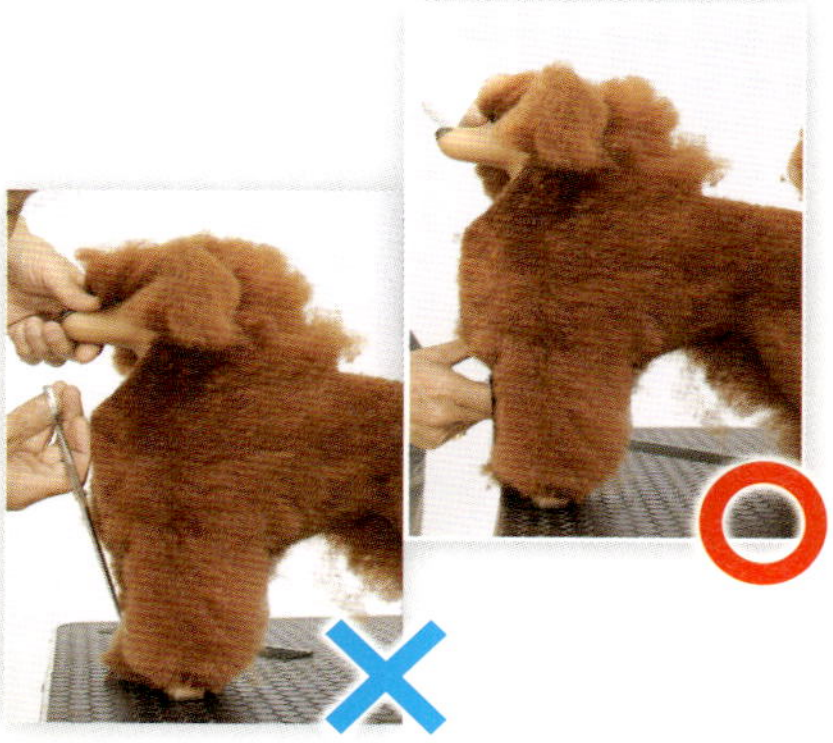

57 前肢の前側をカットします。55と同じ高さから、テーブルに対して垂直にカットします。ハサミを縦に当てると足先が細くなりやすいので、ハサミは横向きに当てるとよいでしょう。

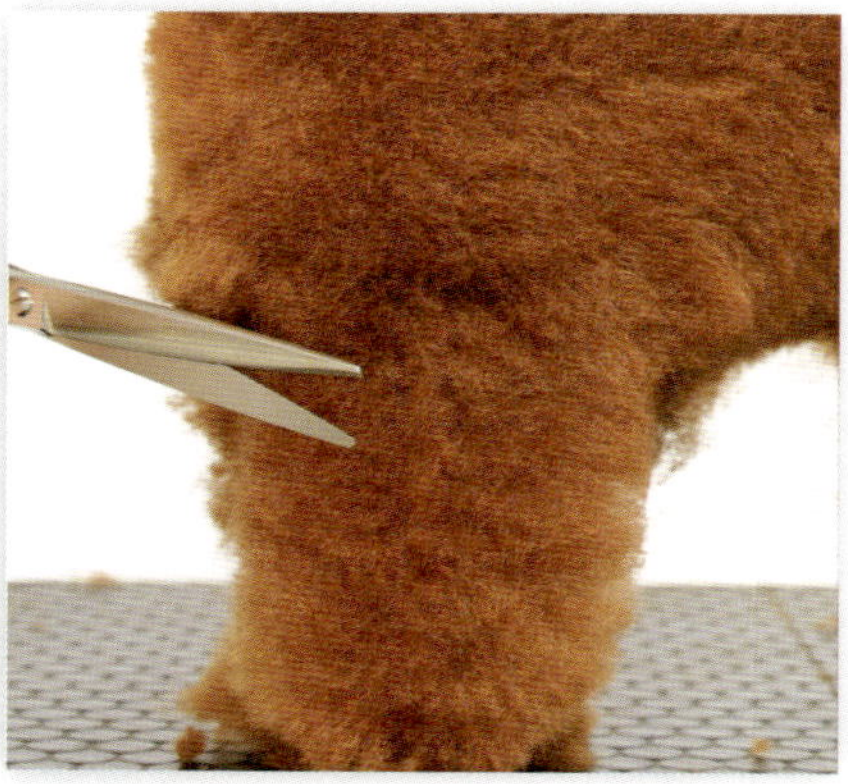

58 前肢の内側をテーブルに対して垂直にカットします。さらにハサミを背骨に対して45度の角度で当て、外側・内側・前側・後ろ側の面の角を取ります。

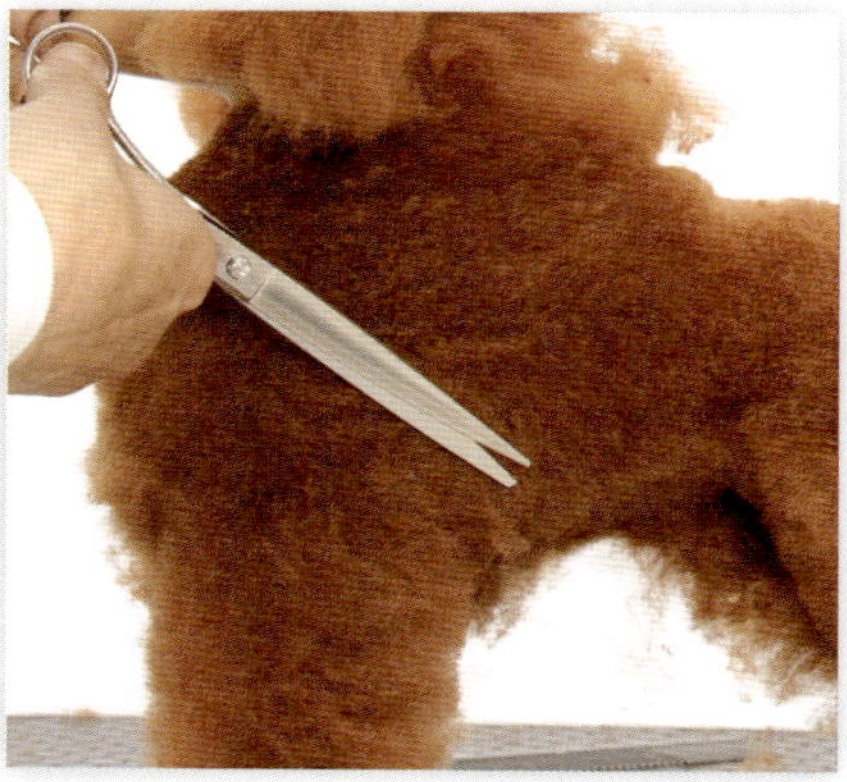

59 前肢の後ろ側と外側の角を取った部分～45のあいだに切り残しがないよう、面をつなげます。

60 44で想定した線Ⓑの高さまで胸の下側を切り上げ、さらにボディのアンダーラインをつなげるように下胸をカットします。

61 クラウンを作ります。まず、目尻〜耳の前付け根までをカットします。

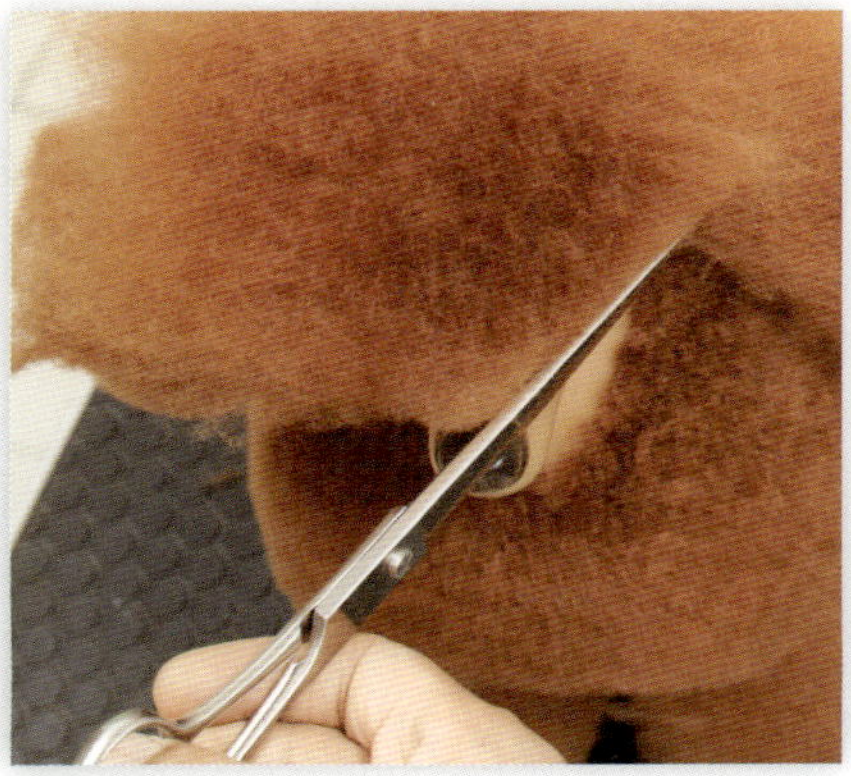

62 61は、前望してテーブルから立ち上げた垂線に対して外側へ25度開いた角度でカット。上望したときには、背骨に対して25度開いた角度にします。

63 耳の上をカットします。61からつなげて耳の前付け根〜後ろ付け根を、テーブルに対して垂直・背骨に対して平行にカットします。

64 63からつなげて、耳の後ろ付け根までテーブルに対して垂直にカット。そこからサイドネックは53の面へつなげていきます。

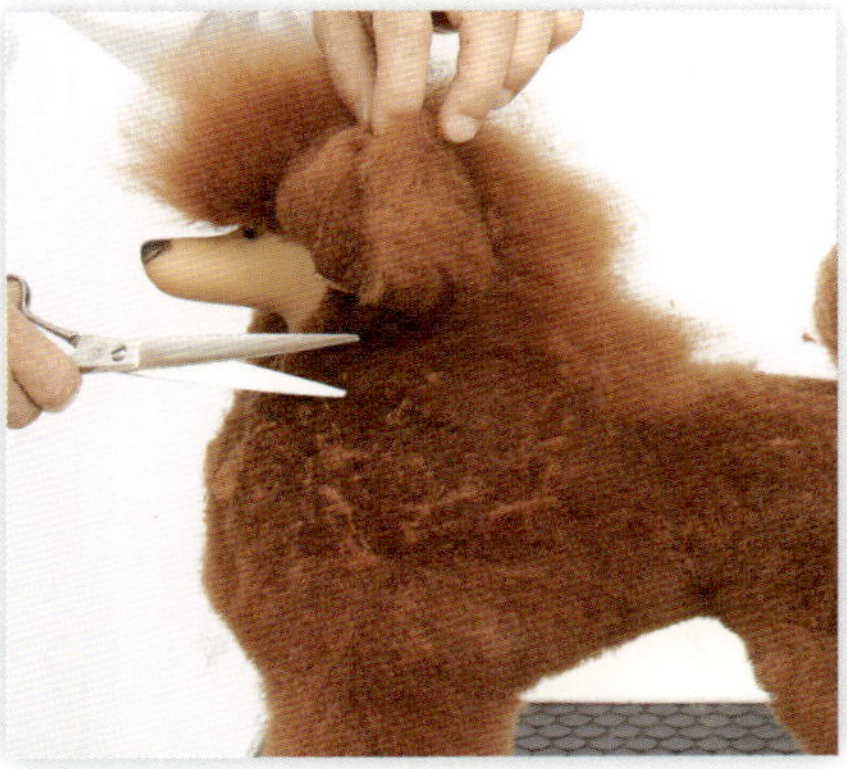

65 64と49の角を取るようにカットします。

66 65までの作業を終えたところ。前望し、クラウンがテーブルに対して垂直で、左右のラインが平行になっていることを確認します。

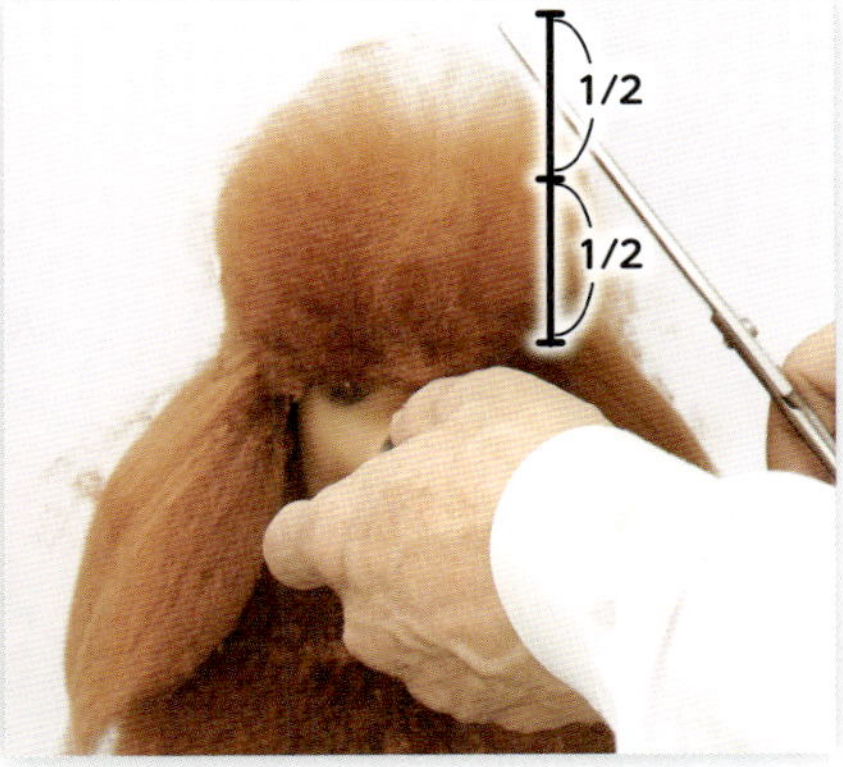

67 62の面の上部をカットします。仕上がりのクラウンの半分の高さから、テーブルに対して45度の角度でカットします。

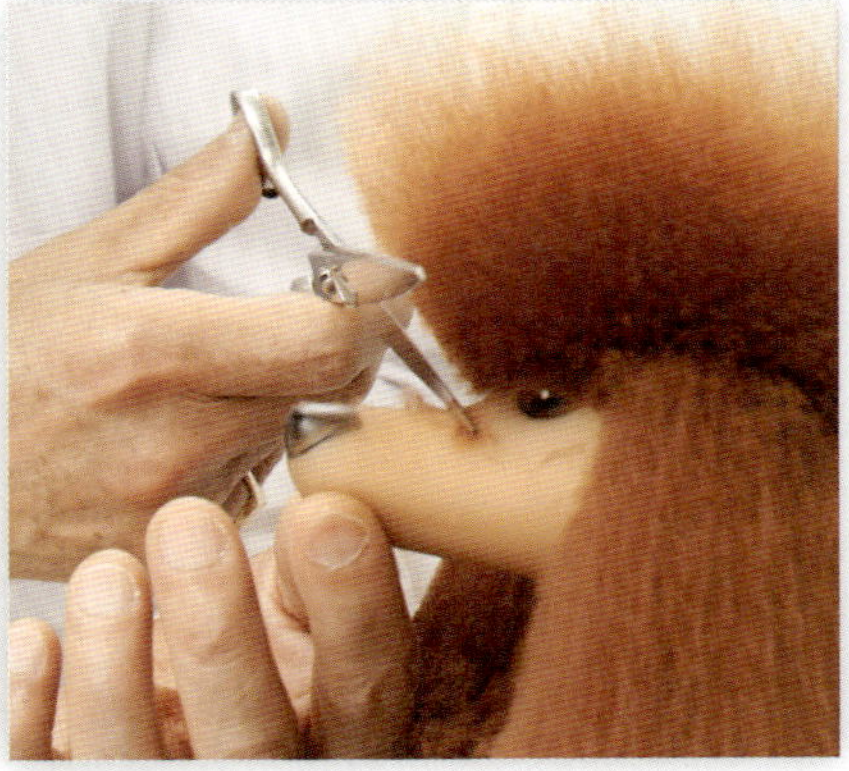

68 ストップから上へ、テーブルから立ち上げた垂線に対して前へ25度開いた角度でカットします。

69 68と62のあいだ（左右それぞれの目の上）の面を、テーブルから立ち上げた垂線に対して外側へ25度開いた角度でカットします。

POINT

クラウンの角度

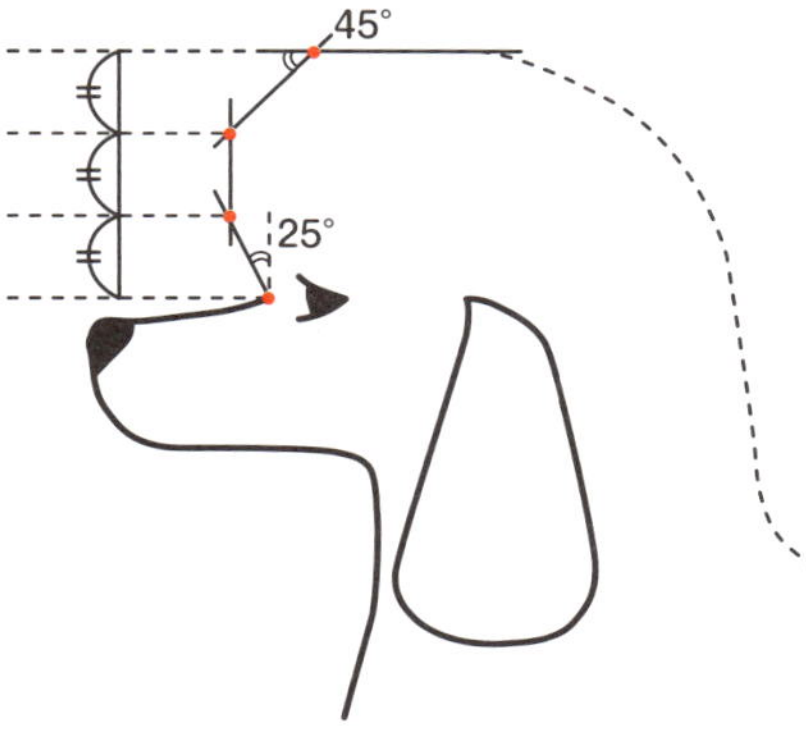

面によるクラウンの分割

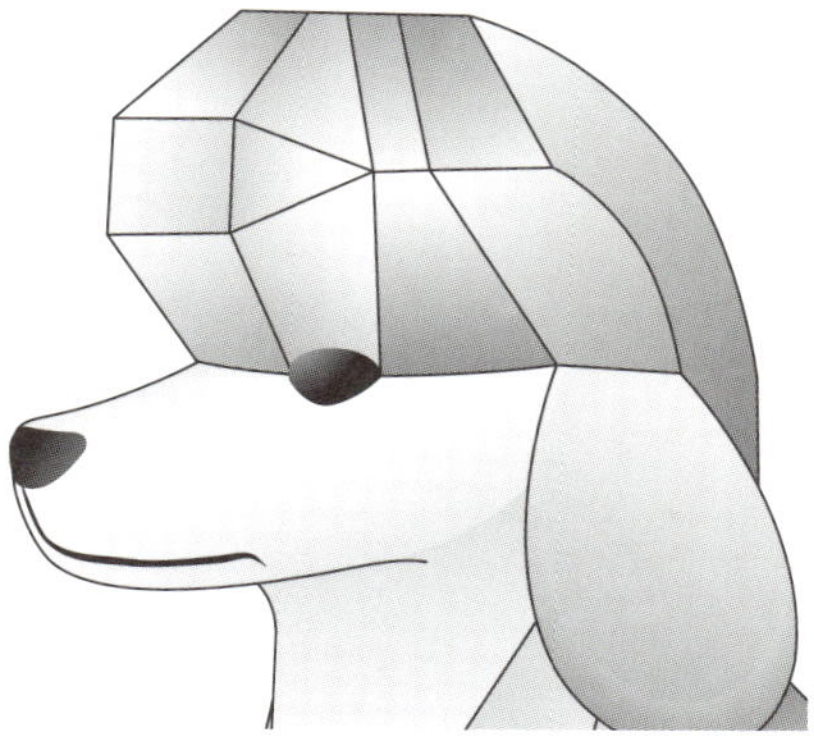

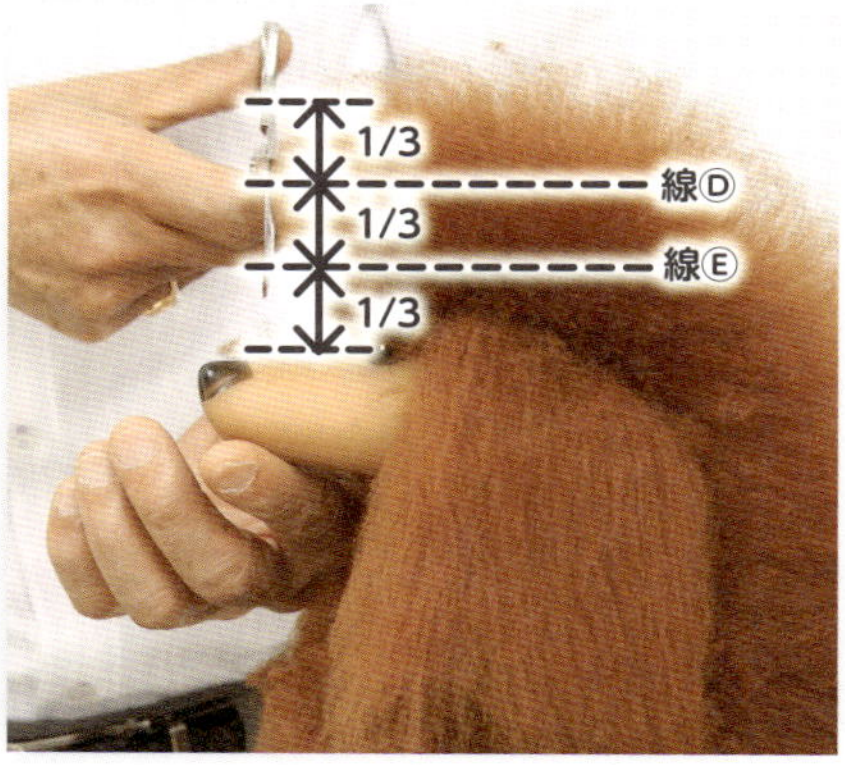

70 側望し、仕上がりのクラウンの高さを3等分する線（線Ⓓ、線Ⓔ）を想定します。線ⒹとⒺのあいだを、テーブルに対して垂直にカットします。

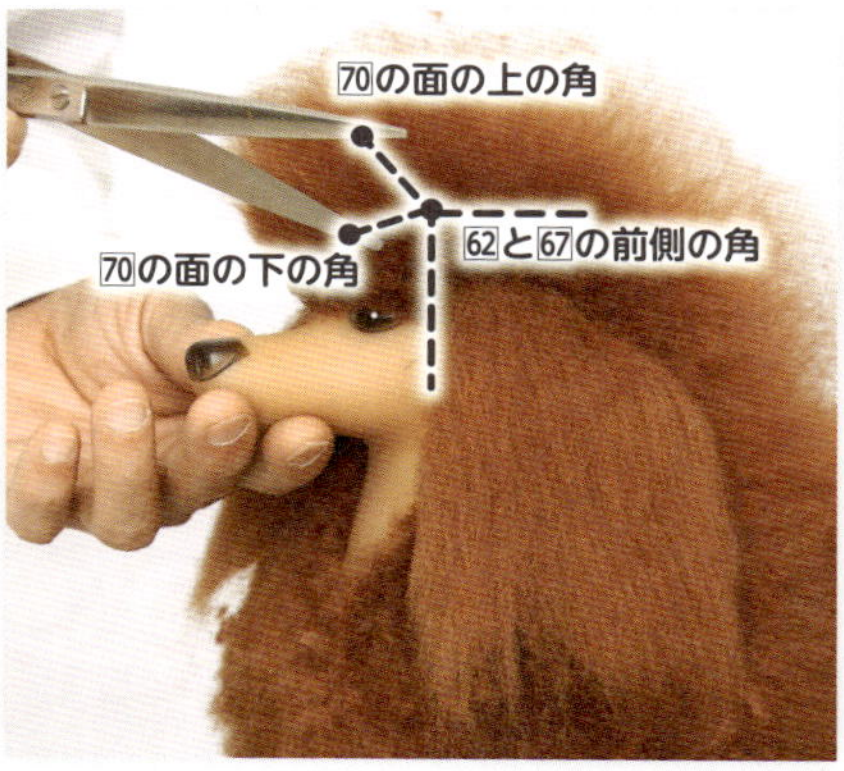

71 70でカットした面の上下の角と、62と67の前側の角を結ぶようにカットします（上図「クラウンの分割」の黄色部）。

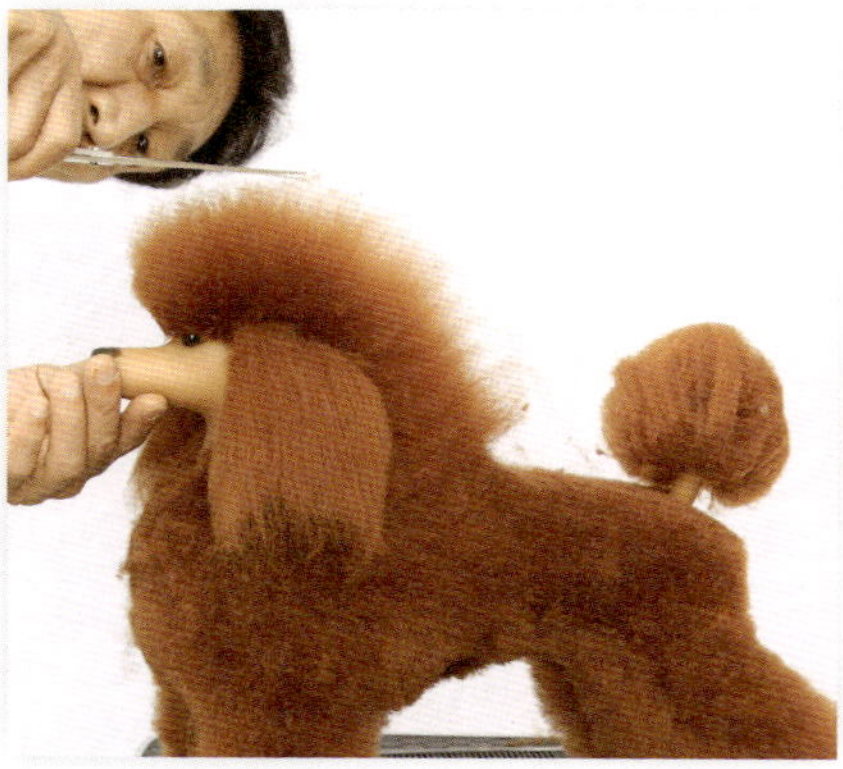

72 クラウンの上部をカットします。耳の前付け根までは、テーブルに対して平行にカットします。仕上がりの高さの目安は、クラウンの高さ5に対し、前後の幅が10弱を目安にします。

73 70で想定した線Ⓓより上を、テーブルに対して45度の角度でカットします。

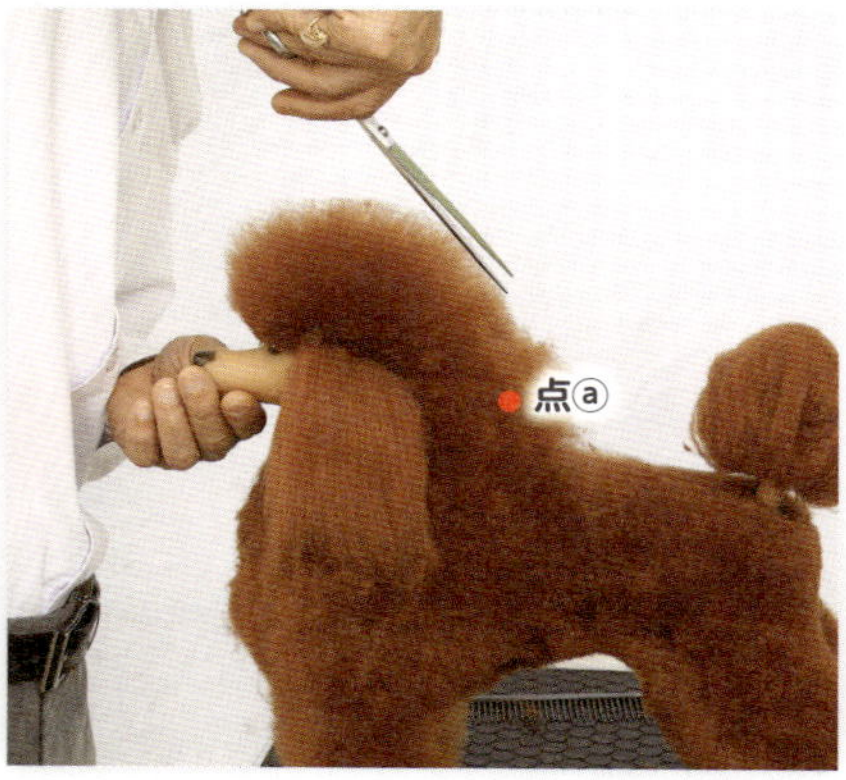

74 72より後ろは、イマジナリー・ラインと背線の中間の高さ（点ⓐ）までを目安に、刃先を使って丸みを付けていきます。

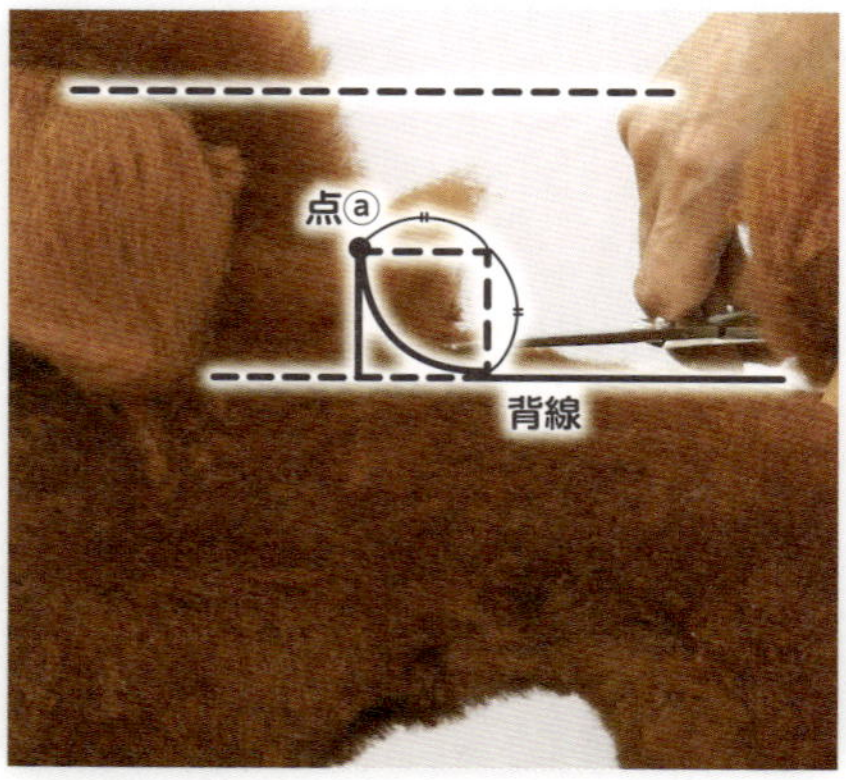

75 頭部〜背線をつなぐ部分に、点ⓐ〜背線の長さを半径とする四分円を想定し、四分円との接点まで背線を伸ばします。

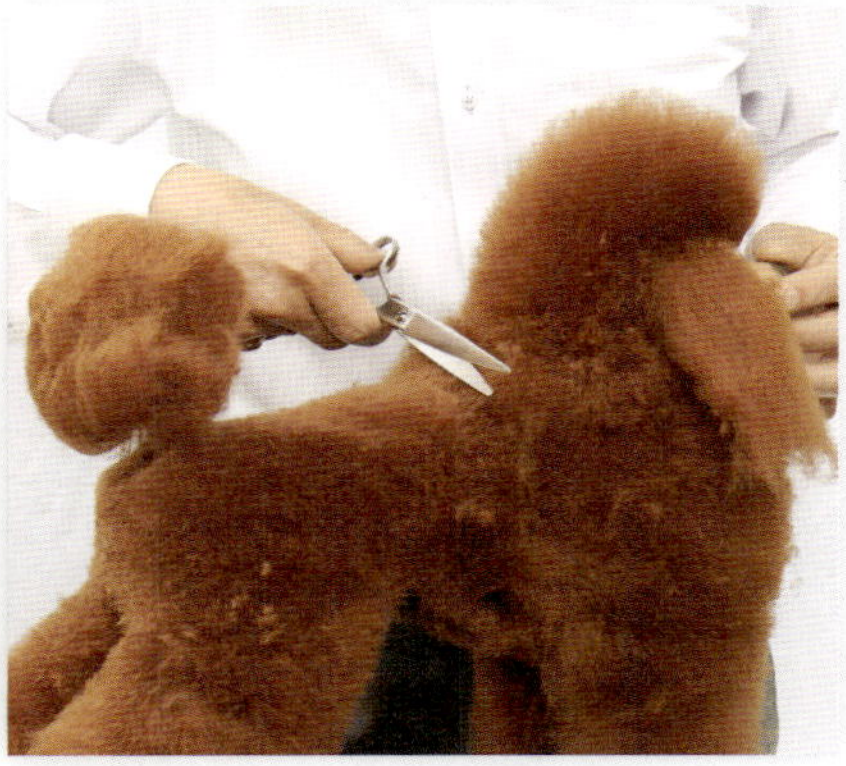

76 75で決めた背線の終わりから74へ、四分円の弧に沿ってつなげていきます。

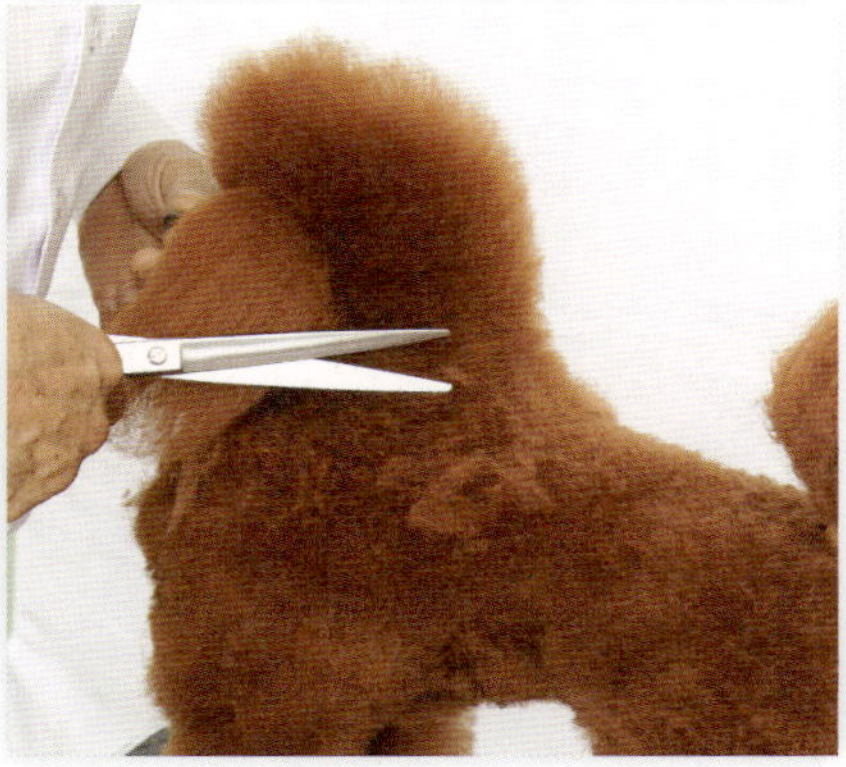

77 48と53、76のぶつかる角を取るようにカットします。

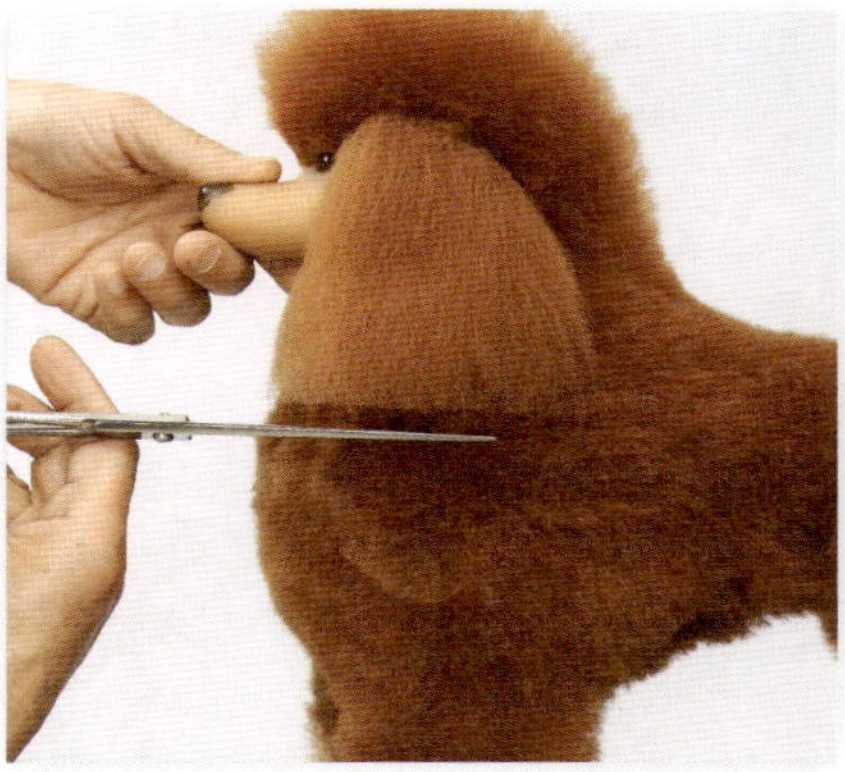

78 耳をカットします。側望して耳の長さを想定し、テーブルに対して平行にカットします。

POINT

頭部と背線のつなぎ方（背線がテーブルと平行な場合）

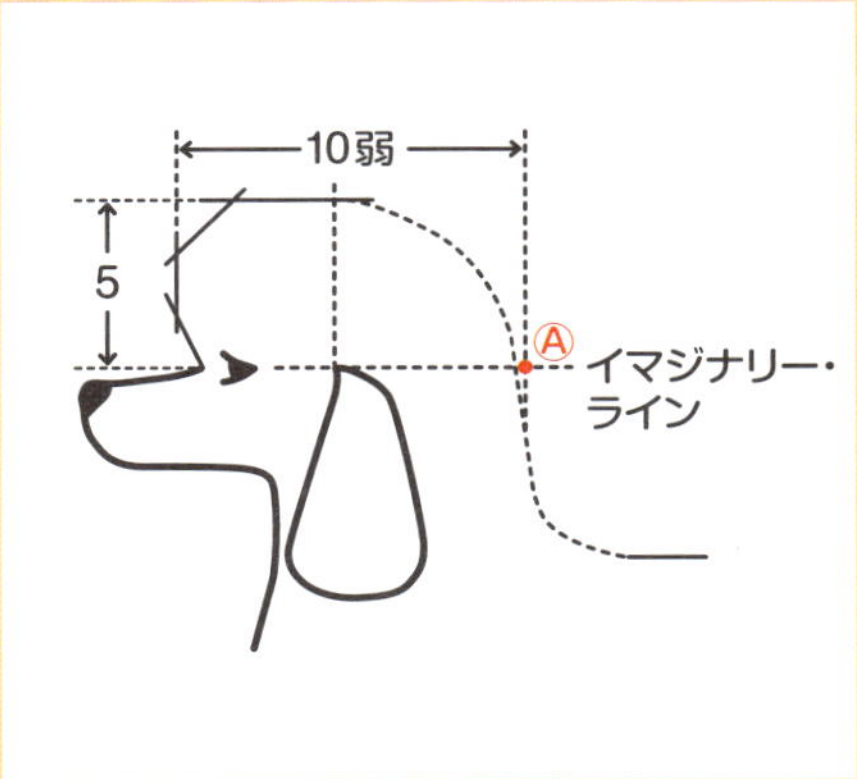

①クラウンの前部から、クラウンの高さ5に対して10弱の位置に垂線1を想定。イマジナリー・ラインの延長線との交点を点Ⓐとする。

②背線の延長線と垂線①の交わるところを点Ⓑとする。

③点Ⓐと点Ⓑの中間点に点Ⓒを想定する。

④点Ⓑ〜点Ⓒ間の距離を半径とする四分円を首の後ろに想定し、そのラインに沿ってネック〜背線をつなげる。

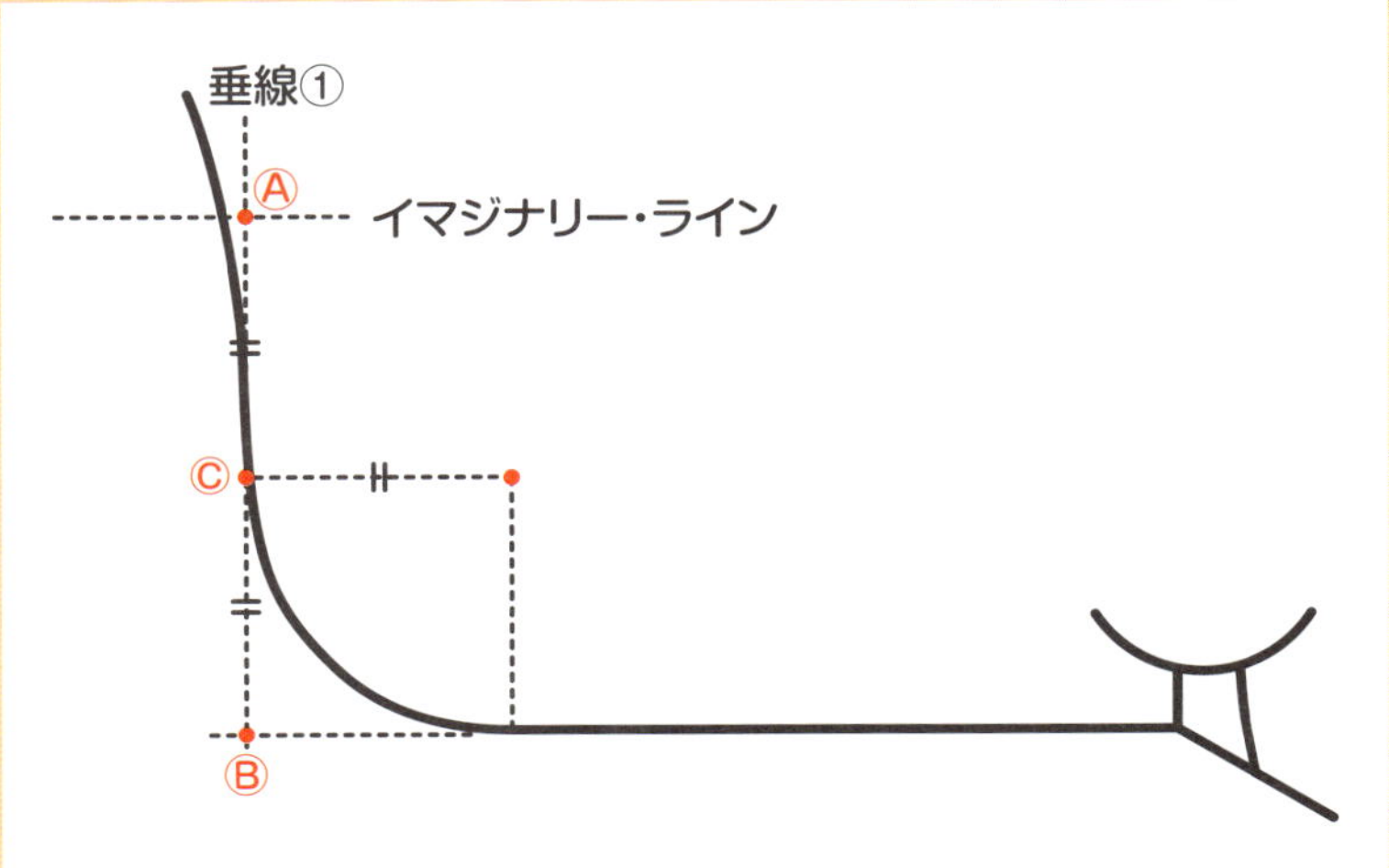

79 79のラインの前後の角を取り、カットしてできた角をさらに取ります。

80 前望し、外側・内側の角を取ります。

側望

前望

後望

上望

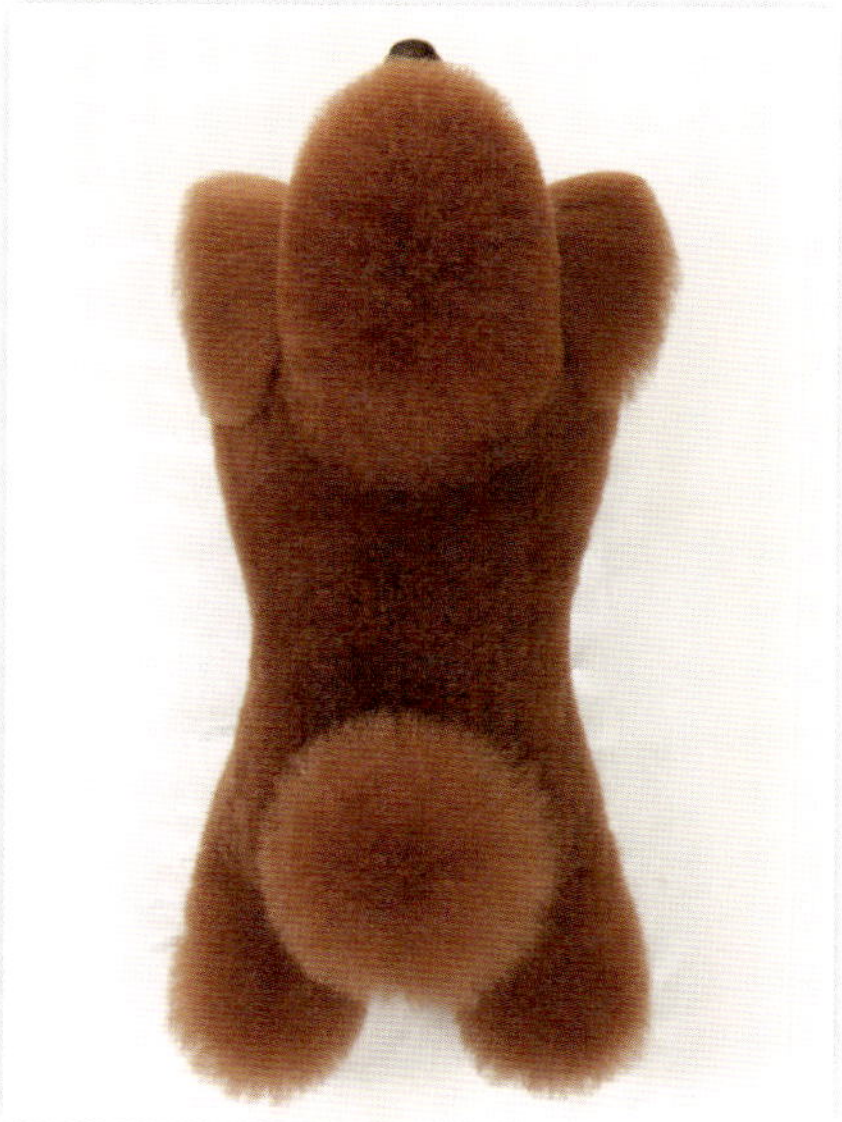

「形の崩れないブレスレット」を作るテクニック

ブレスレットの作り方

四肢のブレスレットは、プードルのスタンダード・スタイルに欠かせないパーツ。
バランスを取りつつ「理想的な形に仕上げる」ためには、
ポイントを押さえて作業を進める必要があります。
「面」と「角度」を意識したカット法を正しく知っておきましょう。

リア・ブレスレット（後ろ側）

1 フット・ラインが完成した状態からスタート。ブレスレットの上半分の毛を起こすようにコーミングし、軽く肢を振って毛を落ち着かせます。

2 上部のクリッピング・ラインからはみ出す毛を、ブレス・ラインに沿ってカットします。

3 内側と外側の面を、背骨に対して平行に整えます。肢がどんな曲がりであっても、ハサミの動かし方は「背骨に対して平行、テーブルに対して垂直」が基本です。

4 上側をカットします。立毛し、フット・ラインからの前側の面に対して平行にカットします。

5 フット・ラインからの後ろの面と[4]の角を、テーブルに対して垂直にカットします。

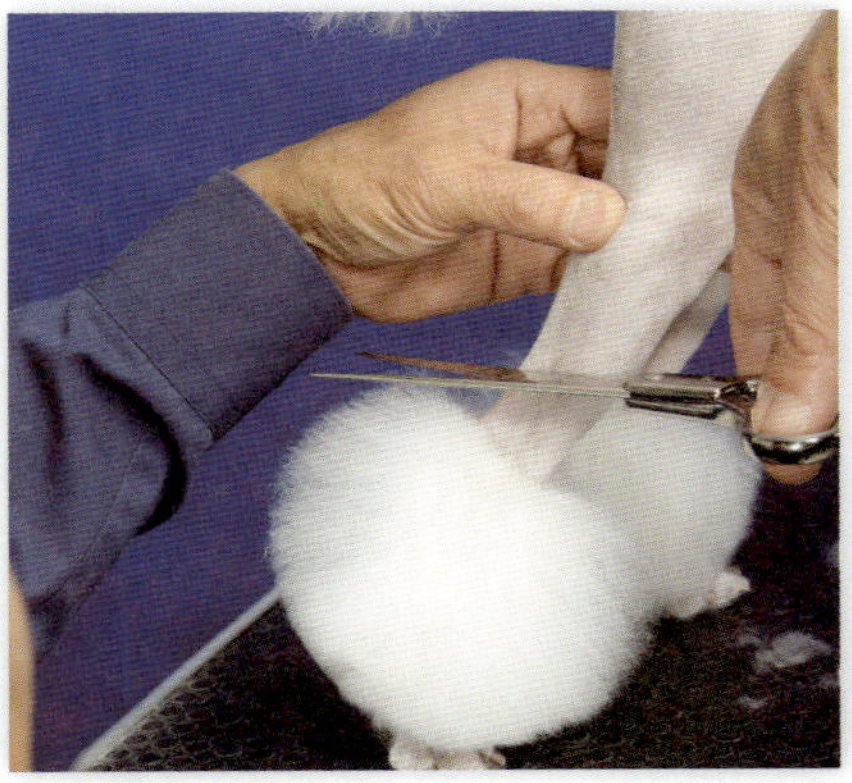

6 [4]の上側の角を、テーブルに対して平行にカットします。

フロント・ブレスレット

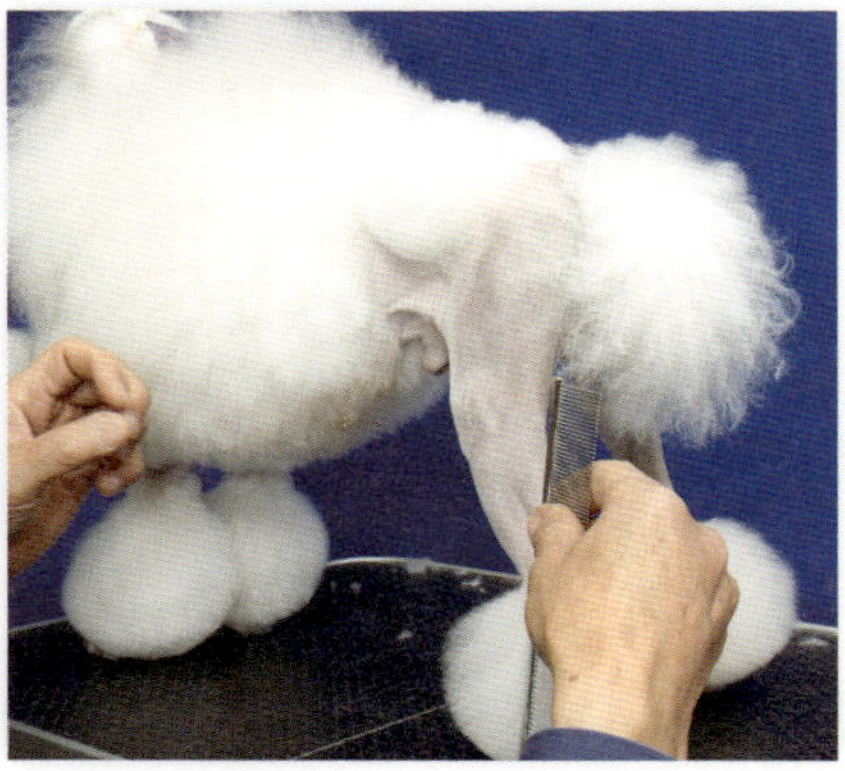

1 フロント・ブレスレットを作るときは、クリッピングではやや高めの位置まで毛を残しておきます。基準となるリア・ブレスレットの後ろ側の高さを確認します。

POINT

仕上がりの目安

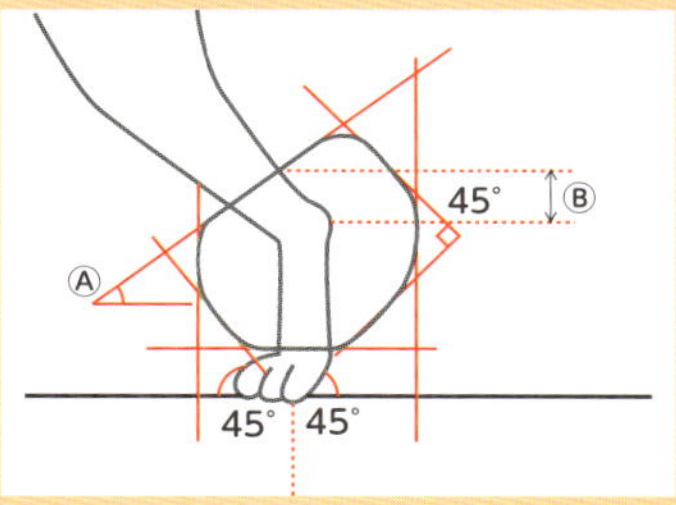

Ⓐ→犬のアンギュレーションによって、最もバランスのよい角度にします（通常は約35°～40°）

Ⓑ→飛節からクリッピング・ラインまでの高さは、ハイオン・タイプは高め、ローオンは低めにします

7 ブレスレット前側の角を、テーブルに対して垂直にカット。面と面でできた角を落としていき、丸く仕上げます。

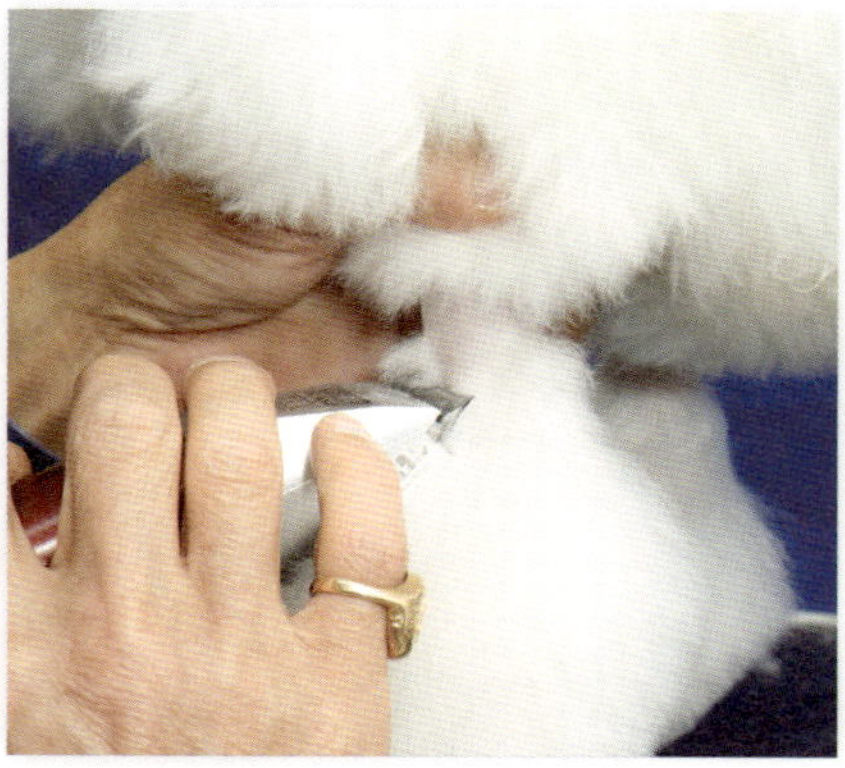

4 3より上の部分だけを逆剃りします。

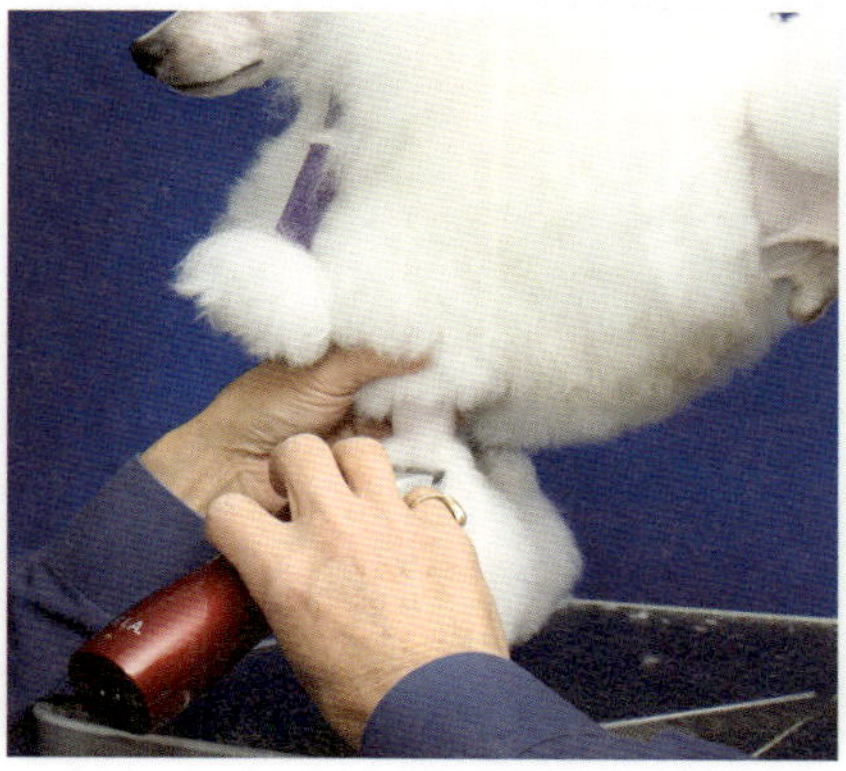

3 1～2で確認した高さに、クリッパーまたはハサミで軽く目印を入れます。肢のやや前寄りの部分に入れるとよいでしょう。

2 1で確認したリア・ブレスレットと同じ高さに、フロント・ブレスレットを作っていきます。

POINT

肢の後ろ側の皮膚が伸びているので、後ろ側はやや高い位置まで毛を残します

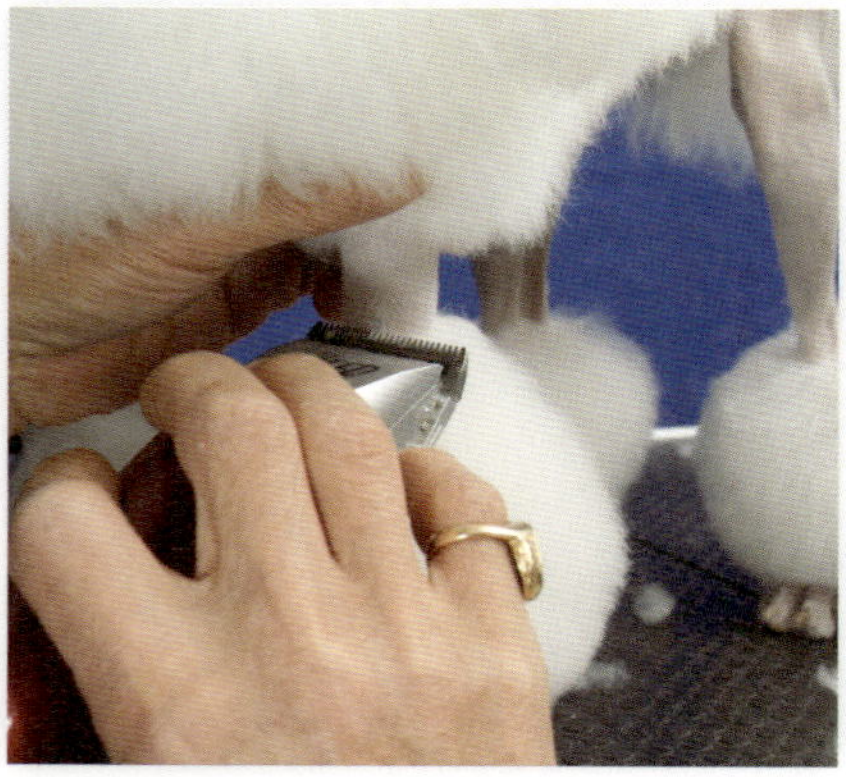

7 5から続けて、肢の後ろ側～内側～前側も逆剃りします。

6 前肢を持ち上げて刈る場合は、クリッピング・ラインがやや後ろ上がりになるように刈ります。こうすると、肢を下ろしたときクリッピング・ラインがテーブルに対して平行になります。

5 4の高さから、テーブルに対して平行に前肢の外側を逆剃りします。

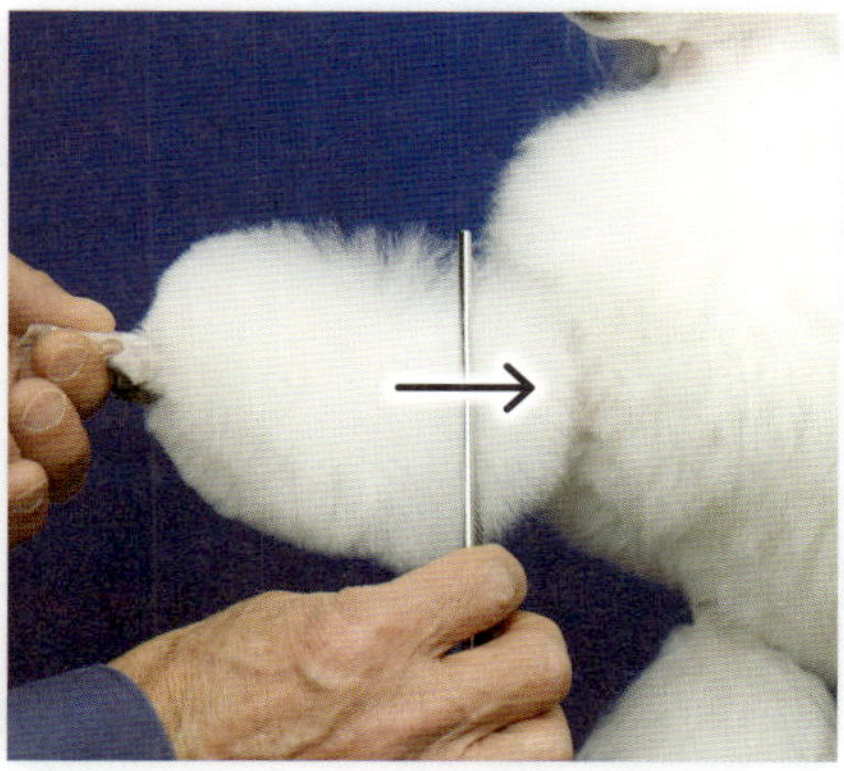

8 前肢を持ち上げてブレスレットの上半分の毛を起こすようにコーミングします。その後、肢を軽く振って毛を落ち着かせます。

9 ブレスレットの上半分の外側を、カーブシザーでカットします。前望し、クリッピング・ラインと5ミリ離れたところから、テーブルに対して45度に切り下げます。

10 ブレスレットの上半分の内側を、カーブシザーでカットします。前望し、クリッピング・ラインから、テーブルに対して45度に切り下げます。

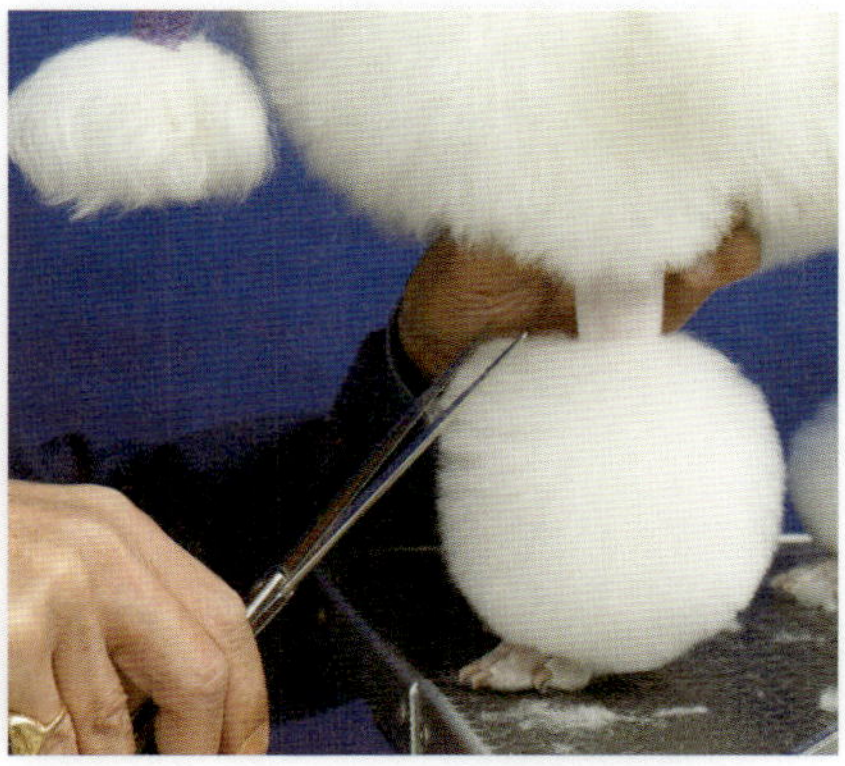

11 ブレスレットの上半分の前側を、カーブシザーでカットします。側望し、クリッピング・ラインと1cm離れたところから、テーブルに対して45度に切り下げます。

12 ブレスレットの上半分の後ろ側を、カーブシザーでカットします。側望し、クリッピング・ラインから、テーブルに対して45度に切り下げます。

13 9、10と、内側・外側のフット・ラインから切り上がった面の角を、テーブルに対して垂直にカットします。

POINT

仕上がりの目安

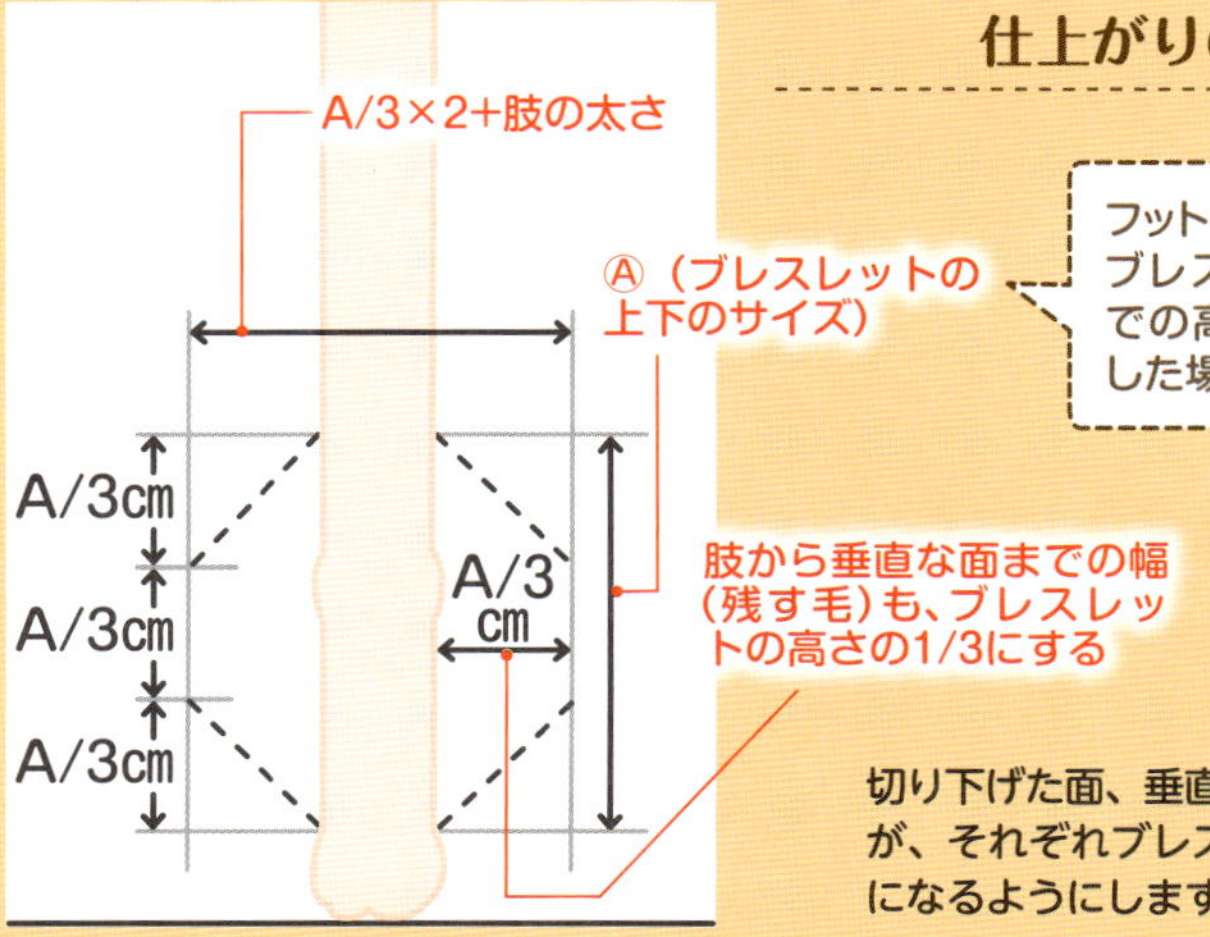

A/3×2+肢の太さ
Ⓐ（ブレスレットの上下のサイズ）
A/3cm
A/3cm
A/3cm
A/3
cm
肢から垂直な面までの幅（残す毛）も、ブレスレットの高さの1/3にする

フット・ラインからブレス・ラインまでの高さを9cmとした場合

切り下げた面、垂直な面、切り上げた面が、それぞれブレスレットの高さの1/3になるようにします

14 11、12と、前後のフット・ラインから切り上がった面の角を、テーブルに対して垂直にカットします。

column

プードルのショー・クリップ

トリマーが扱うことの多い犬種と言えば、やはりプードル。他犬種と異なり、ドッグ・ショーに出陳するときのスタイルが以下の通り決められています。

パピー・クリップ

生後15カ月以下の子犬に施されるショー・クリップで、子犬らしいかわいらしさが表現されています。体もコートも成長過程にあるので、この時期の管理は非常に大切です。

コンチネンタル・クリップ

日本のショー会場では、最も人気の高いクリップ。後躯をクリッピングするので、美しい構成をアピールすることができます。腰に作る「ロゼット」には、もともと腰部の関節を保護する意味合いがありました。

イングリッシュ・サドル・クリップ

ショー・クリップの中でも最も長い歴史を持つスタイル。前後合わせて6つのブレスレットを有するので、高いカット技術とバランス感覚が要求されます。「サドル」とは馬に乗るときの「鞍」という意味で、ここでは腰の部分を指します。

パピー・クリップⅡ（セカンド）

日本では認められてからまだ歴史の浅いショー・クリップ。上のパピー・クリップと比較すると、前躯と後躯をしっかり分けるパーティング・ラインがあることが特徴です。

第7章

図解
犬種別の応用

福山貴昭

- ビション・フリーゼ
- アメリカン・コッカー・スパニエル
- ミニチュア・シュナウザー
- ポメラニアン
- マルチーズ
- ベドリントン・テリア
- エアデール・テリア
- ノーフォーク・テリア
- アイリッシュ・セター
- シェットランド・シープドッグ

ビション・フリーゼ

Bichon Frise

data

- 原産地 フランス／ベルギー
- サイズ 25～29cm
- 毛色 ホワイト（純白）

ビションは「かわいい」、フリーゼは「巻き毛」を意味するフランス語です。原産地はカナリア諸島で、この地には古くから白い愛玩犬が多く飼われており、ヨーロッパの愛玩犬の基礎になりました。ドイツやフランスのプードル、マルタ島のマルチーズ、イタリアのボロニーズなどもこの犬の影響を受け、それぞれのタイプに固定されたと考えられています。

16世紀ごろ、ビションの基となった犬がフランスに持ち込まれ、小型に改良されて貴婦人たちのあいだで抱き犬として流行しました。そして今から50年ほど前に、現在見られるような頭部を丸く作るスタイルがアメリカで開発され、現在のショー・カットとなったのです。

被毛は長く、とても緩い巻き毛で、毛色は純白。密度の高いアンダー・コートと硬めのオーバー・コートはともにベルベットのような手ざわりで、ボリュームと跳ね返すような弾力を持つことが理想です。どの角度から見ても丸みを感じさせるトリミングが必要なので、アンダー・コート不足は犬質・トリミングの両方において致命的な欠点になります。トリミング完成後の美しさは、ベイジング後のブロー・ドライングの仕上がりに大きく左右されます。

✂ ……仕上げバサミ使用
▬ ……クリッパー使用

【トリミング解説】

「刈る」というより、徒長毛をそろえて全体観をパウダー・パフに見えるように整えます。体の欠点を補いながら、表面はなめらかに仕上げましょう。基本的にはシザーリング仕上げで、鼻梁、陰部、耳の裏、肉球部などは１～２ミリ刃でクリッピングします。

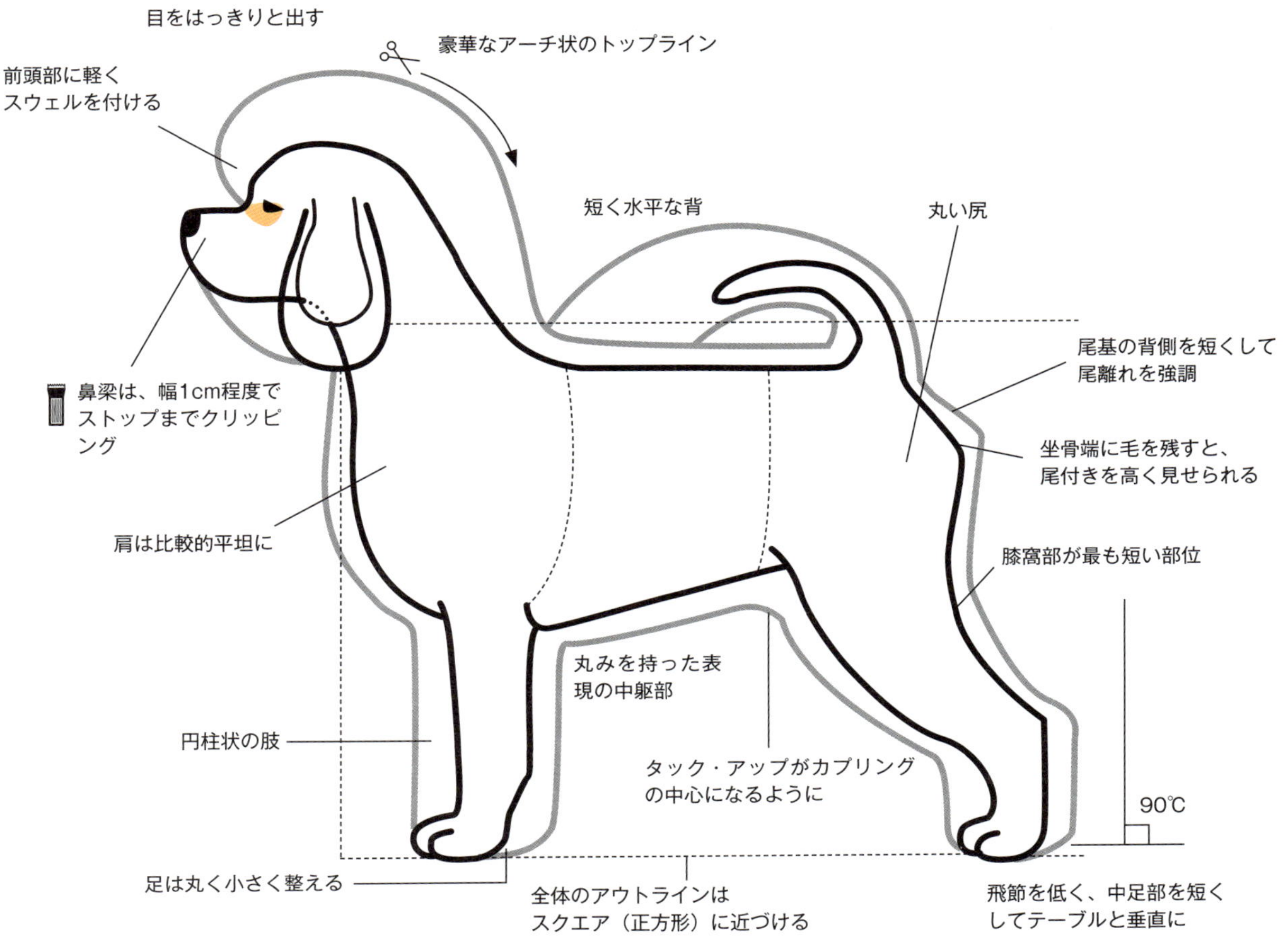

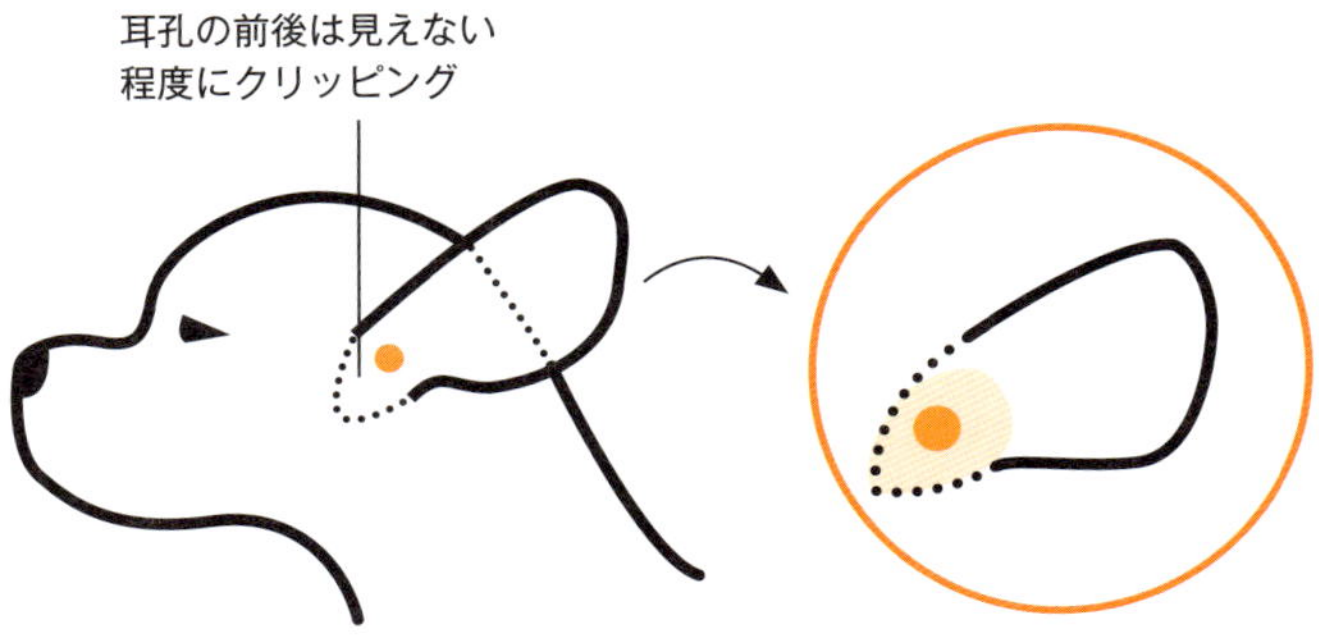

頭部を丸く作るため、耳穴の周囲は短く刈って耳を側頭部に密着させます。耳の通気性を良くする効果もあり。

アメリカン・コッカー・スパニエル

American Cocker Spaniel

data

- 原産地 アメリカ合衆国
- サイズ 体高♂38.1cm、♀35.6cm（いずれも±1.25cm）が理想。
- 毛色 ブラック・バラエティー、ブラック以外の単色（アスコブ・バラエティー）、パーティ・カラー・バラエティー、タン・ポイント

コッカー・スパニエルは、17世紀にイギリスからの移民によってアメリカにもたらされました。そのなかで、小柄で愛玩用として飼育されていた系統が、A・コッカーの基となったのです。

もともとは耳、胸、腹、脚の飾り毛が長く、頭部、背、尾などは短毛でした。しかし、ドッグ・ショーの影響で外見が重要視されるようになると、毛量を豊かにしようという動きが生まれました。その結果、不必要な部分の毛も増えてしまいました。現在ではその豊かな毛量を利用して、スタイリッシュにデザインすることができています。

絹糸状の被毛は、真っ直ぐかわずかにウエーブがかかっており、手入れは比較的簡単です。被毛は多すぎず、その犬の線や動きを妨げるほどであってはならないとされています。ボディーはスキバサミで、足先は仕上げバサミで処理します。背中にクリッパーをかけることは好ましくありません。

大事なのは、短い毛と長い毛が分かれる部分です。より自然に分かれ目が見えるようにカットしましょう。すくときもカットするときも、つねに毛流と平行にハサミを使うようにしましょう。

VS……ベリーショート（非常に短く）
S……ショート（短く）
M……ミディアム（中くらいの長さ）
L……ロング（長く）
※各パートの境目はブレンディングでなじませます。

……仕上げバサミ使用
……スキバサミ使用
……クリッパー使用
……ナイフ使用

【トリミング解説】

1～2ミリのクリッパーで、口唇縁、鼻梁、目の下などをベリーショートに刈り込みます。口唇、頬、のど、耳介の上部1/4～1/3、尾腹、会陰、肛門周辺は、主にクリッピングでショートに、足周りはハサミで短く形作ります。頭蓋、頭頂、頸、背や胴、尾背などは、ナイフによるレーキングとスキバサミによるスイニングでミディアムに仕上げます。

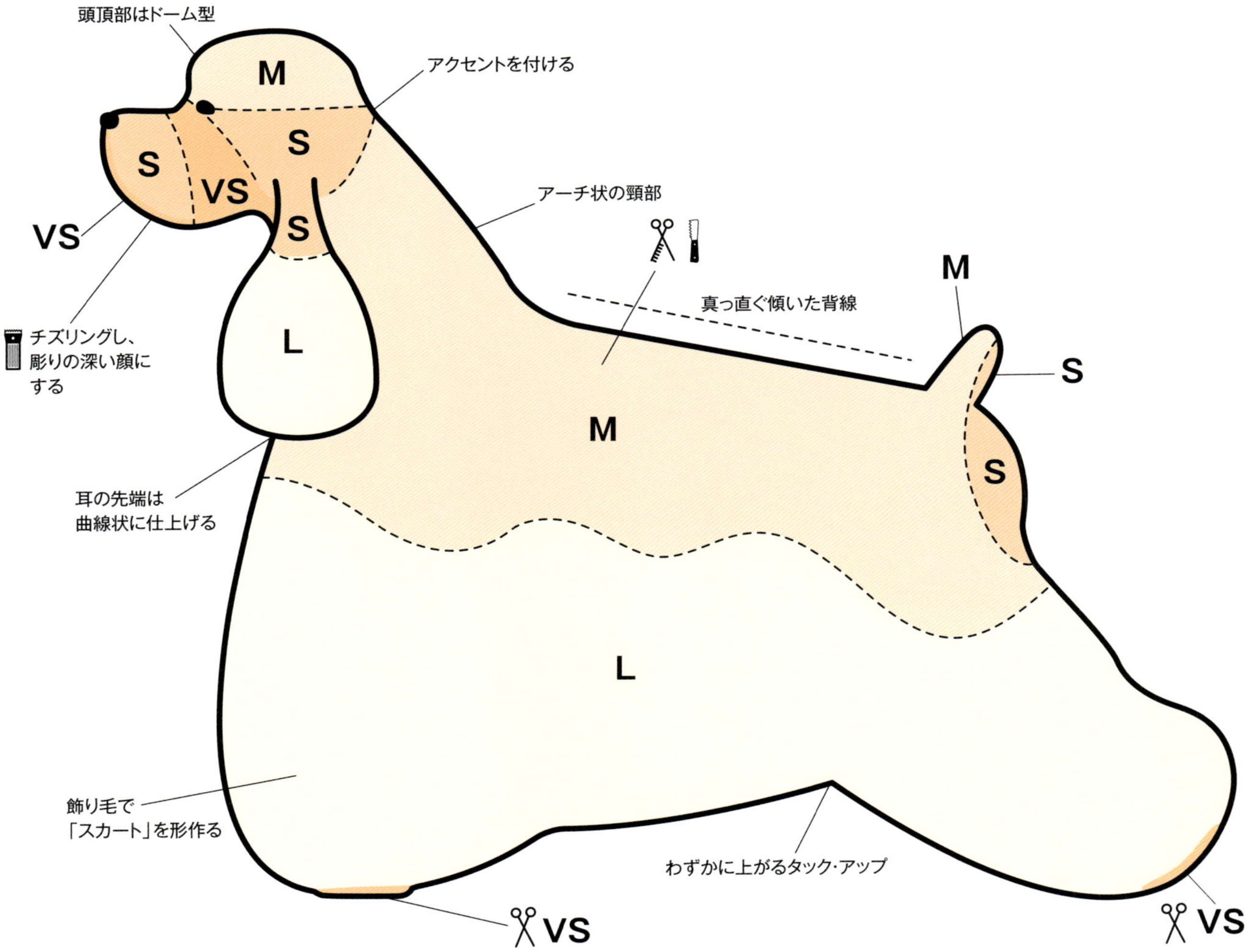

ミニチュア・シュナウザー

Miniature Schnauzer

data

- 原産地　ドイツ
- サイズ　体高30～35cm、体重約4～8kg
- 毛色　ソルト＆ペッパー、ブラック＆シルバー、ブラック、ホワイト（純白）

「シュナウザー」とはドイツ語で「ひげ」という意味で、ジャイアント、スタンダード、ミニチュアの3種が存在します。ミニチュア・シュナウザーは、スタンダード・シュナウザーに同じくドイツ原産のアーフェンピンシャーを交雑して作出されたと言われています。世界じゅうで非常に高い人気を獲得している犬種です。

体型は典型的なスクエア・タイプで、筋肉と骨量に富み、賢さ、活発さ、機敏さを兼ね備えています。被毛はワイアーで粗毛。ダブル・コートで、ワイアリーなオーバー・コートと、やわらかく密生したアンダー・コートから構成されています。四肢の毛はそれほど硬くなく、前顔部や耳の被毛は短くなっています。マズルにあるひげとシャープな眉毛が特徴的です。

ショー・ドッグとしてのミニチュア・シュナウザーのコートの特性は、ストリッピングおよびプラッキング技術によって保たれます。シザーやクリッパーを使用すると、徐々の毛色が白っぽく変化し軟毛化するからです。より硬いワイアー・コート、美しく手入れされた四肢のコート、そして美しく伸びたひげによって、この犬種の特徴が最もよく発揮されるのです。

S……ショート（短く）
M……ミディアム（中くらいの長さ）
※各パートの境目はブレンディングでなじませます。

……仕上げバサミ使用
……スキバサミ使用
……クリッパー使用
……ナイフ使用
……ハンド・ストリッピング

【トリミング解説】

クリッピングする部分は、ドッグ・ショーの約２カ月前にプラッキングを済ませておきます。尾腹、会陰部、内股、結節部は２ミリ刃でクリッピング。陰部やその両側もクリッピングし、アンダーラインは飾り毛として厚く残します。

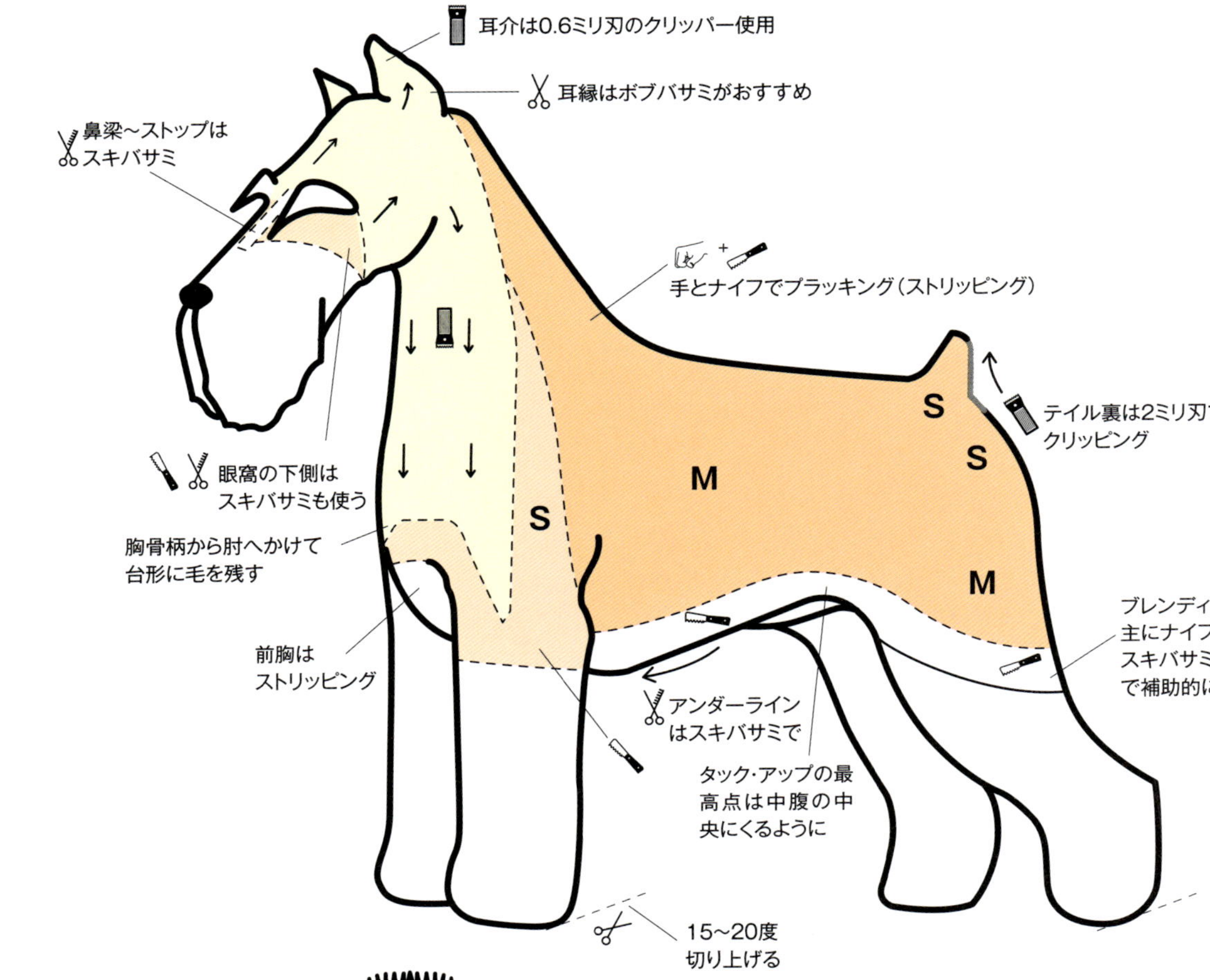

前望
（顎を上げた状態）

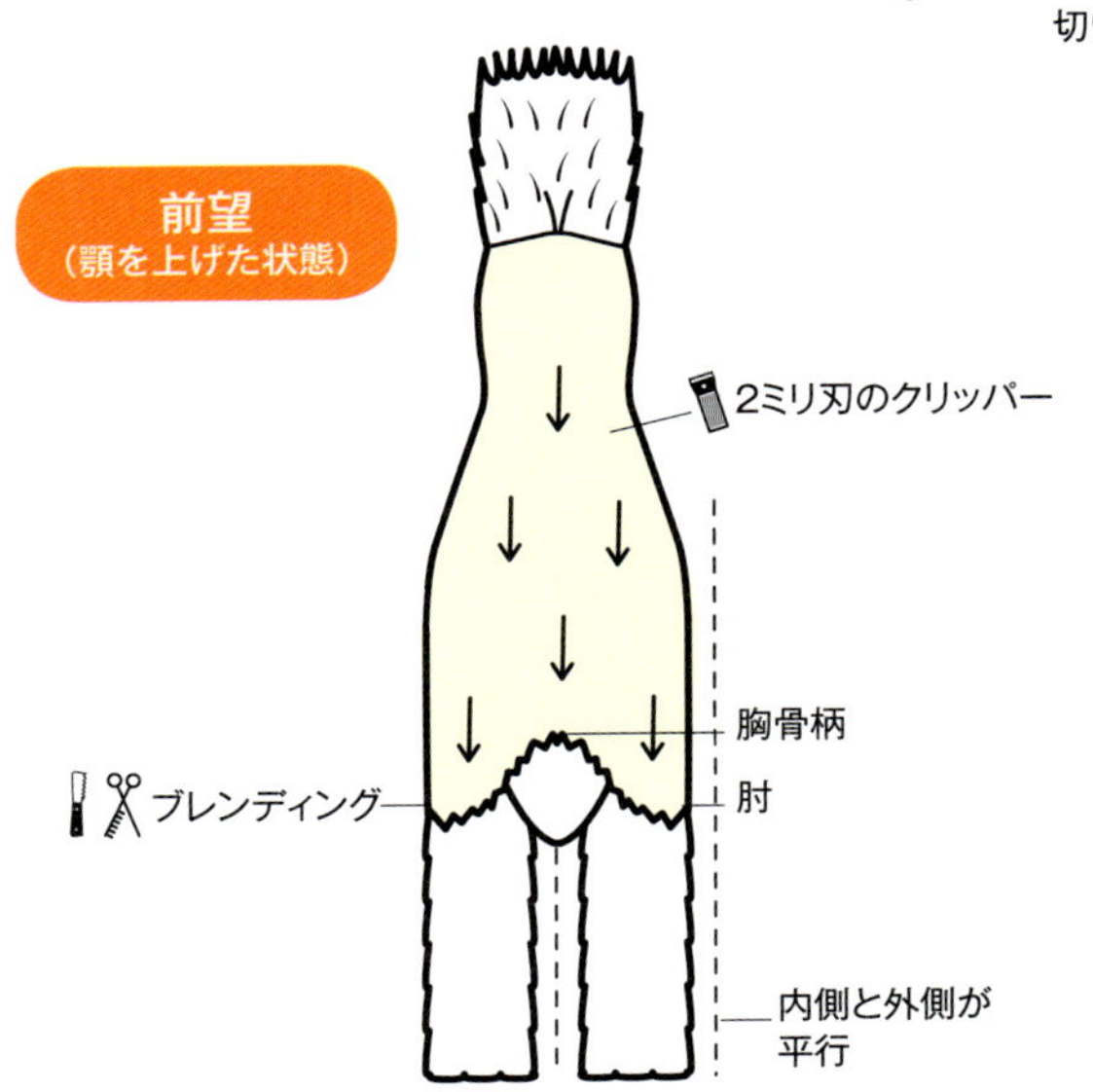

後望

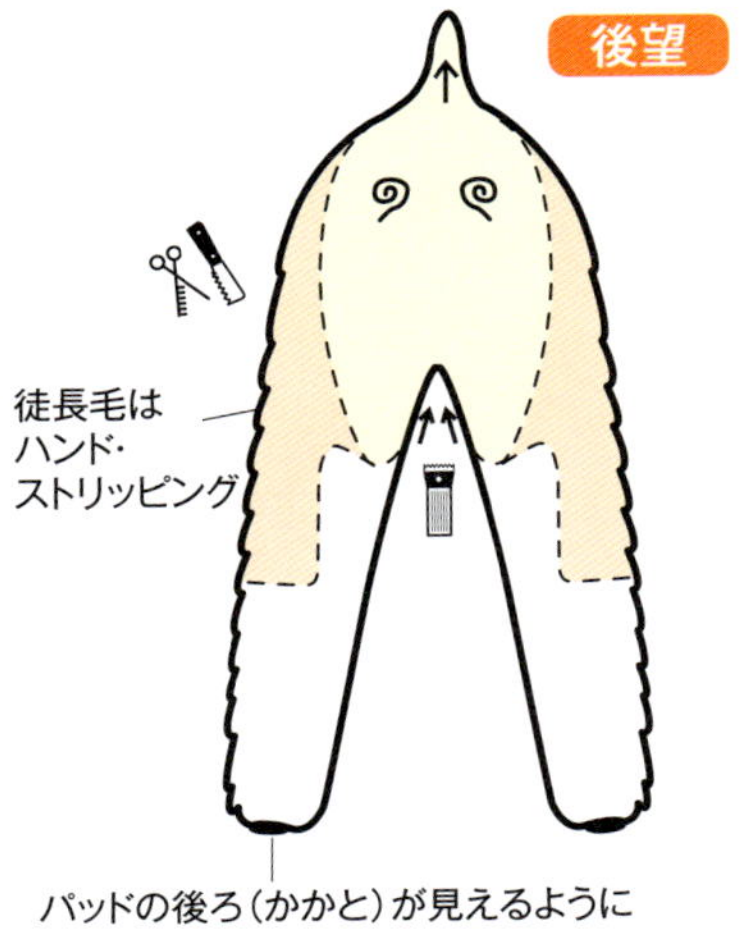

ポメラニアン

Pomeranian

data

原産地 ドイツ

サイズ 体高21cm±3cm

毛色 ブラック、ブラウン、オレンジ、グレーの色調クリーム、クリーム・セーブル、オレンジ・セーブル、ホワイト、ブラック・アンド・タンおよびパーティ・カラー

ポメラニアンの原産地は北ドイツのポメラニア地方で、ドイツでは「ツェルグ（小さい）・スピッツ（口吻や耳が鋭く尖った犬）」という名前で呼ばれました。イギリスに渡ってから、さらにコンパクトでかわいらしく、誇らしげな姿の洗練された愛玩犬に作り上げられたのです。

本来この地方の犬は、ほとんどが北方系の原始的容貌の特徴である立ち耳と巻き尾を持っていました。また、寒い地方で生き残るためには、密な長毛（耐寒性に優れた外衣）を持つことが条件でした。祖先はキースホンド（ジャーマン・ウルフスピッツ）やラップランドのそり犬として使われたようなたくましい犬だったと思われます。この犬たちのなかから小型のものがイギリスに渡り、１８７０年にケネルクラブ（KC）に「スピッツ・ドッグ」の名で公認されました。ビクトリア女王が大変な愛好家で、愛玩犬としてのポメラニアン繁殖に大きく貢献したと伝えられています。

短く厚く、豊富なアンダー・コートを持つダブル・コートで、とくに頸周りの豊かなエプロンや、豊富な被毛で覆われた尾が印象的。オーバー・コートは長くて真っ直ぐな開立毛で、ボディを豊かに覆っています。

……仕上げバサミ使用
……スキバサミ使用
……クリッパー使用
……ナイフ使用

【トリミング解説】

基本的には口吻部や耳の先、足先だけを刈ります。開立した密なコートに見えるように心がけ、トリミングしたと感じさせない「自然観」が大切です。側望したときのイメージは「栗を置いた」ようだと表現されます。きびきびした印象を与える、コンパクトな外観に仕上げましょう。

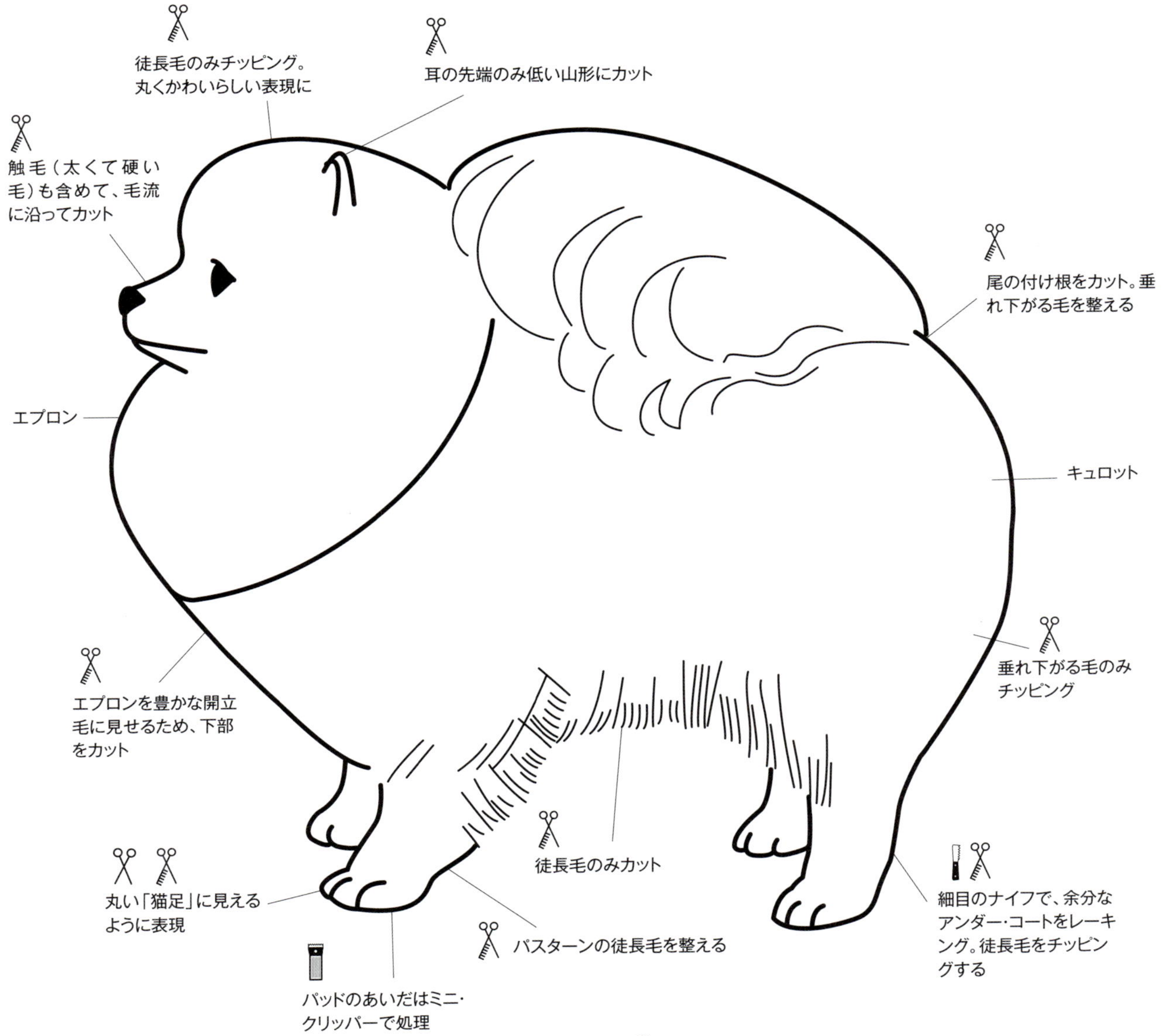

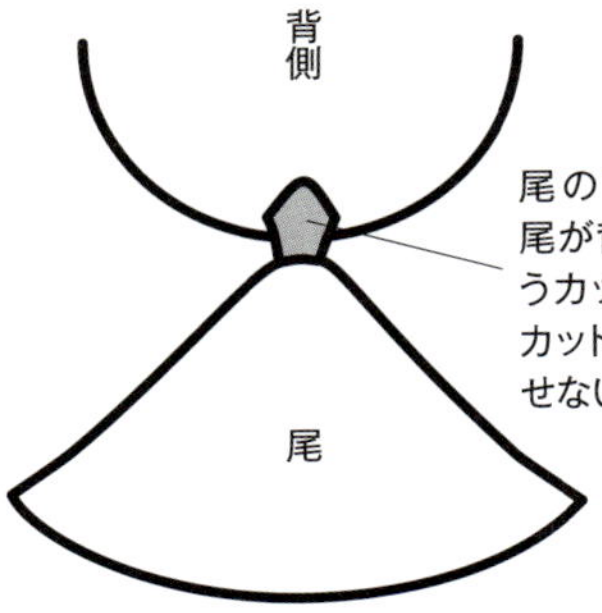

尾の下側の付け根は、尾が背にフィットするようカット。立ったときにカットしたことを感じさせないような工夫を

マルチーズ

Maltese

data

- 原産地　中央地中海沿岸地域
- サイズ　3~4kg
- 毛色　ピュア・ホワイト

小型犬種のなかでも、とくに歴史が古い純血種です。地中海沿岸地域で作出され、その後ヨーロッパ各国に輸出されました。日本に入ってきたのは戦後のことで、大ブームを巻き起こしました。現在でも人気犬種として多くのファンシャーが存在します。小さいながらも純白の長い被毛をまとって頭と尾を高く保持し、流れるように歩くマルチーズは、ドッグ・ショーの世界でも花形です。

その長毛を美しく保つためには、ブラッシングとラッピングを中心としたケアが必要です。ラッピングには、被毛のもつれ、切れ毛、汚れの付着を防ぐと同時に、活動中に邪魔になる被毛をまとめておく役割があります。ラッピングに慣れるには、人も犬も回数と時間を要するので、焦らずにトライすることをおすすめします。

一方トリミング・サロンでは、飼い主とトリマーの感性で自由にスタイルを造形していくペット・カットも多く見られます。犬の生活の質、手入れのしやすさはもちろん、近年のペット・カットにはオリジナリティーも求められます。毎日の目の周りのふき取り、歯みがき、口周りの清潔を保つことも必須です。

✂……仕上げバサミ使用
▮……クリッパー使用

【トリミング解説】

ドッグ・ショー出陳時には、ラッピングを外してよく毛を伸ばし、セットします。マルチーズは、トップ・ノットを作って頭頂部で毛を束ねることになっています。ヨークシャー・テリアやシー・ズーのノットが1つであるのに対し、多くのマルチーズが2つのノットを作ります。

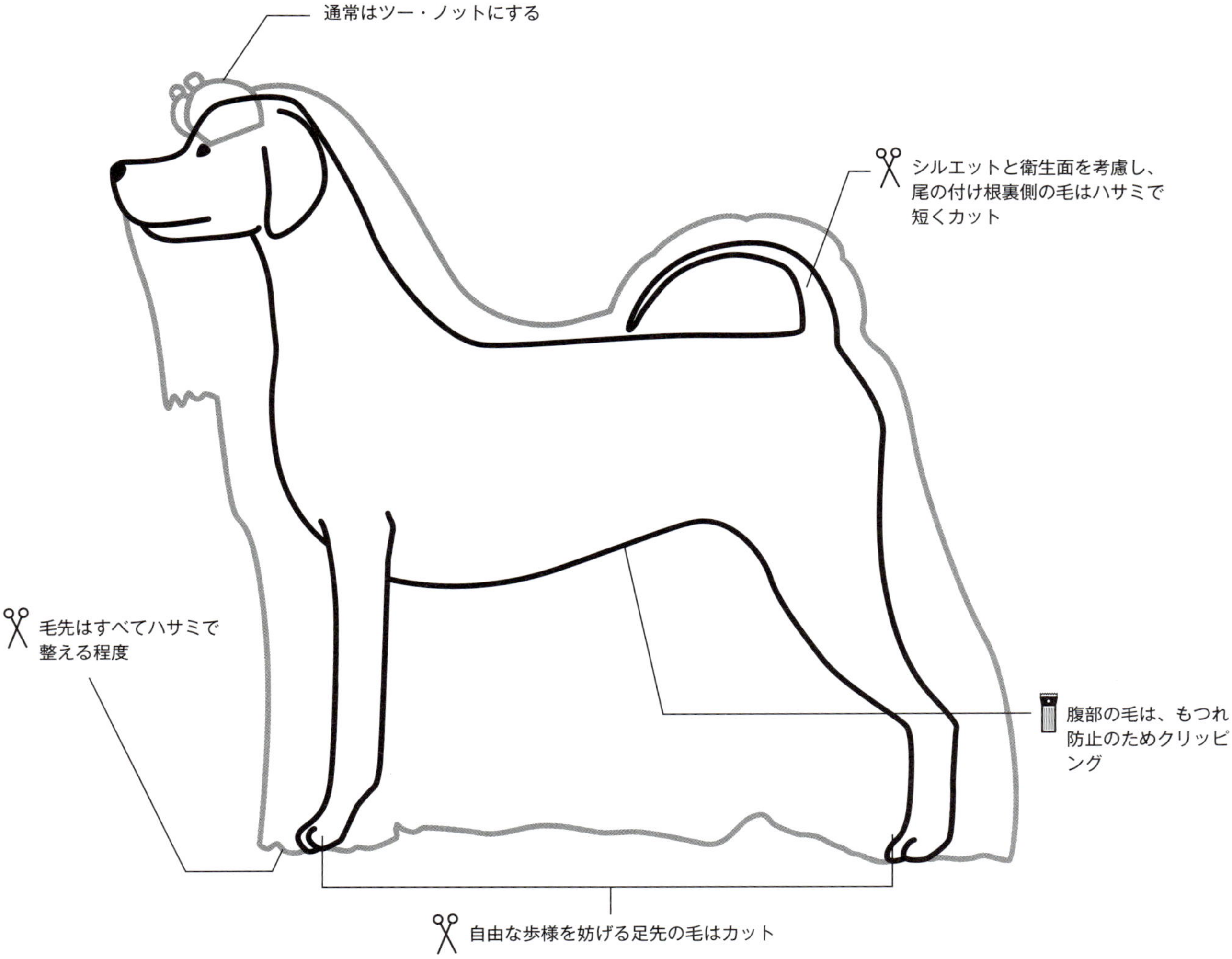
通常はツー・ノットにする
シルエットと衛生面を考慮し、尾の付け根裏側の毛はハサミで短くカット
毛先はすべてハサミで整える程度
腹部の毛は、もつれ防止のためクリッピング
自由な歩様を妨げる足先の毛はカット

ベドリントン・テリア

Bedlington Terrier

data

原産地　イギリス

サイズ　体高約41cm、体重8.2～10.4kg

毛色　ブルー、レバー、サンディー、ブルー＆タン、レバー＆タン、サンディー＆タン

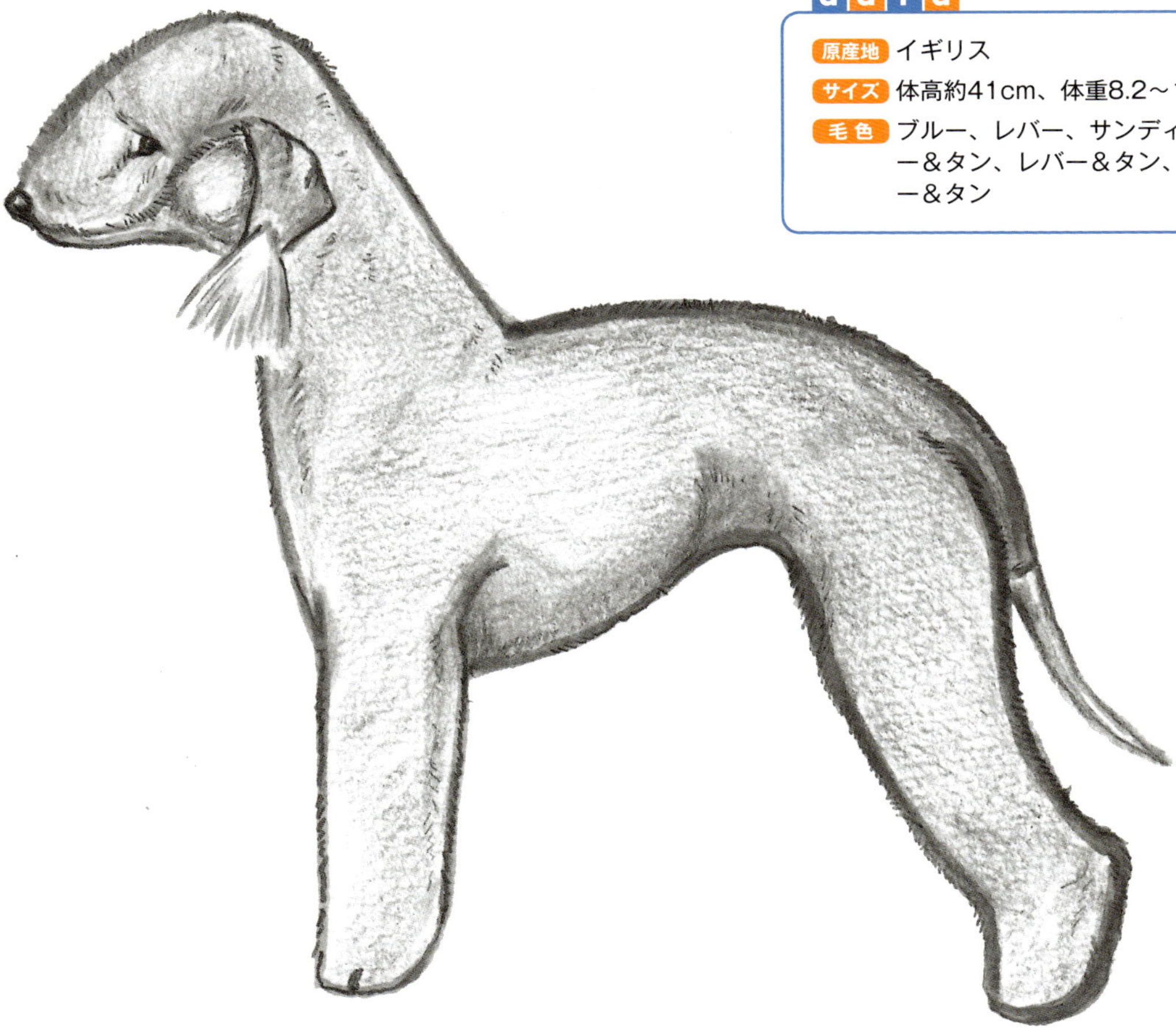

イギリス・ノーザンバーランド州のベドリントン市で、市の周辺に住む炭坑労働者たちに愛された犬です。起源ははっきりしておらず、最初のころは穴に潜って猟をするのに適した体型だったのが、ウィペットと交配されたことで足が長くなり、寸胴型の体型もすらりとした優美なものに変わったとされています。

１８７７年にナショナル・ベドリントン・テリア・クラブが創立されると、羊のような上品なスタイルが人気を呼んで普及していきました。被毛は厚く綿毛状で、皮膚からよく立ち上がっています。縮れる傾向があり、とくに頭部と顔部にそれが見られます。

トリミングは、クリッピングとシザーリングで独特の形を表現します。日常の手入れはブラッシングとコーミングが重要で、毛の根元までしっかりとかしますが、力を入れすぎてはいけません。毛玉ができていたり、被毛が固まっているときは、毛を1本1本解きほぐすつもりで、ていねいにとかします。無理に引っ張ったり必要以上に皮膚を刺激したりすると、黒い差し毛が多く生え、濃淡のある汚らしい色になることもあるからです。

S……ショート（短く）
M……ミディアム（中くらいの長さ）
+M……ミディアムよりわずかに長く
−M……ミディアムよりわずかに短く
L……ロング（長く）
※各パートの境目はブレンディングでなじませます。

……仕上げバサミ使用
……クリッパー使用

【トリミング解説】

トップラインは、下図のガイドラインのように曲線になるのがこの犬の特徴です。このモデリング（肉付け）が独特な頭部表現を決定づけます。

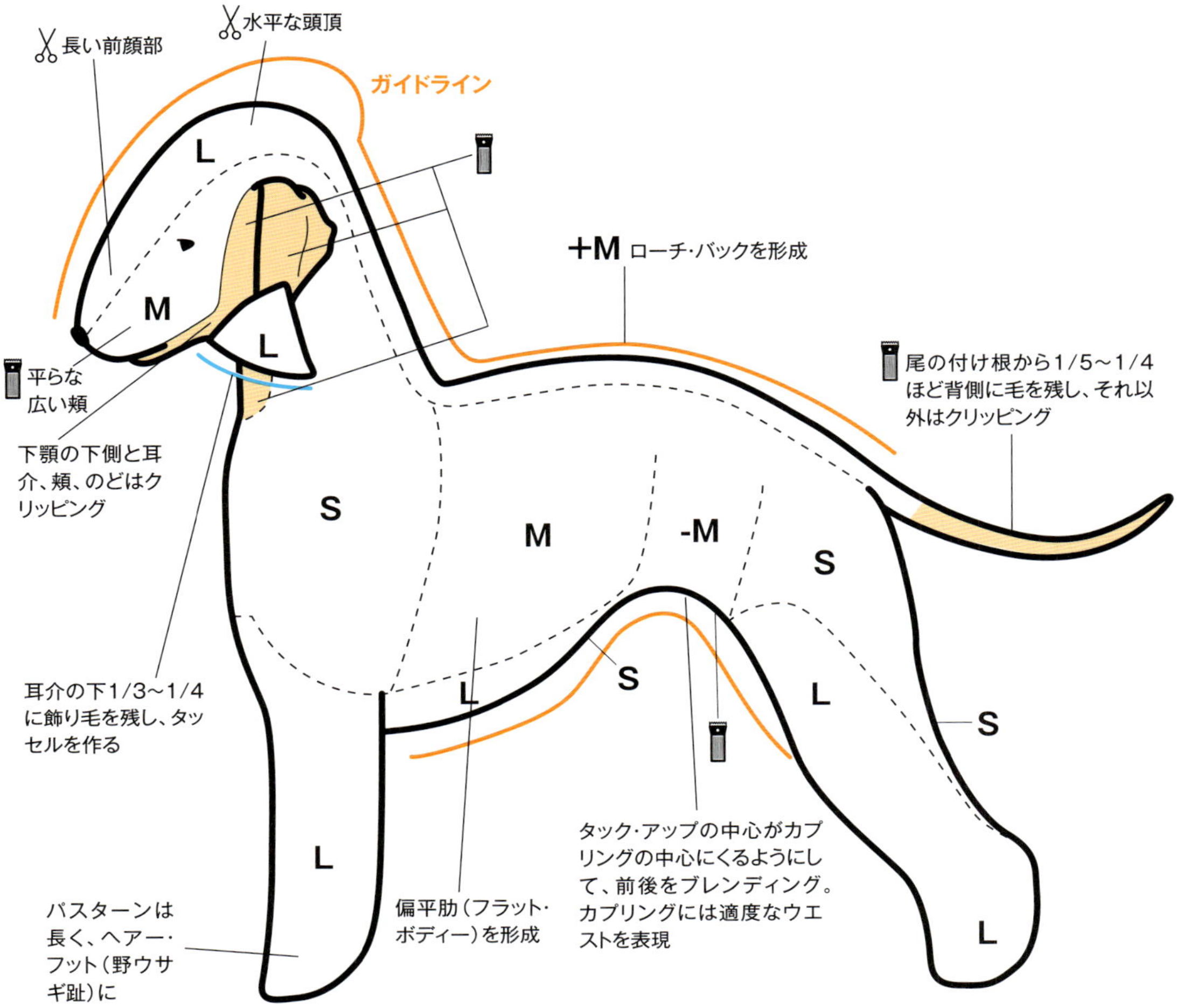

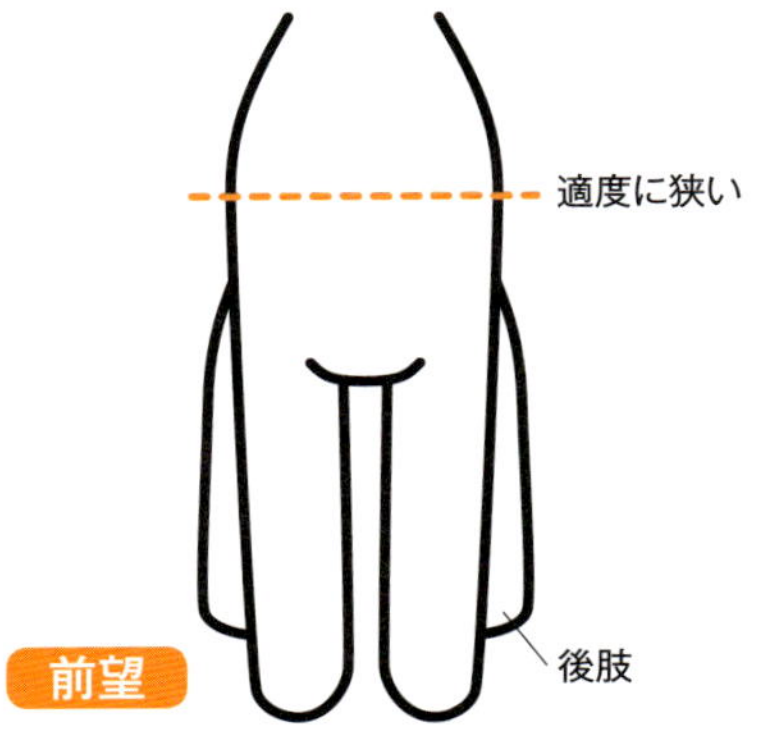

前望

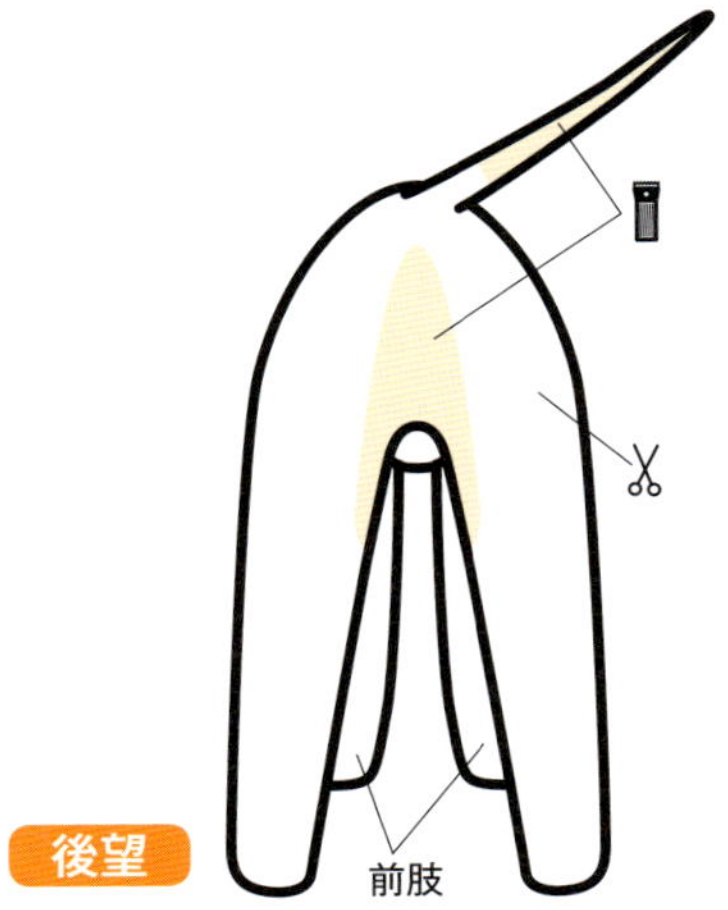

後望

ベドリントン・テリア

エアデール・テリア

Airedale Terrier

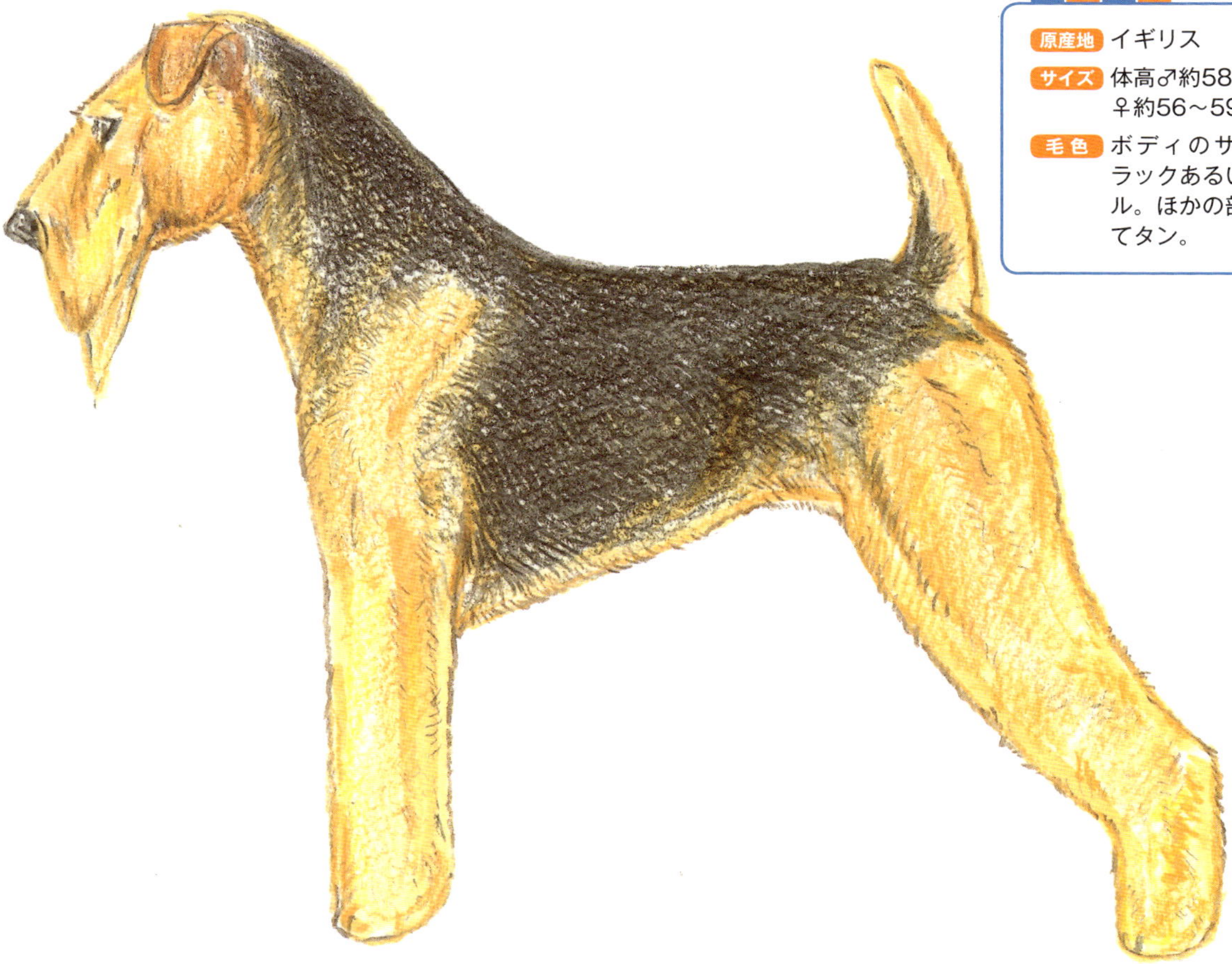

data

- **原産地** イギリス
- **サイズ** 体高♂約58～61cm、♀約56～59cm
- **毛色** ボディのサドルはブラックあるいはグリズル。ほかの部分はすべてタン。

イギリスのエア川周域でカワウソ狩りに使用されていたオッター・ハウンドとテリア系の雑種から作出された犬種です。その後、アイリッシュ・テリアなどとの交配により、現在の姿に固定されました。大きい体に洗礼されたテリア独特の迫力を備えていることから、「キング・オブ・テリア」と称されます。訓練性能に加えて運動機能も高いために狩猟犬はもちろん、古くから軍用犬・警察犬として採用されています。

原産国イギリスでは、外見の表現系として筋肉と骨量が豊富で細長い印象を与えない「コビー・タイプ」を理想としています。トリミングでは、このイメージを頭に描きながらプラッキングによってスタイルを作り上げていきます。プラッキングすることで毛包を中心に皮膚の活性を高めることができ、濃い色の硬く太い毛が生えるのです。マズルや目の上、四肢、胸下などの長めに被毛を残す部位は、ナイフはもちろん毛を指先で数本ずつつまんで抜き取る繊細なグルーミング（フィンガー&サムワーク）も施します。

成長期には多くのテリアと同様に、耳が途中から折れ曲がるようにテープなどで耳を頭部に貼りつける「イヤーセット」を行うことがあります。

S……ショート（1cm±）
M……ミディアム（2～4cm±）
L……ロング（自然に近い長さ）
※各パートの境目はブレンディングでなじませます。

【トリミング解説】

エアデール・テリアはスクエア・タイプの犬で、体高（キ甲～地面）と体長（胸骨端～坐骨端）の長さが同じです。胸深（①～②）は体高の約1/2となります。頭部の長さは頸部と同じ。鼻梁～後頭までは平行線に近いトップラインですが、さらに鼻梁の毛の長さを調整し、水平な外観にします。皮膚が露出しない範囲で、ドッグ・ショーの4か月ほど前から各パーツを数回に分けて抜いていきます。

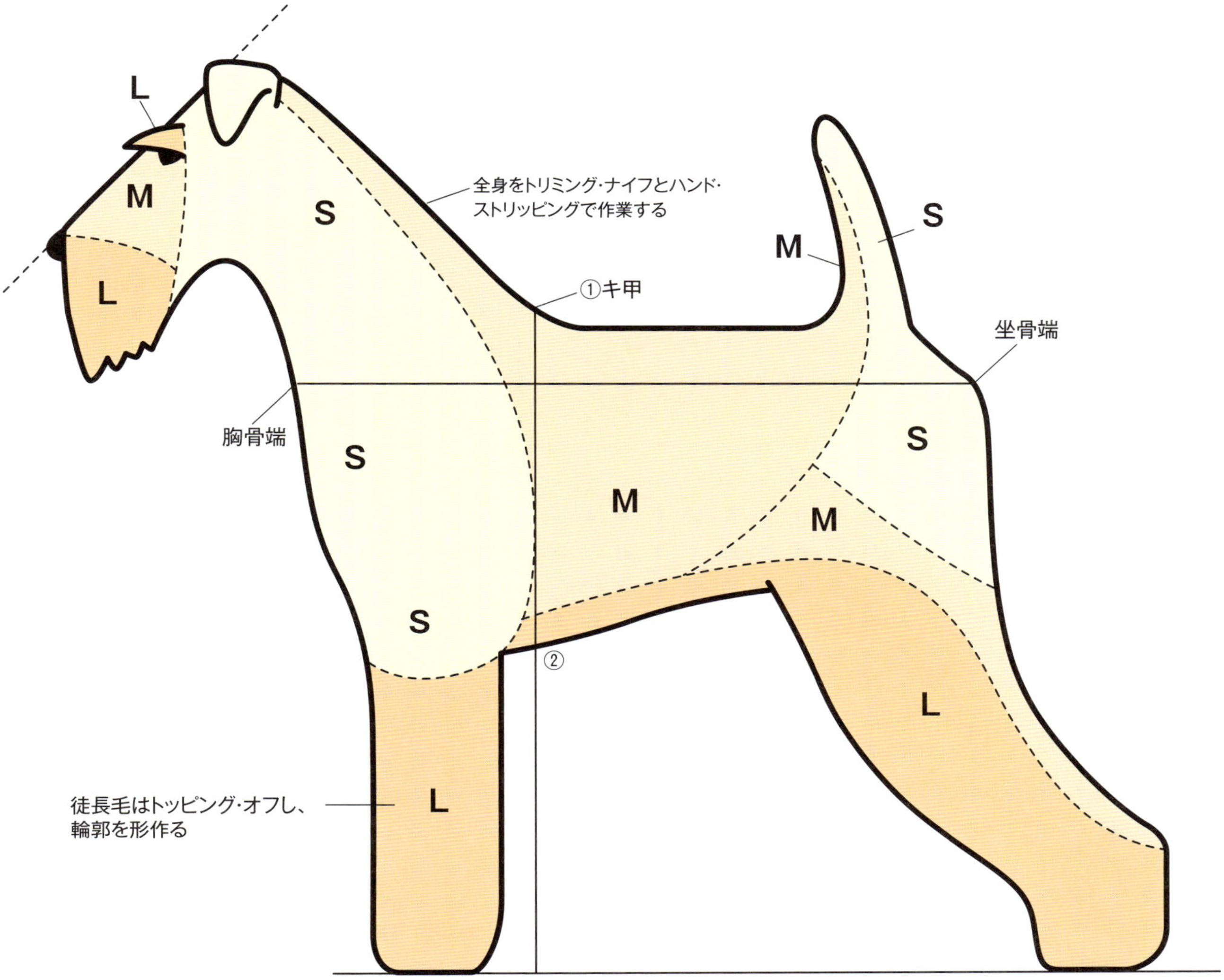

ノーフォーク・テリア

Norfolk Terrier

data

- **原産地** イギリス
- **サイズ** 理想的な体高は25～26cm
- **毛色** レッド、ウィートン、ブラック＆タンまたはグリズル

イングランド東部のノーフォーク州で、立ち耳のノーリッチ・テリアとともに作出されました。１９３２年にまず「ノーリッチ・テリア」の名称で公認され、１９６４年に垂れ耳の犬は「ノーフォーク・テリア」と決められたのです。この間の約30年間は、2犬種が同じ犬種として扱われていました。小さくコンパクトにまとまった外見で、頑丈な体つきとワイアー状の被毛、興奮性・反応性の高いテリアキャラクターを持ち合わせます。

トリミングでは、人為的な造形美を感じさせないようにします。あくまでもナチュラルな印象を崩すことなく、プラッキングを中心にナイフや指で被毛を抜いて形や質感を作り上げていきます。長さの違う被毛を重ね合わせることで被毛の層を作って「厚み」を演出。アンダー・コートを適度に間引き、不必要に長いオーバー・コートを抜き取ることで体から浮き上がらない被毛にしていきます。肢の内側、耳の後方などは、硬い被毛が発生しにくい部位ですが、焦らずこまめに被毛を抜いていきましょう。健康ケアでは体が小さいことを十分に考慮し、歯みがきや爪切りのケアは欠かせません。

S……ショート（1cm±）
M……ミディアム（2～4cm±）
L……ロング（自然に近い長さ）
※各パートの境目はブレンディングでなじませます。

【トリミング解説】

ハサミなどは使わず、トリミング・ナイフや指を使ってケアします。アンダー・コートと余分なオーバー・コートを処理する作業を週に1～数回実施することで、つねに美しいプロポーションを維持することができます。

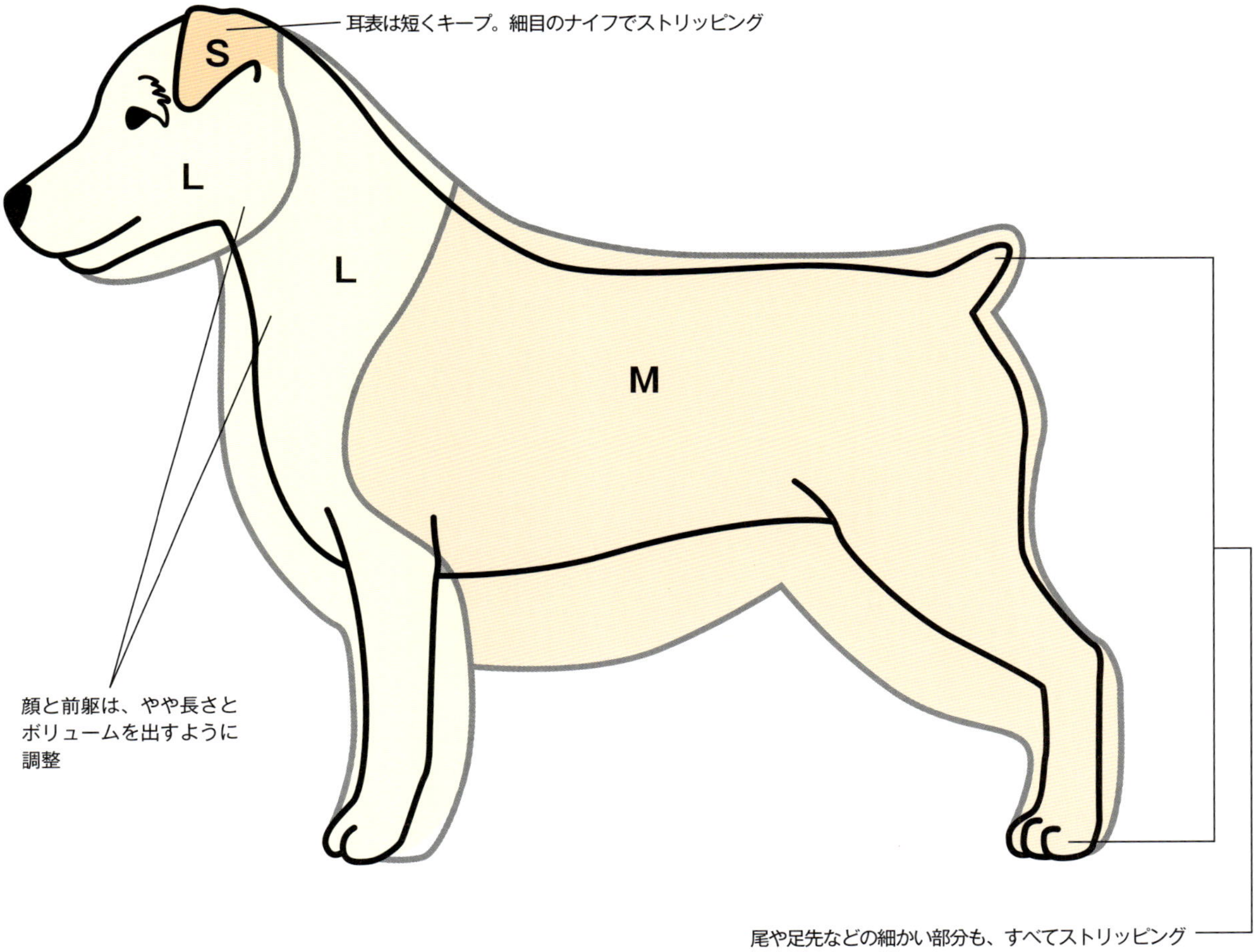
耳表は短くキープ。細目のナイフでストリッピング
S
L
L
M
顔と前躯は、やや長さとボリュームを出すように調整
尾や足先などの細かい部分も、すべてストリッピング

アイリッシュ・セター

Irish Setter

data

原産地　アイルランド

サイズ　体高♂67cm前後、♀62cm前後

毛色　リッチ・チェスナット

アイルランド原産で、狩猟用（ガンドッグ）として作出されました。ドッグ・ショーに出陣されるようになると、現在のような美しく洗礼された姿に改良されました。非常にタフかつスタミナのある犬種でもあります。

アイリッシュ・セターは、地域（国）や団体によってグルーミングのスタイルが大きく異なります。日本やアメリカに代表される、ドッグ・ショーでの芸術性を重視したスタイルでは、美しさを最大限表現するためのトリミングを施します。最も典型的な違いは耳で、ショー・スタイルでは耳の上部1/3の被毛を短くクリッピングし、先端の毛を長く伸ばします。対照的にイギリスでは、ケネルクラブ（KC）の犬種標準書に「耳の先端は短毛」とあるように、耳の先に長い被毛が存在しません。これは、狩猟犬としての実用性を重視したスタイルだと考えられます。

真っ直ぐで長めの飾り毛は、全体のバランスをよく考慮して整えます。あまり人為的にならない程度に、ハサミやナイフでボリュームやフォルムを整えます。飾り毛はトリートメントやリンスでケアすることで静電気の発生を軽減でき、汚れから守ることができます。

……仕上げバサミ使用
……スキバサミ使用
……クリッパー使用
……トリミング・ナイフ使用

【トリミング解説】

ボディは、オーバー・コートを越えて生えてきたアンダー・コートをナイフや軽石で除去。被毛を短くする部位（のどなど）はクリッパーやスキバサミを使用します。

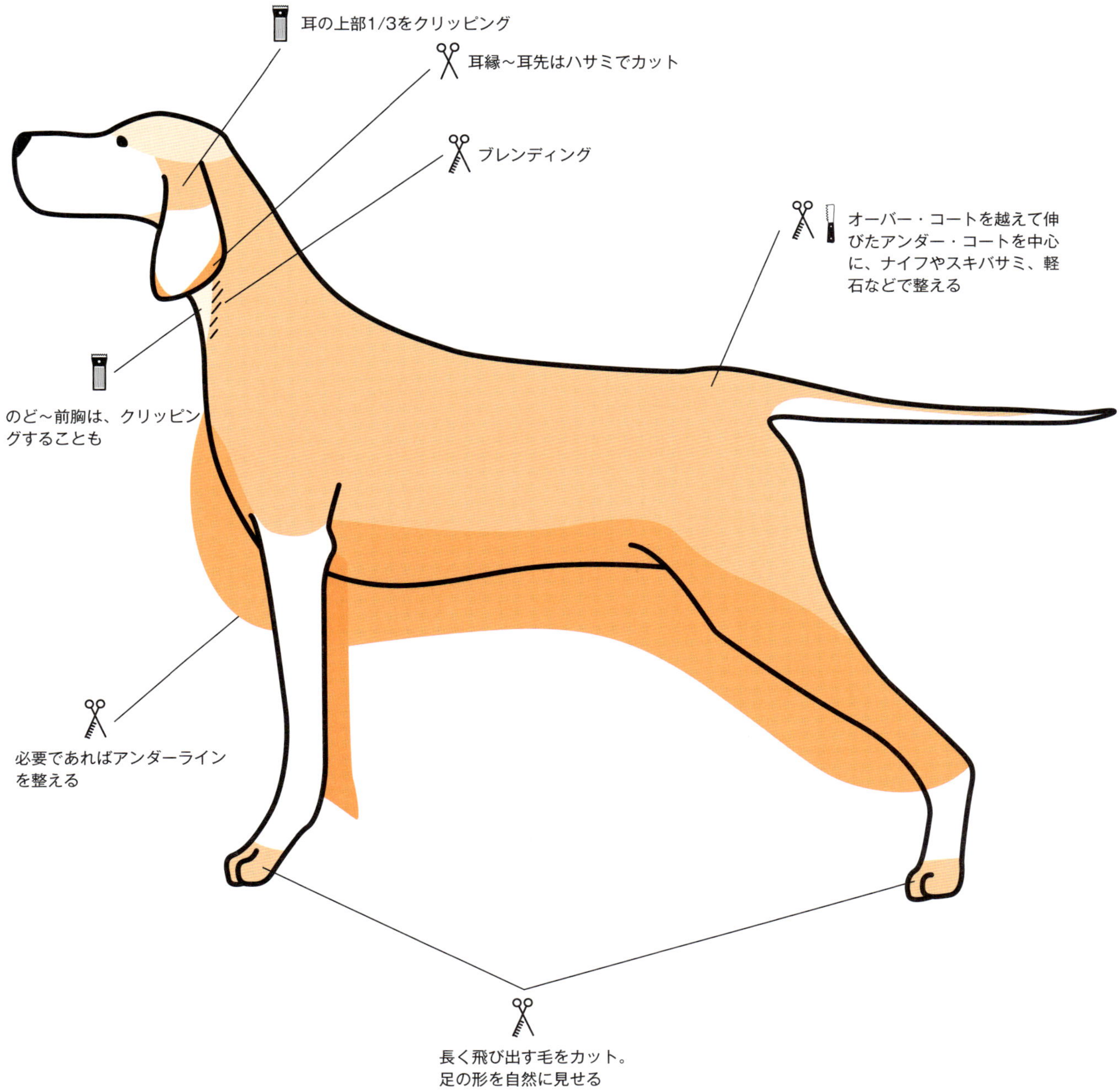

シェットランド・シープドッグ

Shetland Sheepdog

data

原産地 イギリス
サイズ 理想体高♂37cm、♀35.5cm
毛色 セーブル、トライカラー、ブルーマール、ブラック&ホワイト（タン）

イギリス最北端・シェットランド諸島原産の古い牧羊犬です。厳しい寒さに耐えられるタフさだけでなく、牧羊犬としての俊敏性と持久力も兼ね備えています。そのため現在では、ドッグ・ショーだけでなくアジリティーの世界でも活躍する代表的な犬種となっています。

耳は半分までしっかりと立ち上がり、先が折れ曲がる半立ち耳です。パピー期に耳を半分から折れた状態にするため「イヤーセット」が必要な犬もいます。

トリミングでは、人為的でない自然美（ナチュラル・アピアランス）が求められます。そのため、顔周りや足先などの余分にはみ出した被毛をハサミでカットし整える程度です。この犬種の大きな特徴である頸周りの豊富な毛（メーン）は、逆立てるテクニックなどでよりボリュームを表現することがあります。

豊富な毛量を維持するため、日常のブラッシングやケアではスリッカーではなく、ピンブラシを使用します。夏場に暑さ対策として被毛を極端に短くクリッピングするケースもあるようですが、その効果のほどが定かでないことと、上毛が生えてこなくなるリスクがあることを必ず飼い主に伝えましょう。

……仕上げバサミ使用

【トリミング解説】

ハサミを入れすぎると、この犬種の特徴である「ナチュラル・アピアランス」が損なわれてしまいます。足先や顔周りで飛び出した不要な毛のみを整えるようにしましょう。ドライングにはかなり時間がかかるので、エア・フォース・ドライヤーを活用するのがおすすめです。

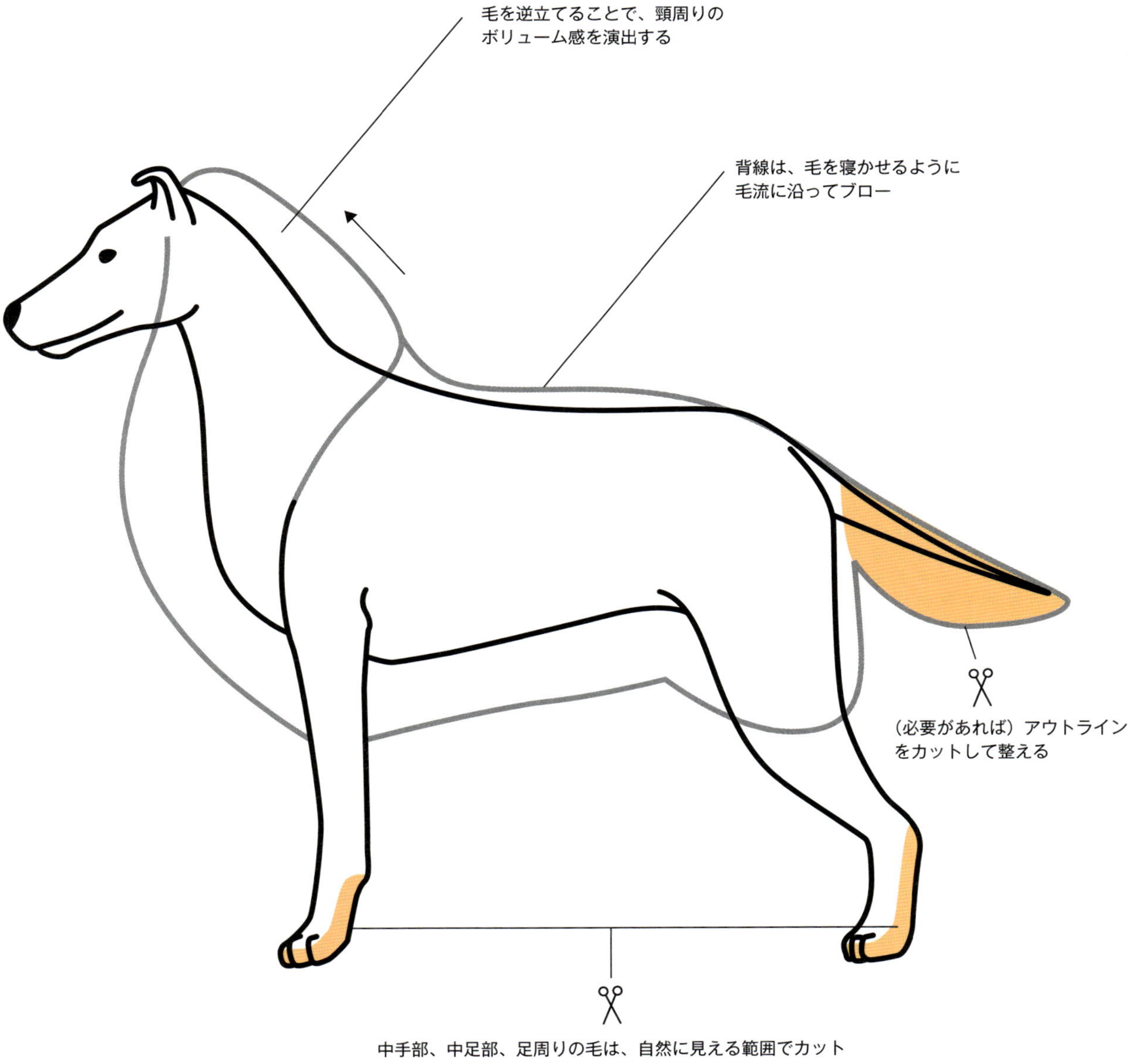

ア

アイ・ステイン	涙を流すために、内眼角の下の毛が赤く染まった状態。涙やけ。
アウト・オブ・コート（疎毛）	換毛期で被毛が乏しい状態。
アウトライン	輪郭。
アダムス・アップル	のどぼとけ。
アップル・ヘッド	どこから見ても丸みを帯びたリンゴ状のスカル（頭蓋）のこと。
アンギュレーション	骨格が接合する角度のこと。
アンダー・コート	下毛。やわらかな綿毛で密生するが、犬種によってないものもある。
アンダーライン	側望したときの、下胸部から下腹部へのライン。
イマジナリー・ライン	仕上がりを想定した線。プードルでは一般に目尻から耳の内側の付け根を結ぶ線。
インデンテーション	目と目のあいだに入れる逆V字型の彫り込み。
ウィスカー	口吻から頭部にかけて生じる豊富なひげ。頬ひげ。
エプロン（フリル）	頚部ののど元から長くなる前胸の被毛。
オクシパット	後頭部。
オーバー・コート（トップ・コート）	上毛。被毛のボリュームが多いときにも使う。

カ

カプリング	ラスト・リブと寛骨のあいだの胴の部分。
カラー・ライン	首周りを刈って入れる線。一般に、のどぼとけとキ甲を結んだ線。
キドニー・パッチ	イングリッシュ・サドル・クリップでウエスト部分に作る彫り込み。
キャット・フット（猫足）	指趾を強く握り、アーチした状態。
キュロット	臀部の毛が左右に分かれ、膨らんでいる状態。
クラウン	頭頂毛、冠毛。頭部の飾り毛。
クリーン・ネック	弛緩した皮膚やしわのない引き締まった頸。
クリッピング	クリッパーを使って被毛を刈る作業。
グルーミング	犬の被毛の手入れすべてのこと。身体を清潔にし、美しく保つことを目的とする。
毛吹き	被毛の量や密度、長さの状態。
ケープ	首から肩先を覆う豊富な被毛。
肛門腺	肛門のすぐ下にある、臭いを出す袋。
コート	被毛。外毛層、下毛層からなる二重層（ダブル・コート）が一般的。プードルはシングル・コートとされる。
コーミング	コーム（くし）を使い、毛のもつれをほぐしたり、毛並みを整えたりすること。

サ

逆剃り（逆刈り）	毛流に逆らってクリッピングする作業。
シザーリング	ハサミで被毛をカットする作業。
シルキー・コート	絹糸のようになめらかで、細く長い毛。絹状毛、絹糸状毛。
ジャケット	ダッチ・クリップの上着の部分（前躯部）。
触毛	接触したことを感知する感覚毛。太くて硬い毛。
シングル・コート	下毛がなく、上毛のみの被毛構成のこと。
スイニング	スキバサミで余分な毛を取りのぞき、薄くしたりぼかしたりする作業。
スウェイ・バック	背線のたるんだ背。
スウェル	トップ・ノットを作ったときにできる膨らみ。
スカート	長毛犬種の、地表に近い部分の毛。
ストップ	額段。スカルとマズルのあいだにあるくぼみ。
スムース・コート（スムース・ヘアー）	ぴったりと寝た、手ざわりのなめらかな短毛。
スロープ・ライン	後肢後ろ側の緩やかな線。
セット・アップ	理想の形に整えること。プードルではショー・クリップで頭部の毛を整えるときにも使う。

タ

タウエリング（タオルドライ）	タオルで水分をふき取る作業。
タック・アップ	胴の深さが浅くなり、腹部が巻き上がった部位。
タッセル	耳先に形をつけて刈り残した毛。耳先の房毛。
ダブル・コート	上毛と下毛の2種の被毛構成のこと。
チッピング	被毛の先をハサミで切りそろえる作業。
テイル・セット	テイルの付いている位置、またその状態。

	デス・コート	脱落期に抜け落ちる毛。枯毛、古毛。
	テディベア・カット	顔の毛をクリッパーで刈り取らないスタイル。
	テリア・フロント	側望して、のどから胸にかけての部分が地面とほぼ垂直に見える状態。
	徒長毛	毛表全体の輪郭から飛び出す長い毛。
	トップ・コート	外毛。毛層の最も外側にある毛。
	トップ・ノット	頭頂部の長い房状の飾り毛。また、それを頭頂で結んだもの。
	トップ・ライン	側望したときの、オクシパットから尾端までの犬の上面のアウトライン。
	ドライング	ドライヤーを使い、被毛をブラッシングしながら乾かす作業。
	ドロップ・イヤー	垂れ耳。
	トリミング	犬体各部のバランスを取るため、プラッキング、クリッピングまたはシザーリングなどの技法で被毛を整える作業。
ナ	並剃り（並刈り）	毛流に沿ってクリッピングする作業。
ハ	ハイオン・レッグス	胴が短く、肢が長い体型。
	バイト	歯の噛み合わせ。
	パスターン	前肢の手根関節から指部までの中手骨の部分。
	パッド	足の裏。肉球。
	パフ	プードルをクリッピングするときに、前肢に残す丸い毛のかたまり。
	パーティング・ライン	コートに付ける分け目の線。
	バンド	主にダッチ・クリップの前後躯の区切りとなる、帯状の分け目。
	鼻梁（ノーズ・ブリッジ）	ストップから鼻までのマズルの上面。鼻筋。
	ヒール・パッド	掌球。前肢の足の裏のかかと側。
	ファーニシング	頭部、肢、尾などに生えている長い飾り毛。
	フェザリング	頭頂部、耳、肢の後ろ側などにある羽毛状の長い飾り毛全般。
	フォール	顔面に覆いかぶさる頭頂部。かぶり。
	プラッキング	トリミング技法のひとつ。指またはトリミング・ナイフを使って毛を抜く作業。
	フラッグ	背と水平に上げ、長い毛が三角旗のように垂れ下がった尾の形。旗状尾。
	ブラッシング	ピンブラシを使い、毛のほつれをほぐしたり毛並みを整えたりすること。
	フリル	飾り毛、とくに四肢の後ろ側の飾り毛をいう。
	フリンジ	飾り毛。
	フル・コート	長毛犬種の被毛をカットせず、長く自然に伸ばしたスタイル。
	ブレスレット	プードルをクリップしたとき、肢関節に作る腕輪のような毛。イングリッシュ・サドル・クリップでは上部のものをアッパー・ブレスレット、下部のものをボトム・ブレスレットという。
	ブレンディング	コートの長い部分と刈り込んだ部分が自然につながるように、スキバサミなどでラインをぼかすテクニック。
	ブロークン・ヘアード（ブロークン・コート）	粗毛の一種。起立した針金状の被毛。
	ベイジング	シャンプーし、よく洗った後にシャワーで十分すすぐ作業。
	ポンポン	プードルの尾先に付ける球状の飾り毛。
マ	メーン	頚背、頚側の厚く長い飾り毛。
ラ	ラスト・リブ	肋骨のいちばん後ろの小さい骨。
	ラッピング	長毛種の被毛全体、または一部を部分的にパーティングし、セット・ペーパーなどで包み、ゴムで留めて保護する方法。
	ラフ	頚部周囲の長くて厚い毛。
	ラフ・コート	粗毛や軟毛が不規則に入り混じった毛状。
	リア・ブレスレット	後肢に作るブレスレット。
	レーキング	スリッカーなどで、デス・コートをかき取る作業。
	ローオン・レッグス	胴が長く、肢が短い体型。
	ロゼット	腰に左右ひとつずつ作る半球状の部分。
	ロング・ヘアード（ロング・コート）	長毛。
ワ	ワイアー・ヘアード（ワイアー・コート）	上毛が硬く、針金状の毛質のこと。

著者プロフィール

金《かね》子《こ》幸一《こういち》

ヴィヴィッドグルーミングスクール学長、JKCトリマー教士・試験委員。トイ・プードルのショーイングとブリーティングに長年携わる。そのカット技術および理論には定評があり、近年は海外のセミナーやコンテストに講師・審査員として招かれることも多い。
http://www.vivid-gs.com/

福山《ふくやま》貴昭《たかあき》

学校法人ヤマザキ学園 ヤマザキ動物看護大学動物看護学部准教授。愛玩動物看護師、危機管理学修士。大学にて教鞭を執るかたわら、動物行動学などの観点から、動物に負担の少ない保定やグルーミングの手法を研究している。
https://univ.yamazaki.ac.jp/

トリマーのためのベーシック・テクニック

Midori Shobo Co.,Ltd

2017年2月20日　第1刷発行
2024年2月10日　第2刷発行

著者	金子幸一／福山貴昭
発行者	森田浩平
発行所	株式会社緑書房 〒103-0004 東京都中央区東日本橋3丁目4番14号 TEL 03-6833-0560 https://www.midorishobo.co.jp
印刷所	図書印刷

ISBN978-4-89531-290-5
Printed in Japan

写真	小野智光、川上博司
イラスト	朝倉仁志、ヨギトモコ
取材・文	野口久美子、『ハッピー＊トリマー』編集部
カバー・本文デザイン・DTP	明昌堂